国家出版基金项目
NATIONAL PUBLICATION FOUNDATION

先进燃气轮机设计制造基础专著系列

国家出版基金项目
NATIONAL PUBLICATION FOUNDATION

"十二五"国家重点出版规划

国家出版基金项目
NATIONAL PUBLICATION FOUNDATION

"十二五"国家重点出版规划

先进燃气轮机设计制造基础专著系列

丛书主编 王铁军

轴承转子系统动力学
——基础篇
（上册）

虞 烈 刘 恒 王为民 著

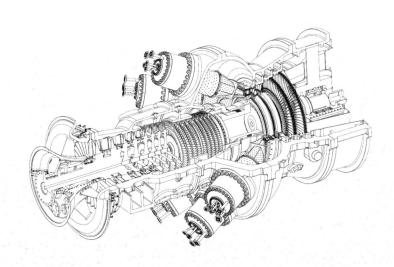

西安交通大学出版社
XI'AN JIAOTONG UNIVERSITY PRESS

内容提要

本书较为系统地介绍了轴承转子系统动力学的基础理论、分析方法及其在工程中的应用案例，分为基础篇和应用篇上、下两册。基础篇主要内容是关于轴承转子系统动力学基础理论与分析方法的介绍；应用篇则主要涵盖了对于三大类机组亦即多平行轴压缩机机组、大型汽轮发电机组以及重型燃气轮机组合转子系统动力学的研究进展。

本书可作为高等院校机械、力学类教材使用，也可供从事轴承转子系统动力学研究的专业工程技术人员参考。

图书在版编目（CIP）数据

轴承转子系统动力学.上册，基础篇/虞烈，刘恒，王为民著.—西安：西安交通大学出版社，2016.12
（先进燃气轮机设计制造基础专著系列/王铁军主编）
ISBN 978-7-5605-9431-6

Ⅰ.①轴⋯　Ⅱ.①虞⋯　②刘⋯　③王⋯　Ⅲ.①燃气轮机—轴承—转子动力学　Ⅳ.①TK474.7

中国版本图书馆 CIP 数据核字（2017）第 034808 号

书　　名	轴承转子系统动力学——基础篇（上册）
著　　者	虞　烈　刘　恒　王为民
责任编辑	任振国　季苏平
出版发行	西安交通大学出版社
	（西安市兴庆南路 10 号　邮政编码 710049）
网　　址	http://www.xjtupress.com
电　　话	（029）82668357　82667874（发行中心）
	（029）82668315（总编办）
传　　真	（029）82668280
印　　刷	中煤地西安地图制印有限公司
开　　本	787mm×1092mm　1/16　印张 23.25　彩页 4　字数 482千字
版次印次	2016 年 12 月第 1 版　2016 年 12 月第 1 次印刷
书　　号	ISBN 978-7-5605-9431-6
定　　价	210.00元

读者购书、书店添货、如发现印装质量问题，请与本社发行中心联系、调换。
订购热线：（029）82665248　（029）82665249
投稿热线：（029）82669097　QQ:8377981
读者信箱：lg_book@163.com

国家出版基金项目
NATIONAL PUBLICATION FOUNDATION

"十二五"国家重点出版规划

先进燃气轮机设计制造基础专著系列

编 委 会

顾 问

钟　掘　中南大学教授、中国工程院院士

程耿东　大连理工大学教授、中国科学院院士

熊有伦　华中科技大学教授、中国科学院院士

卢秉恒　西安交通大学教授、中国工程院院士

方岱宁　北京理工大学教授、中国科学院院士

雒建斌　清华大学教授、中国科学院院士

温熙森　国防科技大学教授

雷源忠　国家自然科学基金委员会研究员

姜澄宇　西北工业大学教授

虞　烈　西安交通大学教授

魏悦广　北京大学教授

王为民　东方电气集团中央研究院研究员

主 编

王铁军　西安交通大学教授

编 委

虞　烈　西安交通大学教授

朱惠人　西北工业大学教授

李涤尘　西安交通大学教授

王建录　东方电气集团东方汽轮机有限公司高级工程师

徐自力　西安交通大学教授

李　军　西安交通大学教授

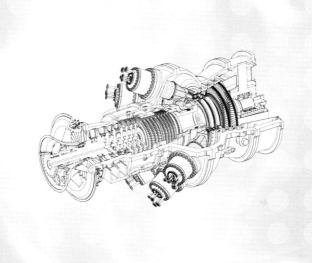

总　序

20世纪中叶以来,燃气轮机为现代航空动力奠定了基础。随后,燃气轮机也被世界发达国家广泛用于舰船、坦克等运载工具的先进动力装置。燃气轮机在石油、化工、冶金等领域也得到了重要应用,并逐步进入发电领域,现已成为清洁高效火电能源系统的核心动力装备之一。

发电用燃气轮机占世界燃气轮机市场的绝大部分。燃气轮机电站的特点是,供电效率远远超过传统燃煤电站,清洁、占地少、用水少,启动迅速,比投资小,建设周期短,是未来火电系统的重要发展方向之一,是国家电力系统安全的重要保证。对远海油气开发、分布式供电等,燃气轮机发电可大有作为。

燃气轮机是需要多学科推动的国家战略高技术,是国家重大装备制造水平的标志,被誉为制造业王冠上的明珠。长期以来,世界发达国家均投巨资,在国家层面设立各类计划,研究燃气轮机基础理论,发展燃气轮机新技术,不断提高燃气轮机的性能和效率。目前,世界重型燃气轮机技术已发展到很高水平,其先进性主要体现在以下三个方面:一是单机功率达到30万千瓦至45万千瓦,二是透平前燃气温度达到$1600 \sim 1700\ ℃$,三是联合循环效率超过60％。

从燃气轮机的发展历程来看,透平前燃气温度代表了燃气轮机的技术水平,人们一直在不断追求燃气温度的提高,这对高温透平叶片的强度、设计和制造提出了严峻挑战。目前,有以下几个途径:一是开发更高承温能力的高温合金叶片材料,但成本高、周期长;二是发展先

1

进热障涂层技术,相比较而言,成本低,效果好;三是制备单晶或定向晶叶片,但难度大,成品率低;四是发展先进冷却技术,这会增加叶片结构的复杂性,从而大大提高制造成本。

整体而言,重型燃气轮机研发需要着重解决以下几个核心技术问题:先进冷却技术、先进热障涂层技术、定(单)向晶高温叶片精密制造技术、高温高负荷高效透平技术、高温低 NO_x 排放燃烧室技术、高压高效先进压气机技术。前四个核心技术属于高温透平部分,占了先进重型燃气轮机设计制造核心技术的三分之二,其中高温叶片的高效冷却与热障是先进重型燃气轮机研发所必须解决的瓶颈问题,大型复杂高温叶片的精确成型制造属于世界难题,这三个核心技术是先进重型燃气轮机自主研发的基础。高温燃烧室技术主要包括燃烧室冷却与设计、低 NOx 排放与高效燃烧理论、燃烧室自激热声振荡及控制等。高压高效先进压气机技术的突破点在于大流量、高压比、宽工况运行条件的压气机设计。重型燃气轮机制造之所以被誉为制造业皇冠上的明珠,不仅仅由于其高新技术密集,而且在于其每一项技术的突破与创新都必须经历"基础理论→单元技术→零部件试验→系统集成→样机综合验证→产品应用"全过程,可见试验验证能力也是重型燃气轮机自主能力的重要标志。

我国燃气轮机研发始于上世纪 50 年代,与国际先进水平相比尚有较大差距。改革开放以来,我国重型燃气轮机研发有了长足发展,逐步走上了自主创新之路。"十五"期间,通过国家高技术研究发展计划,支持了 E 级燃气轮机重大专项,并形成了 F 级重型燃气轮机制造能力。"十一五"以来,国家中长期科学和技术发展规划纲要(2006～2020 年),将重型燃气轮机等清洁高效能源装备的研发列入优先主题,并通过国家重点基础研究发展计划,支持了重型燃气轮机制造基础和热功转换研究。

2006 年以来,我们承担了"大型动力装备制造基础研究",这是我国重型燃气轮机制造基础研究的第一个国家重点基础研究发展计划项目,本人有幸担任了项目首席科学家。以 F 级重型燃气轮机制造为背景,重点研究高温透平叶片的气膜冷却机理、热障涂层技术、定向晶叶片成型技术、叶片冷却孔及榫头的精密加工技术、大型盘式拉杆转子系统动力学与实验系统等问题,2011 年项目结题优秀。2012 年,"先进重型燃气轮机制造基础研究"项目得到了国家重点基础研究发展计划的持续支持,以国际先进的 J 级重型燃气轮机制造为背景,研究面向更严酷服役环境的大型高温叶片设计制造基础和实验系统、大型拉杆组合转子的设计与性能退化规律。

这两个国家重点基础研究发展计划项目实施十年来,得到了二十多位国家重点基础研究发展计划顾问专家组专家、领域咨询专家组专家和项目专家组专家的大力支持、指导和无私帮助。项目组共同努力,校企协同创新,将基础理论研究融入企业实践,在重型燃气轮机高温透平叶片的冷却机理与冷却结构设计、热障涂层制备与强度理论、大型复杂高温叶片精确成型与精密加工、透平密封技术、大型盘式拉杆转子系统动力学、重型燃气轮机实验系统建设等方面取得了可喜进展。我们拟通过本套专著来总结十余年来的研究成果。

第 1 卷:高温透平叶片的传热与冷却。主要内容包括:高温透平叶片的传热及冷却原理,内部冷却结构与流动换热,表面流动传热与气膜冷却,叶片冷却结构设计与热分析,相关的计算方法与实验技术等。

第 2 卷:热障涂层强度理论与检测技术。主要内容包括:热障涂层中的热应力和生长应力,表面与界面裂纹及其竞争,层级热障涂层系统中的裂纹,外来物和陶瓷层烧结诱发的热障涂层失效,涂层强度评价与无损检测方法。

第 3 卷:高温透平叶片增材制造技术。重点介绍高温透平叶片制造的 3D 打印方法,主要内容包括:基于光固化原型的空心叶片内外结构一体化铸型制造方法和激光直接成型方法。

第 4 卷:高温透平叶片精密加工与检测技术。主要内容包括:空心透平叶片多工序精密加工的精确定位原理及夹具设计,冷却孔激光复合加工方法,切削液与加工质量,叶片型面与装配精度检测方法等。

第 5 卷:热力透平密封技术。主要内容包括:热力透平非接触式迷宫密封和蜂窝/孔形/袋形阻尼密封技术,接触式刷式密封技术相关的流动,传热和转子动力特性理论分析,数值模拟和实验方法。

第 6 卷:轴承转子系统动力学(上、下册)。上册为基础篇,主要内容包括经典转子动力学及一些新进展。下册为应用篇,主要内容包括大型发电机组轴系动力学,重型燃气轮机组合转子中的接触界面,预紧饱和状态下的基本解系和动力学分析方法,结构强度与设计准则等。

第 7 卷:叶片结构强度与振动。主要内容包括:重型燃气轮机压气机叶片和高温透平叶片的强度与振动分析方法及实例,减振技术,静动频测量方法及试验模态分析。

希望本套专著能为我国燃气轮机的发展提供借鉴,能为从事重型燃气轮机和航空发动机领域的技术人员、专家学者等提供参考。本套专著也可供相关专业人员及高等院校研究生参考。

本套专著得到了国家出版基金和国家重点基础研究发展计划的支持,在撰写、编辑及出版过程中,得到许多专家学者的无私帮助,在此表示感谢。特别感谢西安交通大学出版社给予的重视和支持,以及相关人员付出的辛勤劳动。

鉴于作者水平有限,缺点和错误在所难免。敬请广大读者不吝赐教。

《先进燃气轮机设计制造基础》专著系列主编

机械结构强度与振动国家重点实验室主任　　　王铁军

2016 年 9 月 6 日于西安交通大学

序 言

　　旋转机械在能源电力、交通、石油化工、军工生产及空间技术中占有极其重要的地位,也是国民经济支柱产业的关键高端装备。

　　有别于其他工程机械的最大特点是:在旋转机械中,转子与其他不动件之间是依赖小间隙约束而构成完整系统的。机组的失效也总是最先表现在这类小间隙约束的破坏与失效方面,而机组振动则是导致小间隙约束破坏的直接原因。因此在旋转机械发展的整个历史进程中,如何保证转子系统在小间隙约束条件下具有优良的动力学品质这一命题始终是学术界和工程界关注的焦点。轴承转子系统动力学就是这样一门研究在各种小间隙激励因素作用下转子系统动力学行为的科学。

　　本书是在参阅了国内外大量研究文献,以及总结我和我的同事们在本领域内数十年科学研究成果的基础上完成的。全书内容一部分是在 2001 年出版的同名研究生教材基础上修改而成的;增加和扩展部分则总结了作者在本领域内十余年来新的研究成果。与 2001 年出版的同名教材相比,在内容深度和广度上都大为拓展了。

　　全书共 16 章,分为基础篇(上册)和应用篇(下册)。基础篇主要内容是关于轴承转子系统动力学基础理论、分析方法的介绍;应用篇则主要涵盖了对于三大类机组亦即多平行轴压缩机机组、大型汽轮发电机组以及重型燃气轮机组合转子系统动力学的研究进展。书中第 6、第 16 章由刘恒教授撰写;第 3、第 12~14 章由王为民博士撰写;第 4、第 10、第 15 章分别取材于贾妍博士、李明博士和张明书博士的博士论文;其余章节以及全书的定稿由虞烈完成。

　　贯穿本书的主导思想是:与单一零部件相比,旋转机械的动力学行为在更大程度上取决于系统,这里所说的系统是指包括转子、支承、密封等在内的集成;另外一个需要充分关注的是关于系统的复杂性研究和非线性研究,随着现代机电系统的日趋复杂化,它们将成为二十一世纪科学研究的重要内容。

自然界的规律是客观存在的。同样，知识也是有生命的——人类在认识自然规律过程中以往所获得的正确认知，岁月的更替令它们常新不再，但并不消亡。这些知识作为人类文明的一部分被传承下去，并随着科学技术的进步不断地深化、丰富与发展，永无穷尽。这也许正是广大科学工作者愿意为之奉献毕生的真正动力与原因。

特别感谢国家重点基础研究发展计划和国家自然科学基金历年来所给予的资助。特别感谢国家科学技术学术著作出版基金委员会对本书出版的资助。

特别感谢景敏卿教授、周健高级工程师、孙岩桦副教授、耿海鹏博士、戚社苗博士、李辉光博士、杨利花副教授和研究所同仁在工作中所给予的长期支持和帮助。

感谢所有曾经与我共同工作过的硕士和博士们，他们的聪明才智和卓有成效的工作令我受益良多。

感谢所有的朋友与亲人们！

因学识有限，谬误难免，尚望大家不吝赐教。

虞　烈
西安交通大学机械电子及信息系统研究所
机械结构强度与振动国家重点实验室
2016 年 6 月 9 日于西安

目 录

绪　论

0.1　轴承转子系统动力学研究历史

在轴承转子系统动力学的长期研究过程中,有关一些重要事件的回顾可能有助于人们对这一学科发展的了解。

和所有的科学研究类似,最初的研究往往都是从简单的自然现象发现开始,进而逐步发展、深入并成长为相对独立学科的。

对于轴承和润滑问题的研究真正开始上升为一门科学,最早可以上溯到1879 年,英国机械工程学会在这一年任命了一个专门委员会开展运动副间摩擦问题的调查[1]。

就滑动轴承而言,清楚地认识到在轴承中流体动压力的存在,其功绩当首推托尔(Tower)(1885),他在研究大都会铁路机车所常用的径向轴承时,工作过程中照例需要将轴承顶部的油孔塞住,发现轴承顶部的塞子总是被弹出来,这表明在轴承中存在着油膜压力[2]。

就在托尔这一实验后的第二年,即 1886 年,著名的雷诺(Reynolds)方程问世。雷诺方程描述了两运动表面间运动速度、表面几何形状、润滑油粘度与油膜压力分布之间的关系,从而奠定了一大类流体润滑轴承研究的理论基础[3],也因此而带动了一门新兴学科——流体润滑理论及轴承技术的诞生、发展与繁荣。

100 多年过去了,尽管雷诺方程在实际应用中要受到一些极端参数的限制,但其基本形式并没有根本性的改变,在大多数场合,理论和实验都证明了雷诺方程的正确性。

随着第一、第二次工业革命的兴起以及蒸汽机、发电机、电动机等各种旋转机械的问世,需要对于工程中出现的各种实际问题给出合理的理论说明和解决方案,从而刺激了由力学派生出来的一个分支——转子动力学的诞生。

最早关于转子动力学研究的报道发表于 1869 年——容克(Rankine)在题为 *On the Centrifugal Force of Rotating Shaft* 的论文中,首次研究了一根两端刚性铰支的无阻尼均匀轴在其初始位置受扰后的平衡条件,并提出了临界转速的概念。由于略去了哥氏力的影响,容克得出了转子不可能在一阶临界转速以上运转的结论。这一经典论断的影响差不多整整持续了半个世纪,使得工程界一直相信不可能设计出超临界工作的机组——直到 1919 年,英国动力学家杰夫考特(Jeffcott)研究了一个两端刚支的单质量弹性转子,阐述了当转子处在超临界状态运行时,由质量不平衡所引起的振幅因转子的自动对中效应将逐渐减小,最终将趋于一定常值[4]。这是有关转子动力学观念的第一次变革:转子的工作转速可以设计在超临界转速区,这样能够设计和制造出转速和效率都更高的涡轮机、压缩机、水泵等。

也只是在这一时期内,在此领域内的研究内容和"转子动力学"这一名词的内涵是比较吻合的:支承的作用被理解为仅仅承受转子的静态载荷面与转子的动态行为无关。体现支承作用的两大要素被完全掩盖于刚性支承假设之下:支承的安装位置及几何尺寸由于和转轴本身的长度参数混同在一起被折合到转子的临界转速估算之中,而支承本身的固有属性,尤其是刚度和阻尼特性,则由于刚性假设而被强制性取消。这样把旋转机械所需要研究的轴承转子系统动力学的内容强行归入经典转子动力学范畴,这不能不说是一种不幸,以至直到今天,在许多场合科学家们还不得不反复纠正这种片面性和由此带来的副作用。

轴承转子系统动力学。随着旋转机械转速的提高,上述两门原本相对独立的学科——流体润滑理论及轴承技术和转子动力学,虽然一方面仍旧依照各自的思维模式向前发展,另一方面却由于两者间紧密的内在联系而日趋合一。形成这种态势的工程背景是这时在许多旋转机械中出现了新的问题——自激振动。上世纪 20 年代,美国通用电气公司研制的一种高炉用鼓风机,出现了一系列的振动事故:当机组处于超临界状态运行时,转速一旦超出某一界限值,就伴随有剧烈的亚谐振动;对于油润滑轴承,甚至企图将转子转速提高到一阶临界转速的两倍左右都极为困难。这一新的门槛转速或界限转速成了提高机组性能的新的障碍,而且人们对造成这种振动的真正原因以往知之甚少。牛肯科(Newkirk)在"Shaft Whipping"一文中对上述振动现象作了报道,指出正是这种前所未见的"自激"导致了转子的破坏[5],之后又进一步提出了这种振动可能源起于油膜[6]。以后学术界都把牛肯科的文章"Shaft Whipping"看成是关于转子稳定性研究的第一篇文献,而从今天的角度来看,还不如说它标志着上述两门学科的合二为一以及"轴承转子系统动力学"的诞生显得更合适些。从这以后,转子,也只是作为系统中的一个功能部件,其在整个系统动力学研究中原先所占有的特殊地位一天天被削弱,而最终回复到和支承以及其他零、部件一样平等的地位。经典"转子动力学"原先定义中的局限性也不断地被剔除,其中的合理部分最终被并入"轴承转子系统动力学"这一更为广泛的框架体系中。

　　轴承转子系统动力学所研究的内容。迄今为止,已经发现存在着多种可能导致系统自激的因素。在这些因素中,被研究得最为透彻的首先是轴承力、尤其是流体动压润滑轴承力。为了寻找自激振动的原因,斯托德(Stodola,1925)和休姆尔(Hummel,1926)对流体润滑轴承引入了油膜弹性的特征,指出对于这类本质上是非保守的支承弹性系统,有可能产生不稳定因素[7,8]。

　　油膜涡动和油膜振荡。斯威夫特(Swift,1937 年)根据计算表明:对于一个不承受载荷的轴承,转子将处在与轴承同心的位置上运转,或以等于轴转动频率之半的角频率涡动,这样的运动常在轻载轴承中出现[9],即半速涡动。科尔(Cole,1957 年)采用透明轴承观察涡动与润滑膜形状之间的关系,发现仅当轴承中的油膜保持完整时涡动才会发生,偏心率通常都在 0.1 以下,转子涡动频率与旋转频率之比界于 0.48~0.506 之间[10]。基于类似目的的研究还可以在参考文献[11]~[14]中找到。此外,来自空气轴承支承的转子系统的稳定性方面的报道与油润滑轴承的情况也十分相似,随着转速的提高,系统将产生"气膜涡动"和失稳[15,16]。

　　相关研究在上世纪 60 年代达到了高潮[17-20],同时也带来了轴承转子系统动力学的空前繁荣。隆德(Lund,1965)首先提出了将滑动轴承和转子结合在一起研究系统稳定性的方法:油膜的动态效应在线性范围内可以采用 8 个刚度、阻尼系数来表征,这种线性化了的刚度、阻尼系数最终使得在线性范围内将转子和轴承放在一起处理成为可能[21]。托德(Tondl,1965)在一个试验台上成功地演示了由于油膜动态力的激励、系统失稳的全过程,实验表明,随着转速的上升,转子的同期振动振幅也随之而逐渐增大,在大约 1 000 r/min 左右通过一阶临界转速,由于轴承的阻尼作用,其共振振幅表现为有限值,而在越过一阶临界转速后,转子同期振动振幅则迅速下降并趋近常值。当转速继续提高时,在 2 700 r/min 附近出现突发性振动,其振动频率与工作频率不同,而近似等于转子的一阶临界频率,这是典型的、由滑动轴承效应而导致的系统自激振动,由于这一类振动是由油膜力引起的,所以也被称为"油膜振荡"[22]。

　　之后,格林尼克(Glienicke)在 1966 年则对滑动轴承线性化了的 8 个刚度、阻尼系数进行了更为系统的理论和试验研究[23]。

　　支承的重要性一下子被突出到决定性的地位,在许多场合几乎支配着整个系统的稳定性。为了克服油膜的自激因素,差不多所有可能被利用的轴承形式都被不同程度地研究过。在一些工业发达国家都相继开展了旨在测定油膜动特性系数的实验研究[24-39]。

　　一些原来在经典转子动力学范畴内发展起来的轴系临界转速计算方法，如梅克斯泰德－蒲尔(Myklested-Prohl)法、瑞考提(Ricatti)传递矩阵法在此期间内都被重新加以改造以适应考虑弹性阻尼支承影响的需要[40-42]。

　　可倾瓦轴承由于增加了系统的自由度和引入了瓦块的摆动效应，在很大程度上改善了系统的稳定性，并被一度认为在理想状态下是本质和天然稳定的；但稍后进一步的研究却表明：试图寻找这类天然或本质稳定的轴承的努力是徒劳的——除了瓦块惯性的影响之外，在一定的涡动频率下可倾瓦轴承有可能由于"负阻尼"效应而一样导致系统自激[43-46]。

　　那些在以前各种转子动力学教科书中被列为主要研究内容的如：临界转速计算；不平衡响应分析；瞬态响应分析；转子残余不平衡与动平衡技术……上述研究中没有哪一项是可以离开支承轴承而独立进行的，更不用说论及系统的稳定性估算了。

　　以转子的临界转速为例，刚支时的临界角频率，这时为系统的复特征值所代替，出于油膜刚度和阻尼的引入，系统的共振转速通常比刚支临界转速要低，而且由于在许多轴承中油膜的各向异性作用，这时共振频率通常将分裂成两个。在许多情况下，由于油膜提供了阻尼，转子通过临界转速的振幅得到有效的抑制，使得系统在升速过程中可以极为顺利地跨越一个个的临界转速区。上一世纪90年代由格林尼克等所进行的关于推力轴承对转子横向振动影响的研究最终把转子弯曲振动和轴向振动联系起来，在一些场合，推力轴承所呈现的对弯曲振动的强耦合效应使得以往按照传统方法计算的"临界转速"几乎失去其实际意义[47,48]。

　　轴承转子系统动力学对振动力学发展的促进也是极为重要的。由于轴承油膜动态力的引入，常见的二阶力学系统的系统方程中所含的系统刚度阵及和阻尼阵都不再是对称的了。在某些特殊场合，甚至连系统的质量矩阵也都不再对称。

　　可以毫不夸张地说，导致上世纪60年代、70年代转子动力学研究出现一系列革命性变化的因素莫不与流体润滑理论及支承技术有关，许多著名学者如隆德、格林尼克、霍瑞(Hori)等，在促进两门学科的融合和系统动力学研究方面都具有较深的造诣，而首先采用"轴承转子动力学"这一专业名词的，当数隆德为第一人[49]。

　　随着对于动压滑动轴承支承的转子系统研究的日渐深入，人们发现除动压油膜力之外，还存在许多其他的激励因素也可能导致系统的自激振动。例如蒸汽激振力,这种力的产生因叶轮端部的气隙效应所致,被称为阿尔福德(Alford)力[50]。

密封力。密封力也可以归入阿尔福德力一类。其动力学原理和动压滑动轴承作用机理极为相似,无论是齿形密封、迷宫密封或者是环压式密封,都是利用转子相对于静子的高速旋转,从而使得被密封介质在间隙区中形成与滑动轴承相似的流场,造成高压区,进而达到密封的效果。两者不同的地方在于:

(1)通常密封间隙比轴承间隙大;

(2)当被密封介质是气体时,需要考虑流体的可压缩性;

(3)由于密封腔形状的复杂性,流态通常是紊流的;

(4)密封力在横截面上通常具有对称性,而交叉耦合项则呈反对称性;

(5)当密封介质是工作介质时,密封力的大小与负荷有关。

在许多情况下,尽管密封力比轴承油膜力小,但造成的危害却可能是致命的——上世纪70年代,蔡尔德(Childs)曾经报道过在美国航天飞机中高压燃料泵转子由于密封原因而造成了很大的分频涡动,以致转子无法达到额定转速的情况[51];爱利克(Ehrich)在参考文献[52]中则提供了在压缩机中由于气流激振而导致系统失稳的典型例证。

因材料内阻尼而产生的转子内阻尼力起源于圆盘和转子轴向纤维之间的相对转动,从力学上讲是由于材料应变滞后于应力所致。内阻尼力随轴弯曲挠度的增加而增加,同时也随圆盘和动坐标系间相对转速的增强而增强。对于高速旋转的粘弹性轴,当转轴变形时,转子横截面上的应力中性线和应变中心线不再重合,于是就出现了与转轴扰动方向垂直的切向力,当系统的外阻尼不足以克服这种切向力所引起的自激时,系统就可能发生失稳。牛肯科[5]和肯鲍(Kimball)[53]首先发现了这一现象,铁摩辛柯(Timoshenko)等曾对此作过定量分析[54-56]。

结构阻尼。结构阻尼通常由安装在转轴上的部件间的摩擦而引起内耗所致,因此属于摩擦阻尼类型。结构阻尼多见于组合转子,比如由硅钢片叠合而成的电机转子,在转子弯曲变形时,叠片间所产生的摩擦阻尼;再如采用热套工艺装配成的叶轮转子,当轴发生弯曲变形时,轴线上方的纤维被拉长,而轴线下方的纤维被缩短,因此在轴与叶轮的配合面处存在有微小的相对滑动和摩擦也会形成结构内阻尼[21]。由于在工程实际中,盘与轴的紧配合面上所产生的干摩擦力等效阻尼系数一般远比材料内阻尼系数大,因此在工程中结构阻尼的影响要比材料阻尼重要得多。

上述材料阻尼和结构阻尼除了和运动参数有关外,仅与转子本身的物理性质和结构形式相关,面与支承性质无关;但是对于这类转子系统,仍然无法单纯依靠转子本身来判定系统的稳定性和界限转速,而必须取决于支承所提供的外弹性及阻尼的综合效果。

摩擦阻尼。这里主要指转子和轴承间所发生的动摩擦,对于采用固体润滑剂润滑的轴承,或各种透平机组、压缩机组在起动或停车过程中以及在大振幅状态下,都有可能因碰磨而产生摩擦阻尼。另一个实际工程例子是电磁轴承在紧急状态下所采用的辅助轴承,其工作状态也是完全处于干摩擦状态。这些摩擦阻尼都是诱发系统自激的原因……

现代旋转机械正在朝着大功率、高转速、节能高效方向发展,这也极大地丰富了轴承转子系统动力学的内涵及研究内容。

在能源电力装备领域,汽轮发电机组单机容量从原先的 200 MW,300 MW发展到如今的 600 MW,1 000 MW 并成为我国今后的主力机组,核电机组的单机容量将从目前的 1 000 MW 发展到 1 400 MW,而重型燃气轮机发电机组未来的单机容量将达到 300 ～400 MW 的水平。

而在另外一类新能源动力装备和旋转机械中,例如微型燃气轮机、风机、压缩机、电主轴等,为了提高效率、增加单位体积及单位重量密度,转子的工作转速通常都设计在数万转每分钟到十万转每分钟范围内,而在 IT 行业用于制造加工的主轴工作转速甚至高达 100 000 r/min 以上。

同时,随着高速永磁变频电机与电力电子变频技术的成熟,能量转换方式也发生了极大的改变——由机械能、热能转换为电能(例如微、小型燃气轮机)或由电能转换为机械能(例如高速风机、压缩机、电主轴等)均可实现共轴驱动及无级调速而不再需要齿轮增速箱或减速箱……

所有这些多目标任务和高性能指标都对系统控制的精密与智能化提出了更为严格的要求。

在对于现代轴承转子系统动力学的研究过程中,人们也越来越深刻地认识到:

1. 轴承技术成为不可或缺的关键技术

现代支承技术越来越成为上述高端旋转机械的核心技术。以高速轴承为例,几乎包括了滚动轴承、流体动压润滑轴承、电磁轴承、弹性箔片气体轴承等在内的所有先进支承技术,并具有以下特征[57,58]:

——高技术性能指标。以旋转机械为例,其支承轴承要求工作在每分钟数万转直至数十万转的范围内,同时应具有低振动、低噪声等优秀动态品质。

　　——对于特种工况和环境的适应性。如极端高温或极端低温环境、超净环境、核辐射环境及腐蚀性环境等。

　　——长寿命及高可靠性。

　　——高度智能化和机电一体化。以电磁轴承最具有代表性,这类轴承实际上是机械部件、电子器件、电子计算机包括各种执行及控制软件在内的总体集成。

　　最后,也是最重要的一点是轴承与系统间的关联性和依赖性。现代支承技术所要研究和解决的问题是与整体系统密不可分的、全局性的系统动力学问题,以往那种将支承技术仅仅理解为单个零部件的、静力学的、局部性的设计的观点正在被迅速地摈弃。支承的设计不仅和整个转子乃至机组的设计密切相关,而且直接支配和影响整个系统的动态品质,系统的振动、噪声等问题的解决也莫不与之相关,加之支承系统特有的相对独立性和易于变更性,使得现代支承技术成为当今机器动力学设计中最积极、最活跃的因素。目前,运用最新支承技术所生产的产品,除了最基本的功能实现之外,还包括了系统各种物理、力学参数的监测以及这些信息的对外传输,从而构成新一代智能机械不可分割的基本单元之一。这时,轴承和转子的设计往往必须一起协调进行。如有可能,转子设计也应该同时参与,包括转子跨度、支承个数、圆盘质量分布、支承标高、轴承负荷分配等,和轴承一起构成了"轴承－转子系统动力学设计"这一大科目,其中包括系统的稳定性、系统的模态分析、振型设计、固有频率以及在各种激励下的系统动态响应等。

2. 转子的结构强度与动力学分析日趋复杂

　　这种复杂性主要来自以下因素:

　　——转子本身的结构复杂性。以航空发动机、重型燃气轮机转子为例,转子结构多采用了拉杆结构。这一类组合转子通常首先需要关注的是结构完整性问题。

　　——施加在转子上的作用力也愈加复杂。通常情况下,作用在转子上的外力必须记及重力、由于温度影响而产生的热应力、因转子初始不平衡或热弯曲而产生的离心力、大功率负荷导致的扭矩传递力气和气动载荷等;而在高速永磁变频电机转子中,还必须讨论热套转子、电磁力、高密度能量与热耗散等问题。

　　对于航空发动机和重型燃气轮机转子,还有必要讨论组合转子运行过程中因叶片失谐而引起的能量局部化问题——这些都有可能对组合转子的动力学特性产生较大的影响；就结构强度而言,研究还应当包括对于叶片的应力应变、弹塑性变形、疲劳寿命分析、叶片及组合转子的振动分析与振动控制等。

——服役环境严酷。例如燃气轮机转子必须长期在高温、高载荷等复杂环境下服役。经过长期运行后的转子性能将逐渐退化并进入事故频发期,因此,对于这类转子应当考虑转子性能退化的特征与评估方法。

据西门子对于重型燃气轮机发电机组的不完全统计,机组发生事故、故障的主要原因58%来源于其核心部件——组合拉杆转子[59-61]。

3. 系统集成

有关轴承转子系统的动力学设计同样涉及到系统集成问题。

电子、信息和计算机网络技术的介入既促进了新一代旋转机械的进步,同时也增加了轴承转子系统研究的复杂性——在大多数情况下,需要多种不同门类学科知识的有机融合,包括机械学、力学、电磁学、热力学、空气动力学、信息科学等,以同时处理能量流、物质流与信息流的交互、传递、转换和演变过程。在这里,过分强调单独学科的重要性是没有意义的。著名科学家普朗克指出:科学是内在的整体,它被分解为单独的个体并非取决于事物的本身,而是来源于人类认识能力的局限性[62]。

另外一个需要关注的问题是系统集成中的复杂性研究。就本质而言,系统集成的内涵是运用系统论的理论和方法,把来自不同物理域的部件从能量流、物质流和信息流层面进行协同组织,从而构建能够满足预定功能指标和性能价格比的新一代复杂机电系统。

就复杂机电系统而言,随着系统复杂程度的增加,一般系统论的原理和规律也将日渐凸显出来:局部不能代替整体,而整体也不完全取决于局部。复杂机电系统规模越大、越复杂、功能越极端,系统的“结构——功能”对立统一规律也越加明显。

在复杂机电系统中,业已发现相当一大类系统所发生的奇异变化与子系统性质无关,复杂机电系统的整体行为并不完全取决于各独立子部件的行为;同时复杂机电系统的整体行为在大时间尺度上也不能唯一地被确定。

“复杂性科学是21世纪的科学”[63-67]。从系统角度研究轴承转子系统中所存在的复杂现象和规律也是区别于传统研究方法的特点之一。

0.2　本书内容与章节安排

　　全书共 16 章,分基础篇、应用篇上、下两册。其中基础篇部分主要是关于轴承转子系统动力学基础理论、分析方法的介绍;应用篇部分则主要处理三大类机组,包括多平行轴压缩机机组、大型汽轮发电机组和重型燃气轮机发电机组。

　　有关轴承转子动力学基础理论的内容介绍,包括经典转子动力学和研究进展的新成果,见第 1～7 章和第 16 章。其中包含了对于刚支简单转子、流体动压滑动轴承、以及流体动压滑动轴承对于简单转子系统的稳定性影响和单跨多质量弹性转子系统的动力学建模等内容;作为流体润滑膜动力特性线性描述的延拓,在第 3 章中给出了润滑膜动力特性的非线性表征方法;针对液体润滑轴承的启、停过程,第 4 章从分子层面展现了纳米尺度下液体流动的分子动力学数值模拟结果与规律。

　　鉴于滚动轴承在精密旋转机械中的重要性,在第六章中则特别介绍了滚动轴承的分析方法和转子振动的主、被动控制技术。

　　非线性研究是二十一世纪科学研究的重要内容之一。对于轴承转子系统的非线性动力学研究主要集中在:

　　(1)系统的平衡点和周期解及其稳定性判别,系统参数变化时,稳态解的结构变异——即解的分岔的讨论。

　　(2)在任意给定的初始条件下或系统受扰后,系统长期发展的结果,即非线性系统解的全局性态研究。

　　对于上述自治和非自治系统,除混沌解外,系统的稳态解集大致可分为:自治系统的平衡点解,周期解,次谐波解,伪周期解以及非自治系统的周期解,次谐波解和伪周期解等。

　　就实际工程问题而言,当系统的稳态解、稳定性规律、分岔规律求得后,还不能说问题已经完全解决:在同一系统参数下,系统可能具有不止一个解;而系统究竟按哪个解运动,对应的稳定裕度又如何,或者说解的吸引域有多大,这些都要求对系统的全局性态进行进一步深入的研究。尽管由于非线性研究具有极大的难度,但仅就已经取得的成果来说,有两点将足以使得二十一世纪的轴承转子系统动力学具有令人瞩目的前景:由于非线性动力分析对初值的强烈依赖性,支承技术和转子动力学的研究更加无法分割开来,因而将最终牢固地确立轴承转子系统动力学的地位;也正是在非线性领域内,系统的自由振动和强迫振动运动将不再彼此严格区分，而被统一于同一模式中。第 16 章对于转子系统的非线性动力学研究作了较为详细的介绍。

　　就大型汽轮发电机组轴系和多平行轴压缩机组而言，这两类机组所涉及到的轴系具有各自不同的特点，主要讨论了复杂转子系统的固有振动和强迫振动响应、影响转子系统自激振动的因素和稳定性裕度、大型汽轮发电机组轴系动力学分析以及针对大型压缩机组的多平行轴转子系统，相关内容见第 8～11 章。

　　在第 12～15 章中重点阐述了围绕重型燃气轮机组合转子所取得的研究进展。这些研究包括重型燃气轮机组合转子中接触界面的力传递机制、组合转子预紧饱和状态下的基本解系和普适性动力学分析方法、重型燃气轮机组合转子系统的结构强度分析与设计准则以及重型燃气轮机轴承转子系统动力学实验研究等相关内容[70-72]。上述研究对于发展具有我国自主知识产权的重型燃气轮机制造业无疑是有益的。

参考文献

［1］　Barwell F T. Bearing Systems Principle and Practice[M]. Oxford：Oxford University Press，1979.

［2］　Tower B. Proc. Instn. Mech. Engrs. [J]. 1885：36 - 58.

［3］　Reynolds O. On the Theory of Lubrication and its Application to Mr. Reauchamo Tower's Experiments，Including an Experimental Determination of the Viscosity of Olive Oil [J]. Phil Trans，1886，177(1)：157 - 234.

［4］　Jeffcott HH. The Latera；Vibration of Loaded Shafts in the Neighborhood of a Whirling Speed the Effect of Want of Blance [J]. Phil. mag.，1939，37.

［5］　Newkirk B L. Shaft Whipping [J]. General Electric Review，1924，27：169 - 178.

［6］　Newkirk B L，Taylor H D. Shaft Whipping due to Oil Action in Journal Bearings [J]. General Electric Review，1925，2885：559 - 568.

［7］　Stodola A. Kritische Wellenstorung Infolge der Nachgiebigkeit des Olpolsters im Lager [J]. Schweiz，Bauztg，1925，85：265 - 266.

[8]　Hummel C. Kritische Drehzahlen als Folge der Nachgiebigkeit des Nachgiebigkeit im Lager [J]. Ver. Dt. Ing. Forsch，1926，287.

[9]　Swift H W. Fluctuating Load in Journal Bearings [J]. J，Instn. Civ Engng，1937(5):161.

[10]　Cole J A. Film Extent and Whirl in Complete Journal Bearings [C]//Proc. Conf，on Lubrication and Wear. London：Instituion of Mechanical Engineers，1957:186.

[11]　Robertson D. Whirling of a Journal in a Sleeve Bearing [J]. Phil. Mag. Ser. 7，1933，15(1)：113 – 130.

[12]　Newkirk B L. Varieties of Shaft Disturbances Due to Fluid Films in Journal Bearings [J]. Trans. ASME，1956，78：985 – 988.

[13]　Poritsky H. Contribution of the Theory of Oil Whip [J]. Trans. ASME，1953，75：1153 – 1161.

[14]　Boeker G F，Sternlicht B. Investigation of Translatory Fluid Whirl in Vertical Machines [J]. Trans. ASME，1956，78：13 – 20.

[15]　Boeker G F，Sternlicht B. Investigation of Translatory Fluid Whirl in Vertical Machines [J]. Trans. ASME，1956，78：13 – 20.

[16]　Sternlicht B，Poritsky H，Arwas E. Dynamic Stability Aspects of Compressible and Incompressible Cylindrical Journal Bearings [C]. First Intern. Gas Bearing Symposium，1959.

[17]　Boffey D A. The Stability of a Rigid Rotor in a Flexibly Supported Self – Acting Gas Journal Bearing [C]. 4th Biannual Gas Bearing Symposium，1969.

[18]　Sternlicht B. Elastic and Damping Properties of Cylindrical Journal Bearings [J]. Trans. ASME，Ser. D，1959，81(6).

[19]　Hori Y. A Theory of Oil Whip [J]. Trans. ASME. ，Series E，1959，26(2)：189 – 196.

[20]　菊地胜昭，田村章义. 多点支持弹性ロータの安定性について [J]. 润滑，1974，21(10):673 – 678.

[21]　Lund J W. The Stability of an Elastic Rotor in Journal Bearings with Flexible，Damped Supports [J]. Trans. ASME，Series E，1965，32(4):911 – 920.

[22] Tondl A. Some Problems of Rotor Dynamics [M]. London: Chapman & Hall，1965.

[23] Geliencke J. Feder und Dampfungskonstanten von Gleirlagern fur Turbom-aschinen und deren Einfluss auf das Schwingungsverhalten Einfachenro-tors. Diss. TH，Karlsuhe，1966 Pope A W，Healy S P. Anti - vibration Journal Bearings. Journal Bearings for Reciprocating and Turbo - Machinery [J]. IME Symposium in Nottingham，1966(9):94 - 111.

[24] Glicnicke J. Experimental Investigation of the Stiffness and Damping Coeffi-cients of Turbine Bearings and Their Application to Instability Prediction [J]. IME Symposium in Nottinghan，1966(9):122 - 135.

[25] Huggins N J. Tests on a24in. Diameter Journal Bearing. Transition from Laminar to Turbulent Flow [J]. ME Symposium in Nottingham，1966(9): 3 - 10.

[26] Duffin S, Johnson B T. Some Experimental and Theoretical Studies of Jour-nal Bearings for Large Turbine - Generator Sets [J]. IME Symposium in Nottingham,1966(9):30 - 38.

[27] 林钧,丘大谋,谢友柏,等.流体动压滑动轴承油膜刚度阻尼特性测定方法的研究[J].西安交通大学学报,1981(2).

[28] Mitchell J R，Holmes R,Ballygooyen H V. Experimental Determination of a Bearing Oil Film Stiffness [C]. Lubrication and Wear Fourth Convention，1966:13 - 19.

[29] Woodcock J S，Holmes R. Determination and Application of the Properties of a Turbo - Rotor Bearing Oil - Film [C]. Trobology Convention，1970: 111 - 119.

[30] 染谷常雄.ちべり軸受の油膜系数の測定法[J]. 潤滑,1975,26(3).

[31] 飯田精一.チルチンりパツト軸受の振動特性の研究 [C]//日本机械学会论文集(第三部),1974,40,:875 - 884.

[32] Pillmann E. Das Mehrgleitflachenlager unter Beruchsichtigung der Verand-erlichin Olviskositat. Konstruktion [C]. 21 Jahrf.，Heft 3，1969: 85 - 97.

[33] Gelienicke J. Experimentalle Ermittlung der Statischen und Dynamischen Eigcnschaften von Gleitagen furSchnellaufende Welllen - Einfluss der Schmiertric und der Lagerbreite [J]. Fortschritt - Berichte VDI Zeitschrift-

en，1970(8).

[34]　　Tanaka M，Hori Y. Stability Characteristic of Floating Bearings [J]. Trans. ASME，Series F，1972，94(3):248 - 259.

[35]　Schuller F T. Experiments on the Stability of Various Water - Lubricated Fixed Geometry Hydrodynamic Journal Bearings at Zero Load [J]. Trans. ASME，Series F，1973,95(4):434 - 446.

[36]　Bootsma J. The Gas to Liquid Interface of Spiral Groove Journal Bearings and its Effect on Stability [J]. Trans. ASME，Series F，1974，96(3):337 - 345.

[37]　Howarth R B. An Experimental Investigation of the Floating - Pad Journal Bearing [C]. Triboligy Convention，1970: 54 - 59.

[38]　Howarth R B. A Theoretical Analysis of the Floating - Pad Journal Bearing [C]. Tribology Convention，1970: 60 - 69.

[39]　Barnum T. The Geometrically Irregular Foil Bearing [J]. Trans. ASME，Series F，1974，96 (2):224 - 227.

[40]　Myklestad N O. A New Method of Calculating Natural Modes of Uncoupled Bending Vibration of Airplane Wings and Other Types of Beams [J]. J. of Mechanical Engineering Science，1994(4):153 - 162.

[41]　Prohl M A. A General Method for Calculating Critical Speeds of Flexible Rotors [J]. Trans. ASME,J. of Applied Mechanics,1945,12(3):142 - 148.

[42]　Lund J W. Spring and Damping Coefficients for the Tilting - Pad Journal Bearing [J]. Trans. ASME，1964(7):342 - 352.

[43]　Elwell R C，Findlay J A. Design of Pivoted - Pad Journal Bearing [J]. Trans. ASME，Series F，1969，91.

[44]　Flack R D，et al. Experiments on the Stability of Two Flexi ble Rotor in Tilting - Pad Bearings [C]//42th Annul Meeting in Anaheim. California: [s. n.],1987(5).

[45]　Yu Lie,Xie You - Bai，Zhu Jun，Qiu Damou. The Principle of General Energy Conservation and an Application to the Stability Analysis of a Rotor - Bearing System [J]. Journal of Sound and Vibration,1988,127(2):353 - 363.

[46]　虞烈,刘恒.轴承转子系统动力学[M].西安:西安交通大学出版社,2001.

[47]　Mittwollen N，Hegel T，Glienicke J. Effects of Hydrodynamic Thrust Bearing on Lateral Shaft Vibration [J]. J. of Tribology，Trans. ASME，1990，103：811－818.

[48]　Yu Lie，Bhat R B. Coupled Dynamics of a Rotor-Journal Bearing System Equipped with Thrust Bearings [J]. Shock and Vibration，1995，2(1)：1－14.

[49]　Lund J W. Notes on Rotor-Bearing Dynamics [M]. [S. l.]：The Technical University of Denmark，1979.

[50]　Alford J S. Pretecting Turbomachinery Form Self-Excited Rotor Whirl [J]. J. of Engineering for Power，1965，87(4)：189－196.

[51]　Childs D W. The Space Shuttle Main Engine High-Pressure Fuel Turbo-Pump Rotor Dynamic Instability Problem [J]. Trans. ASME，J. of Engineering for Power，1978，100(1)：48.

[52]　Ehrich F，Childs D W. Self-Excited Vibration in High-Performance Turbo-machinery [J]. IMech. E，1984(5)：66.

[53]　Kimball A L. Internal Friction Theory of Shaft Whipping [J]. General Electric Review，1927，27：244－251.

[54]　Timoshenko S. Vibration Problem in Engineering [M]. 3rd ed. New York：D. Van Nostand Co. ，1961：227－232.

[55]　Gunter E J. The Influence of Internal Friction on the Stability of High－Speed Rotor [J]. J. of Engineering forInsdustry，1967，89(4)：683－688.

[56]　Ehrich F F. Shaft Whirl Induced by Rotor Internal Damping [J]. J. of Applied Mechanics，1964，31(2)：279－282.

[57]　虞烈.可控磁悬浮转子系统[M].北京：科学出版社，2003.

[58]　虞烈，戚社苗，耿海鹏.可压缩气体润滑与弹性箔片气体轴承技术[M].北京：科学出版社，2011.

[59]　王为民.重型燃气轮机组合转子接触界面强度及系统动力学设计方法研究[D].西安：西安交通大学，2012.

[60]　Jianfu Hou，Bryon J Wieks，Ross A. An investigation of fatigue failures of turbine blades in a gas turbine engine by mechanical analysis[J]. Engineering Failure Analysis，2002，9：201－211.

[61]　David K Hall. Performance Limits of Turbomachines [D]. Boston：Massa-

chusetts Institute of Technology,2010.

[62]　成思危.复杂性科学探索[M].北京:民主与建设出版社,1999.

[63]　欧阳莹之.复杂系统理论基础[M].上海:上海科技教育出版社,2002.

[64]　李政道.导言:展望 21 世纪科学发展前景//21 世纪 100 个科学难题
[M].长春:吉林人民出版社,1998.

[65]　Mitchell Waldrop M. Complexity[M]. Newyork:Simon & Schuster, 1992.

[66]　钟掘.复杂机电系统耦合设计理论与方法[M].北京:机械工业出版社,
2007.

[67]　Nam P Suh. Complexity - Theory and Applications[M]. Oxford:Oxford
University Press,2005.

[68]　王为民,潘家成,方宇,等.东方 1000MW 超超临界汽轮机设计特点及运
行业绩[J].东方电气评论,2009,23(89):1 - 11.

第1章 刚性支承的简单转子

1.1 转子运动的描述

在旋转机械中,通常转子总是由弹性轴和装配在轴上的圆盘、叶轮和齿轮等各种惯性元件组合而成的,轴承则起着支承转子和约束转子运动的作用。

从运动学的观点来看,无论是简单系统或是复杂系统,对包括转子在内的整个系统的运动形态的讨论在大多数情况下都被转化为对系统各部分具有代表性的一系列质点运动的考察。例如,对于支座,在平动情况下支座质心的运动可以用来代表整个支座的运动;对于转子,当轴上各种惯性元件如叶轮、圆盘的变形可忽略时,转轴中心线上各点的运动规律实际上就体现了转抽运动的总体特征。

上述处理的好处是为参考坐标系的引入带来了方便,图1-1所示的两种简单子系统经常被引用来直观地说明参考坐标系的引入过程:这时,支承都假设为刚性支承,即相当于轴承无间隙、无变形的情况,取圆盘所在的平面 Oxy 为固定参考平面,该平面与两支点连线的交点为原点 O;描述圆盘运动的相对坐标系 $O'x''y''$ 为和固定坐标系 Oxy 平行的平移坐标系,其中 O' 为圆盘中心的静态平衡点。

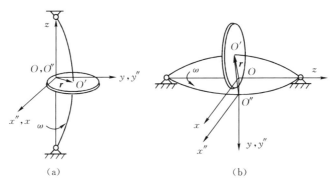

图1-1 描述转子运动的固定坐标系
(a) 刚支立式单质量弹性转子;(b) 刚支卧式单质量弹性转子

对于图1-1(a)所示的立式转子,由于圆盘重力所产生的静挠度为零,所以 $O'x''y''$ 与 Oxy 彼此重合,动态时当圆盘由于外力作用偏离其平衡位置时,矢径 r

即可用来描述圆盘的运动；而对于图 1 - 1(b) 所示的卧式转子说来，由于重力引起的静挠度 $\overrightarrow{O'O''}$ 的影响，圆盘在相对坐标系 $O'x''y''$ 中的位移矢量为 $\overrightarrow{O''O'}$，此时矢径 r 只是近似地描述了中心 O' 偏离原静平衡位置 O' 的运动状态，当然，这种近似在静挠度甚小、可以略去时具有一定的合理性。在本书以下章节中，如非特别说明，均采取了略去静挠度影响、动态位移均由支承中心连线上相应各点算起的假设。

1.1.1　固定坐标系中质点的简谐运动

如图 1 - 2 所示，考察一位于 Oxy 平面内的运动质点 A，当 A 点绕坐标原点作周期性简谐运动时，采用方程(1 - 1a) 或方程(1 - 1b) 描述其运动是等价的。

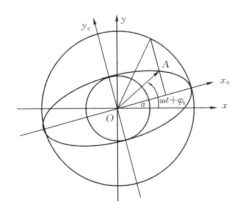

图 1 - 2　质点的平面简谐运动

$$\begin{cases} x = x_0\cos(\omega t + \varphi_x) \\ y = y_0\sin(\omega t + \varphi_y) \end{cases} \qquad (1 - 1a)$$

或者

$$\begin{cases} x = x_c\cos\omega t - x_s\sin\omega t \\ y = y_c\cos\omega t - y_s\sin\omega t \end{cases} \qquad (1 - 1b)$$

由于所描述的是同一运动，上述变量间的关系如下：

位移

$$\begin{cases} x_c = x_0\cos\varphi_x, \ x_s = x_0\sin\varphi_x \\ y_c = y_0\sin\varphi_y, \ y_s = - y_0\cos\varphi_y \\ x_0 = \sqrt{x_c{}^2 + x_s{}^2}, y_0 = \sqrt{y_c{}^2 + y_s{}^2} \end{cases}$$

相位差

$$\begin{cases} \varphi_x = \arctan \dfrac{x_s}{x_c} \\[3mm] \varphi_y = \arctan\left(-\dfrac{y_c}{y_s}\right) \end{cases} \tag{1-2}$$

其中,$(x_0,\varphi_x,y_0,\varphi_y)$ 或 (x_c,x_s,y_c,y_s) 取决于质点运动的初始条件。

由式(1-1a)或式(1-1b)所决定的 A 点的运动轨迹是一椭圆,一般说来,该椭圆的长轴方向可以是任意的,可用其长轴与 x 轴正方向的夹角 α 来表示。这样在所建立的以椭圆长轴方向为 x_e 轴的 $Ox_e y_e$ 坐标系中,A 点的运动方程可化为标准形式

$$\begin{cases} x_e = a\cos(\omega t + \varphi_a - \alpha) \\[2mm] y_e = b\sin(\omega t + \varphi_a - \alpha) \end{cases} \tag{1-3}$$

式中,a 为椭圆长半轴;b 为椭圆短半轴;φ_a 为相位差。

两坐标系间的变换公式为

$$\begin{bmatrix} x \\ y \end{bmatrix} = \begin{bmatrix} \cos\alpha & -\sin\alpha \\ \sin\alpha & \cos\alpha \end{bmatrix} \begin{bmatrix} x_e \\ y_e \end{bmatrix} \tag{1-4}$$

以下用初始参数 x_c,x_s,y_c 和 y_s 来表示 a,b,α 和 φ_a。在方程(1-1b)中消去时间项后,得到 A 点运动的轨迹方程

$$(y_c^2 + y_s^2)x^2 + (x_c^2 + x_s^2)y^2 - 2(x_c y_c + x_s y_s)xy = (y_c x_s - y_s x_c)^2$$
$$\tag{1-5a}$$

令 $m^2 = y_c^2 + y_s^2, n^2 = x_c^2 + x_s^2, \mu = (x_c y_c + x_s y_s), r^2 = (y_c x_s - y_s x_c)$,得到

$$m^2 x^2 + n^2 y^2 - 2\mu xy = r^2 \tag{1-5b}$$

将式(1-4)代入式(1-5),得到关于 x_e,y_e 的标准方程

$$(m^2\cos^2\alpha + n^2\sin^2\alpha - \mu\sin2\alpha)x_e^2 + (m^2\sin^2\alpha + n^2\cos^2\alpha + \mu\sin2\alpha)y_e^2$$
$$- (m^2\sin2\alpha - n^2\sin a2\alpha + 2\mu\cos2\alpha)x_e y_e = r^2 \tag{1-5c}$$

由式中交叉项系数应当为零的条件,可解得

$$\tan2\alpha = \frac{2(x_c y_c - x_s y_s)}{(x_c^2 + x_s^2) - (y_c^2 + y_s^2)} \tag{1-6}$$

由方程(1-3)和(1-5c)知

$$\begin{cases} a^2 + b^2 = m^2 + n^2 = (x_c^2 + x_s^2 + y_c^2 + y_s^2) \\[2mm] ab = r = (y_c x_s - y_s x_c) \end{cases}$$

由此可以解得该椭圆的长半轴、短半轴分别为

$$a^2 = \frac{1}{2}(x_c^2 + x_s^2 + y_c^2 + y_s^2) + \sqrt{\frac{1}{4}\left[(x_c^2 + x_s^2) - (y_c^2 + y_s^2)\right]^2 + (x_c y_c + x_s y_s)^2}$$

$$b^2 = \frac{1}{2}(x_c^2 + x_s^2 + y_c^2 + y_s^2) - \sqrt{\frac{1}{4}\left[(x_c^2 + x_s^2) - (y_c^2 + y_s^2)\right]^2 + (x_c y_c + x_s y_s)^2}$$

$$(1-7\text{a})$$

或
$$b = (y_c x_s - y_s x_c)/a \qquad\qquad (1-7\text{b})$$

以下求解相位差 φ_a：

当 $\omega t = 0$ 时,有

$$\begin{bmatrix} x_c \\ y_c \end{bmatrix} = \begin{bmatrix} a\cos\alpha\cos(\varphi_a - \alpha) - b\sin\alpha\sin(\varphi_a - \alpha) \\ a\sin\alpha\cos(\varphi_a - \alpha) + b\cos\alpha\sin(\varphi_a - \alpha) \end{bmatrix} \qquad (1-8\text{a})$$

当 $\omega t = \dfrac{\pi}{2}$ 时,有

$$-\begin{bmatrix} x_s \\ y_s \end{bmatrix} = \begin{bmatrix} -a\cos\alpha\sin(\varphi_a - \alpha) - b\sin\alpha\cos(\varphi_a - \alpha) \\ -a\sin\alpha\sin(\varphi_a - \alpha) + b\cos\alpha\cos(\varphi_a - \alpha) \end{bmatrix} \qquad (1-8\text{b})$$

联立求解式(1-8a)和式(1-8b),可得

$$\tan\varphi_a = \frac{x_s + y_c}{x_c - y_s} \qquad\qquad (1-9)$$

这样,当 x_c, x_s, y_c, y_s 已知时,该椭圆就由方程(1-6),(1-7)和(1-9)唯一地确定下来。

另一方面,从运动学的观点来看,矢径 $\overrightarrow{OA}$ 还可以视作两个定常旋转矢量 $\boldsymbol{x}_f$ 和 $\boldsymbol{x}_b$ 的合成。其中, $\boldsymbol{x}_f$ 以 ω 为角频率(以下简称频率)逆时针绕 O 点旋转,并称为正进运动分量; $\boldsymbol{x}_b$ 则以 ω 为频率顺时针绕 O 点旋转,并称为反正进运动分量。很容易以 $\boldsymbol{x}_f$ 和 $\boldsymbol{x}_b$ 来描述该轨迹方程(见图 1-3):

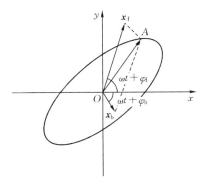

图 1-3　质点平面简谐运动的合成

$$x = |\pmb{x}_{\mathrm{f}}|\cos(\omega t + \varphi_{\mathrm{f}}) + |\pmb{x}_{\mathrm{b}}|\cos(\omega t + \varphi_{\mathrm{b}})$$
$$y = |\pmb{x}_{\mathrm{f}}|\sin(\omega t + \varphi_{\mathrm{f}}) - |\pmb{x}_{\mathrm{b}}|\sin(\omega t + \varphi_{\mathrm{b}})$$

$(1-10)$

式中,$|\pmb{x}_{\mathrm{f}}|$,$|\pmb{x}_{\mathrm{b}}|$分别为$\pmb{x}_{\mathrm{f}}$和$\pmb{x}_{\mathrm{b}}$的模;φ_{f}和φ_{b}分别为$\pmb{x}_{\mathrm{f}}$和$\pmb{x}_{\mathrm{b}}$的初始相位。将方程(1-10)中所引入的$|\pmb{x}_{\mathrm{f}}|$,$|\pmb{x}_{\mathrm{b}}|$,φ_{f}和φ_{b}用初值来表示,由式(1-10)和式(1-1b)中所含有时间项系数相等,得到

$$\begin{cases} |\pmb{x}_{\mathrm{f}}|\cos\varphi_{\mathrm{f}} + |\pmb{x}_{\mathrm{b}}|\cos\varphi_{\mathrm{b}} = x_{\mathrm{c}} \\ |\pmb{x}_{\mathrm{f}}|\sin\varphi_{\mathrm{f}} + |\pmb{x}_{\mathrm{b}}|\sin\varphi_{\mathrm{b}} = x_{\mathrm{s}} \\ |\pmb{x}_{\mathrm{f}}|\sin\varphi_{\mathrm{f}} - |\pmb{x}_{\mathrm{b}}|\sin\varphi_{\mathrm{b}} = y_{\mathrm{c}} \\ -|\pmb{x}_{\mathrm{f}}|\cos\varphi_{\mathrm{f}} + |\pmb{x}_{\mathrm{b}}|\cos\varphi_{\mathrm{b}} = y_{\mathrm{s}} \end{cases}$$

$(1-11)$

并可解得

$$\begin{cases} \tan\varphi_{\mathrm{b}} = \dfrac{x_{\mathrm{s}} - y_{\mathrm{c}}}{x_{\mathrm{c}} + y_{\mathrm{s}}} \\ \tan\varphi_{\mathrm{f}} = \dfrac{x_{\mathrm{s}} + y_{\mathrm{c}}}{x_{\mathrm{c}} - y_{\mathrm{s}}} = \tan\varphi_{\mathrm{a}} \\ |\pmb{x}_{\mathrm{f}}| = \dfrac{1}{2}\sqrt{(x_{\mathrm{c}} - y_{\mathrm{s}})^2 + (x_{\mathrm{s}} + y_{\mathrm{c}})^2} = \dfrac{1}{2}(a + b) \\ |\pmb{x}_{\mathrm{b}}| = \dfrac{1}{2}\sqrt{(x_{\mathrm{c}} + y_{\mathrm{s}})^2 + (x_{\mathrm{s}} - y_{\mathrm{c}})^2} = \dfrac{1}{2}(a - b) \\ a = |\pmb{x}_{\mathrm{f}}| + |\pmb{x}_{\mathrm{b}}|, \ b = |\pmb{x}_{\mathrm{f}}| - |\pmb{x}_{\mathrm{b}}| \\ \varphi_{\mathrm{a}} = \varphi_{\mathrm{f}}, \ 2\alpha = \varphi_{\mathrm{f}} - \varphi_{\mathrm{b}} \end{cases}$$

$(1-12)$

由式(1-12)知,当$|\pmb{x}_{\mathrm{f}}| > |\pmb{x}_{\mathrm{b}}|$时,矢径$\overrightarrow{OA}$的旋转方向将与$\pmb{x}_{\mathrm{f}}$相同,因而称之为正向涡动;反之,若$|\pmb{x}_{\mathrm{f}}| < |\pmb{x}_{\mathrm{b}}|$,则合成后的矢径$\overrightarrow{OA}$的旋转方向将与$\pmb{x}_{\mathrm{b}}$相同,故而称之为反向涡动。这样也就清楚地说明了前面的式(1-7b)中短半轴b可能出现负值的物理意义:当$b < 0$时,即意味着该质点的实际运动属于反向涡动。

1.1.2　质点运动的复数表示法

质点A的简谐运动,也可以采用复数形式来表示。由于在以后的动力学计算中经常需要进行微积分运算,采用复数形式会方便得多。

将方程(1-1b)化为复数形式后,有

$$\begin{cases} x = \mathrm{Re}\{(x_{\mathrm{c}} + \mathrm{i}x_{\mathrm{s}})\mathrm{e}^{\mathrm{i}\omega t}\} \\ y = \mathrm{Re}\{(y_{\mathrm{c}} + \mathrm{i}y_{\mathrm{s}})\mathrm{e}^{\mathrm{i}\omega t}\} \end{cases}$$

$(1-13)$

类似地,图 1-3 中所示的旋转矢量 $\boldsymbol{x}_\mathrm{f},\boldsymbol{x}_\mathrm{b}$ 在复数范围内被表示成

$$
\begin{cases}
\boldsymbol{x}_\mathrm{f} = x_\mathrm{fr} + \mathrm{i}x_\mathrm{fi} \xlongequal{\text{def}} |\boldsymbol{x}_\mathrm{f}|\cos\varphi_\mathrm{f} + \mathrm{i}|\boldsymbol{x}_\mathrm{f}|\sin\varphi_\mathrm{f} \\
\boldsymbol{x}_\mathrm{b} = x_\mathrm{br} + \mathrm{i}x_\mathrm{bi} \xlongequal{\text{def}} |\boldsymbol{x}_\mathrm{b}|\cos\varphi_\mathrm{b} + \mathrm{i}|\boldsymbol{x}_\mathrm{b}|\sin\varphi_\mathrm{b}
\end{cases}
\tag{1-14a}
$$

x,y 可记为

$$
\begin{cases}
x = \mathrm{Re}\{(\boldsymbol{x}_\mathrm{f} + \boldsymbol{x}_\mathrm{b})\mathrm{e}^{\mathrm{i}\omega t}\} = \mathrm{Re}\{(\boldsymbol{x}_\mathrm{c} + \mathrm{i}\boldsymbol{x}_\mathrm{s})\mathrm{e}^{\mathrm{i}\omega t}\} \\
y = \mathrm{Re}\{-\mathrm{i}(\boldsymbol{x}_\mathrm{f} - \boldsymbol{x}_\mathrm{b})\mathrm{e}^{\mathrm{i}\omega t}\} = \mathrm{Re}\{(\boldsymbol{y}_\mathrm{c} + \mathrm{i}\boldsymbol{y}_\mathrm{s})\mathrm{e}^{\mathrm{i}\omega t}\}
\end{cases}
\tag{1-14b}
$$

同样地,引入复向量 $\widetilde{\boldsymbol{x}},\widetilde{\boldsymbol{y}}$:

$$
\begin{cases}
\widetilde{\boldsymbol{x}} = x_\mathrm{c} + \mathrm{i}x_\mathrm{s} = x_\mathrm{f} + x_\mathrm{b} \\
\widetilde{\boldsymbol{y}} = y_\mathrm{c} + \mathrm{i}y_\mathrm{s} = -\mathrm{i}(x_\mathrm{f} - x_\mathrm{b})
\end{cases}
\tag{1-14c}
$$

进而得到

$$
\begin{cases}
\boldsymbol{x}_\mathrm{f} = \dfrac{1}{2}(x_\mathrm{c} - y_\mathrm{s}) + \mathrm{i}\,\dfrac{1}{2}(x_\mathrm{s} + y_\mathrm{c}) = \dfrac{1}{2}(\widetilde{\boldsymbol{x}} + \mathrm{i}\widetilde{\boldsymbol{y}}) \\
\boldsymbol{x}_\mathrm{b} = \dfrac{1}{2}(x_\mathrm{c} + y_\mathrm{s}) + \mathrm{i}\,\dfrac{1}{2}(x_\mathrm{s} - y_\mathrm{c}) = \dfrac{1}{2}(\widetilde{\boldsymbol{x}} - \mathrm{i}\widetilde{\boldsymbol{y}})
\end{cases}
\tag{1-14d}
$$

对于更一般的运动情况,当质点 A 的运动并非简谐运动而呈现为衰减或发散运动时,其运动方程可表示为

$$
\begin{cases}
\widetilde{\boldsymbol{x}} = X_0\mathrm{e}^{(-\mu+\mathrm{i}\omega)t} \\
\widetilde{\boldsymbol{y}} = Y_0\mathrm{e}^{(-\mu+\mathrm{i}\omega)t}
\end{cases}
\tag{1-15}
$$

式中,$\widetilde{\boldsymbol{x}},\widetilde{\boldsymbol{y}},X_0,Y_0$ 均为复数。其中 X_0,Y_0 为复振幅,与时间无关;ω 为圆频率;μ 则为阻尼衰减因子。由式(1-15)所决定的点 A 运动轨迹如图 1-4 所示。

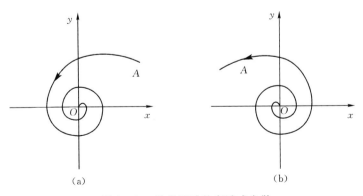

图 1-4 质点运动的衰减或发散

(a)$\mu>0$;(b)$\mu<0$

1.1.3　旋转坐标系中质点的运动

采用旋转坐标系对于分析具有非对称结构的旋转轴的运动尤为方便。如图 1-5 所示，Oxy 为固定直角坐标系，$O\xi\eta$ 为旋转坐标系，其中 $\xi(\eta)$ 轴以频率 Ω 绕 O 点转动。这样，在 $O\xi\eta$ 坐标系中 A 点的运动就可以表示为

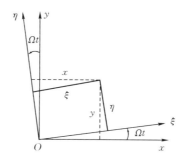

图 1-5　质点运动的固定及旋转坐标系

$$\begin{cases} \xi = x\cos\Omega t + y\sin\Omega t \\ \eta = -x\sin\Omega t + y\cos\Omega t \end{cases} \quad (1-16)$$

该点的相对速度与绝对速度间的关系为

$$\begin{cases} \dot{\xi} - \Omega\eta = \dot{x}\cos\Omega t + \dot{y}\sin\Omega t \\ \dot{\eta} + \Omega\xi = -\dot{x}\sin\Omega t + \dot{y}\cos\Omega t \end{cases} \quad (1-17)$$

类似地，对于加速度有

$$\begin{cases} \ddot{\xi} - \Omega^2\eta - 2\Omega\dot{\eta} = \ddot{x}\cos\Omega t + \ddot{y}\sin\Omega t \\ \ddot{\eta} - \Omega^2\xi - 2\Omega\dot{\xi} = -\ddot{x}\sin\Omega t + \ddot{y}\cos\Omega t \end{cases} \quad (1-18)$$

此时，若 A 点在固定坐标系中作如式(1-1)所描述的周期性椭圆运动，则在旋转坐标系中该运动的描述为

$$\begin{cases} \xi = \mathrm{Re}\{\boldsymbol{x}_{\mathrm{f}}\mathrm{e}^{\mathrm{i}(\omega-\Omega)t} + \boldsymbol{x}_{\mathrm{b}}\mathrm{e}^{\mathrm{i}(\omega+\Omega)t}\} \\ \eta = \mathrm{Re}\{-\mathrm{i}\boldsymbol{x}_{\mathrm{f}}\mathrm{e}^{\mathrm{i}(\omega-\Omega)t} + \mathrm{i}\boldsymbol{x}_{\mathrm{b}}\mathrm{e}^{\mathrm{i}(\omega+\Omega)t}\} \end{cases} \quad (1-19)$$

这样，在旋转坐标系中，质点 A 的运动轨迹可以看作是由两个幅值为 $|\boldsymbol{x}_{\mathrm{f}}|$ 和 $|\boldsymbol{x}_{\mathrm{b}}|$ 的旋转矢量的合成，其中一个矢量 $\boldsymbol{x}_{\mathrm{b}}$ 以频率$(\omega+\Omega)$旋转；另一个矢量 $\boldsymbol{x}_{\mathrm{f}}$ 以频率$(\omega-\Omega)$旋转，且当 $\omega<\Omega$ 时，在 $O\xi\eta$ 坐标系中观察到的矢量 $\boldsymbol{x}_{\mathrm{f}}$ 的运动是反进动[10]。

1.2　刚体运动、动量矩和动能

在转子动力学分析中,所要处理的刚体以安装在轴上的轮、盘居多。对这些刚体的运动学和动力学分析,通常需要确定这些刚体的空间位置、速度、动量矩及动能等物理量。

1. 运动刚体的空间位置

对于一位于直角坐标系 $Oxyz$ 中的刚性圆盘,其运动状态可以用其质心 O_c 的坐标(x_c,y_c,z_c) 和相应的空间欧拉角(φ,ψ,γ) 以及这些变量的导数来表示。为了定义欧拉角,需要引入一固结在圆盘上的惯性主轴坐标系 $O_c x_3 y_3 z_3$。设圆盘经过某一时间 t 后到达的最终位置如图 1－6 所示,则整个运动可视作由以下几个步骤完成:如图 1－7,设平移坐标系为 $O_c x'y'z'$,圆盘先绕 $y'(y_1)$ 轴转过 φ 角到达 $x_1 y_1 z_1$,再绕 x_1 轴反向旋转 ψ 角后到达 $x_2 y_2 z_2$,然后绕 z_2 轴以频率 ω 在 $x_2 y_2$ 平面内按逆时针方向转过 γ 角,最终到达 $x_3 y_3 z_3$ 位置。

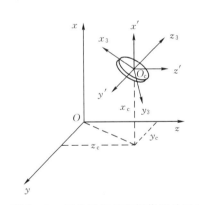

图 1－6　刚性圆盘的空间位置及运动

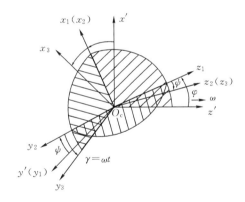

图 1－7　不同坐标系间的变换关系

按上述约定,各坐标系中单位矢量 $i_m,j_m,k_m(m=1,2,3)$ 和绝对坐标系中单位矢量 i,j,k 间的关系为

$$\begin{Bmatrix} \boldsymbol{i}_1 \\ \boldsymbol{j}_1 \\ \boldsymbol{k}_1 \end{Bmatrix} = \begin{bmatrix} \cos\varphi & 0 & -\sin\varphi \\ 0 & 1 & 0 \\ \sin\varphi & 0 & \cos\varphi \end{bmatrix} \begin{Bmatrix} \boldsymbol{i} \\ \boldsymbol{j} \\ \boldsymbol{k} \end{Bmatrix} \quad 或 \quad \begin{Bmatrix} \boldsymbol{i} \\ \boldsymbol{j} \\ \boldsymbol{k} \end{Bmatrix} = \begin{bmatrix} \cos\varphi & 0 & \sin\varphi \\ 0 & 1 & 0 \\ -\sin\varphi & 0 & \cos\varphi \end{bmatrix} \begin{Bmatrix} \boldsymbol{i}_1 \\ \boldsymbol{j}_1 \\ \boldsymbol{k}_1 \end{Bmatrix}$$

$$\begin{Bmatrix} \boldsymbol{i}_2 \\ \boldsymbol{j}_2 \\ \boldsymbol{k}_2 \end{Bmatrix} = \begin{bmatrix} 1 & 0 & 0 \\ 0 & \cos\psi & -\sin\psi \\ 0 & \sin\psi & \cos\psi \end{bmatrix} \begin{Bmatrix} \boldsymbol{i}_1 \\ \boldsymbol{j}_1 \\ \boldsymbol{k}_1 \end{Bmatrix} \quad 或 \quad \begin{Bmatrix} \boldsymbol{i}_1 \\ \boldsymbol{j}_1 \\ \boldsymbol{k}_1 \end{Bmatrix} = \begin{bmatrix} 1 & 0 & 0 \\ 0 & \cos\psi & \sin\psi \\ 0 & -\sin\psi & \cos\psi \end{bmatrix} \begin{Bmatrix} \boldsymbol{i}_2 \\ \boldsymbol{j}_2 \\ \boldsymbol{k}_2 \end{Bmatrix}$$

$$\begin{Bmatrix} \boldsymbol{i}_3 \\ \boldsymbol{j}_3 \\ \boldsymbol{k}_3 \end{Bmatrix} = \begin{bmatrix} \cos\omega t & -\sin\omega t & 0 \\ -\sin\omega t & \cos\omega t & 0 \\ 0 & 0 & 1 \end{bmatrix} \begin{Bmatrix} \boldsymbol{i}_2 \\ \boldsymbol{j}_2 \\ \boldsymbol{k}_2 \end{Bmatrix} \quad 或 \quad \begin{Bmatrix} \boldsymbol{i}_2 \\ \boldsymbol{j}_2 \\ \boldsymbol{k}_2 \end{Bmatrix} = \begin{bmatrix} \cos\omega t & -\sin\omega t & 0 \\ \sin\omega t & \cos\omega t & 0 \\ 0 & 0 & 1 \end{bmatrix} \begin{Bmatrix} \boldsymbol{i}_3 \\ \boldsymbol{j}_3 \\ \boldsymbol{k}_3 \end{Bmatrix}$$

$$(1-20)$$

圆盘质心位移 $\qquad\qquad \overrightarrow{OO_c} = x_c \boldsymbol{i} + y_c \boldsymbol{j} + z_c \boldsymbol{k}$

圆盘的质心速度 $\qquad\qquad \boldsymbol{v}_c = \dot{x}_c \boldsymbol{i} + \dot{y}_c \boldsymbol{j} + \dot{z}_c \boldsymbol{k}$

圆盘绕质心转动的角速度 $\quad \boldsymbol{\Omega} = -\dot{\psi} \boldsymbol{i}_2 + \dot{\varphi} \boldsymbol{j}_1 + \omega \boldsymbol{k}_3$ $\qquad\qquad (1-21)$

　　就角速度 $\boldsymbol{\Omega}$ 而言,无论表示成哪一个坐标系中的投影形式都是可以的,如在 $O_c x_3 y_3 z_3$ 中可以写成

$$\boldsymbol{\Omega} = (\dot{\varphi}\cos\psi\sin\omega t)\boldsymbol{i}_3 + (\dot{\varphi}\cos\psi\cos\omega t + \dot{\psi}\sin\omega t)\boldsymbol{j}_3 + (\omega + \dot{\varphi}\sin\psi)\boldsymbol{k}_3$$

$$(1-22)$$

或在 $O_c x_2 y_2 z_2$ 中表示成

$$\boldsymbol{\Omega} = -\dot{\psi}\boldsymbol{i}_2 + \dot{\varphi}\boldsymbol{j}_2 + (\omega + \dot{\varphi}\sin\psi)\boldsymbol{k}_2 \qquad\qquad (1-23)$$

　　式(1-22)和式(1-23)两者所代表的物理意义并不相同:在式(1-22)中,坐标系 $O_c x_3 y_3 z_3$ 和刚体是完全固接的;而式(1-23)所表达的物理意义则是将圆盘的转动视为随同动坐标系 $O_c x_2 y_2 z_2$ 一起的转动(牵连运动)和圆盘绕 z_2 轴以角速度 $(\omega + \dot{\varphi}\sin\psi)$ 的自转(相对运动)的合成,此时坐标系 $O_c x_2 y_2 z_2$ 的转动角速度

$$\boldsymbol{\Omega}_e = -\dot{\psi}\boldsymbol{i}_2 + \dot{\varphi}\boldsymbol{j}_2 \qquad\qquad (1-24)$$

或 $\qquad\qquad \boldsymbol{\Omega} = \boldsymbol{\Omega}_e + (\omega + \dot{\varphi}\sin\psi)\boldsymbol{k}_2$

　　将刚体绕质心 O_c 的转动角速度表示成在 $O_c x_2 y_2 z_2$ 坐标系中的投影形式的好处是可以直接运用动量矩定理,从而简明地导出圆盘绕质心 O_c 的转动微分方程

　　令 I_x, I_y, I_z 分别为圆盘绕各惯性主轴的转动惯量,则圆盘的动量矩

$$\boldsymbol{G}_c = I_x \omega_{x2} \boldsymbol{i}_2 + I_y \omega_{y2} \boldsymbol{j}_2 + I_z \omega_{z2} \boldsymbol{k}_2$$

$$= - I_x \omega_{x2} \boldsymbol{i}_2 + I_y \omega_{y2} \boldsymbol{j}_2 + I_z (\omega + \dot{\varphi} \sin \psi) \boldsymbol{k}_2$$
$$= G_{x2} \boldsymbol{i}_2 + G_{y2} \boldsymbol{j}_2 + G_{z2} \boldsymbol{k}_2 \tag{1-25}$$

根据动量矩定理,圆盘对于其中心 O_c 的动量矩对时间的导数(在 $O_c x' y' z'$ 中)等于圆盘所受外力对中心 O_c 的矩,亦即

$$\frac{\mathrm{d} \boldsymbol{G}_c}{\mathrm{d} t} = \boldsymbol{M}_c \tag{1-26}$$

需要强调的是,式(1-26)中 $\dfrac{\mathrm{d} \boldsymbol{G}_c}{\mathrm{d} t}$ 应为在平动坐标系 $O_c x' y' z'$ 中所观察到

的 $\boldsymbol{G}_c$ 对于时间的变化率。若在动坐标系 $O_c x_2 y_2 z_2$ 中采用 $\dfrac{\tilde{\mathrm{d}} \boldsymbol{G}_c}{\mathrm{d} t}$ 来表示 $\boldsymbol{G}_c$ 对于时

间的变化率,则式(1-26)应当改写成

$$\frac{\tilde{\mathrm{d}} \boldsymbol{G}_c}{\mathrm{d} t} + \boldsymbol{\Omega}_e \times \boldsymbol{G}_c = \boldsymbol{M}_c \tag{1-27}$$

将外力矩 $\boldsymbol{M}_c$ 也表达为投影形式:

$$\boldsymbol{M}_c = M_{x2} \boldsymbol{i}_2 + M_{y2} \boldsymbol{j}_2 + M_{z2} \boldsymbol{k}_2 \approx M_x \boldsymbol{i} + M_y \boldsymbol{j} + M_z \boldsymbol{k} \tag{1-28}$$

则式(1-27)的投影形式为

$$\begin{cases} - I_x \ddot{\psi} + \dot{\varphi} I_z \omega = M_{x2} \approx M_x \\ I_y \ddot{\varphi} + \dot{\psi} I_z \omega = M_{y2} \approx M_y \\ I_z \dfrac{\mathrm{d} \omega}{\mathrm{d} t} = M_{z2} \approx M_z \end{cases} \tag{1-29}$$

由于圆盘随同坐标系 $O_c x_2 y_2 z_2$ 一起作微转动 φ 和 ψ,因而产生了陀螺力矩或回转力矩,式(1-27)中的 $\boldsymbol{\Omega}_e \times \boldsymbol{G}_c$ 项实际上就体现了这一影响:

$$\boldsymbol{\Omega}_e \times \boldsymbol{G}_c \approx \dot{\varphi} I_z \omega \boldsymbol{i}_2 + \dot{\psi} I_z \omega \boldsymbol{j}_2 \tag{1-30}$$

因此,在式(1-29)中已经计入了因刚体转动而产生的陀螺力矩影响。

附带需要指出的是,尽管刚体绕定点的转动也同样可以在 $O_c x_3 y_3 z_3$ 坐标系中采用式(1-27)来描述,但这时所得到的投影表达式中所含的 ωt 项无法消去,导致外力矩分量互相耦合,从而使方程变得十分繁琐。因此,一般不采用在 $O_c x_3 y_3 z_3$ 坐标系中给出转动微分方程的做法。

2. 刚体运动的动能

对于空间运动的刚体,其动能为

$$T = \frac{1}{2} m_c v_c \cdot v_c + \frac{1}{2} \boldsymbol{G}_c \cdot \boldsymbol{\Omega} \tag{1-31}$$

其中，m_c 为刚体质量。

动能的计算与动坐标系的选择无关 —— 无论采用式(1-22) 或式(1-23)，所得到的计算结果都是一样的。例如，在 $O_c x_3 y_3 z_3$ 坐标系中，有

$$
\begin{aligned}
T &= \frac{1}{2} m_c (\dot{x}_c^2 + \dot{y}_c^2 + \dot{z}_c^2) + \frac{1}{2}(I_x \omega_{x3}^2 + I_y \omega_{y3}^2 + I_z \omega_{z3}^2) \\
&= \frac{1}{2} m_c (\dot{x}_c^2 + \dot{y}_c^2 + \dot{z}_c^2) + \frac{1}{2} \Big\{ I_x (\dot{\varphi}\cos\psi\sin\omega t - \dot{\psi}\cos\omega t)^2 + \\
&\quad I_y (\dot{\varphi}\cos\psi\cos\omega t + \dot{\psi}\sin\omega t)^2 + I_z (\omega\dot{\varphi}\sin\psi)^2 \Big\}
\end{aligned}
\tag{1-32}
$$

在小位移情况下，略去高阶小量后，有

$$
\begin{aligned}
T &= \frac{1}{2} m_c (\dot{x}_c^2 + \dot{y}_c^2 + \dot{z}_c^2) + \\
&\quad \frac{1}{2} \Big\{ I_x (\dot{\varphi}\sin\omega t - \dot{\psi}\cos\omega t)^2 + I_y (\dot{\varphi}\cos\omega t + \dot{\psi}\sin\omega t)^2 + 2 I_z \omega\dot{\varphi}\psi \Big\} + \\
&\quad \frac{1}{2} I_z \omega^2 + \cdots
\end{aligned}
\tag{1-33}
$$

当转子在 z 方向上无平移运动且对称于 z 轴，即 $I_x = I_y$ 时，有

$$
T = \frac{1}{2} m_c (\dot{x}_c^2 + \dot{y}_c^2) + \frac{1}{2} [2 I_z \omega\dot{\varphi}\psi + I_x (\dot{\varphi}^2 + \dot{\psi}^2)] + \frac{1}{2} I_z \omega^2
\tag{1-34}
$$

对于多圆盘组成的系统，全部 n 个圆盘的动能可以表示为对式(1-33)，(1-34) 的求和，即

$$
\begin{aligned}
\sum T &= \frac{1}{2} \sum_{i=1}^{n} m_{ci} (\dot{x}_{ci}^2 + \dot{y}_{ci}^2 + \dot{z}_{ci}^2) + \\
&\quad \frac{1}{2} \sum_{i=1}^{n} \Big\{ 2 I_{zi} \omega\dot{\varphi}_i\psi_i + I_{xi} (\dot{\varphi}_i\sin\omega t - \dot{\psi}_i\cos\omega t)^2 + I_{yi} (\dot{\varphi}_i\cos\omega t + \dot{\psi}_i\sin\omega t)^2 \Big\} + \\
&\quad \frac{1}{2} \sum_{i=1}^{n} I_{zi} \omega^2
\end{aligned}
\tag{1-35}
$$

对于轴对称转子，式(1-34) 可扩展为

$$
\sum T = \frac{1}{2} \sum_{i=1}^{n} m_{ci} (\dot{x}_{ci}^2 + \dot{y}_{ci}^2) + \frac{1}{2} \sum_{i=1}^{n} \Big\{ 2 I_{zi} \omega\dot{\varphi}_i\psi_i + I_{yi} (\dot{\varphi}_i^2 + \dot{\psi}_i^2) \Big\} + \frac{1}{2} \sum_{i=1}^{n} I_{zi} \omega^2
\tag{1-36}
$$

当圆盘沿轴向呈连续分布时，式(1-35) 和式(1-36) 转化为沿轴向的积分。

1.3　轴的弯曲变形、微分方程和弹性势能

在处理旋转轴的弯曲振动问题时,主要涉及对轴弯曲变形、弯曲刚度和弹性势能的计算。

1. 轴弯曲变形及运动微分方程

在线性假设和小变形情况下,轴上任一点的弯曲变形可以用该点的挠度及转角来表示(见图 1-8a):

$$\psi = \frac{\mathrm{d}y}{\mathrm{d}z} = f'(z) \tag{1-37}$$

为了符号统一起见,这里规定了 φ, ψ 在相应的 xz, yz 平面内均为顺时针旋转方向。在图 1-8(b) 中还相应地规定了作用在轴上的力和力矩的正方向。

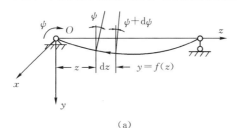

(a)

(b)

图 1-8　轴的弯曲变形

轴在 yz 平面内的挠度曲线的曲率

$$\frac{1}{\rho_y(z)} = \frac{-N(z)}{EI_x} \tag{1-38}$$

式中,I_x 为惯性矩;E 为弹性模量。

设轴横截面积为 A,则

$$I_x = \int_A y^2 \, \mathrm{d}A \tag{1-39}$$

同时

$$\frac{1}{\rho_y(z)} = -\frac{\mathrm{d}\psi}{\mathrm{d}z} = -\frac{\mathrm{d}^2 y}{\mathrm{d}z^2} \tag{1-40}$$

由此得到轴的弯曲变形挠度曲线的微分方程

$$\frac{\mathrm{d}^2 y}{\mathrm{d}z^2} = \frac{N(z)}{EI_x} \tag{1-41}$$

类似地,在 xz 平面内,有

$$\frac{\mathrm{d}^2 x}{\mathrm{d}z^2} = \frac{M(z)}{EI_y} \tag{1-42}$$

$$I_y = \int_A x^2 \, \mathrm{d}A \tag{1-43}$$

　　这样,当轴上作用有外力或外力矩时,轴上各点的挠度和转角就可以根据方程(1-41),(1-42)积分得到,并由此得到轴的等效刚度系数。

　　对于无质量弹性轴段,由力和力矩平衡关系可以得到

$$\begin{cases} \dfrac{\partial S}{\partial z} = 0 \\[2mm] \dfrac{\partial Q}{\partial z} = 0 \end{cases} \tag{1-44}$$

$$\begin{cases} S = -\dfrac{\partial M}{\partial z} \\[2mm] Q = -\dfrac{\partial N}{\partial z} \end{cases} \tag{1-45}$$

轴段的运动微分方程可进一步简化为

$$\begin{cases} \dfrac{\partial^2}{\partial z^2}\left(EI_x \dfrac{\partial^2 y}{\partial z^2}\right) = 0 \\[3mm] \dfrac{\partial^2}{\partial z^2}\left(EI_y \dfrac{\partial^2 x}{\partial z^2}\right) = 0 \end{cases} \tag{1-46}$$

当计及轴段质量时,则式(1-44)应改写为

$$\begin{cases} \dfrac{\partial S}{\partial z} = \rho A \dfrac{\partial^2 x}{\partial t^2} \\[3mm] \dfrac{\partial Q}{\partial z} = \rho A \dfrac{\partial^2 y}{\partial t^2} \end{cases} \tag{1-47}$$

式中,ρ 为质量密度。计入轴分布质量后的微分方程为

$$\begin{cases} \dfrac{\partial^2}{\partial z^2}\left(EI_x\,\dfrac{\partial^2 y}{\partial z^2}\right) + \rho A\,\dfrac{\partial^2 y}{\partial t^2} = 0 \\[3mm] \dfrac{\partial^2}{\partial z^2}\left(EI_y\,\dfrac{\partial^2 x}{\partial z^2}\right) + \rho A\,\dfrac{\partial^2 x}{\partial t^2} = 0 \end{cases} \tag{1-48}$$

2. 轴的弹性势能

轴在外载荷作用下发生弹性变形,此时外载荷所做的功转变为弹性势能储存在弹性轴内的势能

$$V = \frac{1}{2}\int_\tau (\sigma_x\varepsilon_x + \sigma_y\varepsilon_y + \sigma_z\varepsilon_z + \tau_{xy}\gamma_{xy} + \tau_{yz}\gamma_{yz} + \tau_{zx}\gamma_{zx})\mathrm{d}\tau \tag{1-49}$$

式中,$\sigma_i(i=x,y,z)$ 为相应的正应力分量;$\tau_{ij}(i,j=x,y,z)$ 为剪切应力分量;$\varepsilon_x,\varepsilon_y,\cdots,\gamma_{yz},\gamma_{zx}$ 为应变分量;τ 为弹性体体积。

对于图 1-9 所示的轴微单元 $\mathrm{d}z$,在线性假设条件下,任意一距离中性轴为 y' 处的纤维伸长为

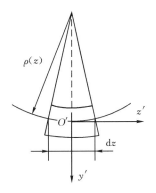

图 1-9　微单元 $\mathrm{d}z$ 中的轴应变

$$(\rho_y(z) + y')\frac{\mathrm{d}z}{\rho_y(z)} - \mathrm{d}z = \frac{y'}{\rho_y(z)}\mathrm{d}z$$

于是应变分量和应力分量可表示为

$$\begin{cases} \varepsilon_z = \dfrac{y'}{\rho_x(z)} \\[3mm] \sigma_z = E\,\dfrac{y'}{\rho_x(z)} \end{cases} \tag{1-50}$$

所对应的轴弯曲应变能

$$V_{yz} = \frac{1}{2}\int_{\tau} \sigma_z \varepsilon_z \mathrm{d}\tau = \frac{1}{2}\int_0^l \mathrm{d}z \int_A E\frac{\rho_y^2(z)}{}\mathrm{d}A$$

$$= \frac{1}{2}\int_0^l \frac{EI_x}{\rho_y^2(z)}\mathrm{d}z = \frac{1}{2}\int_0^l \frac{N^2(z)}{EI_x}\mathrm{d}z \qquad (1-51)$$

一般情况下,转轴在平面 yz 内和平面 xz 内都会发生变形。这样,对于长度为 l 的轴的总弯曲应变能为

$$V = V_{xz} + V_{xz} = \frac{1}{2}\int_0^l \frac{M^2(z)}{EI_y}\mathrm{d}z + \frac{1}{2}\int_0^l \frac{N^2(z)}{EI_x}\mathrm{d}z \qquad (1-52)$$

在实际轴势能计算中可能存在两种情况:

(1)轴的变形位置且外力(矩)已知时,根据外力功与弹性应变能互等的原则,可利用式(1-52)来推算势能。

(2)轴变形为已知函数时,可根据

$$V = \frac{1}{2}\int_0^l \frac{EI_x}{\rho_y^2(z)}\mathrm{d}z + \frac{1}{2}\int_0^l \frac{EI_y}{\rho_x^2(z)}\mathrm{d}z$$

和

$$\rho_y(z) = -\frac{\mathrm{d}^2 y}{\mathrm{d}z^2}, \quad \rho_x(z) = -\frac{\mathrm{d}^2 x}{\mathrm{d}z^2}$$

从而将势能 V 直接用挠度函数的导数和积分来表示。

1.4　　拉格朗日方程

对于一个有限自由度的系统,其运动微分方程一方面可以由牛顿定律(或达朗贝尔原理)直接导出,也可以通过拉格朗日方程导出。

对于一个具有 n 个自由度的动力系统,其状态和位置可以由 n 个广义坐标 q_i $(i=1,2,\cdots,n)$ 决定。拉格朗日方程表明

$$\frac{\mathrm{d}}{\mathrm{d}t}\left(\frac{\partial T}{\partial \dot{q}_i}\right) - \frac{\partial T}{\partial q_i} = F_i \quad (i=1,2,\cdots,n) \qquad (1-53)$$

式中,T 为系统动能;q_i、$\dot{q}_i$ 分别为广义位移和广义速度;F_i 称为对应于 q_i 的广义力。方程(1-53)无论对于保守系统或非保守系统都是成立的。

当将广义力进一步细分为保守力和非保守力时,有

$$F_i = F_{ui} + F_{vi} \qquad (1-54)$$

其中,F_{ui} 为非保守广义力;保守力 F_{vi} 可以直接表示为系统势能函数 V 的导数,即

$$F_{vi} = -\frac{\partial V}{\partial q_i} \qquad (1-55)$$

方程(1-53) 被改写成

$$\frac{\mathrm{d}}{\mathrm{d}t}\left(\frac{\partial T}{\partial \dot{q}_i}\right) - \frac{\partial T}{\partial q_i} + \frac{\partial V}{\partial q_i} = F_{ui} \qquad (1-56)$$

以下逐一讨论离散系统的动能、势能和广义力的表达方式。

1. 离散系统的动能

系统动能 T 可以表示为广义速度 $\dot{q}_i$ 的二次型乘积之和：

$$T = \sum_{i,j=1}^{n} \frac{1}{2} m_{ij} \dot{q}_i \dot{q}_j = \frac{1}{2} \dot{\boldsymbol{q}}^{\mathrm{T}} \boldsymbol{M} \dot{\boldsymbol{q}} \qquad (1-57)$$

一般说来，式中矩阵 $\boldsymbol{M}$ 的组元 m_{ij} 为含有 q_i 的函数，但在小位移情况、取一阶近似时，m_{ij} 通常取常值。在以后的讨论中，均将 m_{ij} 视为常数，且 $\boldsymbol{M}$ 为实对称矩阵。

2. 离散系统的势能

系统势能 V 是空间位移的函数，表示内、外力所做的总功，而与广义速度 $\dot{q}_i$ 无关。在一阶近似下系统势能可写成

$$V = \frac{1}{2} \sum_{i,j=1}^{n} k_{ij} q_i q_j = \frac{1}{2} \boldsymbol{q}^{\mathrm{T}} \boldsymbol{K} \boldsymbol{q} \qquad (1-58)$$

对于离散系统，当弹性体处于平衡状态时，外力所做的功等于势能。如果记 $\boldsymbol{P}$ 和 $\boldsymbol{F}$ 分别为面载荷密度和体载荷密度，$\boldsymbol{u}$ 为外力作用下弹性体的位移，外力功可表示成

$$W = \frac{1}{2} \iint \boldsymbol{P} \cdot \boldsymbol{u} \mathrm{d}s + \frac{1}{2} \iiint \boldsymbol{F} \cdot \boldsymbol{u} \mathrm{d}\tau \qquad (1-59\mathrm{a})$$

对于受到 n 个外载荷力和 m 个力矩作用的离散系统来说，外力对系统所做的功

$$W = \frac{1}{2} \sum_{i=1}^{n} P_i u_i + \frac{1}{2} \sum_{j=1}^{m} M_j \varphi_j \qquad (1-59\mathrm{b})$$

式中，u_i 为在集中力 $\boldsymbol{P}_i$ 作用点处沿着 $\boldsymbol{P}_i$ 方向发生的位移；φ_j 为在力矩 M_j 作用方向上所产生的转角。

因此，对于整个离散系统，有

$$W = \frac{1}{2}\left(\sum_{i=1}^{n} P_i u_i + \sum_{j=1}^{m} M_j \varphi_j\right) = \frac{1}{2}(\boldsymbol{U}^{\mathrm{T}} \quad \boldsymbol{\Phi}^{\mathrm{T}}) \begin{bmatrix} \boldsymbol{P} \\ \boldsymbol{M} \end{bmatrix} \qquad (1-60)$$

式中，$\boldsymbol{U}^{\mathrm{T}} = (u_1 \quad u_2 \quad \cdots \quad u_n)$；$\boldsymbol{\Phi}^{\mathrm{T}} = (\varphi_1 \quad \varphi_2 \quad \cdots \quad \varphi_m)$；$\boldsymbol{P}^{\mathrm{T}} = (p_1 \quad p_2 \quad \cdots \quad p_n)$；$\boldsymbol{M}^{\mathrm{T}} = (M_1 \quad M_2 \quad \cdots \quad M_m)$。

引入柔度系数：

α_{ij} —— 在 j 处作用有单位外力而在 i 处产生的位移；

β_{ij} —— 在 j 处作用有单位外力矩而在 i 处产生的位移，或在 i 处作用有单位力而在 j 处引起的转角；

γ_{ij} —— 在 j 处作用有单位力矩而在 i 处产生的转角。

由功互等定理，可以得到位移和广义力的关系

$$\begin{bmatrix} \boldsymbol{U} \\ \boldsymbol{\Phi} \end{bmatrix} = \begin{bmatrix} \bar{\alpha} & \bar{\beta} \\ \bar{\beta} & \bar{\gamma} \end{bmatrix} \begin{bmatrix} \boldsymbol{P} \\ \boldsymbol{M} \end{bmatrix} = \boldsymbol{A} \begin{bmatrix} \boldsymbol{P} \\ \boldsymbol{M} \end{bmatrix} \tag{1-61a}$$

或

$$\begin{bmatrix} \boldsymbol{P} \\ \boldsymbol{M} \end{bmatrix} = \boldsymbol{A}^{-1} \begin{bmatrix} \boldsymbol{U} \\ \boldsymbol{\Phi} \end{bmatrix} = \begin{bmatrix} K_{11} & K_{12} \\ K_{21} & K_{22} \end{bmatrix} \begin{bmatrix} \boldsymbol{U} \\ \boldsymbol{\Phi} \end{bmatrix} = \boldsymbol{K} \begin{bmatrix} \boldsymbol{U} \\ \boldsymbol{\Phi} \end{bmatrix} \tag{1-61b}$$

式中，$\boldsymbol{A}$ 为柔度矩阵；$\boldsymbol{K} = \boldsymbol{A}^{-1}$ 为刚度矩阵。整个系统的势能

$$V = \frac{1}{2} (\boldsymbol{U}^{\mathrm{T}} \quad \boldsymbol{\Phi}^{\mathrm{T}}) \boldsymbol{K} \begin{bmatrix} \boldsymbol{U} \\ \boldsymbol{\Phi} \end{bmatrix} \tag{1-62}$$

3. 广义力

对于一个由 n 个独立广义坐标 $q_i (i = 1, 2, \cdots, n)$ 所定义的离散系统，当系统中某一个广义坐标 q_i 发生虚位移 δq_i 时，系统各点的位置矢量 $\boldsymbol{r}_k$ 亦产生相应的变化。若将所有外力所做的虚功记为 δW，则对应于该广义坐标 q_i 的广义力定义为

$$F_i = F_{ui} + F_{vi} = \frac{\delta W}{\delta q_i} = \sum_k \boldsymbol{P}_k \cdot \frac{\partial \boldsymbol{r}_k}{\partial q_i} \tag{1-63}$$

根据广义力的性质，可以作如下分类：

1）保守系

当非保守力 $F_{ui} = 0$ 时，拉格朗日方程给出的二阶矩阵方程为

$$\boldsymbol{M} \ddot{\boldsymbol{q}} + \boldsymbol{K} \boldsymbol{q} = \boldsymbol{0} \tag{1-64}$$

其中，$\boldsymbol{q}$ 为位移列向量；$\boldsymbol{M}, \boldsymbol{K}$ 分别为质量、刚度矩阵。

2）循环系

存在着一类非保守力，这类广义力的做功与路径相关且不明显地依赖于时间 t，它们往往被归入循环力的范畴。其物理背景之一是在动压滑动轴承中由润滑油膜所提供的刚度力在不同方向上的交叉耦合。一般地，非保守力可记为

$$F_{ui} = -k_{ij} q_j \quad (j = 1, 2, \cdots, n)$$

计入非保守力 F_{ui} 后,尽管所得到的矩阵方程形式上仍同于式(1-64):

$$M\ddot{q} + K^* q = 0 \qquad (1-65)$$

但此时 K^* 为非对称矩阵,且在任何情况下都无法使之对称化。由于任意一个非对称矩阵总可以表示为对称和反对称矩阵之和,这时矩阵 K^* 中所含的反对称矩阵部分就体现了循环力的作用。

3)陀螺系统

在这类系统中,广义力与广义速度 $\dot{q}_i$ 有关。最常见的如陀螺力。这类力可以表示为

$$F_{ui} = -g_{ij}\dot{q}_i \quad (i,j = 1,2,\cdots,n)$$

包含这类如陀螺力在内的拉格朗日方程一般形式为

$$M\ddot{q} + G\dot{q} + Kq = 0 \qquad (1-66)$$

式中,$G = (g_{ij})$ 为反对称常数矩阵,$G^T = -G$。当 K 为对称矩阵时,方程(1-66)描述了一个完整的陀螺保守系统。这时广义力(或陀螺力)单位时间内对系统所做的功为

$$F_u^T \dot{q} = -\dot{q}^T G^T \dot{q} = 0$$

这说明了尽管陀螺力可以改变系统中各个质点的运动状态,但并不改变系统的总能量。

4)陀螺阻尼系统

在式(1-66)的基础上再考虑加上另一类耗散力(如粘性阻尼力)的情况:

$$F_{ui} = -d_{ij}\dot{q}_j \quad (i,j = 1,2,\cdots,n) \qquad (1-67)$$

此时阻尼矩阵 $D = (d_{ij})$ 为对称、非负定矩阵。

F_{ui} 也可以考虑由瑞利耗散函数的导数给出。

瑞利耗散函数被定义为

$$\begin{cases} R = \dfrac{1}{2}\dot{q}^T D\dot{q} \\[2mm] F_{ui} = -\dfrac{\partial R}{\partial \dot{q}_i} \end{cases} \qquad (1-68)$$

相应的拉格朗日方程这时写成

$$M\ddot{q} + D\dot{q} + G\dot{q} + Kq = 0 \qquad (1-69)$$

由(1-68)式所描述的瑞利耗散函数还可能具有以下形式

$$\tilde{R} = \frac{1}{2}(\dot{q}^T D_c\dot{q} + \dot{q}^T Sq) \qquad (1-70)$$

其中，D_e 为对称、非负定矩阵；S 则为反对称阵。这时的广义力

$$F_w = -\frac{\partial \tilde{R}}{\partial \dot{q}} = -D_e \dot{q} - Sq \tag{1-71}$$

上述广义力的引入均有其工程应用背景，并具有明确的物理意义。以滑动轴承转子系统为例，当考虑油膜力的耦合作用时，这种耦合使得系统的刚度阵和阻尼阵均不再呈现出对称性。更有甚者，在一些非常特殊的场合，如在考虑多平行轴转子依赖齿轮啮合的系统动力学问题时，将会出现由于齿轮啮合效应导致系统质量阵也不再对称的状况，这在后面还会详细叙述。

综上所述，在计入以上讨论的全部广义力后，拉格朗日方程的一般形式可简记为

$$M^* \ddot{q} + D^* \dot{q} + K^* q = 0 \tag{1-72}$$

且 M^*，D^* 和 K^* 这时均为非对称矩阵[5,8-11]。

以下通过实例来说明拉格朗日方程的推导过程：

例 1-1 两端铰支的单质量弹性转子如图 1-10 所示，考察其在小扰动状态下的系统运动动力学方程。

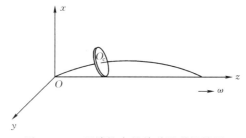

图 1-10 两端铰支的单质量弹性转子

当不计轴质量时，圆盘的动能即为系统的动能。在小扰动状况下，圆盘共具有 5 个自由度：x，y，φ，ψ 和 γ，$\dot{\gamma} = \omega$。设圆盘的极惯性矩、赤道惯性矩分别为 I_z，I_x，I_y，当轴截面为圆时，有 $I_x = I_y$。设圆盘中心 O_c 的坐标为 x，y，由式（1-34）知，系统动能

$$T = \frac{1}{2}m(\dot{x}^2 + \dot{y}^2) + \frac{1}{2}I_y(\dot{\varphi}^2 + \dot{\psi}^2) + \frac{1}{2}I_z\omega^2 + I_z\omega\dot{\varphi}\psi$$

为了求得系统势能，首先分析在弹性轴 O_c 点上的受力和位移关系。

设转子为各向同性、圆盘在质点中 O_c 受到广义力 F_x，F_y，M_φ 和 N_ψ 的作用（见图 1-11），由此产生的位移广义力之间的关系为

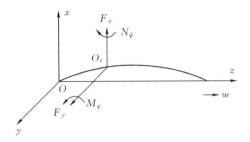

图 1-11　单质量弹性转子受力及力矩示意图

$$\begin{pmatrix} x \\ y \\ \varphi \\ \psi \end{pmatrix} = \begin{pmatrix} \delta_{11} & 0 & \delta_{12} & 0 \\ 0 & \delta_{11} & 0 & \delta_{12} \\ \delta_{21} & 0 & \delta_{22} & 0 \\ 0 & \delta_{21} & 0 & \delta_{22} \end{pmatrix} \begin{pmatrix} F_x \\ F_y \\ M_\varphi \\ N_\psi \end{pmatrix}$$

以上 $\delta_{ij}(i,j=1,2)$ 为广义柔度系数,上式经反演后可得到广义力

$$\begin{pmatrix} F_x \\ F_y \\ M_\varphi \\ N_\psi \end{pmatrix} = \begin{pmatrix} k_{11} & 0 & k_{12} & 0 \\ 0 & k_{11} & 0 & k_{12} \\ k_{21} & 0 & k_{22} & 0 \\ 0 & k_{21} & 0 & k_{22} \end{pmatrix} \begin{pmatrix} x \\ y \\ \varphi \\ \psi \end{pmatrix}$$

其中, $k_{ij}(i,j=1,2)$ 为广义刚度系数:

$$k_{11} = \frac{\delta_{22}}{\delta_{11}\delta_{22} - \delta_{12}\delta_{21}}, \quad k_{12} = \frac{-\delta_{12}}{\delta_{11}\delta_{22} - \delta_{12}\delta_{21}}$$

$$k_{21} = \frac{-\delta_{21}}{\delta_{11}\delta_{22} - \delta_{12}\delta_{21}}, \quad k_{22} = \frac{\delta_{11}}{\delta_{11}\delta_{22} - \delta_{12}\delta_{21}}$$

于是系统的势能可表示为

$$V = \frac{1}{2}(x \quad y \quad \varphi \quad \psi) \begin{pmatrix} k_{11} & 0 & k_{12} & 0 \\ 0 & k_{11} & 0 & k_{12} \\ k_{21} & 0 & k_{22} & 0 \\ 0 & k_{21} & 0 & k_{22} \end{pmatrix} \begin{pmatrix} x \\ y \\ \varphi \\ \psi \end{pmatrix}$$

$$= \frac{1}{2}k_{11}(x^2 + y^2) + \frac{1}{2}k_{22}(\varphi^2 + \psi^2) + \frac{1}{2}(k_{12} + k_{21})(x\varphi + y\psi)$$

当系统不受其他非保守力作用时,将 T 和 V 代入相应的拉格朗日方程后得到

$$
\begin{bmatrix} m & 0 & 0 & 0 \\ 0 & m & 0 & 0 \\ 0 & 0 & I_y & 0 \\ 0 & 0 & 0 & I_x \end{bmatrix}
\begin{Bmatrix} \ddot{x} \\ \ddot{y} \\ \ddot{\varphi} \\ \ddot{\psi} \end{Bmatrix}
+
\begin{bmatrix} 0 & 0 & 0 & 0 \\ 0 & 0 & 0 & 0 \\ 0 & 0 & 0 & +I_z\omega \\ 0 & 0 & -I_z\omega & 0 \end{bmatrix}
\begin{Bmatrix} \dot{x} \\ \dot{y} \\ \dot{\varphi} \\ \dot{\psi} \end{Bmatrix}
+
\begin{bmatrix} k_{11} & 0 & k_{12} & 0 \\ 0 & k_{11} & 0 & k_{12} \\ k_{21} & 0 & k_{22} & 0 \\ 0 & k_{21} & 0 & k_{22} \end{bmatrix}
\begin{Bmatrix} x \\ y \\ \varphi \\ \psi \end{Bmatrix}
= 0
$$

在上述方程中出现了回转项，此系统为一典型的伪保守系统。

上面所涉及到的柔度阵或刚度阵系数可由材料力学方法计算：以 xz 平面为例，当中心 O_c 处作用有 F_x 和 M_φ 时，则两端支点的支反力（见图 $1-12$(a)）为

$$
F_{a1} = -\frac{(F_x b - M_\varphi)}{l}
$$

$$
F_{a2} = -\frac{(F_x a + M_\varphi)}{l}
$$

而相应的轴弯矩分布为

$$
M_y(z) = \begin{cases} -\dfrac{(F_x b - M_\varphi)}{l} z & (0 \leqslant z \leqslant a) \\[2mm] -\dfrac{(F_x a + M_\varphi)(l-z)}{l} & (0 \leqslant z \leqslant a) \end{cases}
$$

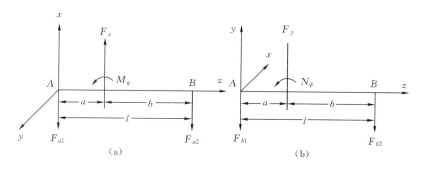

图 $1-12$　单质量弹性转子的支反力求解
(a). xz 平面内的力与力矩平衡；(b). yz 平面内的力与力矩平衡

类似地，在 yz 平面内（见图 $1-12$(b)）

$$
F_{b1} = -\frac{(F_y b - N_\psi)}{l}
$$

$$
F_{b2} = -\frac{(F_y a + N_\psi)}{l}
$$

而相应的轴弯矩分布为

$$M_x(z) = \begin{cases} -\dfrac{(F_y b - N_\psi)}{l}z & (0 \leqslant z \leqslant a) \\[3mm] -\dfrac{(F_y a + N_\psi)(l - z)}{l} & (a \leqslant z \leqslant l) \end{cases}$$

整个转轴的应变能

$$\begin{aligned} \mathcal{J} &= \frac{1}{2}\int_0^l \frac{M_x^2(z)}{EI_y}\mathrm{d}z + \frac{1}{2}\int_0^l \frac{M_y^2(z)}{EI_x}\mathrm{d}z \\ &= \frac{a^3}{6EI_y}\left(\frac{(F_y b - N_\psi)}{l}\right)^2 + \frac{b^3}{6EI_y}\left(\frac{(F_y a + N_\psi)}{l}\right)^2 + \\ &\quad \frac{a^3}{6EI_x}\left(\frac{(F_x b - M_\varphi)}{l}\right)^2 + \frac{b^3}{6EI_x}\left(\frac{(F_y b + M_\varphi)}{l}\right)^2 \\ &= \frac{1}{2}(F_x \quad F_y \quad M_\varphi \quad N_\psi) \begin{pmatrix} \dfrac{a^2 b^2}{3EI_x l} & 0 & \dfrac{ab(b-a)}{3EI_x l} & 0 \\[3mm] 0 & \dfrac{a^2 b^2}{3EI_y l} & 0 & \dfrac{ab(b-a)}{3EI_y l} \\[3mm] \dfrac{ab(b-a)}{3EI_x l} & 0 & \dfrac{(a^3+b^3)}{3EI_x l^2} & 0 \\[3mm] 0 & \dfrac{ab(b-a)}{3EI_y l} & 0 & \dfrac{(a^3+b^3)}{3EI_y l^2} \end{pmatrix} \begin{pmatrix} F_x \\ F_y \\ M_\varphi \\ N_\psi \end{pmatrix} \end{aligned}$$

于是求得整个系统的柔度矩阵 $\boldsymbol{A}$。对于轴对称转子,有

$$\boldsymbol{A} = \begin{pmatrix} \delta_{11} & 0 & \delta_{12} & 0 \\ 0 & \delta_{11} & 0 & \delta_{12} \\ \delta_{21} & 0 & \delta_{22} & 0 \\ 0 & \delta_{21} & 0 & \delta_{22} \end{pmatrix}$$

其中

$$\delta_{11} = \frac{a^2 b^2}{3EI_x l}, \quad \delta_{12} = \frac{ab(b-a)}{3EI_y l}, \quad \delta_{21} = \frac{ab(b-a)}{3EI_x l}, \quad \delta_{22} = \frac{a^3 + b^3}{3EI_y l^2}, \quad I_x = I_y$$

相应的刚度矩阵 $\boldsymbol{K} = \boldsymbol{A}^{-1}$。

拉格朗日方法对于复杂系统的动力学分析极为方便。如对于形状复杂的转子和惯性元件、复杂的支座结构,经离散化处理后可以方便地写出系统的动能、势能及广义力表达式,从而得到系统的动力学方程,同时该方法也有利于系统自由度缩减,因而得到广泛的应用。

1.5   刚性支承的单圆盘转子

　　本节集中讨论刚性支承的单圆盘转子的运动状况,这时所假设的刚支条件使得支承轴承的作用被强行删除了。一方面,对支承作如此简单的处理虽然有悖于工程实际情况,但由于可以得到系统简明的运动方程,在大多数情况下能够获得运动方程的解析解,使得我们有可能集中地考察转子各种主要参数在振动过程中所起的作用和转子振动某些普遍性特征 —— 这在细微地计入复杂支承的情况下往往是无法做到的;另一方面,由于刚性支承可以视为系统支承刚度、阻尼趋于无穷大的极限例证,因此对于刚性支承系统的讨论结果可以作为进一步讨论实际支承影响的依据与参照。同时需要说明的是,作为系统不可分割的重要部分,支承的刚度、阻尼作用对系统动力学行为的影响是关键、甚至是决定性的,所以本节的讨论结果并不都具有普遍意义,以后随着讨论的深入,将可以越来越清楚地认识到这一点。

1.5.1   刚性支承的单圆盘对称转子

　　一个对称的单圆盘转子刚性铰支地安置在水平位置(见图1-13),轴横截面为圆,因而两主惯性矩 I_x, I_y 相等。不考虑旋转轴的质量分布,而只计及轴的弯曲刚度 k,圆盘质量为 $2m$,位于转轴中点 O,转子绕其轴中心线以等角速度 ω 旋转。为考察该系统的运动,在圆盘所在平面内设立固定坐标系 Oxy。如前所述,这里轴的静态变形是被忽略了的。

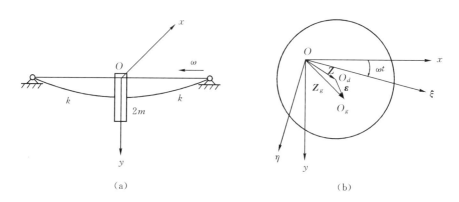

图 1-13   (a) 对称刚支单盘转子系统;(b) 圆盘运动的示意图

在动态条件下，圆盘中心 O_d 将偏离坐标原点 O，偏离位置可用矢量 $\boldsymbol{Z}$ 来表示。当圆盘质心位置 O_g 与圆盘几何中心 O_d 恰好重合时，单纯用 $\boldsymbol{Z}$ 即可描述系统的运动。而在圆盘具有偏心，即质心位置与几何中心互不重合的更一般情况下，质心的位置矢量可表示为（见图 1-13(b)）

$$\boldsymbol{Z}_g = \boldsymbol{Z} + \boldsymbol{\varepsilon} \tag{1-73}$$

式中，$\boldsymbol{\varepsilon}$ 为偏心距矢量。

1. 刚支转子的自由振动

当 $|\boldsymbol{\varepsilon}| = 0$，亦即圆盘无偏心时，很容易写出系统的自由运动方程

$$m\ddot{Z} + kZ = 0 \tag{1-74}$$

式中，Z 为复数，$Z = x + \mathrm{i}y$。

方程(1-74)可以在固定坐标系中直接求解，但更便捷的方法是在固结于圆盘上的旋转坐标系 $O\xi\eta$ 中采用复数求解——在以后各章中，我们可以发现这一处理方法的优越性。两种坐标间的互换关系为 $Z = \zeta \mathrm{e}^{\mathrm{i}\omega t}$：

$$\begin{cases} Z = x + \mathrm{i}y \\ \zeta = \xi + \mathrm{i}\eta \end{cases} \tag{1-75}$$

由此得到圆盘中心 O_d 在动坐标系 $O\xi\eta$ 中的运动方程

$$m(\ddot{\zeta} + 2\mathrm{i}\omega\dot{\zeta} - \omega^2 \zeta) + k\zeta = 0 \tag{1-76a}$$

引入 $\omega_k = \sqrt{\dfrac{k}{m}}$ 后，方程(1-76a)化为

$$\ddot{\zeta} + 2\mathrm{i}\omega\dot{\zeta} + (\omega_k^2 - \omega^2)\zeta = 0 \tag{1-76b}$$

在方程(1-76a)中，等号左端各项依次为相对坐标系中的惯性力项、哥氏力项、牵连加速度引起的惯性项和弹性恢复力项。

方程(1-74)的解可以写成如下的复数形式：

$$Z = Z_{01} \mathrm{e}^{\mathrm{i}\omega_k t} + Z_{02} \mathrm{e}^{-\mathrm{i}\omega_k t} \tag{1-77}$$

式中，Z_{01}，Z_{02} 为待定复常数，取决于运动位移及相位差等初始条件。解的第一部分表示以模为 $|Z_{01}|$ 的矢径端点在 Oxy 平面内作反时针旋转时所刻画的圆形轨迹，称为正进动；而 $Z_{02} \mathrm{e}^{-\mathrm{i}\omega_k t}$ 则描述了圆盘中心的反进动运动部分，其反进动角频率为 $-\omega_k$。

这样，圆盘中心 O_d 的运动总可以表述为上述两种进动的合成，最终得到的合成运动轨迹是一椭圆。根据初始条件的不同，可能存在着下列几种情况：

(1) $|Z_{01}| \neq 0$，$|Z_{02}| = 0$，运动为正进动，轨迹为圆。

(2) $|Z_{01}| = 0$, $|Z_{02}| \neq 0$, 运动为反进动,轨迹亦为圆。

(3) $|Z_{01}| = |Z_{02}| \neq 0$, 合成后的轨迹为一直线,相当于圆盘中心 O_d 相对于 O 点在 x 轴上作频率为 ω_k 的简谐振动。

(4) $|Z_{01}| \neq 0$, $|Z_{02}| \neq 0$, 且 $|Z_{01}| \neq |Z_{02}|$, 合成后的轨迹为一椭圆。若 $|Z_{01}| > |Z_{02}|$, 则圆盘中心 O_d 的运动将与 Z_{01} 运动方向一致,为正向(反时针)涡动;反之,当 $|Z_{01}| < |Z_{02}|$ 时,则称之为反向(顺时针)涡动(见图 1 - 14)。

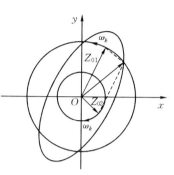

图 1 - 14　圆盘中心的运动合成

以上讨论说明,如果不计及圆盘偏心质量的影响,则圆盘中心的运动属于自由振动,振动频率和转轴弯曲振动的固有频率相同。同时,由于转轴两端是刚支的,因此整个系统的运动状态只需用圆盘中心的运动状态就足以代表了。当圆盘由于某种原因偏离了原平衡位置后,整个转轴相当于绕支点连线作频率为 ω_k 的"弓形回转"。

2. 质量偏心对转子振动特性的影响

以下讨论圆盘几何中心与质量中心互不重合的情况。

对应于式(1 - 73)的复数形式可记为

$$Z_g = \zeta e^{i\omega t} + \varepsilon e^{i(\omega t + \beta)} \tag{1 - 78}$$

此时系统所受的弹性恢复力为 kZ。当系统无阻尼力作用时,相角 $\beta = 0$,系统的运动方程为

$$m\ddot{Z}_g + kZ = 0 \tag{1 - 79a}$$

或

$$\ddot{\zeta} + 2i\omega\dot{\zeta} + (\omega_k^2 - \omega^2)\zeta = \varepsilon\omega^2 \tag{1 - 79b}$$

方程(1 - 79)的解可表示为自由振动解和强迫振动解的叠加,记作

$$\zeta = \zeta_{01} e^{i(\omega_k - \omega)t} + \zeta_{02} e^{i(\omega_k + \omega)t} + \frac{\varepsilon\omega^2}{\omega_k^2 - \omega^2} \tag{1 - 80}$$

如单独取出式(1 - 80)中稳态解部分 $\dfrac{\varepsilon\omega^2}{\omega_k^2 - \omega^2}$ 分析,圆盘质心 O_g 在无阻尼状态下作稳态简谐振动,振幅为

$$A_g = \frac{\varepsilon\omega^2}{\omega_k^2 - \omega^2} + \varepsilon = \frac{\varepsilon\omega_k^2}{\omega_k^2 - \omega^2} \tag{1 - 81}$$

因此,当旋转频率为 ω 时,圆盘中心 O_d 的运动轨迹是以 O 点为圆心、

$\dfrac{\varepsilon\omega^2}{\omega_k^2 - \omega^2}$ 为半径的圆；圆盘质心 O_g 在无阻尼状态下的运动轨迹同样为圆，只不过其半径为 $\dfrac{\varepsilon\omega_k^2}{\omega_k^2 - \omega^2}$。

上述振动振幅都是 ω 的函数。进一步的讨论可以发现：

（1）$\omega < \omega_k$。此时 $A_d = \dfrac{\varepsilon\omega^2}{\omega_k^2 - \omega^2} > 0$；$A_g > 0$ 且 $A_g > A_d$；O_g 比 O_d 偏离平衡位置 O 更远，这种情况称为圆盘的"重边飞出"。

（2）$\omega > \omega_k$。此时 $A_g < 0$，$A_d < 0$，但 $|A_g| < |A_d|$；O_g 位于平衡位置 O 及 O_d 之间，相应地被称为圆盘的"轻边飞出"。

（3）$\omega \gg \omega_k$。此时 $|A_d| \to \varepsilon$，$|A_g| \to 0$，表明圆盘质心 O_g 的运动与 O 点逐渐趋于重合，也就是工程中经常被观察到的转子的"自动对中"现象（见图 1 - 15）。

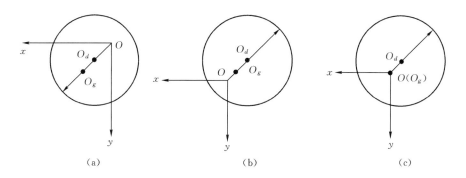

图 1 - 15　圆盘运动的各种情况

（a）$\omega < \omega_k$；　　（b）$\omega > \omega_k$；　　（c）$\omega \gg \omega_k$

3. 外阻尼对转子振动特性的影响

在图 1 - 13 中，如在圆盘上还作用有外阻尼力 f，f 为绝对速度的线性函数，即 $f = -c\dot{Z}$，c 为阻尼系数。在外阻尼力作用下，系统的动力学方程为

$$m\ddot{Z} + c\dot{Z} + kZ = m\omega^2\varepsilon e^{i(\omega t + \beta)} \qquad (1 - 82)$$

外阻尼力的存在一方面改变了转子的固有频率，另一方面也有效地抑制了转子强迫振动的振幅。这从方程（1 - 82）的解中可以看出：

$$Z = Z_{01} e^{\left[i\sqrt{\frac{k}{m} - \left(\frac{c}{2m}\right)^2} - \frac{c}{2m}\right]t} + Z_{02} e^{\left[-i\sqrt{\frac{k}{m} - \left(\frac{c}{2m}\right)^2} - \frac{c}{2m}\right]t} +$$

$$\frac{\varepsilon\left(\dfrac{\omega}{\omega_k}\right)^2}{\left[1-\left(\dfrac{\omega}{\omega_k}\right)^2+\mathrm{i}\,\dfrac{c\omega}{m\omega_k^2}\right]}\mathrm{e}^{\mathrm{i}(\omega t+\beta)} \tag{1-83a}$$

圆盘质心的振幅

$$Z_g = Z + \varepsilon\mathrm{e}^{\mathrm{i}(\omega t+\beta)} \tag{1-83b}$$

式(1-83) 表明, 圆盘中心 O_d 的运动是由阻尼固有频率 $\omega_d = \sqrt{\dfrac{k}{m}-\left(\dfrac{c}{2m}\right)^2}$ 的自由衰减运动和频率为 ω 的强迫振动响应叠加而成的, 由于系统的自由振动部分在足够的时间 t 之后将衰减为零, 因此系统的稳态响应将只含强迫振动部分。圆盘中心 O_d 的最大振幅为

$$A_{\mathrm{dmax}} = \frac{\varepsilon\left(\dfrac{\omega}{\omega_k}\right)^2}{\sqrt{\left[1-\left(\dfrac{\omega}{\omega_k}\right)^2\right]^2+\left(\dfrac{c\omega}{m\omega_k^2}\right)^2}}$$

其相位角亦即 $\overrightarrow{OO_d}$ 与 x 轴之间的夹角为

$$\alpha = -\arctan\left(\frac{c\omega}{m\omega_k^2}\right)\Big/\left[1-\left(\frac{\omega}{\omega_k}\right)^2\right] \tag{1-84}$$

由于阻尼的影响, 圆盘中心 O_d 的最大振幅并不在 $\omega=\omega_k$ 时, 而是在 ω 略大于 ω_k 时发生, 且 $|Z_d|$ 为有限值。值得注意的时, 当 $\omega=\omega_k$ 时, 不管阻尼值的大小, 相位差始终为 $\dfrac{\pi}{2}$。根据上述特点, 工程中经常通过测量得到的振幅响应和相位差来判定刚支转子的固有频率。

4. 内摩擦对转子振动特性的影响

有关内摩擦因素考虑的工程背景出自在一类转轴材料中存在内滞效应, 材料内滞效应所引起的阻尼力正比于转轴挠度曲线的变化速度, 方向则与相对运动速度矢量方向相反, 记为 $-\mu\dot{\xi}$。这样圆盘中心在动坐标系 $O\xi\eta$ 中的运动方程还需在式(1-79) 中加上因内摩擦而引起的阻尼力项:

$$\ddot{\zeta} + \left(\frac{\mu}{m}+2\mathrm{i}\omega\right)\dot{\zeta} + (\omega_k^2-\omega^2)\zeta = \varepsilon\omega^2 \tag{1-85}$$

在固定坐标系中的运动方程可写成

$$\ddot{Z} + \frac{\mu}{m}\dot{Z} + \left(\omega_k^2-\mathrm{i}\omega\frac{\mu}{m}\right)Z = \varepsilon\omega^2\,\mathrm{e}^{\mathrm{i}\omega t} \tag{1-86}$$

式(1-86) 的通解为

$$Z = Z_{01} e^{\left[-\frac{\mu}{2m}+i\sqrt{\omega_k^2-\left(\frac{\mu}{2m}\right)^2-i\omega\frac{\mu}{m}}\right]t} + Z_{02} e^{\left[-\frac{\mu}{2m}-i\sqrt{\omega_k^2-\left(\frac{\mu}{2m}\right)^2-i\omega\frac{\mu}{m}}\right]t} + \frac{\varepsilon\omega^2}{\omega_k^2-\omega^2} e^{i\omega t}$$

$$(1-87)$$

解中复常数 Z_{01}, Z_{02} 由起始条件决定。

对于上述系统：

（1）转子圆盘中心的运动仍然由自由振动和强迫振动两部分组成。由于因内摩擦而产生的阻尼力正比于相对速度，因此它对转子不平衡所引起的强迫振动并不能起到抑制作用。

（2）由式（1-86）的特征方程可以判定系统的界限失稳频率，对于

$$\lambda^2 + \frac{\mu}{m}\lambda + \left(\omega_k^2 - i\omega\frac{\mu}{m}\right) = 0 \qquad (1-88)$$

令 $\lambda = -U + iV$，代入式（1-88）且虚、实部分开，便可以得到

$$(U^2 - V^2) - \frac{\mu}{m}U + \omega_k^2 = 0 \qquad (1-89a)$$

$$-2UV + \frac{\mu}{m}V - \omega\frac{\mu}{m} = 0 \qquad (1-89b)$$

这说明当 $\omega = \omega_k$ 时，系统处于界限状态，系统的涡动频率与转子固有频率相同。

更进一步地，由式（1-89）可知，U, V 均为 ω 的函数，式（1-89）等号两边对 ω 求导，即

$$2\left(U\frac{\partial U}{\partial \omega} - V\frac{\partial V}{\partial \omega}\right) - \frac{\mu}{m}\frac{\partial U}{\partial \omega} = 0$$

$$-2\left(U\frac{\partial V}{\partial \omega} + V\frac{\partial U}{\partial \omega}\right) + \frac{\mu}{m}\frac{\partial V}{\partial \omega} - \frac{\mu}{m} = 0$$

将 $U = 0$ 代入上式后，就得到

$$2V\frac{\partial V}{\partial \omega} + \frac{\mu}{m}\frac{\partial U}{\partial \omega} = 0$$

$$-2V\frac{\partial U}{\partial \omega} + \frac{\mu}{m}\frac{\partial V}{\partial \omega} - \frac{\mu}{m} = 0$$

进而得到

$$\left[4V^2 + \left(\frac{\mu}{m}\right)^2\right]\frac{\partial V}{\partial \omega} = \left(\frac{\mu}{m}\right)^2$$

亦即 $\frac{\partial V}{\partial \omega} > 0$ 时，$\frac{\partial U}{\partial \omega} < 0$，说明了 $\omega = \omega_k$ 为系统稳定与不稳定的分界点。当 $\omega > \omega_k$ 时，λ 的实部将大于零，系统失稳；而当 $\omega < \omega_k$ 时，λ 的实部将小于零，系统是

稳定的。

5. 内、外阻尼共同作用下的转子振动特性

当如图 1-13 所示的转子同时受到内、外阻尼力共同作用时,转子圆盘中心在固定坐标系中的方程为

$$\ddot{Z} + \frac{c+\mu}{m}\dot{Z} + \left(\omega_k^2 - i\omega\frac{\mu}{m}\right)Z = \varepsilon\omega^2 e^{i\omega t} \qquad (1-90)$$

方程所对应的解为

$$Z = Z_{01} e^{\left[-\frac{c+\mu}{2m}+i\sqrt{\omega_k^2-\left(\frac{c+\mu}{2m}\right)^2-i\omega\frac{\mu}{m}}\right]t} + Z_{02} e^{\left[-\frac{c+\mu}{2m}-i\sqrt{\omega_k^2-\left(\frac{c+\mu}{2m}\right)^2-i\omega\frac{\mu}{m}}\right]t} + \frac{\varepsilon\omega^2}{(\omega_k^2-\omega^2)-i\frac{c}{m}\omega}e^{i\omega t}$$

方程(1-90)所对应的的特征方程为

$$\lambda^2 + \frac{c+\mu}{m}\lambda + \left(\omega_k^2 - i\omega\frac{\mu}{m}\right) = 0$$

经过与式(1-88)同样的处理后,可得系统的界限失稳频率 $\omega^* = \left(1+\frac{c}{\mu}\right)\omega_k$,亦即此时系统的涡动频率 $V = \left(1+\frac{c}{\mu}\right)\omega_k$。

进一步在系统界限失稳频率 ω^* 附近展开系统特征方程后得到

$$\left[4V^2 + \left(\frac{\mu+c}{m}\right)^2\right]\frac{\partial V}{\partial\omega} = \frac{\mu}{m}\left(\frac{\mu}{m}+\frac{c}{m}\right)$$

$$\frac{\mu+c}{m}\frac{\partial U}{\partial\omega} = -2V\frac{\partial V}{\partial\omega}$$

当 $\frac{\mu}{m}>0$,$\frac{\mu+c}{m}>0$ 时,$\frac{\partial V}{\partial\omega}>0$,而 $\frac{\partial U}{\partial\omega}<0$。即:当 $\omega>\omega^*$ 时,λ 具有正实部,系统失稳;而当 $\omega<\omega^*$ 时,λ 具有负实部,系统稳定。

内、外阻尼作用下的转子振动特征表现为:

(1) 转轴的运动同样由自由振动和强迫振动两部分叠加而成。

(2) 强迫振动的振幅与内摩擦阻尼无关,而与仅计及外阻尼时的情况相同。

(3) 当 $\omega<\left(1+\frac{c}{\mu}\right)\omega_k$ 时,系统是稳定的,其稳定范围如图 1-16 所示。

对于水平安置的单圆盘转子来说,若考虑圆盘的重力作用,则圆盘中心 O_d 在固定坐标系中的运动方程为

$$\ddot{Z} + \frac{c+\mu}{m}\dot{Z} + \left(\omega_k^2 - i\omega\frac{\mu}{m}\right)Z = \varepsilon\omega^2 e^{i\omega t} + ig \qquad (1-91)$$

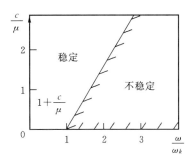

图 1 - 16　内、外阻尼共同作用下单质量转子的稳定区域

其解为

$$Z = Z_{01} e^{\left[-\frac{c+\mu}{2m}+i\sqrt{\omega_k^2-\left(\frac{c+\mu}{2m}\right)^2-i\omega\frac{\mu}{m}}\right]t} + Z_{02} e^{\left[-\frac{c+\mu}{2m}-i\sqrt{\omega_k^2-\left(\frac{c+\mu}{2m}\right)^2-i\omega\frac{\mu}{m}}\right]t} +$$

$$\frac{\varepsilon\omega^2}{(\omega_k^2-\omega^2)+i\frac{c}{m}\omega} + \frac{ig}{\omega_k^2-i\frac{\mu\omega}{m}}$$

$$(1-92)$$

不平衡响应与 x 轴之间的相位差为

$$\tan\alpha = -\frac{c\frac{\omega}{m}}{\omega_k^2-\omega^2} \qquad (1-93)$$

同时,由于内阻尼的作用,由重力产生的轴挠度略有减小,且偏离原重力方向,其偏离角度

$$\tan\beta = \frac{\mu\omega}{m\omega_k^2} \qquad (1-94)$$

1.5.2　刚性支承、主惯性矩不等的单圆盘转子振动特性

设两主惯性矩不等的单圆盘转子转轴主惯性矩分别为 I_1,I_2,安装在转轴中部的圆盘质量为 m,圆盘质心 O_g 对于转轴截面几何中心 O_d 的偏心距依次为 ε_1 和 ε_2,如图 1 - 17 所示。

记转轴在主弯曲平面内的刚度系数分别为

$$k_1 = 48EI_1/l^3$$
$$k_2 = 48EI_2/l^3$$
$$(1-95)$$

为建立圆盘的运动方程,引入与转轴惯性主轴方向重合的旋转坐标系 $O\xi\eta$。在相对坐标系 $O\xi\eta$ 中,作用在圆盘质心,沿 ξ,η 方向的力分量依次为:
弹性恢复力:$k_1\xi,\quad k_2\eta$;

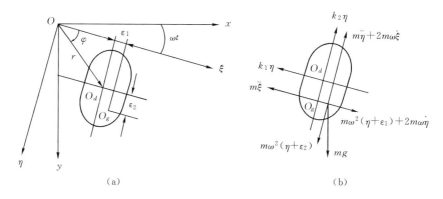

图 1-17　两主惯性矩不等的单圆盘转子

重力：$mg\sin\omega t$，　$mg\cos\omega t$；

惯性力：

$m\ddot{\xi}$，　$m\ddot{\eta}$（由相对加速度引起）；

$m\omega^2(\xi+\varepsilon_1)$，　$m\omega^2(\eta+\varepsilon_2)$（由牵连加速度引起）；

$2m\omega\dot{\eta}$，　$2m\omega\dot{\xi}$（由哥氏加速度引起）。

由此得到系统在无阻尼情况下圆盘运动的动力学方程

$$\begin{cases} m[\ddot{\xi}-2\omega\dot{\eta}-\omega^2(\xi+\varepsilon_1)]+k_1\xi-mg\sin\omega t=0 \\ m[\ddot{\eta}+2\omega\dot{\xi}-\omega^2(\eta+\varepsilon_2)]+k_2\eta-mg\cos\omega t=0 \end{cases} \tag{1-96}$$

由式(1-96)可以看到,在旋转坐标系中,圆盘运动的动力学方程在两正交方向上产生了耦合,记 $\dfrac{k_1}{m}=\omega_1^2$，　$\dfrac{k_2}{m}=\omega_2^2$,从而得到简化了的运动方程

$$\begin{cases} \ddot{\xi}-2\omega\dot{\eta}+(\omega_1^2-\omega^2)\xi=\varepsilon_1\omega^2+g\sin\omega t \\ \ddot{\eta}+2\omega\dot{\xi}+(\omega_2^2-\omega^2)\eta=\varepsilon_2\omega^2+g\cos\omega t \end{cases} \tag{1-97}$$

1. 自由振动

当式(1-97)等号右端项为 0 时,设系统自由振动的解为 $\xi=\xi_0 e^{\lambda t}$,$\eta=\eta_1 e^{\lambda t}$,可得

$$\begin{cases} (\lambda^2+\omega_1^2-\omega^2)\xi_0-2\omega\lambda\eta_0=0 \\ 2\omega\lambda\xi_0+(\lambda^2+\omega_2^2-\omega^2)\eta_0=0 \end{cases} \tag{1-98}$$

系统相应的特征方程为

$$\lambda^4 + (\omega_1^2 + \omega_2^2 + 2\omega^2)\lambda^2 + (\omega_1^2 - \omega^2)(\omega_2^2 - \omega^2) = 0 \qquad (1-99)$$

如令 $a = \dfrac{\omega_1^2 + \omega_2^2}{2} + \omega^2$，显然 $a > 0$，同时不难验证，无论 ω 取何值，均有

$$(\lambda^2 + a)^2 = a^2 - (\omega_1^2 - \omega^2)(\omega_2^2 - \omega^2) > 0 \qquad 和 \qquad \lambda^2 = -a \pm b$$

其中

$$b = \sqrt{a^2 - (\omega_1^2 - \omega^2)(\omega_2^2 - \omega^2)} > 0 \qquad (1-100)$$

由式(1-100)知，当 $b < a$ 时，系统有两对纯虚特征根

$$\lambda_{1,2} = \pm i\sqrt{a+b}, \quad \lambda_{3,4} = \pm i\sqrt{a-b}$$

当 $b > a$ 时，系统将出现正实数根，即 $\lambda = \pm\sqrt{b-a}$，这种情况出现在 $\sqrt{a^2 - (\omega_1^2 - \omega^2)(\omega_2^2 - \omega^2)} > a$ 的条件下，亦即

$$(\omega_1^2 - \omega^2)(\omega_2^2 - \omega^2) < 0 \qquad (1-101)$$

也就是说，当 $\omega_1 < \omega < \omega_2$ 时式(1-101)成立，系统运动将趋于发散；而在 $\omega < \omega_1$ 或 $\omega > \omega_2$ 的区域内，系统只有纯虚根，即

$$\lambda_{1,2,3,4} = \pm i\sqrt{\left[\frac{1}{2}(\omega_1^2 + \omega_2^2)\right] \pm \sqrt{\left[\frac{1}{2}(\omega_1^2 + \omega_2^2) + \omega^2\right]^2 + (\omega_1^2 - \omega)(\omega_2^2 - \omega)}}$$

$$(1-102)$$

在两个特殊点 $\omega = \omega_1$ 和 $\omega = \omega_2$ 处，除了一对纯虚根均退化为 0 外，另外一对纯虚根为

$$\lambda_{3,4} = \pm i\sqrt{2\omega_1^2 + \omega_2^2}\,(\omega = \omega_1) \qquad 或 \qquad \lambda_{3,4} = \pm i\sqrt{\omega_1^2 + 2\omega_2^2}\,(\omega = \omega_2)$$

这时，在固定坐标系中所观察到的圆盘运动的涡动频率为

$$\lambda_0 = \lambda + i\omega \qquad (1-103)$$

2. 质量偏心的影响

上述主惯性矩不等的系统在偏心质量激励下，圆盘中心的强迫振动方程为

$$\begin{cases} \ddot{\xi} - 2\omega\dot{\eta} + (\omega_1^2 - \omega^2)\xi = \varepsilon_1\omega^2 \\ \ddot{\eta} + 2\omega\dot{\xi} + (\omega_2^2 - \omega^2)\eta = \varepsilon_2\omega^2 \end{cases} \qquad (1-104)$$

或进一步将其表达成复数形式：

$$\ddot{\zeta} + 2i\omega\dot{\zeta} + \left(\frac{\omega_1^2 + \omega_2^2}{2} - \omega^2\right)\zeta + \frac{\omega_1^2 - \omega_2^2}{2}\bar{\zeta} = \omega^2(\varepsilon_1 + i\varepsilon_2) \qquad (1-105)$$

式中 $\zeta = \xi + i\eta$，$\bar{\zeta}$ 为所对应的共轭复数，$\bar{\zeta} = \xi - i\eta$。

记此方程的特解为 $\zeta_t = \xi_t + \mathrm{i}\eta_t$, $\bar{\zeta}_t = \xi_t - \mathrm{i}\eta_t$, 可解得

$$\xi_t = \frac{\omega^2 \varepsilon}{\omega_1^2 - \omega^2}, \qquad \eta_t = \frac{\omega^2 \varepsilon}{\omega_2^2 - \omega^2} \qquad (1-106)$$

因此圆盘中心 O_d 在动坐标系中的位移为 $\zeta_t = |\zeta_t| \mathrm{e}^{\mathrm{i}\varphi}$, 其中

$$|\zeta_t| = \frac{\omega^2 \sqrt{\varepsilon_1^2 (\omega_2^2 - \omega^2)^2 + \varepsilon_2^2 (\omega_1^2 - \omega^2)^2}}{|(\omega_1^2 - \omega^2)(\omega_2^2 - \omega^2)|} \qquad (1-107a)$$

相应的相位差

$$\varphi = \arctan \frac{\varepsilon_2 (\omega_1^2 - \omega^2)}{\varepsilon_1 (\omega_2^2 - \omega^2)} \qquad (1-107b)$$

圆盘中心在固定坐标系中的复位移则可表示为

$$Z_t = |\zeta_t| \mathrm{e}^{\mathrm{i}(\omega t + \varphi)} \qquad (1-108)$$

以上分析表明,由于偏心质量的激励,转轴将绕着两支点连心线作弓形回转,其圆盘中心的旋转矢量为 ζ_t。为便于讨论,不妨设 $\omega_1 < \omega_2$, $k_1 < k_2$:

当 $\omega \to \omega_1$ 时, $|\xi_t| \to \infty$, 此时共振振幅主要发生在 ξ 方向上且 $\varphi \to 0$;

当 $\omega \to \omega_2$ 时, $|\eta_t| \to \infty$, 共振主要发生在 η 方向上, $\varphi \to \frac{\pi}{2}$。

3. 圆盘重力的影响

当仅考虑圆盘重力的影响时,可令 $\varepsilon_1 = \varepsilon_2 = 0$, 这时与方程(1-97)相对应的的复数方程为

$$\ddot{\zeta} + 2\mathrm{i}\omega\dot{\zeta} + \left(\frac{\omega_1^2 + \omega_2^2}{2} - \omega^2\right)\zeta + \frac{\omega_1^2 - \omega_2^2}{2}\bar{\zeta} = \mathrm{i}g\mathrm{e}^{-\mathrm{i}\omega t} \qquad (1-109)$$

该方程解的形式为 $\zeta = U\mathrm{e}^{\mathrm{i}\omega t} + V\mathrm{e}^{-\mathrm{i}\omega t}$, 则 $\bar{\zeta} = \bar{U}\mathrm{e}^{-\mathrm{i}\omega t} + \bar{V}\mathrm{e}^{\mathrm{i}\omega t}$, 代入方程(1-109)后解得

$$U = \mathrm{i}\frac{g}{2} \frac{\omega_1^2 - \omega_2^2}{\omega_1^2 \omega_2^2 - 2\omega^2 (\omega_1^2 + \omega_2^2)} = -\bar{U}$$

$$V = \mathrm{i}\frac{1}{2} \frac{(\omega_1^2 + \omega_2^2 - 8\omega^2)g}{\omega_1^2 \omega_2^2 - 2\omega^2 (\omega_1^2 + \omega_2^2)} = -\bar{V} \qquad (1-110)$$

因此,圆盘中心在动坐标系中的复位移为

$$\zeta_g = \frac{1}{2}\left[\frac{\mathrm{i}(\omega_1^2 - \omega_2^2)g}{\omega_1^2 \omega_2^2 - 2\omega^2 (\omega_1^2 + \omega_2^2)}\mathrm{e}^{\mathrm{i}\omega t} + \frac{\mathrm{i}(\omega_1^2 + \omega_2^2 - 8\omega^2)g}{\omega_1^2 \omega_2^2 - 2\omega^2 (\omega_1^2 + \omega_2^2)}\mathrm{e}^{-\mathrm{i}\omega t}\right]$$

$$(1-111)$$

而圆盘中心在固定坐标系中所对应的位移为

$$Z_g = \zeta_g \mathrm{e}^{\mathrm{i}\omega t} = U\mathrm{e}^{\mathrm{i}2\omega t} + V \qquad (1-112)$$

式(1-112)表明,在固定坐标系中圆盘几何中心的运动是以位于 y 轴上坐标为 $\dfrac{1}{2}\dfrac{(\omega_1^2+\omega_2^2-8\omega^2)g}{\omega_1^2\omega_2^2-2\omega^2(\omega_1^2+\omega_2^2)}$ 的 V 点为圆心、半径为 $|U|$、圆频率为 2ω 的圆周运动。

当然,如果综合考虑圆盘质量和质心偏移,则圆盘中心的运动应为式(1-108)和式(1-111)之和,亦即

$$Z=|\zeta_t|\mathrm{e}^{\mathrm{i}(\omega t+\varphi)}+U\mathrm{e}^{\mathrm{i}2\omega t}+V \tag{1-113}$$

式(1-113)既包含了由于离心力所引起的强迫振动成分,也包含了因圆盘重量引起的动挠度部分。

1.6　质量均匀分布的转子

1.6.1　质量均布转子运动的动力学方程

在前面的讨论中都略去了转轴的质量,以下讨论当计入转子质量分布时转子的振动情况:取 $Oxyz$ 坐标系如图 1-18 所示,转轴的几何中心线沿 z 方向。设轴的弹性模量为 E,I_x,I_y 分别为转轴在两惯性主轴方向上的截面惯性矩;m 为单位长度质量,mr^2 为单位长度轴绕轴几何中心线的质量惯性矩,r 为回转半径,ω 为圆频率,取 ω 与 z 轴正方向同向。

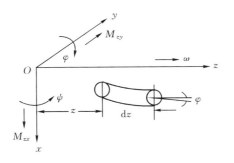

图 1-18　长为 dz 的轴段微元

下面推导转轴的运动方程。对于圆截面轴,两主惯性矩 $I_x=I_y=I$;在图 1-18 中,取出一段长度为 dz 的轴微元,定义 φ 的旋转正方向和 y 轴正方向相同,ψ 的旋转方向与 x 轴正方向相反。此微元绕 x,y 轴的角位移分别为

$$\begin{cases} \varphi = \dfrac{\partial x}{\partial z} \\[2ex] \psi = \dfrac{\partial y}{\partial z} \end{cases} \qquad (1-114)$$

相应的角速度和角加速度分别为

$$\begin{cases} \dot{\varphi} = \dfrac{\partial^2 x}{\partial z \partial t}, \quad \ddot{\varphi} = \dfrac{\partial^3 x}{\partial z \partial t^2} \\[2ex] \dot{\psi} = \dfrac{\partial^2 y}{\partial z \partial t}, \quad \ddot{\psi} = \dfrac{\partial^3 y}{\partial z \partial t^2} \end{cases} \qquad (1-115)$$

该微元的惯性力矩在 x,y 方向上的分量分别为

$$\begin{cases} M_{zx} = J_d \ddot{\psi} - J_p \omega \dot{\varphi} = mr^2 \dfrac{\partial^3 y}{\partial z \partial t^2} \mathrm{d}z - 2mr^2 \omega \dfrac{\partial^2 x}{\partial z \partial t} \mathrm{d}z \\[2ex] M_{zy} = -\left(J_d \ddot{\varphi} + J_p \omega \dot{\psi} \right) = -\left(mr^2 \dfrac{\partial^3 x}{\partial z \partial t^2} \mathrm{d}z + 2mr^2 \omega \dfrac{\partial^2 y}{\partial z \partial t} \mathrm{d}z \right) \end{cases}$$

$$(1-116)$$

式中，J_d 为单元体的赤道转动惯量；J_p 为极转动惯量，当轴截面为圆时，有 $J_p = 2J_d$；M_{zx}，M_{zy} 的正方向均规定为和 x，y 轴正方向相同；$J_p \omega \dot{\varphi}$ 和 $J_p \omega \dot{\psi}$ 则代表了陀螺力矩项。

弯矩 M_x 和 M_y 表示为

$$\begin{cases} M_x = EI \dfrac{\partial^2 y}{\partial z^2} \\[2ex] M_y = EI \dfrac{\partial^2 x}{\partial z^2} \end{cases} \qquad (1-117)$$

单元体所受的力、力矩情况如图 1-19 所示。

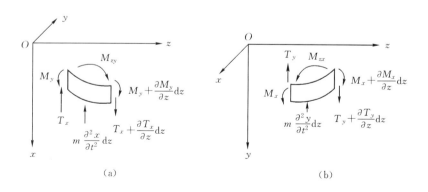

(a)　　　　　　　　　　　　(b)

图 1-19　轴段微元的力与力矩平衡

由力平衡条件和力矩平衡条件可以得到

$$\begin{cases} \dfrac{\partial T_x}{\partial z} = m \dfrac{\partial^2 x}{\partial t^2} \\ \dfrac{\partial T_y}{\partial z} = m \dfrac{\partial^2 y}{\partial t^2} \end{cases} \tag{1-118a}$$

由力矩平衡条件知

$$\begin{cases} -\dfrac{\partial M_y}{\partial z}\mathrm{d}z + M_{zy} = -T_x\mathrm{d}z \\ -\dfrac{\partial M_x}{\partial z}\mathrm{d}z + M_{zx} = T_y\mathrm{d}z \end{cases} \tag{1-118b}$$

将式(1-116)、式(1-117)代入式(1-118),得到

$$\begin{cases} EI\dfrac{\partial^3 x}{\partial z^3} - mr^2\left(\dfrac{\partial^3 x}{\partial z\partial t^2} + 2\omega\dfrac{\partial^2 y}{\partial z\partial t}\right) + T_x = 0 \\ EI\dfrac{\partial^3 y}{\partial z^3} - mr^2\left(\dfrac{\partial^3 y}{\partial z\partial t^2} - 2\omega\dfrac{\partial^2 x}{\partial z\partial t}\right) + T_y = 0 \end{cases} \tag{1-119}$$

式(1-119)两边对 z 再微分一次,得

$$\begin{cases} EI\dfrac{\partial^4 x}{\partial z^4} - mr^2\left(\dfrac{\partial^4 x}{\partial z^2\partial t^2} + 2\omega\dfrac{\partial^3 y}{\partial z^2\partial t}\right) + m\dfrac{\partial^2 x}{\partial t^2} = 0 \\ EI\dfrac{\partial^4 y}{\partial z^4} - mr^2\left(\dfrac{\partial^4 y}{\partial z^2\partial t^2} - 2\omega\dfrac{\partial^3 x}{\partial z^2\partial t}\right) + m\dfrac{\partial^2 y}{\partial t^2} = 0 \end{cases} \tag{1-120}$$

令 $\tilde{Z} = x + \mathrm{i}y$,将式(1-120)化为复数形式:

$$EI\dfrac{\partial^4 \tilde{Z}}{\partial z^4} - mr^2\left(\dfrac{\partial^4 \tilde{Z}}{\partial z^2\partial t^2} - \mathrm{i}2\omega\dfrac{\partial^3 \tilde{Z}}{\partial z^2\partial t}\right) + m\dfrac{\partial^2 \tilde{Z}}{\partial t^2} = 0 \tag{1-121}$$

若转换到旋转坐标系中,利用 $\tilde{Z} = \tilde{\zeta}\mathrm{e}^{\mathrm{i}\omega t}$,$\tilde{\zeta} = \xi + \mathrm{i}\eta$,则得到

$$EI\dfrac{\partial^4 \tilde{\zeta}}{\partial z^4} - mr^2\left(\dfrac{\partial^4 \tilde{\zeta}}{\partial z^2\partial t^2} + \omega^2\dfrac{\partial^2 \tilde{\zeta}}{\partial z^2}\right) + m\left(\dfrac{\partial^2 \tilde{\zeta}}{\partial t^2} + \mathrm{i}2\omega\dfrac{\partial \tilde{\zeta}}{\partial t} - \omega^2\tilde{\zeta}\right) = 0 \tag{1-122}$$

将 ξ 方向的截面惯性矩以 I_ξ 表示,η 方向的截面惯性矩用 I_η 表示,并将方程 (1-122)分解成 ξ,η 方向上的运动微分方程:

$$\begin{cases} \dfrac{EI_\xi}{m}\dfrac{\partial^4 \xi}{\partial z^4} - r^2\left(\dfrac{\partial^4 \xi}{\partial z^2\partial t^2} + \omega^2\dfrac{\partial^2 \xi}{\partial z^2}\right) + \dfrac{\partial^2 \xi}{\partial t^2} - 2\omega\dfrac{\partial \eta}{\partial t} - \omega^2\xi = 0 \\ \dfrac{EI_\eta}{m}\dfrac{\partial^4 \eta}{\partial z^4} - r^2\left(\dfrac{\partial^4 \eta}{\partial z^2\partial t^2} + \omega^2\dfrac{\partial^2 \eta}{\partial z^2}\right) + \dfrac{\partial^2 \eta}{\partial t^2} + 2\omega\dfrac{\partial \xi}{\partial t} - \omega^2\eta = 0 \end{cases} \tag{1-123}$$

式(1-123)即为系统的自由振动方程。

如考虑因圆盘质量偏心所引起的强迫振动,则方程(1-123)等号右端项

不再为 0。记轴段微元的质量偏心距分别为 $\varepsilon_1(z),\varepsilon_2(z)$，则轴段强迫振动方程为

$$
\begin{cases}
\dfrac{EI_\xi}{m}\dfrac{\partial^4\xi}{\partial z^4} - r^2\left(\dfrac{\partial^4\xi}{\partial z^2\partial t^2} + \omega^2\dfrac{\partial^2\xi}{\partial z^2}\right) + \dfrac{\partial^2\xi}{\partial t^2} - 2\omega\dfrac{\partial\eta}{\partial t} - \omega^2\xi = g\sin\omega t + \varepsilon_1(z)\omega^2 \\[3mm]
\dfrac{EI_\eta}{m}\dfrac{\partial^4\eta}{\partial z^4} - r^2\left(\dfrac{\partial^4\eta}{\partial z^2\partial t^2} + \omega^2\dfrac{\partial^2\eta}{\partial z^2}\right) + \dfrac{\partial^2\eta}{\partial t^2} + 2\omega\dfrac{\partial\xi}{\partial t} - \omega^2\eta = g\cos\omega t + \varepsilon_2(z)\omega^2
\end{cases}
$$

$$(1-124)$$

1.6.2 质量均布转子的自由振动

转子两端为刚性铰支时,根据在支点处位移、弯矩为零,可得到边界条件

$$
\begin{cases}
\xi(0,t) = \xi(l,t) = \eta(0,t) = \eta(l,t) = 0 \\[2mm]
\dfrac{\partial^2\xi}{\partial z^2}(0,t) = \dfrac{\partial^2\xi}{\partial z^2}(l,t) = \dfrac{\partial^2\eta}{\partial z^2}(0,t) = \dfrac{\partial^2\eta}{\partial z^2}(l,t) = 0
\end{cases}
$$

$$(1-125)$$

取方程(1-123)的解为

$$
\begin{cases}
\xi = \xi_0\sin\dfrac{k\pi z}{l}\mathrm{e}^{\lambda_\xi t} \\[3mm]
\eta = \eta_0\sin\dfrac{k\pi z}{l}\mathrm{e}^{\lambda_\xi t} \quad (k = 1,2,3,\cdots)
\end{cases}
$$

$$(1-126)$$

以上各式中,l 为转轴长度;λ_ξ 为旋转坐标系中的方程(1-124)所对应的特征值。在无阻尼作用时,λ_ξ 为纯虚数,记为 $\lambda_\xi = \mathrm{i}\omega_\xi$;类似地,在绝对坐标系中的特征值 $\lambda = \mathrm{i}(\omega_\xi + \omega)$。

由此得到相应的系统特征方程

$$
\begin{vmatrix}
\dfrac{EI_\xi}{m}\left(\dfrac{k\pi}{l}\right)^4 + r^2\left(\dfrac{k\pi}{l}\right)^2(\lambda_\xi^2 + \omega^2) + (\lambda_\xi^2 - \omega^2) & -2\omega\lambda_\xi \\[4mm]
+2\omega\lambda_\xi & \dfrac{EI_\eta}{m}\left(\dfrac{k\pi}{l}\right)^4 + r^2\left(\dfrac{k\pi}{l}\right)^2(\lambda_\xi^2 + \omega^2) + (\lambda_\xi^2 - \omega^2)
\end{vmatrix}
$$
$$= 0$$

$$(1-127)$$

展开后得到

$$
\left[1 + \left(\dfrac{k\pi r}{l}\right)^2\right]^2\lambda_\xi^4 + 2\left\{\left[1 + \left(\dfrac{k\pi r}{l}\right)^4\right]\omega^2 + \dfrac{E(I_\xi + I_\eta)}{2m}\left(\dfrac{k\pi}{l}\right)^4\left[1 + \left(\dfrac{k\pi r}{l}\right)^2\right]\right\}\lambda_\xi^2 +
$$

$$
\left[1 - \left(\dfrac{k\pi r}{l}\right)^2\right]^2\omega^4 - \dfrac{E(I_\xi + I_\eta)}{m}\left(\dfrac{k\pi}{l}\right)^4\left[1 - \left(\dfrac{k\pi r}{l}\right)^2\right]\omega^2 + \dfrac{E^2 I_\xi I_\eta}{m^2}\left(\dfrac{k\pi}{l}\right)^8 = 0
$$

$$(1-128a)$$

或简记为

$$\lambda_\zeta^4 + a_2 \lambda_\zeta^2 + a_0 = 0 \qquad (1-128\text{b})$$

式中

$$a_0 = C^2 B$$

$$a_2 = 2AC^2$$

$$A = \left[1 + \left(\frac{k\pi r}{l}\right)^4\right]\omega^2 + \frac{E(I_\xi + I_\eta)}{2m}\left(\frac{k\pi}{l}\right)^4\left[1 + \left(\frac{k\pi r}{l}\right)^2\right]$$

$$B = \left[1 - \left(\frac{k\pi r}{l}\right)^2\right]^2\omega^4 - \frac{E(I_\xi + I_\eta)}{m}\left(\frac{k\pi}{l}\right)^4\left[1 - \left(\frac{k\pi r}{l}\right)^2\right]\omega^2 + \frac{E^2 I_\xi I_\eta}{m^2}\left(\frac{k\pi}{l}\right)^8$$

$$C = \frac{1}{1 + \left(\frac{k\pi r}{l}\right)^2}$$

$$(1-129)$$

由此可以解得转轴在旋转坐标系中的固有频率 λ_ζ。

现在讨论特征方程 $(1-128)$ 中当 $\lambda_\zeta = 0$ 或 $\lambda = \mathrm{i}\omega$，亦即转轴在绝对坐标系中的固有频率与同期旋转频率相等时的特殊情况。

当 $\lambda_\zeta = 0$ 时，式 $(1-128)$ 简化为

$$\left[1 - \left(\frac{k\pi r}{l}\right)^2\right]^2\omega^4 - \frac{E(I_\xi + I_\eta)}{m}\left(\frac{k\pi}{l}\right)^4\left[1 - \left(\frac{k\pi r}{l}\right)^2\right]\omega^2 + \frac{E^2 I_\xi I_\eta}{m^2}\left(\frac{k\pi}{l}\right)^8 = 0$$

$$(1-130\text{a})$$

或

$$\left\{\left[1 - \left(\frac{k\pi r}{l}\right)^2\right]\omega^2 - \frac{EI_\xi}{m}\left(\frac{k\pi}{l}\right)^4\right\}\left\{\left[1 - \left(\frac{k\pi r}{l}\right)^2\right]\omega^2 - \frac{EI_\eta}{m}\left(\frac{k\pi}{l}\right)^4\right\} = 0$$

$$(1-130\text{b})$$

由此解得

$$\omega_{1,2}^* = \pm\left(\frac{k\pi}{l}\right)^2\sqrt{\frac{\dfrac{EI_\xi}{m}}{1 - \left(\dfrac{k\pi r}{l}\right)^2}}$$

$$(1-131)$$

$$\omega_{3,4}^* = \pm\left(\frac{k\pi}{l}\right)^2\sqrt{\frac{\dfrac{EI_\eta}{m}}{1 - \left(\dfrac{k\pi r}{l}\right)^2}}$$

式 $(1-131)$ 表明，关于 ω^* 的实数解只有当 $k < \dfrac{l}{\pi r}$ 时才存在——由于转轴的陀螺效应，其固有频率的数目是有限的，k 并不能取任意正整数。

$$\left[1+\left(\frac{k\pi r}{l}\right)^2\right]^2\lambda_\xi^4+2\left\{\left[1+\left(\frac{k\pi r}{l}\right)^4\right]\omega^2+\frac{E(I_\xi+I_\eta)}{2m}\left(\frac{k\pi}{l}\right)^4\left[1+\left(\frac{k\pi r}{l}\right)^2\right]\right\}\lambda_\xi^2+$$

$$\left[1-\left(\frac{k\pi r}{l}\right)^2\right]^2\omega^4-\frac{E(I_\xi+I_\eta)}{m}\left(\frac{k\pi}{l}\right)^4\left[1-\left(\frac{k\pi r}{l}\right)^2\right]\omega^2+\frac{E^2I_\xi I_\eta}{m^2}\left(\frac{k\pi}{l}\right)^8=0$$

如果不计惯性力矩与陀螺效应,即当 $r=0$ 时,特征方程(1-128a)简化为

$$\lambda_\xi^4+2\left[\omega^2+\frac{E(I_\xi+I_\eta)}{2m}\left(\frac{k\pi}{l}\right)^4\right]\lambda_\xi^2+\left[\omega^4-\frac{E(I_\xi+I_\eta)}{m}\left(\frac{k\pi}{l}\right)^4\omega^2+\frac{E^2I_\xi I_\eta}{m^2}\left(\frac{k\pi}{l}\right)^8\right]=0$$

$$(1-132)$$

依旧讨论 $\lambda_\xi=0$,即 $\lambda=\mathrm{i}\omega$ 的同步振动情况,求解方程(1-132)可以得到转轴的固有频率

$$\begin{cases}\omega_{1,2}=\pm\left(\dfrac{k\pi}{l}\right)^2\sqrt{\dfrac{EI_\xi}{m}}\\[2mm]\omega_{3,4}=\pm\left(\dfrac{k\pi}{l}\right)^2\sqrt{\dfrac{EI_\eta}{m}}\end{cases}\qquad(1-133)$$

因此,当不计惯性力矩与陀螺效应时,转轴的固有频率可以有无穷多个。

最后,需要说明的是,本章所介绍的内容并非出自作者自身的研究贡献,作为进一步理解轴承转子系统动力学的预备知识,相关资料可参见参考文献[1-13]。

参考文献

[1] Friswell M I,Penny J E, Carvey S D, et al. Dynamics of Rotating Machines[M]. Cambriege:Cambridge University Press,2012.

[2] 格拉德威尔 G M L.振动中的反问题[M].王大钧,何北昌,译.北京:北京大学出版社,1991.

[3] 丁文镜.工程中的自激振动[M].长春:吉林教育出版社,1988.

[4] 钟一鄂,何衍宗,王正.转子动力学[M].北京:清华大学出版社,1987.

[5] 伽西 R,菲茨耐 H.转子动力学导论[M].周仁睦,译.北京:机械工业出版社,1986.

[6] 谷口修.振动工程大全[M].尹传家,译.黄怀德,校.北京:机械工业出版社,1986.

[7] 侯赛因.多参数系统的振动和稳定性[M].张文,译.赵令诚,校.上海:上海科学技术文献出版社,1985.

[8] 顾家柳.转子动力学[M].北京:国防工业出版社,1985.

［9］　黄昭度.分析力学［M］.北京:清华大学出版社,1985.

［10］　隆德.转子－轴承动力学［M］.郑州:郑州机械科学研究所,1981.

［11］　王光远.应用分析动力学［M］.北京:高等教育出版社,1981.

［12］　Pillkey W D. Modern Formulas for Static and Dynamics,A stress-Strain Approach［M］. New York:Mc-Graw-Hill Book Company,1978.

［13］　Timoshenko S. Vibbration proklem in Engineering［M］. 3rd ed. New Tork:D Van Nostrand Co. ,1961.

第 2 章　流体动压滑动轴承

刚性支承的转子,由于其支承部分不能向系统提供足够的阻尼,转子无法平稳地越过临界转速,而只能限制在较低转速范围内工作。例如,在大多数情况下,滚动轴承的支承刚度与转轴刚度相比要高出很多,因此通常将滚动轴承视为刚性支承结构,并且将滚动轴承支承转子的工作转速范围设计在刚支临界转速以下。但是,对于一大类要求在超临界转速以上运行的高速或重载转子,如精密仪器、机床、汽轮机、水轮机、电机、透平压缩机、轧钢机等,这类旋转机械的支承轴承大多数都必须采用流体润滑滑动轴承,通过流体润滑以获得两相对运动表面间的有效隔离。

这一类旋转机械对于滑动轴承所提出的共同要求包括:

(1)在转子额定工作转速范围内,轴承内表面与轴颈表面间所形成的流体膜能够提供足够的承载力以支承转子。

(2)该流体膜在系统振动时能提供适当的刚度和阻尼,从而对各种振动(包括自激振动)进行有效的抑制。也就是说,滑动轴承应具有良好的制振性和稳定性,因而使得整个系统具有优秀的动态品质。

(3)在满足上述必要条件的基础上后,希望轴承功耗能够最大限度地减小。

实现流体润滑可以有多种方式。就流体性质而言,可分为压缩和不可压缩流体润滑;就流体供压方式而言,可分为流体静压、动压或动静压润滑……本章主要讨论流体润滑动压轴承。

就流体动压滑动轴承而言,上述性能指标的实现在很大程度上均取决于两相对运动表面间厚度仅为数十微米的流体膜。如果从 1885 年托尔所做的那个发现了流体动压效应的著名实验算起,100 多年来,差不多所有可能想到的和可能实现的轴承形式部在不同程度上被研究过。以径向轴承为例,可以列举出诸如圆轴承、椭圆轴承、错位轴承、三油叶及四油叶轴承、油楔型轴承、可倾瓦轴承和箔片式轴承等一系列名称(见图 2-1)(这还不包括静压滑动轴承系列在内),而它们之间的区分在大多数情况下仅在于这些轴承内表面轮廓线间的差别。

推力轴承的发展状况也与此相仿,常见的如斜面轴承、阶梯轴承、可倾瓦推力轴承和螺旋槽推力轴承等(见图 2-2)。只是推力轴承对于转子系统弯曲振动的强耦合效应在上一世纪末才逐渐被人们所认识和重视。

无论是径向轴承或者推力轴承,动压轴承中的油膜力均来源于两种效应——流体的楔形效应和挤压效应,其基本原理早在 1886 年已由雷诺(O. Reynolds)综合纳维叶-斯托克斯(Navier-Stocks)方程、牛顿(Newton)粘性定律和流体连续方程而巧妙地统一在著名的雷诺方程中。一个多世纪以来,尽管人们对于流体润滑的各种因素考虑得日益细微和周详,但雷诺方程的基本形式并没有因之而发生根本性的改变。因此,本章对动压滑动轴承的介绍将从雷诺方程入手,依次介绍流体动压径向轴承和推力轴承的静、动态性能参数表征方法。

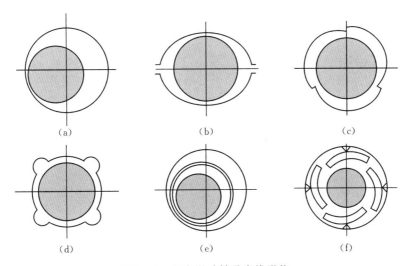

图 2-1　径向滑动轴承廓线形状

(a)圆轴承;(b)椭圆轴承;(c)三油楔轴承;(d)四油叶轴承;(e)浮环轴承;(f)可倾瓦轴承

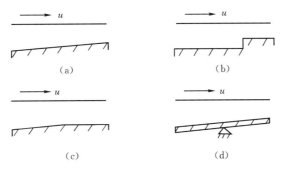

图 2-2　推力轴承廓线形状

(a)斜面滑块;(b)阶梯滑块;(c)组合滑块;(d)可倾瓦滑块

2.1　流体动压径向滑动轴承

　　流体动压径向滑动轴承的工作原理如图 2-3 所示。当转子以圆频率 ω 旋转时，润滑油被卷吸进两表面间的收敛油楔而产生油膜压力。稳态运行时，转子的重量为润滑膜内油膜压力的合力所平衡，轴颈中心保持稳定在某一静态工作点上——径向滑动轴承的静态工作点通常采用轴颈中心偏离轴承几何中心 O 的偏心距 e 和偏位角 θ 来表示。

　　一般说来，静态工作点 (e,θ) 是 ω 的函数，当 ω 由 0 逐渐上升时，因轴颈旋转而产生的卷吸效应也逐渐增强，油膜力进一步将转子"托起"。因此，在整个升速过程中，轴颈中心将沿着一条静态平衡线上浮，图 2-4 中给出了对应于圆柱轴承的典型无量纲静态平衡曲线 $(\varepsilon-\theta)$。在动态情况下，除了上述静态油膜压力之外，由于轴颈振动所引起的位移和速度扰动，润滑膜还将派生出动态油膜力，转子在外激励力和动态油膜力的共同作用下将维持在静平衡位置附近作小振动（见图 2-4）。

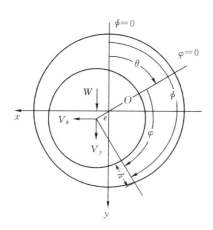

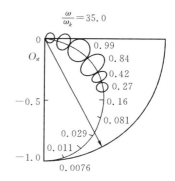

图 2-3　径向动压润滑轴承工作原理　　　　图 2-4　径向滑动轴承的静态
　　　　　　　　　　　　　　　　　　　　　　　　平衡线和涡动轨迹

2.1.1　非定常雷诺方程

　　就径向滑动轴承来说，其非定常雷诺方程

$$\frac{1}{r^2} \frac{\partial}{\partial \phi}\left(\frac{h^3}{12\mu} \frac{\partial p}{\partial \phi}\right) + \frac{\partial}{\partial z}\left(\frac{h^3}{\mu} \frac{\partial p}{\partial z}\right) = 6\mu\omega \frac{\partial h}{\partial \phi} + 12\mu(V_y \cos\phi + V_x \sin\phi) \qquad (2-1)$$

式中,r 为轴颈半径;h 为油膜厚度;μ 为润滑油动力粘度;p 为油膜压力;ω 为转动圆频率;V_x,V_y 依次为轴颈中心沿 x,y 方向的挤压速度。

当轴瓦形状为圆弧瓦时,更习惯于采用 $\dot{e}$,$e\dot{\theta}$ 来表示轴颈中心偏离平衡点的速度扰动,式(2-1)可写成

$$\frac{1}{r^2} \frac{\partial}{\partial \varphi}\left(\frac{h^3}{\mu} \frac{\partial p}{\partial \varphi}\right) + \frac{\partial}{\partial z}\left(\frac{h^3}{\mu} \frac{\partial p}{\partial z}\right) = 6\mu\omega \frac{\partial h}{\partial \varphi} + 12\mu \frac{\partial h}{\partial t} = 6\mu\omega \frac{\partial h}{\partial \varphi} + 12\mu(\dot{e}\cos\varphi + e\dot{\theta}\sin\varphi)$$

$$(2-2)$$

在沿周向的任一点 φ 处,油膜厚度

$$h = C + e\cos\varphi \qquad (2-3)$$

对方程无量纲化时分别取

$$h = CH,\ \mu = \mu_0 M,\ p = \frac{2\mu_0\omega}{\psi^2}P,\ z = \frac{B}{2}\lambda,\ V_x = C\omega\bar{V}_x,\ V_y = C\omega\bar{V}_y$$

$$\dot{e} = C\omega\varepsilon',\ \dot{\theta} = \omega\theta',\ t = \frac{1}{\omega}T$$

对应于方程(2-1)、方程(2-2)的无量纲形式为

$$\frac{\partial}{\partial \phi}\left(\frac{H^3}{M} \frac{\partial P}{\partial \phi}\right) + \left(\frac{d}{B}\right)^2 \frac{\partial}{\partial \lambda}\left(\frac{H^3}{M} \frac{\partial P}{\partial \lambda}\right) = 3\frac{\partial H}{\partial \phi} + 6(\bar{V}_y \cos\phi + \bar{V}_x \sin\phi) \qquad (2-4)$$

或

$$\frac{\partial}{\partial \varphi}\left(\frac{H^3}{M} \frac{\partial P}{\partial \varphi}\right) + \left(\frac{d}{B}\right)^2 \frac{\partial}{\partial \lambda}\left(\frac{H^3}{M} \frac{\partial P}{\partial \lambda}\right) = -3\varepsilon\sin\varphi(1-2\theta') + 6\varepsilon'\cos\varphi \qquad (2-5)$$

特别地,如按照短轴承理论,方程(2-5)简化为

$$\left(\frac{d}{B}\right)^2 \frac{\partial}{\partial \lambda}\left(\frac{H^3}{M} \frac{\partial P}{\partial \lambda}\right) = -3\varepsilon\sin\varphi(1-2\theta') + 6\varepsilon'\cos\varphi \qquad (2-6)$$

相应的无量纲油膜厚度为

$$H = 1 + \varepsilon\cos\varphi$$

在以上推导中,C 为轴承的半径间隙;μ_0 为参考粘度;$\psi = \dfrac{C}{R}$ 为间隙比;R 为轴承半径;d 为轴承直径;B 为轴承宽度;B/d 为轴承宽径比,偏心率 $\varepsilon = \dfrac{e}{C}$。

2.1.2　边界条件及静态油膜压力求解

对于二阶椭圆偏微分方程(2-1)或(2-2)的求解所对应的边界条件为:

在轴承供油边处,油膜压力与供油压力相等;在径向轴承沿轴向出口端,油膜压力则应当和环境压力相等;而在轴承沿轴向的中截面上,油膜压力呈对称分布:

$$p_0 \Big|_{\varphi=\varphi_{in}} = p_{in}, \ p_0 \Big|_{z=\pm B/2} = p_a$$

$$\frac{\partial p_0}{\partial z} \Big|_{z=0} = 0 \tag{2-7a}$$

比较难于处理的是关于油膜压力在周向方向的边界条件。由于油膜只能够承受压应力而不能承受拉应力,因此按方程(2-1)或(2-2)求解得到的压力分布中的负压部分应当舍去。在所有曾经被采用过的边界条件中,Reynolds 边界条件是比较合理的,且沿用至今:

$$p_0 \Big|_{\varphi_{out}} = 0, \ \frac{\partial p_0}{\partial \varphi} \Big|_{\varphi_{out}} = 0 \tag{2-7b}$$

以上 p_{in}, p_a 分别为供油压力和环境压力;φ_{in} 为进油边位置角;φ_{out} 为油膜破裂边位置角。

满足方程(2-1)或(2-2)全部条件的解 p_0 可以表达为一个特解 p_{0t} 和一组通解 $p_{0i}(i=1,2,\cdots,n)$ 的叠加:

—— 特解满足非齐次方程,但不满足边界条件;

—— 通解 $p_{0i}(i=1,2,\cdots,n)$ 满足与方程(2-1)或(2-2)相对应的齐次方程

$$\frac{1}{r^2} \frac{\partial}{\partial \varphi} \Big(\frac{h^3}{\mu} \frac{\partial p_{0i}}{\partial \varphi} \Big) + \frac{\partial}{\partial z} \Big(\frac{h^3}{\mu} \frac{\partial p_{oi}}{\partial z} \Big) = 0 \quad (i=1,2,\cdots,n)$$

—— 在解 $p_0 = p_{0t} + \sum_{i=1}^{n} \alpha_i p_{0i}$ 中的 α_i 为待定系数,根据边界条件而定。

因此,关于上述二阶、二维、变系数非齐次方程的解只能是数值解 —— 这里包括小参数法、差分法、有限元法以及后面所要提及的边界元法[1-4]。

径向滑动轴承的静态工作点可由求解油膜承载力得到。在稳定工作状态下,即令扰动 V_x,V_y 或 $\dot{e}$ 和 $\dot{\theta}$ 为零时,求解定常雷诺方程解得压力分布 p_0,则承载力

$$\begin{cases} F_{x0} = \int_{-B/2}^{B/2} \int_0^{2\pi} -p_0 \sin\phi r \,\mathrm{d}\phi \mathrm{d}z \\ F_{y0} = \int_{-B/2}^{B/2} \int_0^{2\pi} -p_0 \cos\phi r \,\mathrm{d}\phi \mathrm{d}z \end{cases} \tag{2-8}$$

对于一般外载荷 **W** 方向向下的情况,轴颈将稳定在某一位置(ε_0,θ_0),且此时 $F_{x0} = 0$,而 F_{y0} 与外载荷 **W** 恰好相等。

2.1.3　固定瓦径向滑动轴承的转子动力学系数

设在静态工作点 $(\varepsilon_0, \theta_0)$ 处,固定瓦轴承的油膜合力为

$$\begin{cases} F_{x0} = F_x(x_0, y_0, 0, 0) \\ F_{y0} = F_y(x_0, y_0, 0, 0) \end{cases}$$

在小扰动情况下,将 F_x, F_y 在静态工作点处展开为泰勒(Taylor)级数且仅保留线性项后,得到

$$\begin{cases} F_x \approx F_{x0} + \dfrac{\partial F_x}{\partial x}\bigg|_0 (x - x_0) + \dfrac{\partial F_x}{\partial y}\bigg|_0 (y - y_0) + \dfrac{\partial F_x}{\partial \dot{x}}\bigg|_0 \dot{x} + \dfrac{\partial F_x}{\partial \dot{y}}\bigg|_0 \dot{y} \\ F_y \approx F_{y0} + \dfrac{\partial F_y}{\partial x}\bigg|_0 (x - x_0) + \dfrac{\partial F_y}{\partial y}\bigg|_0 (y - y_0) + \dfrac{\partial F_y}{\partial \dot{x}}\bigg|_0 \dot{x} + \dfrac{\partial F_y}{\partial \dot{y}}\bigg|_0 \dot{y} \end{cases} \qquad (2-9)$$

式中, $\dfrac{\partial F_i}{\partial j}\bigg|_0 (i = x, y; j = x, y, \dot{x}, \dot{y})$ 表示在静态工作点 (x_0, y_0)(或 $(\varepsilon_0, \theta_0)$)处各相应偏导数的值。记

$$\begin{cases} k_{ij} = \dfrac{\partial F_i}{\partial j}\bigg|_0 \ (i = x, y; j = x, y) \\ d_{ij} = \dfrac{\partial F_i}{\partial j}\bigg|_0 \ (i = x, y; j = \dot{x}, \dot{y}) \\ \Delta F_x = F_x - F_{x0}, \ \Delta F_y = F_y - F_{y0} \end{cases} \qquad (2-10)$$

则轴颈中心偏离静态工作点时所产生的油膜力增量

$$\begin{cases} \Delta F_x = k_{xx}x + k_{xy}y + d_{xx}\dot{x} + d_{xy}\dot{y} \\ \Delta F_y = k_{yx}x + k_{yy}y + d_{yx}\dot{x} + d_{yy}\dot{y} \end{cases} \qquad (2-11)$$

式中　　$k_{ij}(i, j = x, y)$ ——油膜刚度系数, k_{ij} 为由 j 方向上单位位移扰动在 i 方向上所产生的力;

　　　　$d_{ij}(i, j = x, y)$ ——油膜阻尼系数, d_{ij} 为由 j 方向上单位速度扰动在 i 方向上所产生的力。

以上关于油膜力及其增量方向规定与坐标轴 x, y 的正方向相反。

通常采用上述 8 个刚度和阻尼系数来表征油膜力的动力特性。按定义,对 F_x, F_y 动态油膜合力中所含各扰动量求导,即可求得各 $k_{ij}, d_{ij}(i, j = x, y)$ 。以单块瓦为例:

$$
\begin{cases}
k_{xx} = \dfrac{\partial F_x}{\partial x} = \dfrac{\partial}{\partial x} \displaystyle\int_{-B/2}^{B/2}\int_{\phi_1}^{\phi_2} -p\sin\phi r\,\mathrm{d}\phi\mathrm{d}z \\[2mm]
k_{xy} = \dfrac{\partial F_x}{\partial y} = \dfrac{\partial}{\partial y} \displaystyle\int_{-B/2}^{B/2}\int_{\phi_1}^{\phi_2} -p\sin\phi r\,\mathrm{d}\phi\mathrm{d}z \\[2mm]
k_{yx} = \dfrac{\partial F_y}{\partial x} = \dfrac{\partial}{\partial x} \displaystyle\int_{-B/2}^{B/2}\int_{\phi_1}^{\phi_2} -p\cos\phi r\,\mathrm{d}\phi\mathrm{d}z \\[2mm]
k_{yy} = \dfrac{\partial F_y}{\partial y} = \dfrac{\partial}{\partial y} \displaystyle\int_{-B/2}^{B/2}\int_{\phi_1}^{\phi_2} -p\cos\phi r\,\mathrm{d}\phi\mathrm{d}z \\[2mm]
d_{xx} = \dfrac{\partial F_x}{\partial V_x} = \dfrac{\partial}{\partial V_x} \displaystyle\int_{-B/2}^{B/2}\int_{\phi_1}^{\phi_2} -p\sin\phi r\,\mathrm{d}\phi\mathrm{d}z \\[2mm]
d_{xy} = \dfrac{\partial F_x}{\partial V_y} = \dfrac{\partial}{\partial V_y} \displaystyle\int_{-B/2}^{B/2}\int_{\phi_1}^{\phi_2} -p\sin\phi r\,\mathrm{d}\phi\mathrm{d}z \\[2mm]
d_{yx} = \dfrac{\partial F_y}{\partial V_x} = \dfrac{\partial}{\partial V_x} \displaystyle\int_{-B/2}^{B/2}\int_{\phi_1}^{\phi_2} -p\cos\phi r\,\mathrm{d}\phi\mathrm{d}z \\[2mm]
d_{yy} = \dfrac{\partial F_y}{\partial V_y} = \dfrac{\partial}{\partial V_y} \displaystyle\int_{-B/2}^{B/2}\int_{\phi_1}^{\phi_2} -p\cos\phi r\,\mathrm{d}\phi\mathrm{d}z
\end{cases}
\tag{2-12}
$$

按照 $k_{ij} = K_{ij}\dfrac{\mu\omega B}{\psi^3}$，$d_{ij} = D_{ij}\dfrac{\mu B}{\psi^3}(i,j=x,y)$，$x=C\bar{x}$，$y=C\bar{y}$ 的规则，对

式(2-12)进行无量纲化，可得到相应的无量纲刚度、阻尼系数

$$
\begin{cases}
K_{xx} = \dfrac{\partial}{\partial \bar{x}} \displaystyle\int_{-1}^{1}\int_{\phi_1}^{\phi_2} -P\sin\phi\,\mathrm{d}\phi\mathrm{d}\lambda \\[2mm]
K_{xy} = \dfrac{\partial}{\partial \bar{y}} \displaystyle\int_{-1}^{1}\int_{\phi_1}^{\phi_2} -P\sin\phi\,\mathrm{d}\phi\mathrm{d}\lambda \\[2mm]
K_{yx} = \dfrac{\partial}{\partial \bar{x}} \displaystyle\int_{-1}^{1}\int_{\phi_1}^{\phi_2} -P\cos\phi\,\mathrm{d}\phi\mathrm{d}\lambda \\[2mm]
K_{yy} = \dfrac{\partial}{\partial \bar{y}} \displaystyle\int_{-1}^{1}\int_{\phi_1}^{\phi_2} -P\cos\phi\,\mathrm{d}\phi\mathrm{d}\lambda \\[2mm]
D_{xx} = \dfrac{\partial}{\partial \bar{V}_x} \displaystyle\int_{-1}^{1}\int_{\phi_1}^{\phi_2} -P\sin\phi\,\mathrm{d}\phi\mathrm{d}\lambda \\[2mm]
D_{xy} = \dfrac{\partial}{\partial \bar{V}_y} \displaystyle\int_{-1}^{1}\int_{\phi_1}^{\phi_2} -P\sin\phi\,\mathrm{d}\phi\mathrm{d}\lambda \\[2mm]
D_{yx} = \dfrac{\partial}{\partial \bar{V}_x} \displaystyle\int_{-1}^{1}\int_{\phi_1}^{\phi_2} -P\cos\phi\,\mathrm{d}\phi\mathrm{d}\lambda \\[2mm]
D_{yy} = \dfrac{\partial}{\partial \bar{V}_y} \displaystyle\int_{-1}^{1}\int_{\phi_1}^{\phi_2} -P\cos\phi\,\mathrm{d}\phi\mathrm{d}\lambda
\end{cases}
\tag{2-13}
$$

对于有限宽动压滑动轴承，上述8个动特性系数只能借助于数值解求得。

当采用窄轴承理论和甘贝尔(Gümbel)边界条件时,可以通过求解方程(2-6),从而得到相应的轴承刚度、阻尼系数的解析表达[3]。

2.1.4　可倾瓦径向轴承的转子动力学系数

与其他动压滑动轴承相比,可倾瓦轴承具有更为优越的稳定性,但这一优点被过分地放大了——长期以来,人们认为在不计瓦块惯性的情况下可倾瓦轴承具有天然的稳定性。实际上这是一个需要加以纠正的认识误区,同时也无法对于实际中屡有发生的工程事故给出合理的解释。以下仍然在线性、小扰动前提下讨论可倾瓦轴承的稳定性问题。

1. 可倾瓦的动态油膜力表征

可倾瓦轴承所提供的动态油膜力,除了和轴颈扰动 $\Delta X,\Delta Y,\Delta\dot{X},\Delta\dot{Y}$ 有关外,还和瓦块摆角的扰动 $\Delta\varphi$ 有关。

在绝对坐标系中取其中一块瓦讨论,如图 2-5 所示,这时 $\Delta F_X,\Delta F_Y$ 可以视作 $\Delta X,\Delta Y,\Delta\varphi,\Delta\dot{X},\cdots,\Delta\dot{\varphi}$ 的函数。

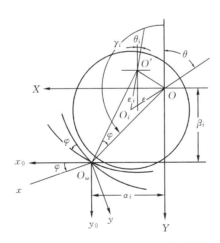

图 2-5　单块可倾瓦的几何参数

令小扰动 $(\Delta X,\Delta Y,\Delta\varphi)=(X_0,Y_0,\varphi_0)e^{i\omega_s T}$,亦即假设转子和瓦块均以频率 ω_s 作小扰动,则在平衡位置 (ε_0,θ_0) 处作泰勒展开并略去高阶小量后可得

$$\begin{cases} \Delta F_X = (\Delta F_{Xx} + \Delta F_{Xy}) + \Delta F_{X\varphi} \\ \Delta F_Y = (\Delta F_{Yx} + \Delta F_{Yy}) + \Delta F_{Y\varphi} \end{cases} \tag{2-14}$$

式中,ΔF_{Xi},ΔF_{Yi} 为由扰动量 $i(i = x,y,\varphi)$ 所引起的在 X,Y 方向上的油膜力增量。

式(2-14)表明,由小扰动所产生的可倾瓦动态油膜力增量不仅包含了因轴颈扰动、与固定瓦类似的动态油膜力增量部分 ΔF_{Xi},$\Delta F_{Yi}(i = x,y)$,还增加了因瓦块摆动 φ 所引起的动态力增量 $\Delta F_{X\varphi}$,$\Delta F_{Y\varphi}$。

一般而言,作为独立变量,扰动量 ΔX,ΔY 和 $\Delta\varphi$ 之间并不具有必然的约束关系,它们之间的相互关系将依赖于可倾瓦自身的力矩平衡约束。

在小扰动$(\Delta X,\Delta Y,\Delta\varphi) = (X_0,Y_0,\varphi_0)\mathrm{e}^{\bar{\omega}_s T}$ 作用下,可倾瓦的全部动态油膜力增量可视为由以下三部分组成:

1) 瓦块保持在平衡位置、轴颈扰动$(\Delta X,\Delta Y,\Delta\dot{X},\Delta\dot{Y})$

与固定瓦轴承的动态油膜力表达类似,因轴颈扰动而引起的动态油膜力增量 ΔF_x^J,ΔF_y^J 为

$$\begin{cases} \Delta F_x^J = G_{xx}^J \cdot X_0 + G_{xy}^J \cdot Y_0 \\ \Delta F_y^J = G_{yx}^J \cdot X_0 + G_{yy}^J \cdot Y_0 \end{cases} \qquad (2-15)$$

式中

$$G_{ij}^J = K_{ij} + \mathrm{i}\bar{\omega}_s D_{ij} \qquad (i,j = x,y) \qquad (2-16)$$

2) 轴颈保持在平衡位置、瓦块中心作平动扰动

如图 2-6(b) 所示,当瓦块圆弧中心沿 ω' 方向扰动时,动态油膜力可表示成

$$\begin{pmatrix} F_{x\varphi}^P \\ F_{y\varphi}^P \end{pmatrix} = \begin{pmatrix} F_{X0} \\ F_{Y0} \end{pmatrix} + \begin{pmatrix} G_{xx}^J & G_{xy}^J \\ G_{yx}^J & G_{yy}^J \end{pmatrix} \begin{pmatrix} \Delta X_\varphi^P \\ \Delta Y_\varphi^P \end{pmatrix} \qquad (2-17)$$

式中,F_{X0},F_{Y0} 为该可倾瓦在静态工作点处 x,y 方向上的静态油膜力。

结合图 2-5、图 2-6,不难看出

$$\Delta X_\varphi^P = - \beta_i \varphi_0, \quad \frac{\partial X_\varphi^P}{\partial T} = - \mathrm{i}\bar{\omega}_s \beta_i \varphi_0$$

$$\Delta Y_\varphi^P = - \alpha_i \varphi_0, \quad \frac{\partial Y_\varphi^P}{\partial T} = - \mathrm{i}\bar{\omega}_s \alpha_i \varphi_0$$

令可倾瓦的支点角为 γ_i,β_i,α_i 被定义为

$$\begin{cases} \beta_i = R\cos(\pi - \gamma_i) = - R\cos\gamma_i \\ \alpha_i = R\sin(\pi - \gamma_i) = R\sin\gamma_i \end{cases} \qquad (2-18)$$

记

$$\begin{cases} \Delta F_{x\varphi}^P = F_{x\varphi}^P - F_{X\mp} = G_{x\varphi}^P \cdot \varphi_0 \\ \Delta F_{y\varphi}^P = F_{y\varphi}^P - F_{Y\mp} = G_{y\varphi}^P \cdot \varphi_0 \\ G_{i\varphi}^P = K_{i\varphi}^P + \mathrm{i}\bar{\omega}_s D_{i\varphi}^P \quad (i = x,y) \end{cases} \qquad (2-19)$$

则应有

$$\begin{pmatrix} \Delta F^P_{x\varphi} \\ \Delta F^P_{y\varphi} \end{pmatrix} = \begin{pmatrix} -\beta_i G^J_{xx} + \alpha_i G^J_{xy} \\ -\beta_i G^J_{yx} + \alpha_i G^J_{yy} \end{pmatrix} \varphi_0$$

$$= \begin{pmatrix} -\beta_i K_{xx} + \alpha_i K_{xy} \\ -\beta_i K_{yx} + \alpha_i K_{yy} \end{pmatrix} \varphi_0 + i\overline{\omega}_s \begin{pmatrix} -\beta_i D_{xx} + \alpha_i D_{xy} \\ -\beta_i D_{yx} + \alpha_i D_{yy} \end{pmatrix} \varphi_0$$

$$= \begin{pmatrix} K^P_{x\varphi} \\ K^P_{y\varphi} \end{pmatrix} \varphi_0 + i\overline{\omega}_s \begin{pmatrix} D^P_{x\varphi} \\ D^P_{y\varphi} \end{pmatrix} \varphi_0 \qquad (2-20)$$

其中

$$\begin{cases} K^P_{x\varphi} = \alpha_i K_{xy} - \beta_i K_{xx}, \ K^P_{y\varphi} = \alpha_i K_{yy} - \beta_i K_{yx} \\ D^P_{x\varphi} = \alpha_i D_{xy} - \beta_i D_{xx}, \ D^P_{y\varphi} = \alpha_i D_{yy} - \beta_i D_{yx} \end{cases} \qquad (2-21)$$

3) 轴颈位置不变,瓦块绕自身圆弧中心作 φ_0 旋转扰动

如图 2-6(c) 所示,在固接于瓦块上的相对坐标系 $O'xy$ 中所观察到的动态油膜力为

$$\begin{pmatrix} F^r_{x\varphi} \\ F^r_{y\varphi} \end{pmatrix} = \begin{pmatrix} F_{X0} \\ F_{Y0} \end{pmatrix} + \begin{pmatrix} G^J_{xx} & G^J_{xy} \\ G^J_{yx} & G^J_{yy} \end{pmatrix} \begin{pmatrix} \Delta X^r_{\varphi} \\ \Delta Y^r_{\varphi} \end{pmatrix}$$

式中,$\Delta X^r_{\varphi} = \varepsilon_0 \cos\theta_0 \varphi_0$,$\Delta Y^r_{\varphi} = -\varepsilon_0 \sin\theta_0 \varphi_0$。

该动态力在绝对坐标系 $O'x'y'$ 中可近似表示为

$$\begin{pmatrix} F^r_{X\varphi} \\ F^r_{Y\varphi} \end{pmatrix} = \begin{pmatrix} 1 & -\varphi_0 \\ \varphi_0 & 1 \end{pmatrix} \begin{pmatrix} F^r_{x\varphi} \\ F^r_{y\varphi} \end{pmatrix}$$

由此得到在绝对坐标系中因瓦块绕瓦心作 φ_0 小扰动而产生的油膜力增量

$$\begin{pmatrix} \Delta F^r_{X\varphi} \\ \Delta F^r_{Y\varphi} \end{pmatrix} = \begin{pmatrix} 1 & -\varphi_0 \\ \varphi_0 & 1 \end{pmatrix} \left\{ \begin{pmatrix} F_{X0} \\ F_{Y0} \end{pmatrix} + \begin{pmatrix} G^J_{xx} & G^J_{xy} \\ G^J_{yx} & G^J_{yy} \end{pmatrix} \begin{pmatrix} \cos\theta_0 \\ -\sin\theta_0 \end{pmatrix} \varepsilon_0 \varphi_0 \right\} - \begin{pmatrix} F_{X0} \\ F_{Y0} \end{pmatrix}$$

$$\approx \left\{ \begin{pmatrix} G^J_{xx} & G^J_{xy} \\ G^J_{yx} & G^J_{yy} \end{pmatrix} \begin{pmatrix} \varepsilon_0 \cos\theta_0 \\ -\varepsilon_0 \sin\theta_0 \end{pmatrix} + \begin{pmatrix} -F_{Y0} \\ F_{X0} \end{pmatrix} \right\} \varphi_0 \xrightarrow{\text{记为}} \begin{pmatrix} G^r_{X\varphi} \\ G^r_{Y\varphi} \end{pmatrix} \varphi_0 \quad (2-22)$$

式中,$G^r_{I\varphi} = K^r_{I\varphi} + i\overline{\omega}_s D^r_{I\varphi} (I = X, Y)$,且有

$$\begin{cases} K^r_{X\varphi} = (K_{xx} \cos\theta_0 - K_{xy} \sin\theta_0) \varepsilon_0 - F_{Y0} \\ K^r_{Y\varphi} = (K_{yx} \cos\theta_0 - K_{yy} \sin\theta_0) \varepsilon_0 + F_{X0} \\ D^r_{X\varphi} = (D_{xx} \cos\theta_0 - D_{xy} \sin\theta_0) \varepsilon_0 \\ D^r_{Y\varphi} = (D_{yx} \cos\theta_0 - D_{yy} \sin\theta_0) \varepsilon_0 \end{cases} \qquad (2-23)$$

这样,当轴颈扰动 $\Delta X, \Delta Y$ 和瓦块绕支点小角度摆动 φ 同时发生时,该复合运动可以视为由轴颈运动、瓦块中心平动和瓦块绕自身圆弧中心转动的合成。在绝对坐标系 Oxy 中全部油膜力增量为

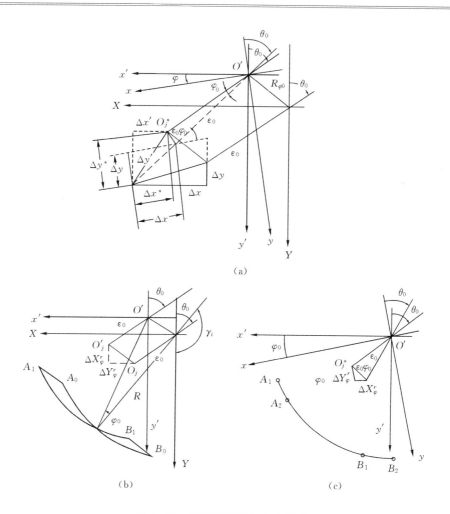

图 2 - 6　可倾瓦绕支点的小扰动

(a) 小扰动下轴颈与可倾瓦间的相对位置;(b) 可倾瓦圆弧中心的平动;

(c) 可倾瓦绕圆弧中心的旋转小扰动

$$\begin{bmatrix} \Delta F_X \\ \Delta F_Y \end{bmatrix} = \begin{bmatrix} \Delta F_x^J \\ \Delta F_y^J \end{bmatrix} + \begin{bmatrix} \Delta F_{x\varphi}^P \\ \Delta F_{y\varphi}^P \end{bmatrix} + \begin{bmatrix} \Delta F_{X\varphi}^r \\ \Delta F_{Y\varphi}^r \end{bmatrix} = \begin{bmatrix} G_{xx}^J & G_{xy}^J \\ G_{yx}^J & G_{yy}^J \end{bmatrix} \begin{bmatrix} X_0 \\ Y_0 \end{bmatrix} + \begin{bmatrix} G_{x\varphi}^P \\ G_{y\varphi}^P \end{bmatrix} \varphi_0 + \begin{bmatrix} G_{X\varphi}^r \\ G_{Y\varphi}^r \end{bmatrix} \varphi_0$$

$$(2 - 24)$$

　　结合式(2-21)、式(2-23),对式(2-24)中等号右端第 2 项与第 3 项作数量级比较:由于 α_i,β_i 和 R 为同一数量级,而 ε_0 与 α_i,β_i 相比一般要小 ψ 数量级,这意味着 $G_{X\varphi}^r$ 和 $G_{Y\varphi}^r$,亦即瓦块绕自身圆弧中心转动所引起的动态力部分可以略去。

略去 $G_{X\varphi}^r$ 和 $G_{Y\varphi}^r$ 之后的动态力增量可记为

$$\begin{bmatrix} \Delta F_X \\ \Delta F_Y \end{bmatrix} = \begin{bmatrix} G_{xx}^J & G_{xy}^J \\ G_{yx}^J & G_{yy}^J \end{bmatrix} \begin{bmatrix} X_0 \\ Y_0 \end{bmatrix} + \begin{bmatrix} G_{x\varphi}^P \\ G_{y\varphi}^P \end{bmatrix} \varphi_0 \qquad (2-25)$$

将式(2-21)代入式(2-25)并在绝对坐标系中对瓦块支点取矩,得到

$$\beta_i \Delta F_X - \alpha_i \Delta F_Y = -J_i \omega_s^2 \varphi_0 \qquad (2-26)$$

式中,J_i 为第 i 块瓦的转动惯量。

在瓦块惯性可以忽略的理想状态下,式(2-26)简化为

$$\beta_i G_{xx}^J X_0 + \beta_i G_{xy}^J Y_0 + (\alpha_i\beta_i G_{xy}^J - \beta_i^2 G_{xx}^J)\varphi_0 = \alpha_i G_{yx}^J X_0 + \alpha_i G_{yy}^J Y_0 + (\alpha_i^2 G_{yy}^J - \alpha_i\beta_i G_{yx}^J)\varphi_0$$

从而求得

$$\varphi_0 = \frac{[(\beta_i G_{xx}^J - \alpha_i G_{yx}^J)X_0 + (\beta_i G_{xy}^J - \alpha_i G_{yy}^J)Y_0]}{\alpha_i^2 G_{yy}^J + \beta_i^2 G_{xx}^J - \alpha_i\beta_i(G_{xy}^J + G_{yx}^J)} \qquad (2-27)$$

或者由固接在可倾瓦上的相对坐标系 $O'xy$ 中可以得到转换关系(见图2-6(a))

$$\begin{bmatrix} \Delta x^* \\ \Delta y^* \end{bmatrix} = \begin{bmatrix} 1 & \varphi \\ -\varphi & 1 \end{bmatrix} \begin{bmatrix} \Delta x' \\ \Delta y' \end{bmatrix}$$

以及

$$\begin{bmatrix} \Delta x \\ \Delta y \end{bmatrix} = \begin{bmatrix} \Delta x^* \\ \Delta y^* \end{bmatrix} + \varepsilon_0 \varphi_0 \begin{bmatrix} \cos\theta_0 \\ -\sin\theta_0 \end{bmatrix} = \begin{bmatrix} 1 & \varphi \\ -\varphi & 1 \end{bmatrix} \begin{bmatrix} \Delta x' \\ \Delta y' \end{bmatrix} + \varepsilon_0 \varphi_0 \begin{bmatrix} \cos\theta_0 \\ -\sin\theta_0 \end{bmatrix}$$

将 $\Delta x' = \Delta x - \beta_i\varphi_0$,$\Delta y' = \Delta y + \alpha_i\varphi_0$ 代入上式后,得到

$$\begin{bmatrix} \Delta x \\ \Delta y \end{bmatrix} = \begin{bmatrix} -\beta_i \\ \alpha_i \end{bmatrix} \varphi_0 + \varepsilon_0 \varphi_0 \begin{bmatrix} \cos\theta_0 \\ -\sin\theta_0 \end{bmatrix} + \begin{bmatrix} \Delta X \\ \Delta Y \end{bmatrix}$$

在相对坐标系中的力平衡关系为

$$\begin{bmatrix} F_x \\ F_y \end{bmatrix} = \begin{bmatrix} F_{x0} \\ F_{y0} \end{bmatrix} + \begin{bmatrix} \Delta F_X \\ \Delta F_Y \end{bmatrix}$$

且有

$$\begin{bmatrix} F_{x0} \\ F_{y0} \end{bmatrix} = \begin{bmatrix} F_{X0} \\ F_{Y0} \end{bmatrix}$$

将该动态力投影到绝对坐标系中,有

$$\begin{bmatrix} F_X \\ F_Y \end{bmatrix} = \begin{bmatrix} 1 & \varphi_0 \\ -\varphi_0 & 1 \end{bmatrix} \begin{bmatrix} F_x \\ F_y \end{bmatrix}$$

进而得到在绝对坐标系中的油膜力增量

$$\begin{bmatrix} \Delta F_X \\ \Delta F_Y \end{bmatrix} = \begin{bmatrix} F_X \\ F_Y \end{bmatrix} - \begin{bmatrix} F_{X0} \\ F_{Y0} \end{bmatrix} = \begin{bmatrix} 1 & \varphi_0 \\ -\varphi_0 & 1 \end{bmatrix} \begin{bmatrix} F_x \\ F_y \end{bmatrix} - \begin{bmatrix} F_{X0} \\ F_{Y0} \end{bmatrix}$$

$$= \begin{bmatrix} 1 & \varphi_0 \\ -\varphi_0 & 1 \end{bmatrix} \begin{bmatrix} \Delta F_x \\ \Delta F_y \end{bmatrix} + \begin{bmatrix} -F_{Y0}\varphi_0 \\ F_{X0}\varphi_0 \end{bmatrix}$$

$$= \begin{bmatrix} 1 & \varphi_0 \\ -\varphi_0 & 1 \end{bmatrix} \left\{ \begin{bmatrix} G_{xx}^J & G_{xy}^J \\ G_{yx}^J & G_{yy}^J \end{bmatrix} \left[\begin{bmatrix} \Delta X \\ \Delta Y \end{bmatrix} + \begin{bmatrix} -\beta_i \\ \alpha_i \end{bmatrix} \varphi_0 + \begin{bmatrix} \varepsilon_0 \cos\theta_0 \\ -\varepsilon_0 \sin\theta_0 \end{bmatrix} \varphi_0 \right] \right\} + \\ \begin{bmatrix} -F_{Y0} \\ F_{X0} \end{bmatrix} \varphi_0$$

$$\approx \begin{bmatrix} G_{xx}^J & G_{xy}^J \\ G_{yx}^J & G_{yy}^J \end{bmatrix} \begin{bmatrix} \Delta X - \beta_i\varphi_0 \\ \Delta Y + \alpha_i\varphi_0 \end{bmatrix} + \begin{bmatrix} G_{xx}^J & G_{xy}^J \\ G_{yx}^J & G_{yy}^J \end{bmatrix} \begin{bmatrix} \varepsilon_0 \cos\theta_0 \\ -\varepsilon_0 \sin\theta_0 \end{bmatrix} \varphi_0 + \begin{bmatrix} -F_{Y0} \\ F_{X0} \end{bmatrix} \varphi_0$$

而略去高阶小量后的结果则和式（2-25）完全相同。

理论分析和实例计算都表明，$G_{X\varphi}^r$，$G_{Y\varphi}^r$ 均属于高阶小量，因此以后关于可倾瓦动力特性的处理都不再计入瓦块绕自身圆弧中心的旋转效应。

2. 可倾瓦的折合油膜刚度和阻尼系数

无论是在理想状态（$J_i = 0$）还是在非理想状态（$J_i \neq 0$）下，可倾瓦绕支点的动态摆角 φ_0 与 X_0，Y_0 之间的关系均取决于力矩平衡方程（2-27）。

现在讨论 $J_i = 0$ 时的特殊情况，由式（2-27）可得

$$\begin{cases} \dfrac{\partial \varphi_0}{\partial X_0} = \dfrac{\beta_i G_{xx}^J - \alpha_i G_{yx}^J}{\alpha_i^2 G_{yy}^J + \beta_i^2 G_{xx}^J - \alpha_i\beta_i(G_{xy}^J + G_{yx}^J)} \\[4mm] \dfrac{\partial \varphi_0}{\partial Y_0} = \dfrac{\beta_i G_{xy}^J - \alpha_i G_{yy}^J}{\alpha_i^2 G_{yy}^J + \beta_i^2 G_{xx}^J - \alpha_i\beta_i(G_{xy}^J + G_{yx}^J)} \end{cases} \tag{2-28}$$

式（2-25）两边同时对 X_0，Y_0 求导后得到

$$\begin{cases} \dfrac{\partial F_X}{\partial X_0} = K_{XX} + \mathrm{i}\bar{\omega}_s D_{XX} = G_{xx}^J + (\alpha_i G_{xy}^J - \beta_i G_{xx}^J)\dfrac{\partial \varphi_0}{\partial X_0} \\[3mm] \dfrac{\partial F_X}{\partial Y_0} = K_{XY} + \mathrm{i}\bar{\omega}_s D_{XY} = G_{xy}^J + (\alpha_i G_{xy}^J - \beta_i G_{xx}^J)\dfrac{\partial \varphi_0}{\partial Y_0} \\[3mm] \dfrac{\partial F_Y}{\partial X_0} = K_{YX} + \mathrm{i}\bar{\omega}_s D_{YX} = G_{yx}^J + (\alpha_i G_{yy}^J - \beta_i G_{yx}^J)\dfrac{\partial \varphi_0}{\partial X_0} \\[3mm] \dfrac{\partial F_Y}{\partial Y_0} = K_{YY} + \mathrm{i}\bar{\omega}_s D_{YY} = G_{yy}^J + (\alpha_i G_{yy}^J - \beta_i G_{yx}^J)\dfrac{\partial \varphi_0}{\partial Y_0} \end{cases} \tag{2-29}$$

式（2-29）中的 K_{IJ}，D_{IJ}（I，$J = X$，Y）相应地被定义为绝对坐标系下的折合油膜刚度系数和阻尼系数。记

$$
\begin{cases}
\beta_i^2\, G_{xx}^J + \alpha_i^2\, G_{yy}^J - \alpha_i\beta_i(G_{xy}^J + G_{yx}^J) = A_1 + \mathrm{i}\bar{\omega}_{\mathrm{s}} A_2 \\
A_1 = \beta_i^2\, K_{xx} + \alpha_i^2\, K_{yy} - \alpha_i\beta_i(K_{xy} + K_{yx}) \\
A_2 = \beta_i^2\, D_{xx} + \alpha_i^2\, D_{yy} - \alpha_i\beta_i(D_{xy} + D_{yx}) \\
\Delta = A_1^2 + \bar{\omega}_{\mathrm{s}}^2\, A_2^2 \\
U = (K_{xx}K_{yy} - K_{xy}K_{yx}) - \bar{\omega}_{\mathrm{s}}^2(D_{xx}D_{yy} - D_{xy}D_{yx}) \\
V = (K_{xx}D_{yy} + K_{yy}D_{xx} - K_{xy}D_{yx} - K_{yx}D_{xy})
\end{cases}
\tag{2-30}
$$

将式(2-28)代入式(2-29),可得

$$
\begin{cases}
G_{XX} = K_{XX} + \mathrm{i}\bar{\omega}_{\mathrm{s}} D_{XX} = \dfrac{\alpha_i^2(G_{xx}^J G_{yy}^J - G_{xy}^J G_{yx}^J)}{\alpha_i^2\, G_{yy}^J + \beta_i^2\, G_{xx}^J - \alpha_i\beta_i(G_{xy}^J + G_{yx}^J)} \\[3mm]
G_{XY} = K_{XY} + \mathrm{i}\bar{\omega}_{\mathrm{s}} D_{XY} = \dfrac{\alpha_i\beta_i(G_{xx}^J G_{yy}^J - G_{xy}^J G_{yx}^J)}{\alpha_i^2\, G_{yy}^J + \beta_i^2\, G_{xx}^J - \alpha_i\beta_i(G_{xy}^J + G_{yx}^J)} \\[3mm]
G_{YX} = K_{YX} + \mathrm{i}\bar{\omega}_{\mathrm{s}} D_{YX} = \dfrac{\alpha_i\beta_i(G_{xx}^J G_{yy}^J - G_{xy}^J G_{yx}^J)}{\alpha_i^2\, G_{yy}^J + \beta_i^2\, G_{xx}^J - \alpha_i\beta_i(G_{xy}^J + G_{yx}^J)} \\[3mm]
G_{YY} = K_{YY} + \mathrm{i}\bar{\omega}_{\mathrm{s}} D_{YY} = \dfrac{\beta_i^2(G_{xx}^J G_{yy}^J - G_{xy}^J G_{yx}^J)}{\alpha_i^2\, G_{yy}^J + \beta_i^2\, G_{xx}^J - \alpha_i\beta_i(G_{xy}^J + G_{yx}^J)}
\end{cases}
\tag{2-31}
$$

或写成显式

$$
\begin{cases}
K_{XX} = \alpha_i^2\, \dfrac{UA_1 + \bar{\omega}_{\mathrm{s}}^2\, VA_2}{\Delta}, \quad K_{XY} = \alpha_i\beta_i\, \dfrac{UA_1 + \bar{\omega}_{\mathrm{s}}^2\, VA_2}{\Delta} \\[3mm]
K_{XY} = K_{YX}, \quad K_{YY} = \beta_i^2\, \dfrac{UA_1 + \bar{\omega}_{\mathrm{s}}^2\, VA_2}{\Delta} \\[3mm]
D_{XX} = \alpha_i^2\, \dfrac{VA_1 - UA_2}{\Delta}, \quad D_{XY} = \alpha_i\beta_i\, \dfrac{VA_1 - UA_2}{\Delta} \\[3mm]
D_{XY} = D_{YX}, \quad D_{YY} = \beta_i^2\, \dfrac{VA_1 - UA_2}{\Delta}
\end{cases}
\tag{2-32}
$$

式(2-32)即为单块瓦折合刚度、阻尼系数公式。

当轴承由 N 块瓦组成时,整个轴承的折合刚度系数、阻尼系数为

$$
\begin{cases}
KK_{IJ} = \displaystyle\sum_{k=1}^{N} K_{IJ}^{(k)} \\[3mm]
DD_{IJ} = \displaystyle\sum_{k=1}^{N} D_{IJ}^{(k)} \quad (I,J = X,Y)
\end{cases}
\tag{2-33}
$$

参考式(2-32),可倾瓦的折合刚度系数、阻尼系数 K_{IJ},D_{IJ} 之间存在着以下的关系:

(1)比例关系。不失一般性,以 K_{YY},D_{YY} 为参考值,有

$$\begin{cases} K_{XX} = \left(\dfrac{\alpha}{\beta}\right)_i^2 K_{YY}, & K_{XY} = K_{YX} = \left(\dfrac{\alpha}{\beta}\right)_i K_{YY} \\[4mm] D_{XX} = \left(\dfrac{\alpha}{\beta}\right)_i^2 D_{YY}, & D_{XY} = D_{YX} = \left(\dfrac{\alpha}{\beta}\right)_i D_{YY} \end{cases}$$

这种比例关系为将来可倾瓦轴承转子系统的稳定性分析带来了很大的方便。

(2) 交叉项相等。对可倾瓦而言,折合交叉刚度系数 $K_{XY} = K_{YX}$ 以及交叉阻尼系数 $D_{XY} = D_{YX}$。这在所有动压滑动轴承中是绝无仅有的,也是可倾瓦轴承在系统稳定性方面之所以优于一般固定瓦轴承的主要原因。

(3) 阻尼系数的符号。各阻尼系数 $D_{IJ}(I,J = X,Y)$ 的值的正负除了与 α_i 和 β_i 相关外,还共同取决于 $(VA_1 - UA_2)$。

例如,当 $\alpha_i > 0, \beta_i > 0$(对应于偏支角 $\pi/2 < \gamma_i < \pi$)时,若 $VA_1 - UA_2 = 0$,则 $D_{IJ} = 0$;当 $VA_1 - UA_2 > 0$ 时,则 $D_{IJ} > 0$;类似地,当 $VA_1 - UA_2 < 0$ 时,$D_{IJ} < 0(I,J = X,Y)$。

由于在 $(VA_1 - UA_2)$ 项中隐含了涡动频率 $\bar{\omega}_s$,因而同样一块瓦随着 $\bar{\omega}_s$ 的不同可能呈现出不同的阻尼状态。当 $D_{IJ} < 0$ 时,即出现所谓的"负阻尼"。这时的"阻尼"反倒成了"激励"。

就数学处理而言,采用折合刚度、阻尼系数表征的实质就是将广义坐标 φ_0"凝聚"掉,因而在这些折合系数中实际上隐含了瓦块摆动 φ_0 的反馈作用,于是产生了令人颇为困惑的现象 —— 尽管每一块瓦的直接阻尼系数 D_{xx},D_{yy} 也许都大于 0,但最终所得到的折合阻尼系数却可能等于、甚至小于 0。其实这种似乎彼此矛盾的现象只不过是在不同参考系中考察得到的结果。由于长期以来人们对于可倾瓦轴承的动态性能分析大都是依照固定瓦分析模式开展的,因而往往忽略了这一基本事实,即可倾瓦轴承本质上相当于一个二阶反馈系统,理想状况下该系统中包含了一个一阶反馈环节 —— 该环节的存在使得可倾瓦轴承的动态油膜力客观上实现了部分解耦,但并不能保证在任何情况下整个系统都是稳定的,因为最终判定整个系统的稳定与否还需要视该反馈环节中所含参数的取值而定。可倾瓦轴承的发明者之所以值得推崇,并不是由于他们发明了一种"本质稳定"的支承结构,而在于发明者自觉、不自觉地在轴承设计中引入了反馈控制,从而使得可倾瓦轴承的动态性能发生了革命性的变化。

图 2-7 所示为一般固定瓦轴承单质量弹性转子工作原理图,其不稳定的原因主要是在水平和垂直两个方向上交叉刚度耦合的作用;而图 2-8 中的可倾瓦轴承转子系统虽然仍存在着交叉耦合,但由于增加了 φ 通道的反馈,交叉

刚度对于系统稳定性的负面作用得到有效的抵消和抑制，因而改善了系统的稳定性。有关可倾瓦轴承转子系统非天然稳定性的进一步理论阐明在后面还会论及。

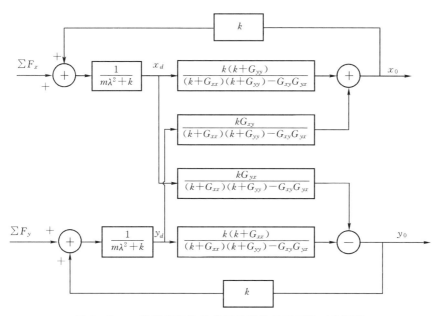

图 2-7　一般固定瓦轴承单质量弹性转子系统工作原理

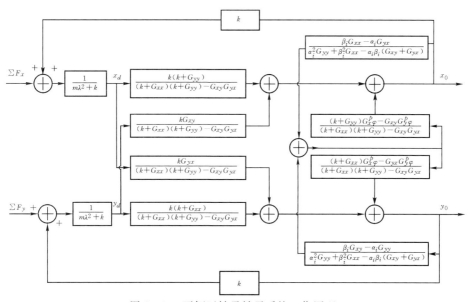

图 2-8　可倾瓦轴承转子系统工作原理

2.2　流体动压推力轴承

2.2.1　雷诺方程的域外法解

图 2-9 所示为一固定瓦推力轴承的工作示意图。推力盘在空间的运动状态可以由其质心 O 沿轴向的位移 x,y,z,空间角 φ,ψ 和相应的平动速度 $\dot{x}$,$\dot{y}$,$\dot{z}$ 以及三个旋转角速度 ω,$\dot{\varphi}$,$\dot{\psi}$ 来描述。

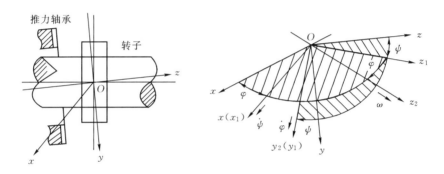

图 2-9　推力轴承工作示意图
(a) 推力盘与推力轴承;(b) 坐标系及推力盘倾斜参数

在惯性坐标系 $Oxyz$ 中,图 2-9(b) 明确地定义了推力盘的倾斜角 φ 和 ψ;而在图 2-10 中则给出了一个由 8 块固定瓦组成的推力轴承结构以及各相关几何参数的含义。

描述推力轴承油膜力的广义雷诺方程为

$$\frac{\partial}{\partial y}\left(\frac{h^3}{12\mu}\frac{\partial p}{\partial x}\right)+\frac{\partial}{\partial x}\left(\frac{h^3}{12\mu}\frac{\partial p}{\partial y}\right)=\frac{\omega}{2}\frac{\partial h}{\partial \theta}+\frac{\partial h}{\partial t} \qquad (2-34)$$

式中,h 为油膜厚度;μ 为润滑油动力粘度;p 为油膜压力;ω 为轴旋转角速度。

方程(2-34)等号右端项中的 $\left(\dfrac{\omega}{2}\dfrac{\partial h}{\partial \theta}\right)$ 项代表了因推力盘旋转而形成的楔形效应,而 $\dfrac{\partial h}{\partial t}$ 则表示由于推力盘运动所造成的对润滑膜的挤压效应。

在一般情况下,油膜厚度 h 不仅是推力瓦几何参数的函数,也是推力盘运动倾斜角 φ 和 ψ 的函数(见图 2-10)。

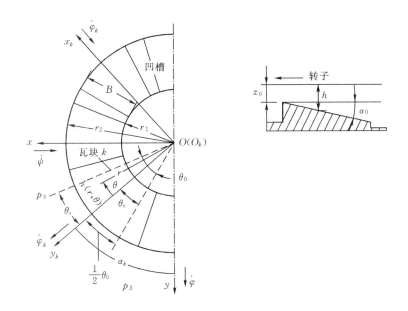

图 2 - 10　推力轴承

(a) 固定瓦推力轴承；(b) 油膜厚度

在局部坐标系 $Ox_ky_kz_k$ 中，任一点 (r,θ) 处的油膜厚度

$$h = Z + \alpha_0 \sin(\theta_p - \theta) - \psi_k r \cos\theta - \varphi_k r \sin\theta \qquad (2-35)$$

式中，Z 为节线 Op_3 处的油膜厚度；θ_p 为节线 Op_3 的位置角坐标；α_0 为瓦面倾斜参数；φ_k，ψ_k 为第 k 个推力瓦在其局部坐标系 $Ox_ky_kz_k$ 中的折合倾斜角。

此外，与推力瓦相关的几何参数还包括推力瓦张角 θ_0；内、外半径 r_1 和 r_2；推力瓦径向宽度 B，$B = r_2 - r_1$。

当推力盘在主坐标系 $Oxyz$ 中具有名义倾斜角 φ 和 ψ 时，φ_k 和 ψ_k 与 φ，ψ 间的关系为

$$\begin{Bmatrix} \varphi_k \\ \psi_k \end{Bmatrix} = \begin{bmatrix} \cos\alpha_k & -\sin\alpha_k \\ \sin\alpha_k & \cos\alpha_k \end{bmatrix} \begin{Bmatrix} \varphi \\ \psi \end{Bmatrix} \qquad (2-36)$$

式中，α_k 为坐标旋转角。令

$$r = \bar{r}B, \quad x = \bar{x}B, \quad y = \bar{y}B, \quad z = h_e\bar{Z}, \quad h = h_e\bar{h}, \quad \mu = \mu_0\bar{\mu}, \quad \rho = \rho_0\bar{\rho},$$

$$p = \frac{\mu_0\omega B^2}{h_e^2}P, \quad t = \frac{1}{\omega}T, \quad \varphi = \frac{h_e}{B}\bar{\varphi}, \quad \psi = \frac{h_e}{B}\bar{\psi}, \quad \varphi_k = \frac{h_e}{B}\bar{\varphi}_k, \quad \psi_k = \frac{h_e}{B}\bar{\psi}_k, \cdots$$

这里 h_e，ρ_0，μ_0 分别为无量纲化而引入的参考油膜厚度、润滑油密度和润滑油动力粘度。

对方程(2-34)无量纲化后得到

$$\frac{\partial}{\partial \bar{y}}\left(\frac{\bar{h}^3}{\bar{\mu}}\frac{\partial P}{\partial \bar{y}}\right) + \frac{\partial}{\partial \bar{x}}\left(\frac{\bar{h}^3}{\bar{\mu}}\frac{\partial P}{\partial \bar{x}}\right) = 6\frac{\partial \bar{h}}{\partial \theta} + 12\frac{\partial \bar{h}}{\partial T}$$

$$\frac{\bar{h}^3}{\bar{\mu}}\frac{\partial^2 P}{\partial \bar{y}^2} + \frac{3\bar{h}^2}{\bar{\mu}}\frac{\partial \bar{h}}{\partial \bar{y}}\frac{\partial P}{\partial \bar{y}} + \frac{\bar{h}^3}{\bar{\mu}}\frac{\partial^2 P}{\partial \bar{x}^2} + \frac{3\bar{h}^2}{\bar{\mu}}\frac{\partial \bar{h}}{\partial \bar{x}}\frac{\partial P}{\partial \bar{x}} = 6\frac{\partial \bar{h}}{\partial \theta} + 12\frac{\partial \bar{h}}{\partial T}$$

$$\frac{\bar{h}^3}{\bar{\mu}}\left(\frac{\partial^2 P}{\partial \bar{y}^2} + \frac{\partial^2 P}{\partial \bar{x}^2}\right) + \frac{3\bar{h}^2}{\bar{\mu}}\left(\frac{\partial \bar{h}}{\partial \bar{y}}\frac{\partial P}{\partial \bar{y}} + \frac{\partial \bar{h}}{\partial \bar{x}}\frac{\partial P}{\partial \bar{x}}\right) = 6\frac{\partial \bar{h}}{\partial \theta} + 12\frac{\partial \bar{h}}{\partial T}$$

引入两个新的变量 a,U,a,U 被定义为

$$a = \bar{\mu}^{-1/3}\bar{h}, \quad U = a^{3/2}P$$

将 a,U 和 $\frac{\partial \bar{h}}{\partial a} = \bar{\mu}^{1/3}$ 代入雷诺方程后,可得到关于参变量 a 的如下形式:

$$a^{3/2}\left(\frac{\partial^2 P}{\partial \bar{y}^2} + \frac{\partial^2 P}{\partial \bar{x}^2}\right) + 3a^{1/2}\left[\left(\frac{\partial a}{\partial \bar{y}}\frac{\partial P}{\partial \bar{y}} + \frac{\partial a}{\partial \bar{x}}\frac{\partial P}{\partial \bar{x}}\right)\right] = 6\bar{\mu}^{1/3}a^{-3/2}\frac{\partial a}{\partial \theta} + 12\bar{\mu}^{1/3}a^{-3/2}\frac{\partial a}{\partial T}$$

就变量 U 而言,从 $U = a^{3/2}P$ 出发可以得到

$$\frac{\partial U}{\partial \bar{y}} = \frac{3}{2}a^{1/2}\frac{\partial a}{\partial \bar{y}}P + a^{3/2}\frac{\partial P}{\partial \bar{y}}$$

$$\frac{\partial^2 U}{\partial \bar{y}^2} = a^{3/2}\frac{\partial^2 P}{\partial \bar{y}^2} + 3\left(a^{1/2}\frac{\partial a}{\partial \bar{y}}\right)\frac{\partial P}{\partial \bar{y}} + \left[\frac{3}{4}a^{-1/2}\left(\frac{\partial a}{\partial \bar{y}}\right)^2 + \frac{3}{2}a^{1/2}\frac{\partial^2 a}{\partial \bar{y}^2}\right]P$$

类似地,有

$$\frac{\partial^2 U}{\partial \bar{x}^2} = a^{3/2}\frac{\partial^2 P}{\partial \bar{x}^2} + 3\left(a^{1/2}\frac{\partial a}{\partial \bar{x}}\right)\frac{\partial P}{\partial \bar{x}} + \left[\frac{3}{4}a^{-1/2}\left(\frac{\partial a}{\partial \bar{x}}\right)^2 + \frac{3}{2}a^{1/2}\frac{\partial^2 a}{\partial \bar{x}^2}\right]P$$

$$\frac{\partial^2 U}{\partial \bar{y}^2} + \frac{\partial^2 U}{\partial \bar{x}^2} = a^{3/2}\left(\frac{\partial^2 P}{\partial \bar{y}^2} + \frac{\partial^2 P}{\partial \bar{x}^2}\right) + 3a^{1/2}\left[\left(\frac{\partial a}{\partial \bar{y}}\right)\frac{\partial P}{\partial \bar{y}} + \left(\frac{\partial a}{\partial \bar{x}}\right)\frac{\partial P}{\partial \bar{x}}\right] +$$
$$\left\{\frac{3}{4}a^{-2}\left[\left(\frac{\partial a}{\partial \bar{y}}\right)^2 + \left(\frac{\partial a}{\partial \bar{x}}\right)^2\right] + \frac{3}{2}a^{-1}\left[\frac{\partial^2 a}{\partial \bar{y}^2} + \frac{\partial^2 a}{\partial \bar{x}^2}\right]\right\}U$$

因此,当雷诺方程用变量 a,U 来表达时,相应的关于变量 U 的无量纲方程为

$$\begin{cases} \nabla^2 U_s = f_s + g_s U_s \\ f_s = 6\bar{\mu}^{1/3}a^{-3/2}\frac{\partial a}{\partial \theta} + 12\bar{\mu}^{1/3}a^{-3/2}\frac{\partial a}{\partial T} \\ g_s = \left\{\frac{3}{4}a^{-2}\left[\left(\frac{\partial a}{\partial \bar{y}}\right)^2 + \left(\frac{\partial a}{\partial \bar{x}}\right)^2\right] + \frac{3}{2}a^{-1}\left[\frac{\partial^2 a}{\partial \bar{y}^2} + \frac{\partial^2 a}{\partial \bar{x}^2}\right]\right\} \end{cases} \quad (2-37)$$

其中算子

$$\nabla^2 = \frac{\partial^2}{\partial \bar{x}^2} + \frac{\partial^2}{\partial \bar{y}^2}$$

下标 s 表示在静态平衡工作点附近的推力盘小扰动($s = \bar{z}, \bar{\varphi}, \bar{\psi}, \overline{z'}, \overline{\varphi'}, \overline{\psi'}$)。

边界条件如下:

（1）静态油膜压力分布（$s = 0$）。对应于方程（2-37），在边界 Γ 上的边界条件为

$$U_0\Big|_\Gamma = a^{3/2} P_0\Big|_\Gamma \qquad (2-38\text{a})$$

（2）动态油膜压力分布（$s = \bar{z}, \bar{\varphi}, \bar{\psi}, \overline{z'}, \overline{\varphi'}, \overline{\psi'}$）。当推力盘在平衡位置附近作小扰动 s 时，以 U_s 表示 U 对小扰动 s 的偏导数，相应的关于 U_s 的边界条件为

$$U_s\Big|_\Gamma = \left[a^{3/2}\frac{\partial P}{\partial s} + \frac{3}{2}a^{1/2}\frac{\partial a}{\partial s}P_0 \right]\Big|_\Gamma \qquad (2-38\text{b})$$

式中，$P_s = \dfrac{\partial P}{\partial s}$，$a_s = \dfrac{\partial a}{\partial s}$　（$s = \bar{z}, \bar{\varphi}, \bar{\psi}, \overline{Z'}, \overline{\varphi'}, \overline{\psi'}$）。

对于二维流体动力润滑问题，可以采用各种不同的数值解[1-3]。在这些方法中，边界元法由于具有方程维数少、便于处理各种复杂的边界条件等优点而在工程流体力学和弹性力学领域内得到广泛的应用[4-7]，但边界元法在运用过程中涉及到对边界奇异积分的处理。为了避免上述缺点，这里主要介绍求解广义雷诺方程的域外法[5]。

与边界元法相类似，方程的求解需要用到二维问题的基本解：

$$u^* = \ln \frac{1}{r(P,Q)} \qquad (2-39)$$

式中，P 称为场点，或当前考虑点；Q 为源点；而 $r(P,Q)$ 则代表两点间的距离。

运用基本解，方程（2-37）的特解可写成

$$u_q = \iint\limits_\Omega -\frac{1}{2\pi}(f_s + g_s U_s)u^* \,\mathrm{d}\Omega(q) \qquad (2-40)$$

式（2-40）的物理意义在于：如果在全部 Ω 域内存在有一密度函数为 $-\dfrac{1}{2\pi}$ $(f_s + g_s U_s)$ 的分布源场，则方程（2-40）就代表了整个场对被考察点 P 的贡献。

需要指出的是，边界元和域外法的区别在于：无论是采用直接边界元法或是间接边界元法，线积分总是沿着区域的真实边界进行的；而在域外法中，源分布函数并非沿真实边界，而是沿设定的虚拟辅助边界分布的，如图 2-11 所示。这样方程（2-37）的解被考虑成具有密度函数 $-\dfrac{1}{2\pi}(f_s + g_s U_s)$ 的真实场和密度函数为 $\omega(Q)$ 的虚拟场的作用的叠加，其中 $\omega(Q)$ 待定。

对于任意点 P（包括在边界上），有

$$U_s(P) = \int_\Gamma \omega(Q)u^*(P_i,Q)\,\mathrm{d}\Gamma(Q) + \iint\limits_\Omega -\frac{1}{2\pi}(f_s + g_s U_s)u^* \,\mathrm{d}\Omega \qquad (2-41)$$

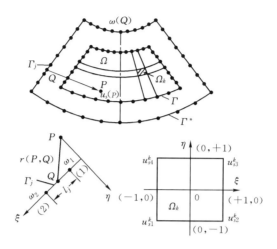

图 2-11　利用基本解的域外法

当辅助边界 Γ^* 被划分为 M 个边界单元、面域 Ω 被划分为 s 个四边形单元时,可得到解的离散形式

$$U_s(P_i) = \sum_{j=1}^{M} \int_{\Gamma_j^*} \omega(Q) u^*(P_i, Q) \mathrm{d}\Gamma(Q) +$$
$$\sum_{k=1}^{S} \iint_{\Omega_k} -\frac{1}{2\pi} u^*(P_i, q)(f_s(q) + g_s(q)U_s(q)) \mathrm{d}\Omega$$

$$(2-42)$$

对线单元引入形状函数 $n_l(l = 1, 2)$,四边形单元引入形状函数 $m_r(r = 1 \sim 4)$,式(2-42)可改写成

$$U_s(P_i) = \sum_{j=1}^{M} \left(\sum_{l=1}^{2} b_l^j \omega_l^j \right) + \sum_{k=1}^{S} \left(\sum_{r=1}^{4} c_r^k f_{sr}^k \right) + \sum_{k=1}^{S} \left(\sum_{r=1}^{4} c_r^k g_{ur}^k \right) \quad (2-43)$$

其中系数

$$\begin{cases} b_l^j = \int_{\Gamma_j^*} n_l u^*(P_i, Q) \mathrm{d}\Gamma(Q) \\ c_r^k = \iint_{\Omega_k} -\frac{1}{2\pi} m_r u^*(P_i, q) \mathrm{d}\Omega(q) \end{cases} \quad (2-44)$$

以上 ω_l^j 代表在第 j 个边界单元上第 l 个局部节点处的密度函数值,f_{sr}^k 则代表在第 k 个面元上第 r 个局部节点的 $f_s(q)$ 值。同样,g_{ur}^k 为第 k 个面单元上第 r 个局部节点的值 $g_s(q)U_s(q)$。

取第 j 个线单元上的形状函数

$$\begin{cases} n_1 = \dfrac{1}{l_j}(\xi_2 - \xi) \\[2mm] n_2 = \dfrac{1}{l_j}(\xi - \xi_1) \end{cases} \tag{2-45}$$

各面单元上的形状函数只与局部坐标 ξ, η 有关,即

$$\begin{cases} m_1 = \dfrac{1}{4}(1-\xi)(1-\eta) \\[2mm] m_2 = \dfrac{1}{4}(1+\xi)(1-\eta) \\[2mm] m_3 = \dfrac{1}{4}(1+\xi)(1+\eta) \\[2mm] m_4 = \dfrac{1}{4}(1-\xi)(1+\eta) \end{cases} \tag{2-46}$$

对全部内节点和边界节点运用方程(2-43),得到矩阵形式的节点方程

$$\boldsymbol{U}_{N\times 1} = \boldsymbol{B}_{N\times N_b}\boldsymbol{\omega}_{N_b\times 1} + \boldsymbol{C}_{N\times N}\boldsymbol{F}_{N\times 1} + \boldsymbol{C}_{N\times N}\boldsymbol{G}_{N\times N}\boldsymbol{U}_{N\times 1} = \boldsymbol{B}_{N\times N_b}\boldsymbol{\omega}_{N_b\times 1} + \boldsymbol{CF}_{N\times 1} + \boldsymbol{D}_{N\times N}\boldsymbol{U}_{N\times 1} \tag{2-47}$$

其中,$\boldsymbol{B}$ 和 $\boldsymbol{C}$ 为系数矩阵,由方程(2-44)给出;向量 $\boldsymbol{F}$ 由各点的 $f_s(q)$ 值构成,$\boldsymbol{G}$ 为对角元为 $g_{s1}, g_{s2}, \cdots, g_{sN}$ 的对角矩阵;密度函数列向量 $\boldsymbol{\omega}$ 可由边界条件式(2-38)确定。以第一类边界值问题为例,如果以 $\boldsymbol{U}_1$ 代表在边界 Γ 上的已知值,$\boldsymbol{U}_2$ 代表待定的未知量,重排方程(2-47)可得

$$\begin{bmatrix} \boldsymbol{U}_1 \\ \boldsymbol{U}_2 \end{bmatrix} = \begin{bmatrix} \boldsymbol{B}_1 \\ \boldsymbol{B}_2 \end{bmatrix}\boldsymbol{\omega} + \begin{bmatrix} \boldsymbol{CF}_1 \\ \boldsymbol{CF}_2 \end{bmatrix} + \begin{bmatrix} \boldsymbol{D}_{11} & \boldsymbol{D}_{12} \\ \boldsymbol{D}_{21} & \boldsymbol{D}_{22} \end{bmatrix}\begin{bmatrix} \boldsymbol{U}_1 \\ \boldsymbol{U}_2 \end{bmatrix} \tag{2-48}$$

相应地,可解得密度函数向量

$$\boldsymbol{\omega} = \left[\boldsymbol{B}_1 + \boldsymbol{D}_{12}(\boldsymbol{I} - \boldsymbol{D}_{22})^{-1}\boldsymbol{B}_2 \right]^{-1} \times$$
$$\left\{ \left[\boldsymbol{I} - \boldsymbol{D}_{11} - \boldsymbol{D}_{12}(\boldsymbol{I} - \boldsymbol{D}_{22})^{-1}\boldsymbol{D}_{21} \right]\boldsymbol{U}_1 - \left[\boldsymbol{CF}_1 \right] - \boldsymbol{D}_{12}(\boldsymbol{I} - \boldsymbol{D}_{22})^{-1}\boldsymbol{CF}_2 \right\} \tag{2-49}$$

$\boldsymbol{\omega}$ 求得后,未知量 $\boldsymbol{U}_2$ 可由下式求得:

$$\boldsymbol{U}_2 = (\boldsymbol{I} - \boldsymbol{D}_{22})^{-1}\boldsymbol{B}_2\boldsymbol{\omega} + (\boldsymbol{I} - \boldsymbol{D}_{22})^{-1}\boldsymbol{CF}_2 + (\boldsymbol{I} - \boldsymbol{D}_{22})^{-1}\boldsymbol{D}_{21}\boldsymbol{U}_1 \tag{2-50}$$

同样,对于纽曼(Neuman)问题或混合边界值问题的解法可类似处理,此处不再赘述。

2.2.2　单块推力瓦的静动特性及表征

1. 单块推力瓦的静态性能

在局部坐标系中,单块瓦的承载力

$$\boldsymbol{W}_0 = W_{x0}\boldsymbol{i} + W_{y0}\boldsymbol{j} + W_{z0}\boldsymbol{k} \tag{2-51}$$

式中各分量

$$\begin{Bmatrix} W_{x0} \\ W_{y0} \\ W_{z0} \end{Bmatrix} = W_0 \begin{Bmatrix} \sin\varphi_k \\ \cos\varphi_k \sin\psi_k \\ \cos\varphi_k \cos\psi_k \end{Bmatrix} \approx W_0 \begin{Bmatrix} \varphi_k \\ \psi_k \\ 1.0 \end{Bmatrix} \tag{2-52}$$

其中 $W_0 = \iint\limits_{\Omega_k} p_0 r \mathrm{d}r\mathrm{d}\theta$。

推力瓦在圆周方向上的摩擦力

$$F_0^t = \iint\limits_{\Omega_k} \left(\frac{\mu\omega r}{h} + \frac{h}{2r}\frac{\partial p_0}{\partial\theta} \right) r\mathrm{d}r\mathrm{d}\theta \tag{2-53}$$

推力瓦在进油边处的油流量

$$Q_{in} = \int_{r_1}^{r_2} \left(\frac{\omega r h}{2} - \frac{h^3}{12\mu r}\frac{\partial p_0}{\partial\theta} \right)_{\theta=\theta_s} \mathrm{d}r \tag{2-54}$$

由摩擦力所引起的力矩为

$$M_0^f = \iint\limits_{\Omega_k} \left(\frac{\mu\omega r}{h} + \frac{h}{2r}\frac{\partial p_0}{\partial\theta} \right) r^2 \mathrm{d}r\mathrm{d}\theta \tag{2-55}$$

和 M_0^f 相比,我们更关心的是因油膜正压力而作用在推力盘上的力矩。

$$\boldsymbol{M}_0^p = M_{x0}^p\boldsymbol{i} + M_{y0}^p\boldsymbol{j} + M_{z0}^p\boldsymbol{k} \tag{2-56}$$

式中

$$\begin{Bmatrix} M_{x0}^p \\ M_{y0}^p \end{Bmatrix} = \begin{Bmatrix} \iint\limits_{\Omega_k} p_0 r^2 \cos\theta \mathrm{d}r\mathrm{d}\theta \\ -\iint\limits_{\Omega_k} p_0 r^2 \sin\theta \mathrm{d}r\mathrm{d}\theta \end{Bmatrix}$$

以及

$$M_{z0}^p \approx -M_{x0}^p \varphi_k - M_{y0}^p \psi_k \tag{2-57}$$

2. 单块推力瓦的转子动力学系数

在小扰动情况下,推力瓦的动态油膜力增量 $\Delta\boldsymbol{W}$ 具有下列形式:

$$\Delta \boldsymbol{W} = \Delta W_x \boldsymbol{i} + \Delta W_y \boldsymbol{j} + \Delta W_z \boldsymbol{k} \qquad (2-58)$$

其中

$$\begin{pmatrix} \Delta W_x^p \\ \Delta W_y^p \\ \Delta W_z^p \end{pmatrix} = \begin{pmatrix} K_{XZ}^W & K_{X\varphi}^W & K_{X\psi}^W \\ K_{YZ}^W & K_{Y\varphi}^W & K_{Y\psi}^W \\ K_{ZZ}^W & K_{Z\varphi}^W & K_{Z\psi}^W \end{pmatrix} \begin{pmatrix} \Delta Z \\ \Delta \varphi \\ \Delta \psi \end{pmatrix} + \begin{pmatrix} d_{XZ}^W & d_{X\varphi}^W & d_{X\psi}^W \\ d_{YZ}^W & d_{Y\varphi}^W & d_{Y\psi}^W \\ d_{ZZ}^W & d_{Z\varphi}^W & d_{Z\psi}^W \end{pmatrix} \begin{pmatrix} \dot{Z} \\ \dot{\varphi} \\ \dot{\psi} \end{pmatrix} \qquad (2-59)$$

类似地,引入力矩刚度系数和阻尼系数,得到因油膜正压力所引起的动态力矩增量

$$\Delta \boldsymbol{M}^p = \Delta M_x^p \boldsymbol{i} + \Delta M_y^p \boldsymbol{j} + \Delta M_z^p \boldsymbol{k} \qquad (2-60)$$

$$\begin{pmatrix} \Delta M_x^p \\ \Delta M_y^p \\ \Delta M_z^p \end{pmatrix} = \begin{pmatrix} K_{XZ}^m & K_{X\varphi}^m & K_{X\psi}^m \\ K_{YZ}^m & K_{Y\varphi}^m & K_{Y\psi}^m \\ K_{ZZ}^m & K_{Z\varphi}^m & K_{Z\psi}^m \end{pmatrix} \begin{pmatrix} \Delta Z \\ \Delta \varphi \\ \Delta \psi \end{pmatrix} + \begin{pmatrix} d_{XZ}^m & d_{X\varphi}^m & d_{X\psi}^m \\ d_{YZ}^m & d_{Y\varphi}^m & d_{Y\psi}^m \\ d_{ZZ}^m & d_{Z\varphi}^m & d_{Z\psi}^m \end{pmatrix} \begin{pmatrix} \dot{Z} \\ \dot{\varphi} \\ \dot{\psi} \end{pmatrix} \qquad (2-61)$$

在方程(2-59)中,刚度系数 K_{is}^W 被定义为因 s 方向上的单位广义位移扰动而在 i 方向上引起的力;阻尼系数 d_{is}^W 被定义为因 s 方向上的单位速度扰动 s' 而在 i 方向上产生的力。类似地,在方程(2-61)中,K_{is}^m 为力矩刚度系数,d_{is}^m 为力矩阻尼系数。$K_{is}^W, d_{is}^W, K_{is}^m$ 和 d_{is}^m 的计算公式如下:

$$\begin{cases} \overline{K}_{ZZ}^W = K_{ZZ}^W \left(\dfrac{h_e^3}{\mu_0 \omega B^4} \right) = \iint_{\Omega} \dfrac{\partial \overline{P}}{\partial \overline{Z}} \bar{r} \, \mathrm{d}\bar{r} \mathrm{d}\theta \\[3mm] \overline{K}_{Z\varphi}^W = K_{Z\varphi}^W \left(\dfrac{h_e^3}{\mu_0 \omega B^5} \right) = \iint_{\Omega_k} \dfrac{\partial \overline{P}}{\partial \overline{\varphi}} \bar{r} \, \mathrm{d}\bar{r} \mathrm{d}\theta \\[3mm] \overline{K}_{Z\psi}^W = K_{Z\psi}^W \left(\dfrac{h_e^3}{\mu_0 \omega B^5} \right) = \iint_{\Omega_k} \dfrac{\partial \overline{P}}{\partial \overline{\psi}} \bar{r} \, \mathrm{d}\bar{r} \mathrm{d}\theta \end{cases} \qquad (2-62)$$

$$\begin{cases} \overline{d}_{ZZ}^W = d_{ZZ}^W \left(\dfrac{h_e^3}{\mu_0 B^4} \right) = \iint_{\Omega_k} \dfrac{\partial \overline{P}}{\partial \overline{Z}'} \bar{r} \, \mathrm{d}\bar{r} \mathrm{d}\theta \\[3mm] \overline{d}_{Z\varphi}^W = d_{Z\varphi}^W \left(\dfrac{h_e^3}{\mu_0 B^5} \right) = \iint_{\Omega_k} \dfrac{\partial \overline{P}}{\partial \overline{\varphi}'} \bar{r} \, \mathrm{d}\bar{r} \mathrm{d}\theta \\[3mm] \overline{d}_{Z\psi}^W = d_{Z\psi}^W \left(\dfrac{h_e^3}{\mu_0 B^5} \right) = \iint_{\Omega_k} \dfrac{\partial \overline{P}}{\partial \overline{\psi}'} \bar{r} \, \mathrm{d}\bar{r} \mathrm{d}\theta \end{cases} \qquad (2-63)$$

以及

$$\begin{pmatrix} K_{XZ}^W \\ K_{X\varphi}^W \\ K_{X\psi}^W \end{pmatrix} \approx \begin{pmatrix} \varphi_0 K_{ZZ}^W \\ \varphi_0 K_{Z\varphi}^W + W_0 \\ \varphi_0 K_{Z\psi}^W \end{pmatrix}, \qquad \begin{pmatrix} d_{XZ}^W \\ d_{X\varphi}^W \\ d_{X\psi}^W \end{pmatrix} \approx \varphi_0 \begin{pmatrix} d_{ZZ}^W \\ d_{Z\varphi}^W \\ d_{Z\psi}^W \end{pmatrix} \qquad (2-64)$$

$$\begin{pmatrix} K_{YZ}^{W} \\ K_{Y\varphi}^{W} \\ K_{Y\psi}^{W} \end{pmatrix} \approx \begin{pmatrix} \psi_0 K_{ZZ}^{W} \\ \psi_0 K_{Z\varphi}^{W} \\ \psi_0 K_{Z\psi}^{W} + W_0 \end{pmatrix}, \quad \begin{pmatrix} d_{YZ}^{W} \\ d_{Y\varphi}^{W} \\ d_{Y\psi}^{W} \end{pmatrix} \approx \psi_0 \begin{pmatrix} d_{ZZ}^{W} \\ d_{Z\varphi}^{W} \\ d_{Z\psi}^{W} \end{pmatrix} \quad (2-65)$$

同样可以求得推力瓦的力矩刚度系数和力矩阻尼系数

$$\begin{cases} \bar{K}_{XZ}^{m} = K_{XZ}^{m}\left(\dfrac{h_e^3}{\mu_0 \omega B^5}\right) = \iint\limits_{\Omega_k} \dfrac{\partial P}{\partial \bar{Z}} \bar{r}^2 \cos\theta \mathrm{d}\bar{r}\mathrm{d}\theta \\[4mm] \bar{K}_{X\varphi}^{m} = K_{X\varphi}^{m}\left(\dfrac{h_e^3}{\mu_0 \omega B^6}\right) = \iint\limits_{\Omega_k} \dfrac{\partial P}{\partial \varphi} \bar{r}^2 \cos\theta \mathrm{d}\bar{r}\mathrm{d}\theta \\[4mm] \bar{K}_{X\psi}^{m} = K_{X\psi}^{m}\left(\dfrac{h_e^3}{\mu_0 \omega B^6}\right) = \iint\limits_{\Omega_k} \dfrac{\partial P}{\partial \psi} \bar{r}^2 \cos\theta \mathrm{d}\bar{r}\mathrm{d}\theta \\[4mm] \bar{d}_{XZ}^{m} = d_{XZ}^{m}\left(\dfrac{h_e^3}{\mu_0 B^5}\right) = \iint\limits_{\Omega_k} \dfrac{\partial P}{\partial \bar{Z}} \bar{r}^2 \cos\theta \mathrm{d}\bar{r}\mathrm{d}\theta \\[4mm] \bar{d}_{X\varphi}^{m} = d_{X\varphi}^{m}\left(\dfrac{h_e^3}{\mu_0 B^6}\right) = \iint\limits_{\Omega_k} \dfrac{\partial P}{\partial \varphi} \bar{r}^2 \cos\theta \mathrm{d}\bar{r}\mathrm{d}\theta \\[4mm] \bar{d}_{X\psi}^{m} = d_{X\psi}^{m}\left(\dfrac{h_e^3}{\mu_0 B^6}\right) = \iint\limits_{\Omega_k} \dfrac{\partial P}{\partial \psi} \bar{r}^2 \cos\theta \mathrm{d}\bar{r}\mathrm{d}\theta \end{cases} \quad (2-66)$$

$$\begin{cases} \bar{K}_{YZ}^{m} = K_{YZ}^{m}\left(\dfrac{h_e^3}{\mu_0 \omega B^5}\right) = \iint\limits_{\Omega_k} -\dfrac{\partial P}{\partial \bar{Z}} \bar{r}^2 \sin\theta \mathrm{d}\bar{r}\mathrm{d}\theta \\[4mm] \bar{K}_{Y\varphi}^{m} = K_{Y\varphi}^{m}\left(\dfrac{h_e^3}{\mu_0 \omega B^6}\right) = \iint\limits_{\Omega_k} -\dfrac{\partial P}{\partial \varphi} \bar{r}^2 \sin\theta \mathrm{d}\bar{r}\mathrm{d}\theta \\[4mm] \bar{K}_{Y\psi}^{m} = K_{Y\psi}^{m}\left(\dfrac{h_e^3}{\mu_0 \omega B^6}\right) = \iint\limits_{\Omega_k} -\dfrac{\partial P}{\partial \psi} \bar{r}^2 \sin\theta \mathrm{d}\bar{r}\mathrm{d}\theta \\[4mm] \bar{d}_{YZ}^{m} = d_{YZ}^{m}\left(\dfrac{h_e^3}{\mu_0 B^5}\right) = \iint\limits_{\Omega_k} -\dfrac{\partial P}{\partial \bar{Z}} \bar{r}^2 \sin\theta \mathrm{d}\bar{r}\mathrm{d}\theta \\[4mm] \bar{d}_{Y\varphi}^{m} = d_{Y\varphi}^{m}\left(\dfrac{h_e^3}{\mu_0 B^6}\right) = \iint\limits_{\Omega_k} -\dfrac{\partial P}{\partial \varphi} \bar{r}^2 \sin\theta \mathrm{d}\bar{r}\mathrm{d}\theta \\[4mm] \bar{d}_{Y\psi}^{m} = d_{Y\psi}^{m}\left(\dfrac{h_e^3}{\mu_0 B^6}\right) = \iint\limits_{\Omega_k} -\dfrac{\partial P}{\partial \psi} \bar{r}^2 \sin\theta \mathrm{d}\bar{r}\mathrm{d}\theta \end{cases} \quad (2-67)$$

以及

$$\begin{bmatrix} K_{ZZ}^m \\ K_{Z\varphi}^m \\ K_{Z\psi}^m \end{bmatrix} = \begin{bmatrix} -(\varphi_0 K_{XZ}^m + \psi_0 K_{YZ}^m) \\ -(\varphi_0 K_{X\varphi}^m + \psi_0 K_{Y\varphi}^m + M_{X0}) \\ -(\varphi_0 K_{X\psi}^m + \psi_0 K_{Y\psi}^m + M_{Y0}) \end{bmatrix}, \begin{bmatrix} d_{ZZ}^m \\ d_{Z\varphi}^m \\ d_{Z\psi}^m \end{bmatrix} = \begin{bmatrix} -(\varphi_0 d_{XZ}^m + \psi_0 d_{YZ}^m) \\ -(\varphi_0 d_{X\varphi}^m + \psi_0 d_{Y\varphi}^m) \\ -(\varphi_0 d_{X\psi}^m + \psi_0 d_{Y\psi}^m) \end{bmatrix}$$

$$(2-68)$$

2.2.3　多块瓦推力轴承的静动特性

对于由多块瓦组成的推力轴承,每块瓦的计算都可以安排在局部坐标系中进行,以求简略。然后再将这些局部坐标系中的性能参数按照下列公式转换到惯性坐标系中:

$$(\boldsymbol{W})_k = (\boldsymbol{A}_1)_k (\widetilde{\boldsymbol{W}})_k \qquad (2-69)$$

$$(\boldsymbol{M}^p)_k = (\boldsymbol{A}_1)_k (\widetilde{\boldsymbol{M}}^p)_k \qquad (2-70)$$

对于力刚度、阻尼系数,有

$$\begin{cases} (\boldsymbol{K}_z^w)_k = (\boldsymbol{A}_2)_k (\widetilde{\boldsymbol{K}}_z^w)_k \\ (\boldsymbol{K}_{xy}^w)_k = (\boldsymbol{A}_3)_k (\widetilde{\boldsymbol{K}}_{xy}^w)_k \\ (\boldsymbol{D}_z^w)_k = (\boldsymbol{A}_2)_k (\widetilde{\boldsymbol{D}}_z^w)_k \\ (\boldsymbol{D}_{xy}^w)_k = (\boldsymbol{A}_3)_k (\widetilde{\boldsymbol{D}}_{xy}^w)_k \end{cases} \qquad (2-71)$$

对于力矩刚度、阻尼系数,有

$$\begin{cases} (\boldsymbol{K}_z^m)_k = (\boldsymbol{A}_2)_k (\widetilde{\boldsymbol{K}}_z^m)_k \\ (\boldsymbol{K}_{xy}^m)_k = (\boldsymbol{A}_3)_k (\widetilde{\boldsymbol{K}}_{xy}^m)_k \\ (\boldsymbol{D}_z^m)_k = (\boldsymbol{A}_2)_k (\widetilde{\boldsymbol{D}}_z^m)_k \\ (\boldsymbol{D}_{xy}^m)_k = (\boldsymbol{A}_3)_k (\widetilde{\boldsymbol{D}}_{xy}^m)_k \end{cases} \qquad (2-72)$$

以上各式中:

$$(\boldsymbol{W})_k = (W_{x0} \quad W_{y0} \quad W_{z0})_k^{\mathrm{T}}$$

$$(\boldsymbol{M}^p)_k = (M_{x0}^p \quad M_{y0}^p \quad M_{z0}^p)_k^{\mathrm{T}}$$

$$(\boldsymbol{K}_z^w)_k = (K_{zz}^w \quad K_{z\varphi}^w \quad K_{z\psi}^w)_k^{\mathrm{T}}$$

$$(\boldsymbol{D}_z^w)_k = (d_{zz}^w \quad d_{z\varphi}^w \quad d_{z\psi}^w)_k^{\mathrm{T}}$$

$$(\boldsymbol{K}_{xy}^w)_k = (K_{xz}^w \quad K_{x\varphi}^w \quad K_{x\psi}^w \quad K_{yz}^w \quad K_{y\varphi}^w \quad K_{y\psi}^w)_k^{\mathrm{T}}$$

$$(\boldsymbol{D}_{xy}^w)_k = (d_{xz}^w \quad d_{x\varphi}^w \quad d_{x\psi}^w \quad d_{yz}^w \quad d_{y\varphi}^w \quad d_{y\psi}^w)_k^{\mathrm{T}}$$

$$(\boldsymbol{K}_z^m)_k = (K_{zz}^m \quad K_{z\varphi}^m \quad K_{z\psi}^m)_k^{\mathrm{T}}$$

$$(\boldsymbol{D}_z^m)_k = (d_{zz}^m \quad d_{z\varphi}^m \quad d_{z\psi}^m)_k^{\mathrm{T}}$$

$$(\boldsymbol{K}_{xy}^m)_k = (K_{xz}^m \quad K_{x\varphi}^m \quad K_{x\psi}^m \quad K_{yz}^m \quad K_{y\varphi}^m \quad K_{y\psi}^m)_k^{\mathrm{T}}$$

$$(\boldsymbol{D}^m_{xy})_k = (d^m_{xz} \quad d^m_{x\varphi} \quad d^m_{x\psi} \quad d^m_{yz} \quad d^m_{y\varphi} \quad d^m_{y\psi})^{\mathrm{T}}_k$$

转换矩阵 $\boldsymbol{A}_1$，$\boldsymbol{A}_2$ 和 $\boldsymbol{A}_3$ 依次为

$$(\boldsymbol{A}_1)_k = \begin{bmatrix} \cos\alpha_k & \sin\alpha_k & 0 \\ -\sin\alpha_k & \cos\alpha_k & 0 \\ 0 & 0 & 1 \end{bmatrix}$$

$$(\boldsymbol{A}_2)_k = \begin{bmatrix} 1 & 0 & 0 \\ 0 & \cos\alpha_k & \sin\alpha_k \\ 0 & -\sin\alpha_k & \cos\alpha_k \end{bmatrix}$$

$$(\boldsymbol{A}_3)_k = \begin{bmatrix} \cos\alpha_k & 0 & 0 & \sin\alpha_k & 0 & 0 \\ 0 & \cos^2\alpha_k & \sin\alpha_k\cos\alpha_k & 0 & \sin\alpha_k\cos\alpha_k & \sin^2\alpha_k \\ 0 & -\sin\alpha_k\cos\alpha_k & \cos^2\alpha_k & 0 & -\sin^2\alpha_k & \sin\alpha_k\cos\alpha_k \\ -\sin\alpha_k & 0 & 0 & \cos\alpha_k & 0 & 0 \\ 0 & -\sin\alpha_k\cos\alpha_k & -\sin^2\alpha_k & 0 & \cos^2\alpha_k & \sin\alpha_k\cos\alpha_k \\ 0 & \sin^2\alpha_k & -\sin\alpha_k\cos\alpha_k & 0 & \sin\alpha_k\cos\alpha_k & \cos^2\alpha_k \end{bmatrix}$$

$$(2-73)$$

对于多块瓦轴承,要逐块地计算每一块瓦的静、动力学系数非常耗时,而推力轴承所含瓦块数有时甚至多达 8 块以上,因而上述过程实际上提供了一种新方法用以加快计算过程。在固定瓦推力轴承中,一般说来各瓦所含的几何参数、物理参数都完全相同,在动力学参数中,所不同的也只有推力盘的倾斜参数 φ 和 ψ。在这种情况下,只需对其中一块瓦在一个范围内的 φ_0 和 ψ_0 计算其在局部坐标系内的静、动特性就足够了;而对应于每一个 φ_0 和 ψ_0,第 k 块瓦的 φ_k 和 ψ_k 可由转换方程(2-36)得到。这样,其余瓦的静、动特性系数就可以充分利用已经算得的已知瓦的性能参数,通过插值或曲线拟合而直接得到,由此得到所有瓦在各自局部坐标系中的性能参数,进而再将这些参数按方程(2-69)~方程(2-72)转换到主坐标系中逐一叠加起来,最终得到推力轴承的静态性能和转子动力学系数[6]。

2.2.4　静态倾斜角对推力轴承性能的影响

如前所述,φ_0 和 ψ_0 直接影响到系统的静、动力学系数,其影响程度可由以下算例中看出:

例 2-1　单块瓦推力瓦,无量纲瓦块参数如下: $\bar{r}_1 - \dfrac{r_1}{B} - 0.4286, \theta_0 -$

$45°, \theta_p = 0.5\theta_0$, $\quad \theta_s = -0.5\theta_0, \bar{Z}_0 = 1.0, \bar{a}_0 = 2.0$。

边界条件：$P\Big|_\Gamma = 0.0$。

$\bar{\varphi}_0$ 和 $\bar{\psi}_0$ 取值范围：$-0.3 \leqslant \bar{\varphi}_0 \leqslant 0.3, -0.4 \leqslant \bar{\psi}_0 \leqslant 0.4$。

对应于不同 $\bar{\varphi}_0, \bar{\psi}_0$ 的推力瓦静态性能列于表 2-1。

表 2-1　　不同静态倾斜参数下的推力瓦静态性能

$\bar{\varphi}_0$	$\bar{\psi}_0$	$\dfrac{W h_e^2}{\mu_0 \omega B^4}$	$\dfrac{F_0^t\, h_e}{\mu_0 \omega B^3}$	$\dfrac{F_0^t/W}{h_e/B}$	$\dfrac{M_0^f\, h_e}{\mu_0 \omega B^4}$	$\dfrac{Q_{in}}{\omega B^2 h_e}$
	-0.4	0.026	0.387	14.87	0.408	1.131
0.3	0.0	0.051	0.512	10.01	0.545	0.928
	0.4	0.1344	0.800	5.95	0.869	0.709
	-0.4	0.022	0.373	17.28	0.393	1.121
0.0	0.0	0.041	0.482	11.66	0.513	0.924
	0.4	0.101	0.706	7.01	0.763	0.716
	-0.4	0.018	0.361	20.62	0.381	1.108
-0.3	0.0	0.033	0.459	13.94	0.489	0.916
	0.4	0.076	0.644	8.44	0.694	0.716

相应的无量纲承载力、摩擦阻力、摩擦系数、摩擦力矩以及油流量曲线示于图 2-12。

一般说来，当 $\bar{\varphi}_0, \bar{\psi}_0$ 保持不变时，无量纲承载力随着 $\bar{\varphi}_0$ 和 $\bar{\psi}_0$ 的增加而迅速增加，摩擦力、摩擦力矩也呈同样趋势。

在表 2-1 中，如果以 $\bar{\varphi}_0 = 0, \bar{\psi}_0 = 0$（对应于推力盘在静态工作点处无倾斜）为基准，在 $\bar{\psi}_0 = 0.4, \bar{\varphi}_0 = 0.3$ 时的无量纲承载力约为前者的 3.28 倍，由此可见，静态倾斜参数的影响是很大的。

例 2-2　考察一个由 8 块扇形固定瓦组成的推力轴承，每块瓦均具有相同的瓦块参数：$\bar{r}_1 = 0.5, \bar{Z}_0 = 1.0, \theta_0 = 40°$。在局部坐标系中，节线位置为 $\bar{\theta}_p = 0.5$；瓦块位置角 $\bar{\theta}_s = -0.5$；边界条件仍为 $P\Big|_\Gamma = 0.0$。在图 2-13 ~ 图 2-18 中给出了此推力轴承的静态性能和推力轴承各转子动力学系数随着 $\bar{\psi}_0, \bar{\varphi}_0$ 变化的曲线。同时在表 2-2 和表 2-3 中还给出了 3 组典型的计算结果。

上述计算结果说明，如取 $\bar{\psi}_0 = \bar{\varphi}_0 = 0$ 为基准，当 $\bar{\psi}_0 = 0.2$ 和 $\bar{\varphi}_0 = 0.4$ 时的无量纲承载力增加了将近 40%；而力矩刚度系数 $K_{x\varphi}^m$ 大约是基准值的 3 倍。可见，就整体上来说，考虑 $\bar{\psi}_0$ 及 $\bar{\varphi}_0$ 与否对轴承转子系统动力学计算的影响也是至关重要的。

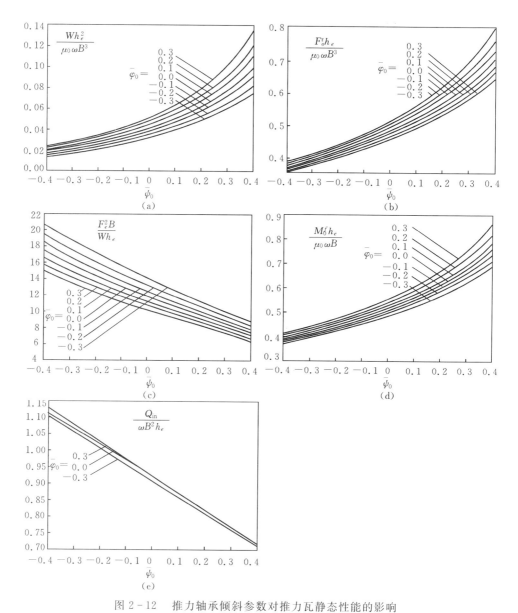

图 2-12　推力轴承倾斜参数对推力瓦静态性能的影响

$(\bar{r}_1 = 0.4286; \bar{a}_0 = 2.0; \theta_0 = 45°; \theta_p = 0.5\theta_0; \theta_s = -0.5\theta_0; \bar{Z}_0 = 1.0)$

（a）承载力 $\bar{W}_0$；（b）摩擦力 $\bar{F}_0^l$；（c）摩擦系数 $\bar{F}_0^l/\bar{W}_0$；（d）摩擦力矩 $\bar{M}_0^l$；（e）润滑油流量 $\bar{Q}_{in}$

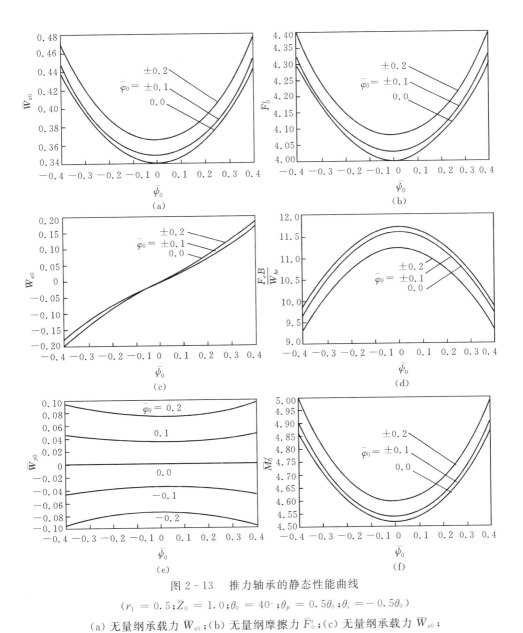

图 2 - 13　推力轴承的静态性能曲线

$(\bar{r}_1 = 0.5; \bar{Z}_0 = 1.0; \theta_0 = 40°; \theta_p = 0.5\theta_0; \theta_s = -0.5\theta_0)$

(a) 无量纲承载力 $\bar{W}_{z0}$；(b) 无量纲摩擦力 $\bar{F}_0^t$；(c) 无量纲承载力 $\bar{W}_{x0}$；

(d) 摩擦系数 $\bar{F}_0^t / \bar{W}_0$；(e) 无量纲承载力 $\bar{W}_{y0}$；(f) 无量纲摩擦力矩 $\bar{M}_0^t$；

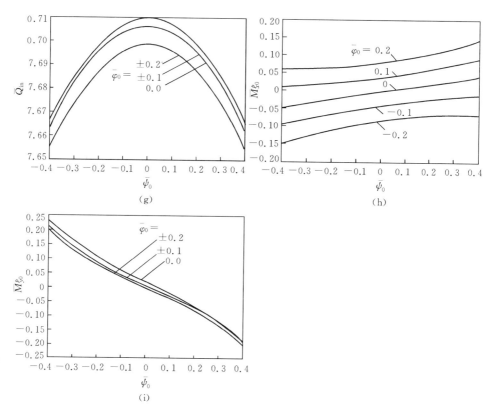

续图 2-13　推力轴承的静态性能曲线

(g) 无量纲流量 $\bar{Q}_{in}$;(h) 无量纲摩擦力矩 $\bar{M}^p_{x0}$;(i) 无量纲摩擦力矩 $\bar{M}^p_{y0}$

表 2-2　$\bar{\varphi}_0$ 和 $\bar{\psi}_0$ 对推力轴承静、动态性能的影响

$\bar{\psi}_0 \cdot \bar{\varphi}_0$	W_{z0}	$\bar{M}^p_{y0}$	M^p_{x0}	$K^m_{x\varphi}$	$K^m_{x\psi}$	$\bar{d}^m_{x\varphi}$	$\bar{d}^m_{x\psi}$	$K^m_{y\varphi}$	$K^m_{y\psi}$	$\bar{d}^m_{y\varphi}$	$\bar{d}^m_{y\psi}$
$\bar{\psi}_0 = 0$ $\bar{\varphi}_0 = 0$	0.341	0.0	0.0	0.094	0.388	0.00	0.190	−0.388	0.094	−0.190	0.001
$\bar{\psi}_0 = 0.1$ $\bar{\varphi}_0 = 0.1$	0.351	0.049	−0.030	0.109	0.413	0.004	0.196	−0.410	0.085	−0.196	−0.002
$\bar{\psi}_0 = 0.2$ $\bar{\varphi}_0 = 0.4$	0.475	0.152	−0.194	0.311	0.638	0.036	0.242	−0.851	−0.047	−0.295	−0.033

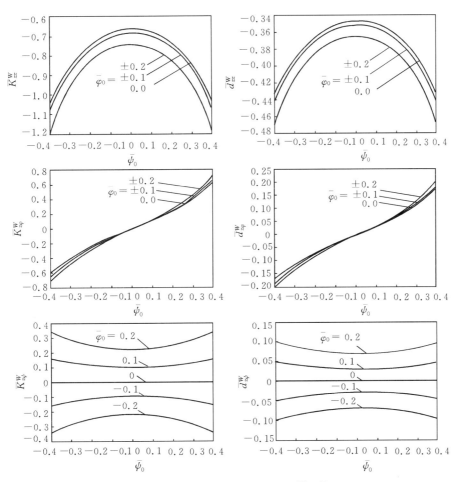

图 2 - 14　推力轴承的刚度系数和阻尼系数 $\bar{K}_{zs}^{w}$, $\bar{d}_{zs}^{w}$ ($s = z , \varphi , \psi$)

($\bar{r}_1 = 0.5$; $\bar{Z}_0 = 1.0$; $\theta_0 = 40°$; $\theta_p = 0.5\theta_0$; $\theta_s = -0.5\theta_0$)

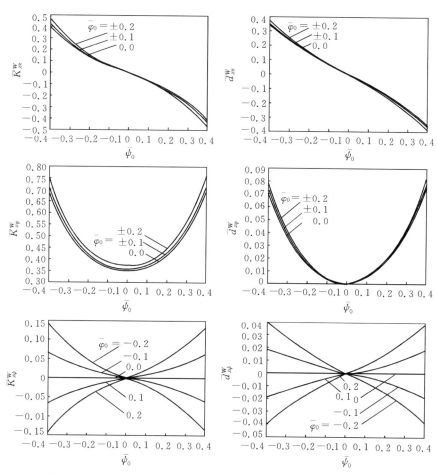

图 2-15　推力轴承的刚度系数和阻尼系数 $\overline{K}_{xs}^w, \overline{d}_{xs}^w (s = z, \varphi, \psi)$

$(\overline{r}_1 = 0.5; \overline{Z}_0 = 1.0; \theta_0 = 40°; \theta_p = 0.5\theta_0; \theta_s = -0.5\theta_0)$

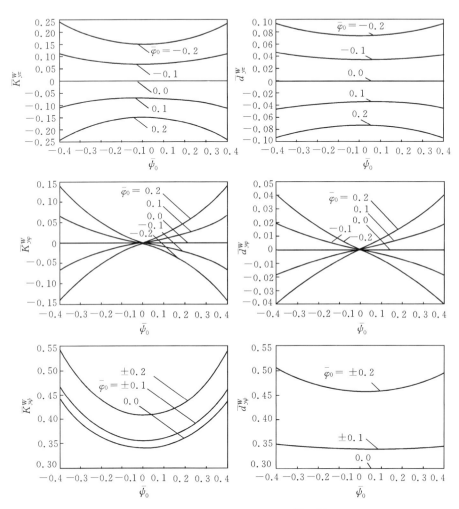

图 2-16　推力轴承的刚度系数和阻尼系数 $\overline{K}_{ys}^{w}$，$\overline{d}_{ys}^{w}(s = z, \varphi, \psi)$

$(\overline{r}_1 = 0.5; \overline{Z}_0 = 1.0; \theta_0 = 40°; \theta_p = 0.5\theta_0; \theta_s = -0.5\theta_0)$

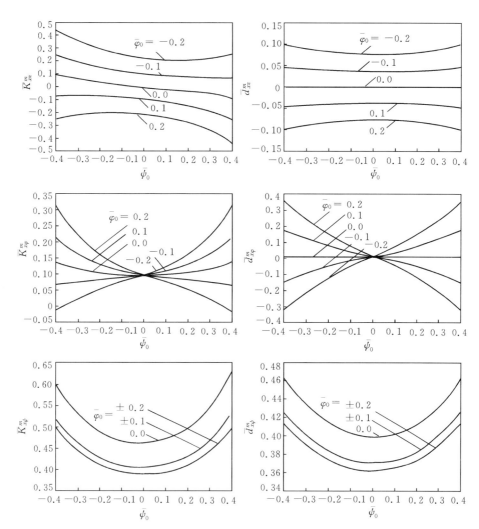

图 2 - 17　推力轴承的刚度系数和阻尼系数 $\overline{K}^m_{rs}$，$\overline{d}^m_{rs}$（$s = z，\varphi，\psi$）

（$\overline{r}_1 = 0.5$；$\overline{Z}_0 = 1.0$；$\theta_0 = 40°$；$\theta_p = 0.5\theta_0$；$\theta_s = -0.5\theta_0$）

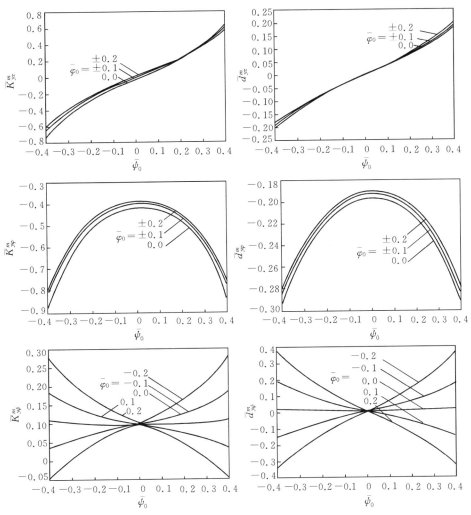

图 2-18　推力轴承的刚度系数和阻尼系数 $\overline{K}_{ys}^m, \overline{d}_{ys}^m (s = z, \varphi, \psi)$

$(\overline{r}_1 = 0.5; \overline{Z}_0 = 1.0; \theta_0 = 40°; \theta_p = 0.5\theta_0; \theta_s = -0.5\theta_0)$

2.2.5　固定瓦推力轴承静、动特性关于推力盘倾斜角的对称性

表 2-3 所列数据表明了推力轴承静、动特性关于 $\overline{\psi}_0$ 和 $\overline{\varphi}_0$ 的对称性，这种对称性是由于推力瓦在圆周方向上均匀分布以及 $\overline{\psi}_0$ 和 $\overline{\varphi}_0$ 所具有的等同地位所致。

表 2 - 3　　无量纲承载力 $\overline{W}_0$ 关于 $\overline{\varphi}_0$ 和 $\overline{\psi}_0$ 的对称性

$\overline{\psi}_0$	$\overline{\varphi}_0$								
	-0.4	-0.3	-0.2	-0.1	0	0.1	0.2	0.3	0.4
-0.2	0.4746	0.4192	0.3859	0.3679	0.3622	0.3679	0.3859	0.4192	0.4746
-0.1	0.4494	0.3987	0.3679	0.3512	0.3458	0.3512	0.3679	0.3987	0.4494
0.0	0.4415	0.3922	0.3622	0.3459	0.3406	0.3459	0.3622	0.3922	0.4415
0.1	0.4494	0.3987	0.3679	0.3512	0.3458	0.3512	0.3679	0.3987	0.4494
0.2	0.4746	0.4192	0.3859	0.3679	0.3622	0.3679	0.3859	0.4192	0.4746

一般说来，这种对称性可表示为

$$\begin{cases} W_{z0}(\varphi_0,\psi_0) = W_{z0}(-\varphi_0,-\psi_0) \\ W_{x0}(\varphi_0,\psi_0) = W_{x0}(-\varphi_0,\psi_0) \\ W_{y0}(\varphi_0,\psi_0) = W_{y0}(-\varphi_0,\psi_0) \\ M_{x0}^p(\varphi_0,\psi_0) = M_{x0}^p(-\varphi_0,-\psi_0) \\ M_{y0}^p(\varphi_0,\psi_0) = M_{y0}^p(-\varphi_0,-\psi_0) \end{cases} \qquad (2-74)$$

推力轴承刚度系数的对称性和阻尼系数的对称性相同，而且 K_{zz}^w，$K_{z\varphi}^w$ 和 $K_{z\psi}^w$ 的对称性与 W_{z0}，W_{x0} 及 W_{y0} 相对应，以及

$$\begin{cases} K_{xz}^w(\varphi_0,\psi_0) = -K_{xz}^w(-\varphi_0,-\psi_0) \\ K_{x\varphi}^w(\varphi_0,\psi_0) = K_{x\varphi}^w(-\varphi_0,\psi_0) \\ K_{x\psi}^w(\varphi_0,\psi_0) = K_{x\psi}^w(-\varphi_0,-\psi_0) \end{cases} \qquad (2-75)$$

系数 K_{ys}^w，K_{xs}^m，K_{ys}^m 以及 K_{xs}^w 的对称性如图 2 - 13 ～ 图 2 - 18 所示。

参考文献

[1]　Pinkus O，Sternlicht B. Theory of Hydrodynamic Lubrication[M]. NewYork:McGraw-Hill Book Company，1961:54.

[2]　Barwell F T. Bearing Systems Principles and Practice[M]. Oxford:Oxford University Press，1979.

[3]　平克斯 O，斯德因李希特 B. 流体动力润滑理论[M]. 北京:机械工业出版社，1980.

[4]　Patterson C，Sheikh M A. On the Use of Fundamental Solution in Trefftz Method of Potential and Elasticity Problems in Engineering[J]. Computational Mechanics，1982.

［5］　符建平,虞烈,丘大谋. 采用域外法求解弹流润滑问题的研究［J］.西安
　　　交通大学学报,1992,26(6).

［6］　Yu Lie,Bhat R B. Coupled Dynamics of a Rotor-Journal Bearing System
　　　Equipped with Thrust Bearings［J］. J of Shock and Vibration, 1995,2:
　　　1－15.

［7］　王元淳.边界元法基础［M］. 上海:上海交通大学出版社,1988.

第3章 流体润滑膜动力特性的非线性表征

由于现代旋转机械结构的日趋复杂、服役条件和工作参数的极端化,有可能在系统层面引起相应的动力奇异现象,例如轴系动力稳定性问题。

以大型汽轮发电机组和重型燃气轮机为例,其轴系动力稳定性不仅取决于机组轴系支承结构的安排,还和机组中存在的非定常扰动密切相关,包括轴系中存在的周期性结构、摩擦和接触的不确定性,以及轴向方向的热不均匀而导致的热态不对中、弯扭复合振动等,这些都有可能导致系统的整体动力学行为在大时间尺度范围内因动力奇异而不能唯一地被确定;对于另一类高速、超高速旋转机械,例如微型燃气轮机,这些机组的正常工作转速通常都处在每分钟数万转至数十万转范围内,采用流体动压轴承支承的轴系实际上都服役在非线性运动区间内。旋转机械非线性动力现象的存在,给轴系的动力稳定性和可靠性分析带来了极大的困难。

一般说来,上述这些不确定因素在复杂机电系统中大都是有界的。这种有界性一方面来源于干扰能量的有限性,另一方面也来源于机组设计阶段对于这类干扰的限制和约束。统计表明:在高维非线性系统中各种 $1/2$, $1/3$, $1/4$, …… 低频分量都会出现。

有关流体润滑膜动力特性的线性表达早已为人们所熟知,这应当主要归功于 Lund 所提出的八个线性动力学系数[1]。在线性范围内给出的动态油膜刚度与阻尼系数虽然为轴承转子系统的线性动力学分析提供了有效的工具与手段,但如下理由支持了进一步展开关于动态油膜力非线性研究的必要性:

——实验表明,油膜动特性系数和频率是相关的;更为确切地说,动态油膜的刚度与阻尼特性在很大程度上与转子轴承系统的运动历程相关。

——现有关于油膜动力特性的线性化表达在许多情况下得不到实验验证的支持,采用各种实验方法和数据处理后得到的实际测量得到的动特性数据具有很大的离散性;也无法给出高维非线性动力系统中各种低频振动分量出现的合理解释。

本章主要讨论流体润滑膜动力特性的非线性表征和计算方法。

3.1　雅可比矩阵

雅可比矩阵作为解析分析方法被广泛用来研究非线性动力系统的局部分岔问题。

对于具有一般表达形式的非线性动力方程组

$$\dot{x} = f(x, u) \tag{3-1}$$

式中，x，u 分别表示为状态变量和输入变量。

采用雅可比矩阵分析非线性动力方程的一般性步骤为：

求解非线性方程组 $f(x, u) = 0$，得到系统的平衡点解 x_0，它与时间无关，是个常数。

定义系统在平衡点处的雅可比矩阵

$$J(x_0) = \frac{\partial f}{\partial x}\bigg|_{x=x_0} \tag{3-2}$$

雅可比矩阵的特征值 λ 可由所对应的特征方程 $\lambda I - J(x_0) = 0$ 解得，非线性 Hopf 分岔产生的条件可由雅可比矩阵的特征值来确定：

若特征值中有一对共轭复根，随着分叉参数的变化，这对共轭复根由左半平面穿越虚轴进入右半平面，则该系统将在临界点附近发生 Hopf 分岔，因此由雅可比矩阵特征值 λ 的变化趋势可以预测系统在失稳时分岔点的位置和类型并确定系统的稳定性边界。

设 x_0 是系统的一个平衡点，并有 $f(x_0, u) = 0$，$\dfrac{\mathrm{d}x}{\mathrm{d}t}\bigg|_{t_0} = 0$，由状态 (x_0, t_0) 出发，当 $x|_{t_0+\Delta t} \to x_0 + x$ 时，有

$$\dot{x} = f(x_0 + x, u) = \frac{\partial f}{\partial x}\bigg|_{x_0} x = J(x_0)x \tag{3-3}$$

系统式（3-3）稳定性与否主要取决于 $\dot{x} = J(x_0)x$ 的特征值。

对于流体润滑问题而言，在非定常 Reynolds 方程中，涉及到 4 个状态变量 $x, y, \dot{x}, \dot{y}$，这样得到的一阶偏导数雅可比矩阵是四维的。

3.2　动态油膜力的线性表征

为了在转子系统动力学分析中更加全面地考虑油膜力的非线性作用，希望能够寻找关于流体动力润滑膜的高阶表达形式，以利于了解非线性系统在任意初始条件下的运动性态、解的结构和组成以及系统的全局性态[2]。

重新回到描述径向动压滑动轴承的无量纲 Reynolds 方程

$$\frac{\partial}{\partial\varphi}\Big(H^3\frac{\partial p}{\partial\varphi}\Big)+\Big(\frac{B}{d}\Big)^2\frac{\partial}{\partial\lambda}\Big(H^3\frac{\partial p}{\partial\lambda}\Big)=-3\varepsilon\sin\varphi(1-2\theta')+6\varepsilon'\cos\varphi$$

如果忽略流体在轴向方向的流动，就得到所谓的长轴承理论方程

$$\frac{\partial}{\partial\varphi}\Big(H^3\frac{\partial p}{\partial\varphi}\Big)=-3\varepsilon\sin\varphi(1-2\theta')+6\varepsilon'\cos\varphi$$

对于短轴承理论而言，相应的 Reynolds 方程简化为

$$\Big(\frac{B}{d}\Big)^2\frac{\partial}{\partial\lambda}\Big(H^3\frac{\partial p}{\partial\lambda}\Big)=-3\varepsilon\sin\varphi(1-2\theta')+6\varepsilon'\cos\varphi$$

式中，无量纲油膜厚度 $H=1+\varepsilon\cos\varphi$。

这里主要讨论 Reynolds 的短轴承解。

按短轴承理论所得到的非线性油膜力表达可由方程(2-6)求得，即

$$P=\frac{1}{2}\Big(\frac{B}{d}\Big)^2(\lambda^2-1)\frac{1}{H^3}[-3\varepsilon\sin\varphi(1-2\theta')+6\varepsilon'\cos\varphi] \qquad (3-4)$$

当坐标系约定如图 2-3 所示并采用甘贝尔（Gümbel）边界条件时，相应的沿着偏心和偏位角方向的油膜合力分别为

$$F_\varepsilon=\int_{-1}^1\int_0^\pi-P\cos\varphi\mathrm{d}\varphi\mathrm{d}\lambda$$

$$F_\theta=\int_{-1}^1\int_0^\pi-P\sin\varphi\mathrm{d}\varphi\mathrm{d}\lambda$$

转换到直角坐标系中的合力为

$$\begin{bmatrix}F_x\\F_y\end{bmatrix}=\begin{bmatrix}\sin\theta & \cos\theta\\\cos\theta & -\sin\theta\end{bmatrix}\begin{bmatrix}F_\varepsilon\\F_\theta\end{bmatrix}$$

下面给出合力 F_x,F_y 的计算过程。

$$F_x=\frac{2}{3}\Big(\frac{B}{d}\Big)^2\int_\theta^{\theta+\pi}H^{-3}[-3\varepsilon(1-2\theta')\sin(\phi-\theta)+6\varepsilon'\cos(\phi-\theta)]\times$$

$$[\sin\varphi\cos\theta+\cos\varphi\sin\theta]\mathrm{d}\varphi$$

$$=\frac{2}{3}\Big(\frac{B}{d}\Big)^2\int_0^\pi H^{-3}[-3\varepsilon(1-2\theta')\sin\varphi+6\varepsilon'\cos\varphi][\sin\varphi\cos\theta+\cos\varphi\sin\theta]\mathrm{d}\varphi$$

$$=\frac{2}{3}\Big(\frac{B}{d}\Big)^2\int_0^\pi H^{-3}\{-3\varepsilon(1-2\theta')(\sin^2\varphi\cos\theta+\sin\varphi\cos\varphi\sin\theta)+$$

$$6\varepsilon'(\cos^2\varphi\sin\theta+\sin\varphi\cos\varphi\cos\theta)\}\mathrm{d}\varphi$$

$$=\frac{2}{3}\Big(\frac{B}{d}\Big)^2$$

$$\int_0^\pi H^{-3}\Big\{\{-3\varepsilon(1-2\theta')\Big[\frac{-(1-\varepsilon^2)-H^2+2H}{\varepsilon^2}\cos\theta-\frac{(H-1)\sin\theta}{\varepsilon^2}\frac{\mathrm{d}H}{\mathrm{d}\varphi}\Big]+$$

$$6\varepsilon'\left[\frac{H^2-2H+1}{\varepsilon^2}\sin\theta+\frac{-(H-1)\cos\theta}{\varepsilon^2}\frac{\mathrm{d}H}{\mathrm{d}\varphi}\right]\Big\}\mathrm{d}\varphi$$

为了求得关于 H 的积分,需要引入另一个新变量 ψ 以进行 Sommerfeld 变换,ψ 与 φ 之间的关系被定义为

$$1+\varepsilon\cos\varphi=\frac{1-\varepsilon^2}{1-\varepsilon\cos\psi},\quad \cos\psi=\frac{\cos\varphi+\varepsilon}{1+\varepsilon\cos\varphi},\quad \sin\psi=\frac{(1-\varepsilon^2)^{1/2}\sin\varphi}{1+\varepsilon\cos\varphi}$$

$$\psi=2\arctan\left[\left(\frac{1-\varepsilon}{1+\varepsilon}\right)\tan\frac{\varphi}{2}\right],\quad \mathrm{d}\varphi=\frac{(1-\varepsilon^2)^{1/2}}{1-\varepsilon\cos\psi}\mathrm{d}\psi$$

同时,在一些特殊点上,ψ 与 φ 存在有一一对应的关系:当 $\varphi=0$ 时,$\psi=0$;$\varphi=\pi$ 时,$\psi=\pi$;$\varphi=2\pi$ 时,$\psi=2\pi$。由此得到在 $0\sim\pi$ 范围内对 H 的积分:

$$I_1=\int_0^\pi\frac{1}{H}\mathrm{d}\varphi=\int_0^\pi\frac{1}{1+\varepsilon\cos\varphi}\mathrm{d}\varphi=\pi(1-\varepsilon^2)^{-1/2}$$

$$I_2=\int_0^\pi\frac{1}{H^2}\mathrm{d}\varphi=\int_0^\pi\frac{1}{(1+\varepsilon\cos\varphi)^2}\mathrm{d}\varphi=\pi(1-\varepsilon^2)^{-3/2}$$

$$I_3=\int_0^\pi\frac{1}{H^3}\mathrm{d}\varphi=\int_0^\pi\frac{1}{(1+\varepsilon\cos\varphi)^3}\mathrm{d}\varphi=\pi(1-\varepsilon^2)^{-5/2}\frac{2+\varepsilon^2}{2}$$

运用上述结果,进一步计算油膜合力,就得到

$$F_x=\frac{2}{3}\left(\frac{B}{d}\right)^2\times$$

$$\int_0^\pi\Big\{-3(1-2\theta')\left[\frac{-(1-\varepsilon^2)}{\varepsilon^2}\cos\theta\frac{1}{H^3}-\frac{1}{\varepsilon^2}\cos\theta\frac{1}{H}+\frac{2}{\varepsilon^2}\cos\theta\frac{1}{H^2}-\right.$$

$$\left.\frac{\sin\theta}{\varepsilon^2}\left(\frac{1}{H^2}-\frac{1}{H^3}\right)\frac{\mathrm{d}H}{\mathrm{d}\varphi}\right]+6\varepsilon'\left[\frac{\sin\theta}{\varepsilon^2}\left(\frac{1}{H}-\frac{2}{H^2}+\frac{1}{H^3}\right)-\right.$$

$$\left.\frac{\cos\theta}{\varepsilon^2}\left(\frac{1}{H^2}-\frac{1}{H^3}\right)\frac{\mathrm{d}H}{\mathrm{d}\varphi}\right]\Big\}\mathrm{d}\varphi$$

$$=\frac{2}{3}\left(\frac{B}{d}\right)^2\times$$

$$\Big\{-3(1-2\theta')\left[\frac{-(1-\varepsilon^2)}{\varepsilon^2}\cos\theta I_3-\frac{1}{\varepsilon^2}\cos\theta I_1+\frac{2}{\varepsilon^2}\cos\theta I_2+\right.$$

$$\left.\frac{\sin\theta}{\varepsilon^2}\left(\frac{1}{H}-\frac{1}{2}\frac{1}{H^2}\right)_0^\pi\right]+6\varepsilon'\left[\frac{\sin\theta}{\varepsilon^2}(I_1-2I_2+I_3)+\frac{\cos\theta}{\varepsilon^2}\left(\frac{1}{H}-\frac{1}{2}\frac{1}{H^2}\right)_0^\pi\right]\Big\}$$

$$F_x=\frac{2}{3}\left(\frac{B}{d}\right)^2\times$$

$$\Big\{-3\varepsilon(1-2\theta')\left[\frac{-(1-\varepsilon^2)}{\varepsilon^2}\cos\theta\frac{\pi(2+\varepsilon^2)}{2(1-\varepsilon^2)^{5/2}}-\frac{\cos\theta}{\varepsilon^2}\frac{\pi}{(1-\varepsilon^2)^{1/2}}+\right.$$

$$\left.\frac{2\cos\theta}{\varepsilon^2}\frac{\pi}{(1-\varepsilon^2)^{3/2}}+\frac{\sin\theta}{\varepsilon^2}\left(\frac{-2\varepsilon^3}{(1-\varepsilon^2)^2}\right)\right]+6\varepsilon'\left[\frac{\sin\theta}{\varepsilon^2}\frac{\pi\varepsilon^2(1+2\varepsilon^2)}{2(1-\varepsilon^2)^{5/2}}+\right.$$

$$\left. \frac{\cos\theta}{\varepsilon^2}\left(\frac{-2\varepsilon^3}{(1-\varepsilon^2)^2}\right)\right]\right\}$$

$$= \frac{2}{3}\left(\frac{B}{d}\right)^2 \times$$

$$\left\{-3\varepsilon(1-2\theta')\left[\frac{-\pi(2+\varepsilon^2)}{2\varepsilon^2(1-\varepsilon^2)^{3/2}}\cos\theta - \frac{\pi\cos\theta}{\varepsilon^2(1-\varepsilon^2)^{1/2}} + \frac{2\pi\cos\theta}{\varepsilon^2(1-\varepsilon^2)^{3/2}} - \right.$$

$$\left.\frac{2\varepsilon\sin\theta}{(1-\varepsilon^2)^2}\right] + 6\varepsilon'\left[\frac{\pi(1+2\varepsilon^2)}{2(1-\varepsilon^2)^{5/2}}\sin\theta - \frac{2\varepsilon\cos\theta}{(1-\varepsilon^2)^2}\right]\right\}$$

$$= \frac{2}{3}\left(\frac{B}{d}\right)^2 \times$$

$$\left\{-3\varepsilon(1-2\theta')\left[\frac{\pi\cos\theta}{2(1-\varepsilon^2)^{3/2}} - \frac{2\varepsilon\sin\theta}{(1-\varepsilon^2)^2}\right] + 6\varepsilon'\left[\frac{\pi(1+2\varepsilon^2)}{2(1-\varepsilon^2)^{5/2}}\sin\theta - \right.\right.$$

$$\left.\left.\frac{2\varepsilon\cos\theta}{(1-\varepsilon^2)^2}\right]\right\}$$

$$(3-5a)$$

类似地,有

$$F_y = \frac{2}{3}\left(\frac{B}{d}\right)^2 \int_{\theta}^{\theta+\pi} \frac{1}{H^3}[-3\varepsilon\sin\varphi(1-2\theta') + 6\varepsilon'\cos\varphi]\cos\phi\,\mathrm{d}\phi$$

$$= \frac{2}{3}\left(\frac{B}{d}\right)^2 \int_0^{\pi} \frac{1}{H^3}[-3\varepsilon\sin\varphi(1-2\theta') + 6\varepsilon'\cos\varphi](\cos\varphi\cos\theta - \sin\varphi\sin\theta)\mathrm{d}\varphi$$

$$= \frac{2}{3}\left(\frac{B}{d}\right)^2 \int_0^{\pi} \frac{1}{H^3}[-3\varepsilon(1-2\theta')\sin\varphi\cos\varphi\cos\theta + 3\varepsilon(1-2\theta')\sin^2\varphi\sin\theta$$

$$+ 6\varepsilon'\cos^2\varphi\cos\theta - 6\varepsilon'\sin\varphi\cos\varphi\sin\theta]\mathrm{d}\varphi$$

对上式进行逐项整理:

$$\frac{1}{H^3}[-3\varepsilon(1-2\theta')\sin\varphi\cos\varphi\cos\theta] = [-3(1-2\theta')\cos\theta(H-1)\sin\varphi]\frac{1}{H^3}$$

$$= 3(1-2\theta')\cos\theta \frac{(H-1)}{\varepsilon_0 H^3}\frac{\partial H}{\partial \varphi} = \frac{3}{\varepsilon_0}(1-2\theta')\cos\theta\left(\frac{1}{H^2} - \frac{1}{H^3}\right)\frac{\partial H}{\partial \varphi}$$

$$F_{y1} = \frac{2}{3}\left(\frac{B}{d}\right)^2 \int_0^{\pi} \frac{3}{\varepsilon_0}(1-2\theta')\cos\theta\left(\frac{1}{H^2} - \frac{1}{H^3}\right)\mathrm{d}H$$

$$= 2\left(\frac{B}{d}\right)^2 \frac{(1-2\theta')\cos\theta}{\varepsilon_0}\left[-\frac{1}{H} + \frac{1}{2}\frac{1}{H^2}\right]\Big|_0^{\pi}$$

$$= 2\left(\frac{B}{d}\right)^2 \frac{(1-2\theta')\cos\theta}{\varepsilon_0}\left[\frac{2\varepsilon^3}{(1-\varepsilon^2)^2}\right]$$

$$F_{y2} = \frac{2}{3}\left(\frac{B}{d}\right)^2 \int_0^{\pi} \frac{1}{H^3}[3\varepsilon(1-2\theta')\sin\theta]\left(\frac{\varepsilon^2-1}{\varepsilon^2} - \frac{1}{\varepsilon^2}H^2 + \frac{2}{\varepsilon_0^2}H\right)\mathrm{d}\varphi$$

$$= 2 \left(\frac{B}{d}\right)^2 \int_0^{\pi} \varepsilon_0 (1 - 2\theta') \sin\theta \left[\frac{\varepsilon_0^2 - 1}{\varepsilon_0^2} \frac{1}{H^3} - \frac{1}{\varepsilon_0^2} \frac{1}{H} + \frac{2}{\varepsilon_0^2} \frac{1}{H^2}\right] \mathrm{d}\varphi$$

$$= 2 \left(\frac{B}{d}\right)^2 \varepsilon_0 (1 - 2\theta') \sin\theta \left[\frac{\varepsilon_0^2 - 1}{\varepsilon_0^2} I_3 - \frac{1}{\varepsilon_0^2} I_1 + \frac{2}{\varepsilon_0^2} I_2\right]_0^{\pi}$$

$$= 2 \left(\frac{B}{d}\right)^2 \varepsilon (1 - 2\theta') \sin\theta \cdot \frac{\pi}{2} (1 - \varepsilon^2)^{-3/2}$$

$$= \pi \left(\frac{B}{d}\right)^2 (1 - 2\theta') \varepsilon \sin\theta \cdot (1 - \varepsilon^2)^{-3/2}$$

$$F_{y3} = \frac{2}{3} \left(\frac{B}{d}\right)^2 \int_0^{\pi} \frac{1}{H^3} \left[6\varepsilon' (\cos^2\varphi \cos\theta - \sin\varphi \cos\varphi \sin\theta)\right] \mathrm{d}\varphi$$

$$= 4 \left(\frac{B}{d}\right)^2 \varepsilon' \int_0^{\pi} \frac{1}{H^3} \left[\frac{\cos\theta}{\varepsilon_0^2} (H^2 - 2H + 1) + \frac{\sin\theta}{\varepsilon_0^2} (H - 1) \frac{\mathrm{d}H}{\mathrm{d}\varphi}\right] \mathrm{d}\varphi$$

$$= 4 \left(\frac{B}{d}\right)^2 \varepsilon' \left\{\frac{\cos\theta}{\varepsilon_0^2} [I_1 - 2I_2 + I_3]_0^{\pi} + \frac{\sin\theta}{\varepsilon_0^2} \int_0^{\pi} \left(\frac{1}{H^2} - \frac{1}{H^3}\right) \mathrm{d}H\right\}$$

$$= 4 \left(\frac{B}{d}\right)^2 \varepsilon' \left\{\frac{\cos\theta}{\varepsilon_0^2} [I_1 - 2I_2 + I_3] + \frac{\sin\theta}{\varepsilon_0^2} \frac{2\varepsilon^3}{(1 - \varepsilon^2)^2}\right\}$$

由此得到 y 方向上的油膜合力

$$F_y = 4 \left(\frac{B}{d}\right)^2 (1 - 2\theta') \cos\theta \frac{\varepsilon^2}{(1 - \varepsilon^2)^2} + \pi \left(\frac{B}{d}\right)^2 (1 - 2\theta') \frac{\varepsilon \sin\theta}{(1 - \varepsilon^2)^{3/2}} +$$

$$\quad 4 \left(\frac{B}{d}\right)^2 \varepsilon' \left\{\frac{\pi(1 + 2\varepsilon^2)}{2(1 - \varepsilon^2)^{5/2}} \cos\theta + \frac{2\varepsilon}{(1 - \varepsilon^2)^2} \sin\theta\right\} \tag{3-5b}$$

在静态工作点处,当油膜力仅承担重力时,$F_x = 0$。偏位角

$$\tan\theta_0 = \frac{\pi (1 - \varepsilon_0^2)^{1/2}}{4\varepsilon_0}$$

位于 $(\varepsilon_0, \theta_0)$ 处的垂直方向上的静态承载力

$$F_{y0} = \left(\frac{B}{d}\right)^2 \frac{\varepsilon_0}{(1 - \varepsilon_0^2)^2} [16\varepsilon_0^2 + \pi^2 (1 - \varepsilon_0^2)]^{1/2}$$

非定常油膜力的线性表达。动压滑动轴承非定常油膜力的一阶线性表达最早是由著名的转子动力学家 Lund 在 1965 年给出的 —— 在静态工作点附近作泰勒展开后,有

$$F_x = F_{x0} + \frac{\partial F_x}{\partial x}\bigg|_0 x + \frac{\partial F_x}{\partial y}\bigg|_0 y + \frac{\partial F_x}{\partial x'}\bigg|_0 x' + \frac{\partial F_x}{\partial y'}\bigg|_0 y' + \cdots$$

$$F_y = F_{y0} + \frac{\partial F_y}{\partial x}\bigg|_0 x + \frac{\partial F_y}{\partial y}\bigg|_0 y + \frac{\partial F_y}{\partial x'}\bigg|_0 x' + \frac{\partial F_y}{\partial y'}\bigg|_0 y' + \cdots \tag{3-6}$$

以下求取关于油膜合力的一阶偏导数:

$$\frac{\partial F_\varepsilon}{\partial \varepsilon} = \int_{-1}^{1} \int_{0}^{\pi} \frac{\partial P}{\partial \varepsilon} \cos\varphi \, \mathrm{d}\varphi \, \mathrm{d}\lambda$$

$$= \int_{-1}^{1} \int_{0}^{\pi} \left\{ -\frac{3}{H^4} \left[\frac{1}{2} \left(\frac{B}{d} \right)^2 (\lambda^2 - 1) \right] \left[\sin\varphi\cos\varphi(-3\varepsilon\cos\varphi + H) \right] \right\} \mathrm{d}\varphi \, \mathrm{d}\lambda$$

$$= \int_{-1}^{1} \int_{0}^{\pi} -3 \left[\frac{1}{2} \left(\frac{B}{d} \right)^2 (\lambda^2 - 1) \frac{\left[\sin\varphi\cos\varphi(-3\varepsilon\cos\varphi + H) \right]}{H^4} \right] \mathrm{d}\varphi \, \mathrm{d}\lambda$$

$$= 2 \left(\frac{B}{d} \right)^2 \int_{0}^{\pi} \frac{\sin\varphi \cos\varphi(-3\varepsilon\cos\varphi + H)}{H^4} \mathrm{d}\varphi$$

$$= \frac{2}{3} \left(\frac{B}{d} \right)^2 \left\{ -3(1-2\theta') \left[\frac{\pi\cos\theta}{2(1-\varepsilon^2)^{3/2}} - \frac{2\varepsilon\sin\theta}{(1-\varepsilon^2)^2} \right] - \right.$$

$$\left. 3\varepsilon(1-2\theta') \left[\frac{\pi}{2}\cos\theta \frac{3\varepsilon}{(1-\varepsilon^2)^{5/2}} - 2\sin\theta \frac{(1+3\varepsilon^2)}{(1-\varepsilon^2)^3} \right] \right\}$$

$$= \frac{2}{3} \left(\frac{B}{d} \right)^2 \left\{ \frac{-3(1-2\theta')\pi(1+2\varepsilon^2)}{2(1-\varepsilon^2)^{5/2}} \cos\theta + \frac{12\varepsilon(1+\varepsilon^2)}{(1-\varepsilon^2)^3} \sin\theta \right\}$$

$$\frac{\partial F_x}{\varepsilon_0 \partial \theta} = \frac{2}{3} \left(\frac{B}{d} \right)^2 \left\{ -3 \left[\frac{-\pi\sin\theta}{2(1-\varepsilon^2)^{3/2}} - \frac{2\varepsilon\cos\theta}{(1-\varepsilon^2)^2} \right] \right\}$$

类似地,关于 F_y 的 偏导数有

$$\frac{\partial F_y}{\partial \varepsilon} = 4 \left(\frac{B}{d} \right)^2 \cos\theta \frac{2\varepsilon + 2\varepsilon^3}{(1-\varepsilon^2)^3} + \pi \left(\frac{B}{d} \right)^2 \sin\theta \cdot \frac{1+2\varepsilon^2}{(1-\varepsilon^2)^{5/2}}$$

$$\frac{\partial F_y}{\varepsilon_0 \partial \theta} = -4 \left(\frac{B}{d} \right)^2 \frac{\varepsilon_0}{(1-\varepsilon_0^2)^2} \sin\theta + \pi \left(\frac{B}{d} \right)^2 \frac{\cos\theta}{(1-\varepsilon^2)^{3/2}}$$

注意到

$$\sin^2\theta = \frac{\pi^2(1-\varepsilon^2)}{16\varepsilon^2 + \pi^2(1-\varepsilon^2)}, \quad \cos^2\theta = \frac{16\varepsilon^2}{16\varepsilon^2 + \pi^2(1-\varepsilon^2)}$$

$$\sin\theta\cos\theta = \frac{4\pi\varepsilon(1-\varepsilon^2)^{1/2}}{16\varepsilon^2 + \pi^2(1-\varepsilon^2)}$$

以及

$$\frac{\partial \varepsilon}{\partial x} = \sin\theta, \quad \frac{\partial \varepsilon}{\partial y} = \cos\theta, \quad \frac{\varepsilon_0 \partial \theta}{\partial x} = \cos\theta, \quad \frac{\varepsilon_0 \partial \theta}{\partial y} = -\sin\theta, \quad \frac{\partial \varepsilon'}{\partial x'} = \sin\theta$$

$$\frac{\varepsilon_0 \partial \theta'}{\partial x'} = \cos\theta, \quad \frac{\partial \varepsilon'}{\partial y'} = \cos\theta, \quad \frac{\varepsilon_0 \partial \theta'}{\partial y'} = -\sin\theta$$

对于刚度系数有

$$\begin{pmatrix} K_{ix} \\ K_{iy} \end{pmatrix} = \begin{pmatrix} \sin\theta & \dfrac{\cos\theta}{\varepsilon} \\ \cos\theta & \dfrac{-\sin\theta}{\varepsilon} \end{pmatrix} \begin{pmatrix} k_{i\varepsilon} \\ k_{i\theta} \end{pmatrix} \quad (i = x, y)$$

$$K_{xx} = \frac{\partial F_x}{\partial \varepsilon}\frac{\partial \varepsilon}{\partial x} + \frac{\partial F_x}{\varepsilon_0 \partial \theta}\frac{\varepsilon_0 \partial \theta}{\partial x} = \frac{\partial F_x}{\partial \varepsilon}\sin\theta + \frac{\partial F_x}{\varepsilon_0 \partial \theta}\cos\theta$$

$$= \frac{2}{3}\left(\frac{B}{d}\right)^2 \left\{ \frac{-3\pi(1+2\varepsilon^2)}{2(1-\varepsilon^2)^{5/2}}\sin\theta\cos\theta + \frac{12\varepsilon(1+\varepsilon^2)}{(1-\varepsilon^2)^3}\sin^2\theta \right\} +$$

$$\frac{2}{3}\left(\frac{B}{d}\right)^2 \left\{ \frac{3\pi\sin\theta\cos\theta}{2(1-\varepsilon^2)^{3/2}} + \frac{6\varepsilon\cos^2\theta}{(1-\varepsilon^2)^2} \right\}$$

$$= \left(\frac{B}{d}\right)^2 \left\{ \left[\frac{-\pi(1+2\varepsilon^2)}{(1-\varepsilon^2)^{5/2}} + \frac{\pi}{(1-\varepsilon^2)^{3/2}} \right]\sin\theta\cos\theta + \right.$$

$$\left. \left[\frac{8\varepsilon(1+\varepsilon^2)}{(1-\varepsilon^2)^3}\sin^2\theta + \frac{4\varepsilon\cos^2\theta}{(1-\varepsilon^2)^2} \right] \right\}$$

$$= \left(\frac{B}{d}\right)^2 \cdot \frac{4\varepsilon[2\pi^2 + (16-\pi^2)\varepsilon^2]}{(1-\varepsilon^2)^2[16\varepsilon^2 + \pi^2(1-\varepsilon^2)]}$$

$$K_{xy} = \frac{\partial F_x}{\partial \varepsilon}\frac{\partial \varepsilon}{\partial y} + \frac{\partial F_x}{\varepsilon_0 \partial \theta}\frac{\varepsilon_0 \partial \theta}{\partial y} = \frac{\partial F_x}{\partial \varepsilon}\cos\theta - \frac{\partial F_x}{\varepsilon_0 \partial \theta}\sin\theta$$

$$= \frac{2}{3}\left(\frac{B}{d}\right)^2 \left\{ \frac{-3\pi(1+2\varepsilon^2)}{2(1-\varepsilon^2)^{5/2}}\cos^2\theta + \frac{12\varepsilon(1+\varepsilon^2)}{(1-\varepsilon^2)^3}\sin\theta\cos\theta \right\} +$$

$$\frac{2}{3}\left(\frac{B}{d}\right)^2 \left\{ \frac{-3\pi\sin^2\theta}{2(1-\varepsilon^2)^{3/2}} - \frac{6\varepsilon\sin\theta\cos\theta}{(1-\varepsilon^2)^2} \right\}$$

$$= \left(\frac{B}{d}\right)^2 \left\{ \frac{-\pi(1+2\varepsilon^2)\cos^2\theta}{(1-\varepsilon^2)^{5/2}} - \frac{\pi\sin^2\theta}{(1-\varepsilon^2)^{3/2}} + \right.$$

$$\left. \left[\frac{8\varepsilon(1+\varepsilon^2)}{(1-\varepsilon^2)^3} - \frac{4\varepsilon}{(1-\varepsilon^2)^2} \right]\sin\theta\cos\theta \right\}$$

$$=$$

$$\left(\frac{B}{d}\right)^2 \left\{ \frac{-\pi(1+2\varepsilon^2)\cdot(16\varepsilon^2)}{(1-\varepsilon^2)^{5/2}[16\varepsilon^2 + \pi^2(1-\varepsilon^2)]} - \frac{\pi^3(1-\varepsilon^2)}{(1-\varepsilon^2)^{3/2}[16\varepsilon^2 + \pi^2(1-\varepsilon^2)]} + \right.$$

$$\left. \frac{4\varepsilon(1+3\varepsilon^2)}{(1-\varepsilon^2)^3} \cdot \frac{4\pi\varepsilon(1-\varepsilon^2)^{1/2}}{[16\varepsilon^2 + \pi^2(1-\varepsilon^2)]} \right\}$$

$$= \left(\frac{B}{d}\right)^2 \frac{\pi[-\pi^2 + 2\pi^2\varepsilon^2 + (16-\pi^2)\varepsilon^4]}{(1-\varepsilon^2)^{5/2}[16\varepsilon^2 + \pi^2(1-\varepsilon^2)]}$$

$$K_{yx} = \frac{\partial F_y}{\partial \varepsilon} \cdot \sin\theta + \frac{\partial F_y}{\varepsilon_0 \partial \theta}\cos\theta$$

$$= 4\left(\frac{B}{d}\right)^2 \frac{2\varepsilon + 2\varepsilon^3}{(1-\varepsilon^2)^3}\sin\theta\cos\theta + \pi\left(\frac{B}{d}\right)^2 \frac{1+2\varepsilon^2}{(1-\varepsilon^2)^{5/2}}\sin^2\theta +$$

$$\left\{ -4\left(\frac{B}{d}\right)^2 \frac{\varepsilon_0}{(1-\varepsilon_0^2)^2}\sin\theta\cos\theta + \pi\left(\frac{B}{d}\right)^2 \frac{\cos^2\theta}{(1-\varepsilon^2)^{3/2}} \right\}$$

$$= 4\left(\frac{B}{d}\right)^2 \frac{2\varepsilon + 2\varepsilon^3 - \varepsilon(1-\varepsilon^2)}{(1-\varepsilon^2)^3}\sin\theta\cos\theta + \pi\left(\frac{B}{d}\right)^2 \frac{(1+2\varepsilon^2)\sin^2\theta + (1-\varepsilon^2)\cos^2\theta}{(1-\varepsilon^2)^{5/2}}$$

$$= 4\left(\frac{B}{d}\right)^2 \frac{2\varepsilon + 2\varepsilon^3 - \varepsilon(1-\varepsilon^2)}{(1-\varepsilon^2)^3} \cdot \frac{4\pi\varepsilon(1-\varepsilon^2)^{1/2}}{16\varepsilon^2 + \pi^2(1-\varepsilon^2)} +$$

$$\pi\left(\frac{B}{d}\right)^2 \frac{(1+2\varepsilon^2)\sin^2\theta + (1-\varepsilon^2)\cos^2\theta}{(1-\varepsilon^2)^{5/2}}$$

$$= \pi\left(\frac{B}{d}\right)^2 \frac{[\pi^2 + (\pi^2+32)\varepsilon^2 + 2(16-\pi^2)\varepsilon^4]}{(1-\varepsilon^2)^{5/2}[16\varepsilon^2 + \pi^2(1-\varepsilon^2)]}$$

$$K_{yy} = \frac{\partial F_y}{\partial \varepsilon}\cos\theta + \frac{\partial F_y}{\varepsilon_0 \partial\theta}\frac{\partial\theta}{\partial y} = \frac{\partial F_y}{\partial \varepsilon}\cos\theta - \frac{\partial F_y}{\varepsilon_0 \partial\theta}\sin\theta$$

$$= 4\left(\frac{B}{d}\right)^2 \frac{2\varepsilon + 2\varepsilon^3}{(1-\varepsilon^2)^3}\cos^2\theta + \pi\left(\frac{B}{d}\right)^2 \frac{1+2\varepsilon^2}{(1-\varepsilon^2)^{5/2}}\sin\theta\cos\theta +$$

$$4\left(\frac{B}{d}\right)^2 \frac{\varepsilon_0}{(1-\varepsilon^2)^2}\sin^2\theta - \pi\left(\frac{B}{d}\right)^2 \frac{\sin\theta\cos\theta}{(1-\varepsilon^2)^{3/2}}$$

$$= 4\left(\frac{B}{d}\right)^2 \frac{1}{(1-\varepsilon^2)^3}[2\varepsilon + (1+\varepsilon^2)\cos^2\theta + \varepsilon(1-\varepsilon^2)\sin^2\theta] +$$

$$\pi\left(\frac{B}{d}\right)^2 \left\{\frac{[(1+2\varepsilon^2)-(1-\varepsilon^2)]\sin\theta\cos\theta}{(1-\varepsilon^2)^{5/2}}\right\}$$

$$= 4\left(\frac{B}{d}\right)^2 \frac{32\varepsilon^3(1+\varepsilon^2) + \pi^2\varepsilon(1-\varepsilon^2)^2}{(1-\varepsilon^2)^3[16\varepsilon^2 + \pi^2(1-\varepsilon^2)]} + \pi\left(\frac{B}{d}\right)^2 \times$$

$$\frac{3\varepsilon^2 \cdot 4\pi\varepsilon(1-\varepsilon^2)^{1/2}}{(1-\varepsilon^2)^{5/2}[16\varepsilon^2 + \pi^2(1-\varepsilon^2)]}$$

$$= 4\left(\frac{B}{d}\right)^2 \frac{32\varepsilon^3(1+\varepsilon^2) + \pi^2\varepsilon(1-\varepsilon^2)^2}{(1-\varepsilon^2)^3[16\varepsilon^2 + \pi^2(1-\varepsilon^2)]} +$$

$$\left(\frac{B}{d}\right)^2 \frac{12\pi^2\varepsilon^3(1-\varepsilon^2)}{(1-\varepsilon^2)^3[16\varepsilon^2 + \pi^2(1-\varepsilon^2)]}$$

$$= \left(\frac{B}{d}\right)^2 \frac{4\varepsilon[\pi^2 + (\pi^2+32)\varepsilon^2 + 2(16-\pi^2)\varepsilon^4]}{(1-\varepsilon^2)^3[16\varepsilon^2 + \pi^2(1-\varepsilon^2)]}$$

同样，阻尼间的关系可表达为

$$\begin{bmatrix} D_{ix} \\ D_{iy} \end{bmatrix} = \begin{bmatrix} \sin\theta & \dfrac{\cos\theta}{\varepsilon} \\ \cos\theta & -\dfrac{\sin\theta}{\varepsilon} \end{bmatrix} \begin{bmatrix} D_{i\varepsilon} \\ D_{i\theta} \end{bmatrix} \quad (i = x, y)$$

类似地，有

$$\frac{\partial F_x}{\partial \varepsilon}' = \frac{2}{3}\left(\frac{B}{d}\right)^2 \left\{6\left[\frac{\pi(1+2\varepsilon^2)}{2(1-\varepsilon^2)^{5/2}}\sin\theta - \frac{2\varepsilon\cos\theta}{(1-\varepsilon^2)^2}\right]\right\}$$

$$\frac{\partial F_x}{\varepsilon_0 \partial\theta}' = \frac{2}{3}\left(\frac{B}{d}\right)^2 \left\{6\left[\frac{\pi\cos\theta}{2(1-\varepsilon^2)^{3/2}} - \frac{2\varepsilon\sin\theta}{(1-\varepsilon^2)^2}\right]\right\}$$

$$\frac{\partial F_y}{\partial \varepsilon'} = 4\left(\frac{B}{d}\right)^2\left\{\frac{\pi(1+2\varepsilon^2)}{2(1-\varepsilon^2)^{5/2}}\cos\theta + \frac{2\varepsilon}{(1-\varepsilon^2)^2}\sin\theta\right\}$$

$$\frac{\partial F_y}{\varepsilon_0\partial\theta'} = -4\left(\frac{B}{d}\right)^2\frac{2\varepsilon_0}{(1-\varepsilon^2)^2}\cos\theta - 2\pi\left(\frac{B}{d}\right)^2\frac{\sin\theta}{(1-\varepsilon^2)^{3/2}}$$

$$D_{xx} = \frac{\partial F_x}{\partial \varepsilon'}\frac{\partial\varepsilon'}{\partial x'} + \frac{\partial F_x}{\varepsilon_0\partial\theta'}\frac{\varepsilon_0\partial\theta'}{\partial x'}$$

$$= \frac{2}{3}\left(\frac{B}{d}\right)^2\left\{\left[\frac{3\pi(1+2\varepsilon^2)}{(1-\varepsilon^2)^{5/2}}\sin^2\theta - \frac{12\varepsilon}{(1-\varepsilon^2)^2}\sin\theta\cos\theta\right] + \left[\frac{3\pi\cos^2\theta}{(1-\varepsilon^2)^{3/2}} - \frac{12\varepsilon\sin\theta}{(1-\varepsilon^2)^2}\cos\theta\right]\right\}$$

$$= \frac{2}{3}\left(\frac{B}{d}\right)^2\left\{\frac{3\pi(1+2\varepsilon^2)\sin^2\theta + 3\pi(1-\varepsilon^2)\cos^2\theta}{(1-\varepsilon^2)^{5/2}} - \frac{24\varepsilon}{(1-\varepsilon^2)^2}\sin\theta\cos\theta\right\}$$

$$= \left(\frac{B}{d}\right)^2\frac{2\pi(\pi^2+2\pi^2\varepsilon^2-16\varepsilon^2)}{(1-\varepsilon^2)^{3/2}[16\varepsilon^2+\pi^2(1-\varepsilon^2)]}$$

$$D_{xy} = \frac{\partial F_x}{\partial\varepsilon'}\frac{\partial\varepsilon'}{\partial y'} + \frac{\partial F_x}{\varepsilon_0\partial\theta'}\frac{\varepsilon_0\partial\theta'}{\partial y'}$$

$$= \frac{2}{3}\left(\frac{B}{d}\right)^2\left\{\left[\frac{3\pi(1+2\varepsilon^2)}{(1-\varepsilon^2)^{5/2}}\sin\theta\cos\theta - \frac{12\varepsilon\cos^2\theta}{(1-\varepsilon^2)^2}\right] + \left[\frac{-3\pi\cos\theta\sin\theta}{(1-\varepsilon^2)^{3/2}} + \frac{12\varepsilon\sin^2\theta}{(1-\varepsilon^2)^2}\right]\right\}$$

$$= \frac{2}{3}\left(\frac{B}{d}\right)^2\left\{\frac{12\pi^2\varepsilon(1+2\varepsilon^2)-12\pi^2\varepsilon(1-\varepsilon^2)}{(1-\varepsilon^2)^2[16\varepsilon^2+\pi^2(1-\varepsilon^2)]} + \frac{(-12\varepsilon)(16\varepsilon^2)+12\pi^2\varepsilon(1-\varepsilon^2)}{(1-\varepsilon^2)^2[16\varepsilon^2+\pi^2(1-\varepsilon^2)]}\right\}$$

$$= \left(\frac{B}{d}\right)^2\frac{8\varepsilon[\pi^2+2\pi^2\varepsilon^2-16\varepsilon^2]}{(1-\varepsilon^2)^2[16\varepsilon^2+\pi^2(1-\varepsilon^2)]}$$

$$D_{xy} = D_{yx}$$

$$D_{yy} = \frac{\partial F_y}{\partial\varepsilon'}\frac{\partial\varepsilon'}{\partial y'} + \frac{\partial F_y}{\varepsilon_0\partial\theta'}\frac{\varepsilon_0\partial\theta'}{\partial y'}$$

$$= 4\left(\frac{B}{d}\right)^2$$

$$\left\{\left[\frac{\pi(1+2\varepsilon^2)}{2(1-\varepsilon^2)^{5/2}}\cos^2\theta + \frac{2\varepsilon}{(1-\varepsilon^2)^2}\sin\theta\cos\theta\right] + \left[\frac{2\varepsilon_0}{(1-\varepsilon^2)^2}\sin\theta\cos\theta + \frac{\pi\sin^2\theta}{2(1-\varepsilon^2)^{3/2}}\right]\right\}$$

$$= 4\left(\frac{B}{d}\right)^2$$

$$\left\{\frac{16\pi\varepsilon^2(1+2\varepsilon^2)+\pi^3(1-\varepsilon^2)^2}{2(1-\varepsilon^2)^{5/2}[16\varepsilon^2+\pi^2(1-\varepsilon^2)]} + \frac{4\varepsilon_0}{(1-\varepsilon^2)^2}\cdot\frac{4\pi\varepsilon(1-\varepsilon^2)^{1/2}}{[16\varepsilon^2+\pi^2(1-\varepsilon^2)]}\right\}$$

$$= 4\left(\frac{B}{d}\right)^2\left\{\frac{16\pi\varepsilon^2(1+2\varepsilon^2)+\pi^3(1-\varepsilon^2)^2+32\pi\varepsilon^2(1-\varepsilon^2)}{(1-\varepsilon^2)^{5/2}[16\varepsilon^2+\pi^2(1-\varepsilon^2)]}\right\}$$

$$= 2\pi\left(\frac{B}{d}\right)^2\frac{[\pi^2(1-\varepsilon^2)^2+48\varepsilon^2]}{(1-\varepsilon^2)^{5/2}[16\varepsilon^2+\pi^2(1-\varepsilon^2)]}$$

就短轴承理论而言,360° 圆柱轴承的刚度及阻尼系数如下：

$$K_{xx} = \left(\frac{B}{d}\right)^2 \frac{4\varepsilon_0\left[2\pi^2 + (16 - \pi^2)\varepsilon_0^2\right]}{(1 - \varepsilon_0^2)^2\left[16\varepsilon_0^2 + \pi^2(1 - \varepsilon_0^2)\right]}$$

$$K_{xy} = \left(\frac{B}{d}\right)^2 \frac{\pi\left[-\pi^2 + 2\pi^2\varepsilon_0^2 + (16 - \pi^2)\varepsilon_0^4\right]}{(1 - \varepsilon_0^2)^{5/2}\left[16\varepsilon_0^2 + \pi^2(1 - \varepsilon_0^2)\right]}$$

$$K_{yx} = \left(\frac{B}{d}\right)^2 \frac{\pi\left[\pi^2 + (\pi^2 + 32)\varepsilon_0^2 + 2(16 - \pi^2)\varepsilon_0^4\right]}{(1 - \varepsilon_0^2)^{5/2}\left[16\varepsilon_0^2 + \pi^2(1 - \varepsilon_0^2)\right]}$$

$$K_{yy} = \left(\frac{B}{d}\right)^2 \frac{4\varepsilon_0\left[\pi^2 + (\pi^2 + 32)\varepsilon_0^2 + 2(16 - \pi^2)\varepsilon_0^4\right]}{(1 - \varepsilon_0^2)^3\left[16\varepsilon_0^2 + \pi^2(1 - \varepsilon_0^2)\right]}$$

(3 - 7a)

$$D_{xx} = \left(\frac{B}{d}\right)^2 \frac{2\pi(\pi^2 + 2\pi^2\varepsilon_0^2 - 16\varepsilon_0^2)}{(1 - \varepsilon_0^2)^{3/2}\left[16\varepsilon_0^2 + \pi^2(1 - \varepsilon_0^2)\right]}$$

$$D_{xy} = \left(\frac{B}{d}\right)^2 \frac{8\varepsilon_0\left[\pi^2 + 2\pi^2\varepsilon_0^2 - 16\varepsilon_0^2\right]}{(1 - \varepsilon_0^2)^2\left[16\varepsilon_0^2 + \pi^2(1 - \varepsilon_0^2)\right]}$$

$$D_{yx} = D_{xy}$$

$$D_{yy} = 2\pi\left(\frac{B}{d}\right)^2\left\{\frac{\pi^2(1 - \varepsilon_0^2)^2 + 48\varepsilon_0^2}{(1 - \varepsilon_0^2)^{5/2}\left[16\varepsilon_0^2 + \pi^2(1 - \varepsilon_0^2)\right]}\right\}$$

(3 - 7b)

3.3　　动态油膜力的非线性二阶表征

如果对非定常油膜力作泰勒展开并保留到二次项,则有

$$F_x = F_{x0} + \frac{\partial F_x}{\partial x}\bigg|_0 x + \frac{\partial F_x}{\partial y}\bigg|_0 y + \frac{\partial F_x}{\partial x'}\bigg|_0' + \frac{\partial F_x}{\partial y'}\bigg|_0 y' +$$

$$\frac{1}{2!}\bigg[\left(\frac{\partial^2 F_x}{\partial x^2}\bigg|_0 x^2 + 2\frac{\partial^2 F_x}{\partial x\partial y}\bigg|_0 xy + \frac{\partial^2 F_x}{\partial y^2}\bigg|_0 y^2\right) +$$

$$2\left(\frac{\partial^2 F_x}{\partial x\partial x'}\bigg|_0 xx' + \frac{\partial^2 F_x}{\partial x\partial y'}\bigg|_0 xy' + \frac{\partial^2 F_x}{\partial x'\partial y}\bigg|_0 x'y + \frac{\partial^2 F_x}{\partial y\partial y'}\bigg|_0 yy'\right) +$$

$$\left(\frac{\partial^2 F_x}{\partial x'^2}\bigg|_0 x'^2 + 2\frac{\partial^2 F_x}{\partial x'\partial y'}\bigg|_0 x'y' + \frac{\partial^2 F_x}{\partial y'^2}\bigg|_0 y'^2\right)\bigg] + \cdots$$

$$F_y = F_{y0} + \frac{\partial F_y}{\partial x}\bigg|_0 x + \frac{\partial F_y}{\partial y}\bigg|_0 y + \frac{\partial F_y}{\partial x'}\bigg|_0 x' + \frac{\partial F_y}{\partial y'}\bigg|_0 y' +$$

$$\frac{1}{2!}\bigg[\left(\frac{\partial^2 F_y}{\partial x^2}\bigg|_0 x^2 + 2\frac{\partial^2 F_y}{\partial x\partial y}\bigg|_0 xy + \frac{\partial^2 F_y}{\partial y^2}\bigg|_0 y^2\right) +$$

$$2\left(\frac{\partial^2 F_y}{\partial x\partial x'}\bigg|_0 xx' + \frac{\partial^2 F_y}{\partial x\partial y'}\bigg|_0 xy' + \frac{\partial^2 F_y}{\partial x'\partial y}\bigg|_0 x'y + \frac{\partial^2 F_y}{\partial y\partial y'}\bigg|_0 yy'\right) +$$

$$\left(\frac{\partial^2 F_y}{\partial x'^2}\bigg|_0 x'^2 + 2\frac{\partial^2 F_y}{\partial x'\partial y'}\bigg|_0 x'y' + \frac{\partial^2 F_y}{\partial y'^2}\bigg|_0 y'^2\right)\bigg] + \cdots$$

(3 - 8)

以下简要列出基于短轴承理论出现在式(3-8)中的动态油膜力相关二阶动力系数的解析解。

$$\frac{\partial^2 F_x}{\partial x^2} = \frac{\partial K_{xx}}{\partial \varepsilon}\sin\theta + \frac{\partial K_{xx}}{\varepsilon\partial\theta}\cos\theta$$

$$= \left(\frac{B}{d}\right)^2 \times$$

$$\left\{\frac{-12\pi^3\varepsilon^2(1+4\varepsilon^2)+8\pi^3(1+8\varepsilon^2+3\varepsilon^4)-192\pi\varepsilon^4+192\pi\varepsilon^2(1+3\varepsilon^2)}{(1-\varepsilon^2)^{5/2}[16\varepsilon^2+\pi^2(1-\varepsilon^2)]^{3/2}}\right\}$$

$$= \left(\frac{B}{d}\right)^2 \frac{4\pi^3(2+13\varepsilon^2-6\varepsilon^4)+192\pi\varepsilon^2(1+2\varepsilon^2)}{(1-\varepsilon^2)^{5/2}[16\varepsilon^2+\pi^2(1-\varepsilon^2)]^{3/2}}$$

$$\frac{\partial^2 F_x}{\partial x \partial y} = \frac{\partial\left(\frac{\partial F_x}{\partial x}\right)}{\partial\varepsilon}\frac{\partial\varepsilon}{\partial y} + \frac{\partial\left(\frac{\partial F_x}{\partial x}\right)}{\varepsilon\partial\theta}\frac{\varepsilon\partial\theta}{\partial y} = \frac{\partial K_{xx}}{\partial\varepsilon}\cos\theta - \frac{\partial K_{xx}}{\varepsilon\partial\theta}\sin\theta$$

$$= \left(\frac{B}{d}\right)^2 \times$$

$$\left\{\left[\frac{-3\pi\varepsilon(2+3\varepsilon^2)\cos^2\theta\sin\theta}{(1-\varepsilon^2)^{7/2}}+\frac{8(1+8\varepsilon^2+3\varepsilon^4)\sin^2\theta\cos\theta}{(1-\varepsilon^2)^4}+\frac{4(1+2\varepsilon^2-3\varepsilon^4)\cos^3\theta}{(1-\varepsilon^2)^4}\right]+\right.$$

$$\left.\left[\frac{3\pi\varepsilon(\cos^2\theta-\sin^2\theta)\sin\theta}{(1-\varepsilon^2)^{5/2}}\right]-\frac{8(1+3\varepsilon^2)}{(1-\varepsilon^2)^3}\sin^2\theta\cos\theta\right\}$$

$$= \left(\frac{B}{d}\right)^2\left\{\frac{-3\pi\varepsilon(2+3\varepsilon^2)+3\pi\varepsilon(1-\varepsilon^2)}{(1-\varepsilon^2)^{7/2}}\cos^2\theta\sin\theta+\right.$$

$$\frac{8[(1+8\varepsilon^2+3\varepsilon^4)-(1+3\varepsilon^2)(1-\varepsilon^2)]}{(1-\varepsilon^2)^4}\sin^2\theta\cos\theta+$$

$$\left.\frac{4(1+2\varepsilon^2-3\varepsilon^4)}{(1-\varepsilon^2)^4}\cos^3\theta-\frac{3\pi\varepsilon\sin^3\theta}{(1-\varepsilon^2)^{5/2}}\right\}$$

$$= \left(\frac{B}{d}\right)^2 \times$$

$$\left\{\frac{-48\pi^2\varepsilon^3(1+4\varepsilon^2)}{(1-\varepsilon^2)^3[16\varepsilon^2+\pi^2(1-\varepsilon^2)]^{3/2}}+\frac{192\pi^2\varepsilon^3(1+\varepsilon^2)}{(1-\varepsilon^2)^3[16\varepsilon^2+\pi^2(1-\varepsilon^2)]^{3/2}}+\right.$$

$$\left.\frac{4(1+3\varepsilon^2)\times64\varepsilon^3}{(1-\varepsilon^2)^3[16\varepsilon^2+\pi^2(1-\varepsilon^2)]^{3/2}}-\frac{192\pi^4\varepsilon(1-\varepsilon^2)^2}{(1-\varepsilon^2)^3[16\varepsilon^2+\pi^2(1-\varepsilon^2)]^{3/2}}\right\}$$

$$= \left(\frac{B}{d}\right)^2\left\{\frac{16\varepsilon^3[(16+9\pi^2)+48\varepsilon^2]-3\pi^4\varepsilon(1-2\varepsilon^2+\varepsilon^4)}{(1-\varepsilon^2)^3[16\varepsilon^2+\pi^2(1-\varepsilon^2)]^{3/2}}\right\}$$

$$\frac{\partial^2 F_x}{\partial y^2} = \frac{\partial\left(\frac{\partial F_x}{\partial y}\right)}{\partial\varepsilon}\frac{\partial\varepsilon}{\partial y} + \frac{\partial\left(\frac{\partial F_x}{\partial y}\right)}{\varepsilon_0\partial\theta}\frac{\varepsilon_0\partial\theta}{\partial y} = \frac{\partial K_{xy}}{\partial\varepsilon}\frac{\partial\varepsilon}{\partial y} + \frac{\partial K_{xy}}{\varepsilon_0\partial\theta}\frac{\varepsilon_0\partial\theta}{\partial y} = \frac{\partial K_{xy}}{\partial\varepsilon}\cos\theta - \frac{\partial K_{xy}}{\varepsilon_0\partial\theta}\sin\theta$$

$$= \left(\frac{B}{d}\right)^2 \left\{ \frac{-3\pi\varepsilon(3+2\varepsilon^2)\cos^3\theta}{(1-\varepsilon^2)^{7/2}} - \frac{3\pi\varepsilon\sin^2\theta\cos\theta}{(1-\varepsilon^2)^{5/2}} + \right.$$

$$\left. \left[\frac{8(1+8\varepsilon^2+3\varepsilon^4)}{(1-\varepsilon^2)^4} - \frac{4(1+3\varepsilon^2)}{(1-\varepsilon^2)^3}\right]\sin\theta\cos^2\theta \right\} +$$

$$\left(\frac{B}{d}\right)^2 \left\{ \left[\frac{\pi(1+2\varepsilon^2)}{(1-\varepsilon^2)^{5/2}} - \frac{\pi}{(1-\varepsilon^2)^{3/2}}\right]\frac{(-2\sin^2\theta\cos\theta)}{\varepsilon} + \right.$$

$$\left. \left[\frac{8\varepsilon(1+\varepsilon^2)}{(1-\varepsilon^2)^3} - \frac{4\varepsilon}{(1-\varepsilon^2)^2}\right]\frac{(\sin^3\theta-\cos^2\theta\sin\theta)}{\varepsilon_0} \right\}$$

$$= \left(\frac{B}{d}\right)^2 \left\{ \frac{4\pi^3 - 32\pi^3\varepsilon^2 + (52\pi^3+192\pi)\varepsilon^4 + (384\pi-24\pi^3)\varepsilon^6}{(1-\varepsilon^2)^{7/2}[16\varepsilon_0^2 + \pi^2(1-\varepsilon_0^2)]^{3/2}} \right\}$$

$$\frac{\partial^2 F_x}{\partial x\partial x'} = \frac{\partial}{\partial\varepsilon'}\left[\frac{\partial F_x}{\partial\varepsilon}\sin\theta + \frac{\partial F_x}{\varepsilon_0\partial\theta}\cos\theta\right]\frac{\partial\varepsilon'}{\partial x'} + \frac{\partial}{\varepsilon_0\partial\theta'}\left[\frac{\partial F_x}{\partial\varepsilon}\sin\theta + \frac{\partial F_x}{\varepsilon_0\partial\theta}\cos\theta\right]\frac{\varepsilon_0\partial\theta'}{\partial x'}$$

$$= \frac{\partial^2 F_x}{\partial\varepsilon'\partial\varepsilon}\sin^2\theta + \frac{\partial^2 F_x}{\partial\varepsilon'\varepsilon_0\partial\theta}\sin\theta\cos\theta + \frac{\partial^2 F_x}{\varepsilon_0\partial\theta'\partial\varepsilon}\sin\theta\cos\theta + \frac{\partial^2 F_x}{\varepsilon_0^2\partial\theta\partial\theta'}\cos^2\theta$$

$$= \frac{\partial^2 F_x}{\partial\varepsilon\partial\varepsilon'}\sin^2\theta + \left[\frac{\partial^2 F_x}{\partial\varepsilon'\varepsilon_0\partial\theta} + \frac{\partial^2 F_x}{\varepsilon_0\partial\theta'\partial\varepsilon}\right]\sin\theta\cos\theta + \frac{\partial^2 F_x}{\varepsilon_0^2\partial\theta\partial\theta'}\cos^2\theta$$

$$= 2\left(\frac{B}{d}\right)^2 \frac{(9\pi^4-16\pi^2)\varepsilon_0 + (6\pi^4-16\pi^2-256)\varepsilon^3}{(1-\varepsilon^2)^2[16\varepsilon^2+\pi^2(1-\varepsilon^2)]^{3/2}}$$

$$\frac{\partial F_x}{\partial x\partial y'} = \frac{\partial}{\partial\varepsilon'}\left[\frac{\partial F_x}{\partial\varepsilon}\sin\theta + \frac{\partial F_x}{\partial\theta}\cos\theta\right]\frac{\partial\varepsilon'}{\partial y'} + \frac{\partial}{\varepsilon_0\partial\theta'}\left[\frac{\partial F_x}{\partial\varepsilon}\sin\theta + \frac{\partial F_x}{\partial\theta}\cos\theta\right]\frac{\varepsilon_0\partial\theta'}{\partial y'}$$

$$= \left[\frac{\partial^2 F_x}{\partial\varepsilon\partial\varepsilon'}\sin\theta + \frac{\partial^2 F_x}{\varepsilon_0\partial\theta\partial\varepsilon'}\cos\theta\right]\cos\theta - \left[\frac{\partial^2 F_x}{\partial\varepsilon\varepsilon_0\partial\theta'}\sin\theta + \frac{\partial^2 F_x}{\varepsilon_0^2\partial\theta\partial\theta'}\cos\theta\right]\sin\theta$$

$$= \frac{\partial^2 F_x}{\partial\varepsilon\partial\varepsilon'}\sin\theta\cos\theta + \frac{\partial^2 F_x}{\varepsilon_0\partial\theta\partial\varepsilon'}\cos^2\theta - \frac{\partial^2 F_x}{\partial\varepsilon\partial\theta'}\sin^2\theta - \frac{\partial^2 F_x}{\varepsilon_0^2\partial\theta\partial\theta'}\sin\theta\cos\theta$$

$$= \frac{2}{3}\left(\frac{B}{d}\right)^2 \left\{ 6\left[\frac{3\pi\varepsilon\sin\theta(3+2\varepsilon^2)}{2(1-\varepsilon^2)^{7/2}} - \frac{2\cos\theta(1+3\varepsilon^2)}{(1-\varepsilon^2)^3}\right] \right\}\sin\theta\cos\theta +$$

$$\frac{2}{3}\left(\frac{B}{d}\right)^2 \left\{ \frac{6}{\varepsilon_0}\left[\frac{\pi\cos\theta(1+2\varepsilon^2)}{2(1-\varepsilon^2)^{5/2}} + \frac{2\varepsilon\sin\theta}{(1-\varepsilon^2)^2}\right] \right\}\cos^2\theta -$$

$$\frac{2}{3}\left(\frac{B}{d}\right)^2 \left\{ \frac{6}{\varepsilon_0}\left[\frac{\pi\cos\theta(1+2\varepsilon^2)}{2(1-\varepsilon^2)^{5/2}} - \frac{4\varepsilon\sin\theta(1+\varepsilon^2)}{(1-\varepsilon^2)^3}\right] \right\}\sin^2\theta -$$

$$\frac{2}{3}\left(\frac{B}{d}\right)^2 \left\{ 6\left[\frac{-\pi\sin\theta}{2\varepsilon_0(1-\varepsilon^2)^{3/2}} - \frac{2\cos\theta}{(1-\varepsilon^2)^2}\right] \right\}\sin\theta\cos\theta$$

$$= 4\left(\frac{B}{d}\right)^2 \frac{4\pi^3 + (12\pi^3+64\pi)\varepsilon^2 + (14\pi^3-96\pi)\varepsilon^4}{(1-\varepsilon^2)^{5/2}[16\varepsilon^2+\pi^2(1-\varepsilon^2)]^{3/2}}$$

$$\frac{\partial^2 F_x}{\partial y\partial x'} = \frac{\partial}{\partial\varepsilon'}\left[\frac{\partial F_x}{\partial\varepsilon}\cos\theta - \frac{\partial F_x}{\varepsilon_0\partial\theta}\sin\theta\right]\frac{\partial\varepsilon'}{\partial x'} + \frac{\partial}{\varepsilon_0\partial\theta'}\left[\frac{\partial F_x}{\partial\varepsilon}\cos\theta - \frac{\partial F_x}{\varepsilon_0\partial\theta}\sin\theta\right]\frac{\varepsilon_0\partial\theta'}{\partial x'}$$

$$= \frac{\partial^2 F_x}{\partial \varepsilon \partial \varepsilon'} \sin\theta\cos\theta - \frac{\partial^2 F_x}{\varepsilon_0 \partial \varepsilon' \partial \theta} \sin^2\theta + \frac{\partial^2 F_x}{\varepsilon_0 \partial \varepsilon \partial \theta'} \cos^2\theta - \frac{\partial^2 F_x}{\varepsilon_0^2 \partial \theta \partial \theta'} \sin\theta\cos\theta$$

$$= 4 \left(\frac{B}{d} \right)^2 \left\{ \frac{-2\pi^3 + (16\pi^3 - 32\pi)\varepsilon^2 + (16\pi^3 - 128\pi)\varepsilon^4}{(1-\varepsilon^2)^{5/2} \left[16\varepsilon^2 + \pi^2(1-\varepsilon^2) \right]^{3/2}} \right\}$$

$$\left. \frac{\partial^2 F_x}{\partial y' \partial y} \right|_0 = \left[\frac{\partial}{\partial \varepsilon'} \left(\frac{\partial F_x}{\partial \varepsilon} \frac{\partial \varepsilon}{\partial y} + \frac{\partial F_x}{\varepsilon \partial \theta} \frac{\varepsilon \partial \theta}{\partial y} \right) \frac{\partial \varepsilon}{\partial y} + \frac{\partial}{\varepsilon \partial \theta'} \left(\frac{\partial F_x}{\partial \varepsilon} \frac{\partial \varepsilon}{\partial y} + \frac{\partial F_x}{\varepsilon \partial \theta} \frac{\varepsilon \partial \theta}{\partial y} \right) \frac{\varepsilon \partial \theta}{\partial y} \right]_0$$

$$= \left\{ \frac{\partial^2 F_\varepsilon}{\partial \varepsilon' \partial \varepsilon} \cdot \sin\theta\cos^2\theta + \frac{\partial^2 F_\theta}{\partial \varepsilon' \partial \varepsilon} \cdot \cos^3\theta - \frac{1}{\varepsilon} \frac{\partial F_\varepsilon}{\partial \varepsilon'} \cdot \sin\theta\cos^2\theta + \right.$$

$$\frac{1}{\varepsilon} \frac{\partial F_\theta}{\partial \varepsilon'} \cdot \sin^2\theta\cos\theta - \frac{1}{\varepsilon} \frac{\partial^2 F_\varepsilon}{\partial \theta' \partial \varepsilon} \cdot \sin^2\theta\cos\theta - \frac{1}{\varepsilon} \frac{\partial^2 F_\theta}{\partial \theta' \partial \varepsilon} \cdot \sin\theta\cos^2\theta +$$

$$\left. \frac{1}{\varepsilon^2} \frac{\partial F_\varepsilon}{\partial \theta'} \cdot \sin^2\theta\cos\theta - \frac{1}{\varepsilon^2} \frac{\partial F_\theta}{\partial \theta'} \cdot \sin^3\theta \right\} \right|_0$$

$$= \left\{ -\frac{1}{\varepsilon^2} \frac{\partial F_\theta}{\partial \theta'} \cdot \sin^3\theta + \left(-\frac{1}{\varepsilon} \frac{\partial^2 F_\varepsilon}{\partial \theta' \partial \varepsilon} + \frac{1}{\varepsilon} \frac{\partial F_\theta}{\partial \varepsilon'} + \frac{1}{\varepsilon^2} \frac{\partial F_\varepsilon}{\partial \theta'} \right) \cdot \sin^2\theta\cos\theta + \right.$$

$$\left. \left(\frac{\partial^2 F_\varepsilon}{\partial \varepsilon' \partial \varepsilon} - \frac{1}{\varepsilon} \frac{\partial F_\varepsilon}{\partial \varepsilon'} - \frac{1}{\varepsilon} \frac{\partial^2 F_\theta}{\partial \theta' \partial \varepsilon} \right) \cdot \sin\theta\cos^2\theta + \frac{\partial^2 F_\theta}{\partial \varepsilon' \partial \varepsilon} \cdot \cos^3\theta \right\} \right|_0$$

$$= 2 \left(\frac{B}{d} \right)^2 \times$$

$$\frac{(\pi^4 + 96\pi^2 - 768)\varepsilon_0^6 + (176\pi^2 - 3\pi^4 - 256)\varepsilon_0^4 + (3\pi^4 - 32\pi^2)\varepsilon_0^2 - \pi^4}{\varepsilon_0 (1-\varepsilon_0^2)^3 \left[16\varepsilon_0^2 + \pi^2(1-\varepsilon_0^2) \right]^{3/2}}$$

$$\frac{\partial^2 F_y}{\partial x^2} = \frac{\partial}{\partial \varepsilon} \left[\frac{\partial F_y}{\partial \varepsilon} \sin\theta + \frac{\partial^2 F_y}{\varepsilon_0 \partial \varepsilon \partial \theta} \cos\theta \right] \frac{\partial \varepsilon}{\partial x} + \frac{\partial}{\varepsilon_0 \partial \theta} \left[\frac{\partial F_y}{\partial \varepsilon} \sin\theta + \frac{\partial F_y}{\varepsilon_0 \partial \theta} \cos\theta \right] \frac{\varepsilon_0 \partial \theta}{\partial x}$$

$$= \left[\frac{\partial^2 F_y}{\partial \varepsilon^2} \sin\theta + \frac{\partial^2 F_y}{\varepsilon_0 \partial \varepsilon \partial \theta} \cos\theta \right] \sin\theta + \frac{\partial}{\varepsilon_0 \partial \theta} \left[\frac{\partial F_y}{\partial \varepsilon} \sin\theta + \frac{\partial F_y}{\varepsilon_0 \partial \theta} \cos\theta \right] \cos\theta$$

$$= \left(\frac{B}{d} \right)^2 \frac{9\pi^4 \varepsilon + (336\pi^2 - 3\pi^4 + 256)\varepsilon^3 + (48\pi^2 - 6\pi^4 + 768)\varepsilon^5}{(1-\varepsilon^2)^3 \left[16\varepsilon^2 + \pi^2(1-\varepsilon^2) \right]^{3/2}}$$

$$\frac{\partial^2 F_y}{\partial x \partial y} = \frac{\partial}{\partial y} \left(\frac{\partial F_y}{\partial x} \right)$$

$$= \frac{\partial}{\partial y} \left[\frac{\partial F_y}{\partial \varepsilon} \sin\theta + \frac{\partial F_y}{\varepsilon \partial \theta} \cos\theta \right]$$

$$= \frac{\partial}{\partial \varepsilon} \left[\frac{\partial F_y}{\partial \varepsilon} \sin\theta + \frac{\partial F_y}{\varepsilon \partial \theta} \cos\theta \right] \frac{\partial \varepsilon}{\partial y} + \frac{\partial}{\varepsilon \partial \theta} \left[\frac{\partial F_y}{\partial \varepsilon} \sin\theta + \frac{\partial F_y}{\varepsilon \partial \theta} \cos\theta \right] \frac{\varepsilon \partial \theta}{\partial y}$$

$$= \left[\frac{\partial^2 F_y}{\partial \varepsilon^2} \sin\theta + \frac{\partial^2 F_y}{\varepsilon_0 \partial \varepsilon \partial \theta} \cos\theta \right] \cos\theta -$$

$$\left[\frac{\partial^2 F_y}{\varepsilon \partial \theta \partial \varepsilon} \sin\theta + \frac{1}{\varepsilon} \frac{\partial F_y}{\partial \varepsilon} \cos\theta + \frac{\partial^2 F_y}{\varepsilon^2 \partial \theta^2} \cos\theta - \frac{1}{\varepsilon^2} \frac{\partial F_y}{\partial \theta} \sin\theta \right] \sin\theta$$

$$= 4 \left(\frac{B}{d} \right)^2 \times$$

$$\frac{\left[16\pi\varepsilon^2 (2 + 16\varepsilon^2 + 6\varepsilon^4) + 3\pi^3\varepsilon^2 (3 - \varepsilon^2 - 2\varepsilon^4) \right] - 16\pi\varepsilon^2 (1 - \varepsilon^2) + \pi^3 (1 - \varepsilon^2)^2}{(1 - \varepsilon^2)^{7/2} \left[16\varepsilon^2 + \pi^2 (1 - \varepsilon^2) \right]^{3/2}} -$$

$$4 \left(\frac{B}{d} \right)^2 \frac{\pi(1 - \varepsilon^2) \left[\pi^2 (1 + \varepsilon^2 - 2\varepsilon^4) + 32\varepsilon^2 (1 + \varepsilon^2) \right] + \pi (\pi^2\varepsilon^2 - \pi^2 - 16\varepsilon^2)(1 - \varepsilon^2)^2}{(1 - \varepsilon^2)^{7/2} \left[16\varepsilon^2 + \pi^2 (1 - \varepsilon^2) \right]^{3/2}}$$

$$= 4 \left(\frac{B}{d} \right)^2 \frac{\pi^3 + 4\pi^3\varepsilon^2 + (240\pi + 4\pi^3)\varepsilon^4 + (144\pi - 9\pi^3)\varepsilon^6}{(1 - \varepsilon^2)^{7/2} \left[16\varepsilon^2 + \pi^2 (1 - \varepsilon^2) \right]^{3/2}}$$

$$\frac{\partial^2 F_y}{\partial y^2} = \frac{\partial}{\partial \varepsilon} \left[\frac{\partial F_y}{\partial \varepsilon} \cos\theta - \frac{\partial F_y}{\varepsilon \partial \theta} \sin\theta \right] \frac{\partial \varepsilon}{\partial y} + \frac{\partial}{\varepsilon \partial \theta} \left[\frac{\partial F_y}{\partial \varepsilon} \cos\theta - \frac{\partial F_y}{\varepsilon \partial \theta} \sin\theta \right] \frac{\varepsilon \partial \theta}{\partial y}$$

$$= \left[\frac{\partial^2 F_y}{\partial \varepsilon^2} \cos\theta - \frac{\partial^2 F_y}{\partial \varepsilon \partial \theta} \sin\theta \right] \cos\theta +$$

$$\left[\frac{\partial^2 F_y}{\varepsilon \partial \theta \partial \varepsilon} \cos\theta - \frac{1}{\varepsilon} \frac{\partial F_y}{\partial \varepsilon} \sin\theta - \frac{\partial^2 F_y}{\varepsilon^2 \partial \theta^2} \sin\theta + \frac{1}{\varepsilon^2} \frac{\partial F_y}{\partial \theta} \cos\theta \right] (-\sin\theta)$$

$$= \frac{\partial^2 F_y}{\partial \varepsilon^2} \cos^2\theta - \frac{\partial^2 F_y}{\varepsilon \partial \varepsilon \partial \theta} \sin\theta\cos\theta - \frac{\partial^2 F_y}{\varepsilon \partial \theta \partial \varepsilon} \sin\theta\cos\theta + \frac{1}{\varepsilon} \frac{\partial F_y}{\partial \varepsilon} \sin^2\theta +$$

$$\frac{\partial^2 F_y}{\varepsilon^2 \partial \theta^2} \sin^2\theta + \frac{1}{\varepsilon^2} \frac{\partial F_y}{\partial \theta} \sin\theta\cos\theta$$

$$= 16 \left(\frac{B}{d} \right)^2 \frac{16\varepsilon^3 (2 + 16\varepsilon^2 + 6\varepsilon^4) + 3\pi^2\varepsilon^3 (3 - \varepsilon^2 - 2\varepsilon^4) + 2\pi^2\varepsilon (1 - 2\varepsilon^2 + \varepsilon^4)}{(1 - \varepsilon^2)^4 \left[16\varepsilon^2 + \pi^2 (1 - \varepsilon^2) \right]^{3/2}} +$$

$$\pi^2 \left(\frac{B}{d} \right)^2 \frac{32\varepsilon^2 (1 + \varepsilon^2) + \pi^2 (1 + \varepsilon^2 - 2\varepsilon^4) + \pi^2\varepsilon^2 - \pi^2 - 16\varepsilon^2 - \pi^2\varepsilon^4 + \pi^2\varepsilon^2 + 16\varepsilon^4}{\varepsilon (1 - \varepsilon^2)^2 \left[16\varepsilon^2 + \pi^2 (1 - \varepsilon^2) \right]^{3/2}}$$

$$= 16 \left(\frac{B}{d} \right)^2 \frac{2\pi^2\varepsilon + (32 + 5\pi^2)\varepsilon^3 + (256 - \pi^2)\varepsilon^5 + (96 - 6\pi^2)\varepsilon^7}{(1 - \varepsilon^2)^4 \left[16\varepsilon^2 + \pi^2 (1 - \varepsilon^2) \right]^{3/2}} +$$

$$\pi^2 \left(\frac{B}{d} \right)^2 \frac{(16 + 3\pi^2)\varepsilon + (48 - 3\pi^2)\varepsilon^3}{(1 - \varepsilon^2)^2 \left[16\varepsilon^2 + \pi^2 (1 - \varepsilon^2) \right]^{3/2}}$$

$$= \left(\frac{B}{d} \right)^2 \times$$

$$\frac{(48\pi^2 + 3\pi^4)\varepsilon + (512 + 96\pi^2 - 9\pi^4)\varepsilon^3 + (4096 - 96\pi^2 + 9\pi^4)\varepsilon^5 + (1536 - 48\pi^2 - 3\pi^4)\varepsilon^7}{(1 - \varepsilon^2)^4 \left[16\varepsilon^2 + \pi^2 (1 - \varepsilon^2) \right]^{3/2}}$$

$$\frac{\partial^2 F_y}{\partial y' \partial y} = \frac{\partial}{\partial \varepsilon'} \left[\frac{\partial F_y}{\partial \varepsilon} \cos\theta - \frac{\partial F_y}{\varepsilon \partial \theta} \sin\theta \right] \frac{\partial \varepsilon'}{\partial y'} + \frac{\partial}{\varepsilon \partial \theta'} \left[\frac{\partial F_y}{\partial \varepsilon} \cos\theta - \frac{\partial F_y}{\varepsilon \partial \theta} \sin\theta \right] \frac{\varepsilon \partial \theta'}{\partial y'}$$

$$= \frac{\partial^2 F_y}{\partial \varepsilon' \partial \varepsilon} \cos^2\theta - \frac{\partial^2 F_y}{\partial \varepsilon' \varepsilon \partial \theta} \sin\theta\cos\theta - \frac{\partial^2 F_y}{\varepsilon \partial \varepsilon \partial \theta'} \sin\theta\cos\theta + \frac{\partial^2 F_y}{\varepsilon^2 \partial \theta \partial \theta'} \sin^2\theta$$

$$= 4 \left(\frac{B}{d} \right)^2 \times$$

$$\frac{32\pi\varepsilon^2(1+11\varepsilon^2+3\varepsilon^4)-\left[-2\pi^3(1+\varepsilon^2-2\varepsilon^4)+32\pi\varepsilon^2(1-\varepsilon^2)\right](1-\varepsilon^2)}{(1-\varepsilon^2)^{7/2}\left[16\varepsilon^2+\pi^2(1-\varepsilon^2)\right]^{3/2}}+$$

$$4\left(\frac{B}{d}\right)^2\frac{2(1-\varepsilon^2)\left[32\pi\varepsilon^2(1+\varepsilon^2)+\pi^3(1+\varepsilon^2-2\varepsilon^4)\right]}{(1-\varepsilon^2)^{7/2}\left[16\varepsilon^2+\pi^2(1-\varepsilon^2)\right]^{3/2}}$$

$$=4\left(\frac{B}{d}\right)^2\frac{4\pi^3+64\pi\varepsilon^2+(416\pi-12\pi^3)\varepsilon^4+8\pi^3\varepsilon^6}{(1-\varepsilon^2)^{7/2}\left[16\varepsilon^2+\pi^2(1-\varepsilon^2)\right]^{3/2}}$$

$$\frac{\partial^2 F_y}{\partial y'\partial x}=\frac{\partial}{\partial\varepsilon'}\left[\frac{\partial F_y}{\partial\varepsilon}\sin\theta+\frac{\partial F_y}{\varepsilon\partial\theta}\cos\theta\right]\frac{\partial\varepsilon'}{\partial y'}+\frac{\partial}{\varepsilon\partial\theta'}\left[\frac{\partial F_y}{\partial\varepsilon}\sin\theta+\frac{\partial F_y}{\varepsilon\partial\theta}\cos\theta\right]\frac{\varepsilon\partial\theta'}{\partial y'}$$

$$=\frac{\partial^2 F_y}{\partial\varepsilon'\partial\varepsilon}\sin\theta\cos\theta+\frac{\partial^2 F_y}{\varepsilon\partial\varepsilon'\partial\theta}\cos^2\theta-\frac{\partial^2 F_y}{\varepsilon\partial\theta'\partial\varepsilon}\sin^2\theta-\frac{\partial^2 F_y}{\varepsilon^2\partial\theta'\partial\theta}\sin\theta\cos\theta$$

$$=\left(\frac{B}{d}\right)^2\times$$

$$\frac{32\pi^2\varepsilon^2(1+11\varepsilon^2+3\varepsilon^4)+16\varepsilon^2\left[-2\pi(1+\varepsilon^2-2\varepsilon^4)+32\varepsilon^2(1-\varepsilon^2)\right]}{\varepsilon(1-\varepsilon^2)^3\left[16\varepsilon^2+\pi^2(1-\varepsilon^2)\right]^{3/2}}+$$

$$\left(\frac{B}{d}\right)^2\frac{2\pi(1-\varepsilon^2)\left[32\pi\varepsilon^2(1+\varepsilon^2)+\pi^3(1+\varepsilon^2-2\varepsilon^4)\right]}{\varepsilon(1-\varepsilon^2)^3\left[16\varepsilon^2+\pi^2(1-\varepsilon^2)\right]^{3/2}}$$

$$=2\left(\frac{B}{d}\right)^2\frac{\pi^4+32\pi^2\varepsilon^2+(160\pi^2+256-3\pi^4)\varepsilon^4+(48\pi^2-256+2\pi^4)\varepsilon^6}{\varepsilon(1-\varepsilon^2)^3\left[16\varepsilon^2+\pi^2(1-\varepsilon^2)\right]^{3/2}}$$

$$\frac{\partial^2 F_y}{\partial x'\partial y}=\frac{\partial}{\partial\varepsilon'}\left[\frac{\partial F_y}{\partial\varepsilon}\cos\theta-\frac{\partial F_y}{\varepsilon\partial\theta}\sin\theta\right]\frac{\partial\varepsilon'}{\partial x'}+\frac{\partial}{\varepsilon\partial\theta'}\left[\frac{\partial F_y}{\partial\varepsilon}\cos\theta-\frac{\partial F_y}{\varepsilon\partial\theta}\sin\theta\right]\frac{\varepsilon\partial\theta'}{\partial x'}$$

$$=\frac{\partial^2 F_y}{\partial\varepsilon'\partial\varepsilon}\sin\theta\cos\theta-\frac{\partial^2 F_y}{\varepsilon\partial\varepsilon'\partial\theta}\sin^2\theta+\frac{\partial^2 F_y}{\varepsilon\partial\theta'\partial\varepsilon}\cos^2\theta-\frac{\partial^2 F_y}{\varepsilon^2\partial\theta'\partial\theta}\sin\theta\cos\theta$$

$$=\left(\frac{B}{d}\right)^2\times$$

$$\frac{32\pi^2\varepsilon^2(1+11\varepsilon^2+3\varepsilon^4)+(\pi^2-\pi^2\varepsilon^2)\left[-2\pi^2(1+\varepsilon^2-2\varepsilon^4)+(32\varepsilon^2-32\varepsilon^4)\right]}{\varepsilon(1-\varepsilon^2)^3\left[16\varepsilon^2+\pi^2(1-\varepsilon^2)\right]^{3/2}}-$$

$$\left(\frac{B}{d}\right)^2\frac{32\varepsilon^2\left[32\varepsilon^2+32\varepsilon^4+\pi^2+\pi^2\varepsilon^2-2\pi^2\varepsilon^4\right]}{\varepsilon(1-\varepsilon^2)^3\left[16\varepsilon^2+\pi^2(1-\varepsilon^2)\right]^{3/2}}$$

$$=\left(\frac{B}{d}\right)^2\frac{2\pi^4-32\pi^2\varepsilon^2+(384\pi^2-6\pi^4-1024)\varepsilon^4+(128\pi^2+4\pi^4-1024)\varepsilon^6}{\varepsilon(1-\varepsilon^2)^3\left[16\varepsilon^2+\pi^2(1-\varepsilon^2)\right]^{3/2}}$$

$$\frac{\partial^2 F_y}{\partial x'\partial x}=\frac{\partial}{\partial\varepsilon'}\left[\frac{\partial F_y}{\partial\varepsilon}\sin\theta+\frac{\partial F_y}{\varepsilon\partial\theta}\cos\theta\right]\frac{\partial\varepsilon'}{\partial x'}+\frac{\partial}{\varepsilon\partial\theta'}\left[\frac{\partial F_y}{\partial\varepsilon}\sin\theta+\frac{\partial F_y}{\varepsilon\partial\theta}\cos\theta\right]\frac{\varepsilon\partial\theta'}{\partial x'}$$

$$=\frac{\partial^2 F_y}{\partial\varepsilon'\partial\varepsilon}\sin^2\theta+\frac{\partial^2 F_y}{\varepsilon\partial\varepsilon'\partial\theta}\sin\theta\cos\theta+\frac{\partial^2 F_y}{\varepsilon\partial\theta'\partial\varepsilon}\sin\theta\cos\theta+\frac{\partial^2 F_y}{\varepsilon^2\partial\theta'\partial\theta}\cos^2\theta$$

$$=8\left(\frac{B}{d}\right)^2\times$$

$$\frac{\pi^3(1+11\varepsilon^2+3\varepsilon^4)-\pi^3(1+\varepsilon^2-2\varepsilon^4)+16\pi\varepsilon^2(1-\varepsilon^2)-32\pi\varepsilon^2(1+\varepsilon^2)-\pi^3(1+\varepsilon^2-2\varepsilon^4)}{(1-\varepsilon^2)^{5/2}\left[16\varepsilon^2+\pi^2(1-\varepsilon^2)\right]^{3/2}}$$

$$=8\left(\frac{B}{d}\right)^2\frac{-\pi^3+(9\pi^3-16\pi)\varepsilon^2+(7\pi^3-48\pi)\varepsilon^4}{(1-\varepsilon^2)^{5/2}\left[16\varepsilon^2+\pi^2(1-\varepsilon^2)\right]^{3/2}}$$

对 F_x，F_y 作泰勒展开并保留到二次项，有

$$F_x=F_{x0}+\frac{\partial F_x}{\partial x}\bigg|_0 x+\frac{\partial F_x}{\partial y}\bigg|_0 y+\frac{\partial F_x}{\partial x'}\bigg|_0'+\frac{\partial F_x}{\partial y'}\bigg|_0 y'+$$

$$\frac{1}{2!}\left[\left(\frac{\partial^2 F_x}{\partial x^2}\bigg|_0 x^2+2\frac{\partial^2 F_x}{\partial x\partial y}\bigg|_0 xy+\frac{\partial^2 F_x}{\partial y^2}\bigg|_0 y^2\right)+\right.$$

$$2\left(\frac{\partial^2 F_x}{\partial x\partial x'}\bigg|_0 xx'+\frac{\partial^2 F_x}{\partial x\partial y'}\bigg|_0 xy'+\frac{\partial^2 F_x}{\partial x'\partial y}\bigg|_0 x'y+\frac{\partial^2 F_x}{\partial y\partial y'}\bigg|_0 yy'\right)+$$

$$\left.\left(\frac{\partial^2 F_x}{\partial x'^2}\bigg|_0 x'^2+2\frac{\partial^2 F_x}{\partial x'\partial y'}\bigg|_0 x'y'+\frac{\partial^2 F_x}{\partial y'^2}\bigg|_0 y'^2\right)\right]+\cdots$$

$$F_y=F_{y0}+\frac{\partial F_y}{\partial x}\bigg|_0 x+\frac{\partial F_y}{\partial y}\bigg|_0 y+\frac{\partial F_y}{\partial x'}\bigg|_0 x'+\frac{\partial F_y}{\partial y'}\bigg|_0 y'+$$

$$\frac{1}{2!}\left[\left(\frac{\partial^2 F_y}{\partial x^2}\bigg|_0 x^2+2\frac{\partial^2 F_y}{\partial x\partial y}\bigg|_0 xy+\frac{\partial^2 F_y}{\partial y^2}\bigg|_0 y^2\right)+\right.$$

$$2\left(\frac{\partial^2 F_y}{\partial x\partial x'}\bigg|_0 xx'+\frac{\partial^2 F_y}{\partial x\partial y'}\bigg|_0 xy'+\frac{\partial^2 F_y}{\partial x'\partial y}\bigg|_0 x'y+\frac{\partial^2 F_y}{\partial y\partial y'}\bigg|_0 yy'\right)+$$

$$\left.\left(\frac{\partial^2 F_y}{\partial x'^2}\bigg|_0 x'^2+2\frac{\partial^2 F_y}{\partial x'\partial y'}\bigg|_0 x'y'+\frac{\partial^2 F_y}{\partial y'^2}\bigg|_0 y'^2\right)\right]\cdots$$

定义相应的二阶动力系数如下：

$$K_{x20}^{xx}=\frac{1}{2}\frac{\partial^2 F_x}{\partial x^2}\bigg|_0=\frac{1}{2}\left(\frac{B}{d}\right)^2\frac{4\pi^3(2+13\varepsilon^2-6\varepsilon^4)+192\pi\varepsilon^2(1+2\varepsilon^2)}{(1-\varepsilon^2)^{5/2}\left[16\varepsilon^2+\pi^2(1-\varepsilon^2)\right]^{3/2}}$$

$$K_{x20}^{xy}=\frac{\partial^2 F_x}{\partial x\partial y}=\left(\frac{B}{d}\right)^2\left\{\frac{16\varepsilon^3\left[(16+9\pi^2)+48\varepsilon^2\right]-3\pi^4\varepsilon(1-2\varepsilon^2+\varepsilon^4)}{(1-\varepsilon^2)^3\left[16\varepsilon^2+\pi^2(1-\varepsilon^2)\right]^{3/2}}\right\}$$

$$K_{x20}^{yy}=\frac{1}{2}\frac{\partial^2 F_x}{\partial y^2}=\frac{1}{2}\left(\frac{B}{d}\right)^2\left\{\frac{4\pi^3-32\pi^3\varepsilon^2+(52\pi^3+192\pi)\varepsilon^4+(384\pi-24\pi^3)\varepsilon^6}{(1-\varepsilon^2)^{7/2}\left[16\varepsilon_0^2+\pi^2(1-\varepsilon_0^2)\right]^{3/2}}\right\}$$

$$K_{x20}^{xx'}=\frac{\partial^2 F_x}{\partial x\partial x'}=2\left(\frac{B}{d}\right)^2\frac{(9\pi^4-16\pi^2)\varepsilon_0+(6\pi^4-16\pi^2-256)\varepsilon^3}{(1-\varepsilon^2)^2\left[16\varepsilon^2+\pi^2(1-\varepsilon^2)\right]^{3/2}}$$

$$K_{x20}^{xy'}=\frac{\partial^2 F_x}{\partial x\partial y'}=4\left(\frac{B}{d}\right)^2\frac{4\pi^3+(12\pi^3+64\pi)\varepsilon^2+(14\pi^3-96\pi)\varepsilon^4}{(1-\varepsilon^2)^{5/2}\left[16\varepsilon^2+\pi^2(1-\varepsilon^2)\right]^{3/2}}$$

$$K_{x20}^{x'y}=\frac{\partial^2 F_x}{\partial y\partial x'}=4\left(\frac{B}{d}\right)^2\left\{\frac{-2\pi^3+(16\pi^3-32\pi)\varepsilon^2+(16\pi^3-128\pi)\varepsilon^4}{(1-\varepsilon^2)^{5/2}\left[16\varepsilon^2+\pi^2(1-\varepsilon^2)\right]^{3/2}}\right\}$$

$$K_{x20}^{yy'}=\frac{\partial^2 F_x}{\partial y'\partial y}$$

$$= 2\left(\frac{B}{d}\right)^2 \frac{(\pi^4 + 96\pi^2 - 768)\varepsilon_0{}^6 + (176\pi^2 - 3\pi^4 - 256)\varepsilon_0^4 + (3\pi^4 - 32\pi^2)\varepsilon_0^2 - \pi^4}{\varepsilon_0 \, (1 - \varepsilon_0^2)^3 \, [16\varepsilon_0^2 + \pi^2(1 - \varepsilon_0^2)]^{3/2}}$$

$$K_{y20}^{xx} = \frac{1}{2}\frac{\partial^2 F_y}{\partial x^2} = \frac{1}{2}\left(\frac{B}{d}\right)^2 \frac{9\pi^4\varepsilon + (336\pi^2 - 3\pi^4 + 256)\varepsilon^3 + (48\pi^2 - 6\pi^4 + 768)\varepsilon^5}{(1 - \varepsilon^2)^3 \, [16\varepsilon^2 + \pi^2(1 - \varepsilon^2)]^{3/2}}$$

$$K_{y20}^{xy} = \frac{\partial^2 F_y}{\partial x \partial y} = 4\left(\frac{B}{d}\right)^2 \frac{\pi^3 + 4\pi^3\varepsilon^2 + (240\pi + 4\pi^3)\varepsilon^4 + (144\pi - 9\pi^3)\varepsilon^6}{(1 - \varepsilon^2)^{7/2} \, [16\varepsilon^2 + \pi^2(1 - \varepsilon^2)]^{3/2}}$$

$$K_{y20}^{yy} = \frac{1}{2}\frac{\partial^2 F_y}{\partial y^2} = \frac{1}{2}\left(\frac{B}{d}\right)^2 \times$$

$$\frac{(48\pi^2 + 3\pi^4)\varepsilon + (512 + 96\pi^2 - 9\pi^4)\varepsilon^3 + (4096 - 96\pi^2 + 9\pi^4)\varepsilon^5 + (1536 - 48\pi^2 - 3\pi^4)\varepsilon^7}{(1 - \varepsilon^2)^4 \, [16\varepsilon^2 + \pi^2(1 - \varepsilon^2)]^{3/2}}$$

$$K_{y20}^{yy'} = \frac{\partial^2 F_y}{\partial y \partial y'} = 4\left(\frac{B}{d}\right)^2 \frac{4\pi^3 + 64\pi\varepsilon^2 + (416\pi - 12\pi^3)\varepsilon^4 + 8\pi^3\varepsilon^6}{(1 - \varepsilon^2)^{7/2} \, [16\varepsilon^2 + \pi^2(1 - \varepsilon^2)]^{3/2}}$$

$$K_{y20}^{xy'} = \frac{\partial^2 F_y}{\partial x \partial y'} = 2\left(\frac{B}{d}\right)^2 \times$$

$$\frac{\pi^4 + 32\pi^2\varepsilon^2 + (160\pi^2 + 256 - 3\pi^4)\varepsilon^4 + (48\pi^2 - 256 + 2\pi^4)\varepsilon^6}{\varepsilon \, (1 - \varepsilon^2)^3 \, [16\varepsilon^2 + \pi^2(1 - \varepsilon^2)]^{3/2}}$$

$$K_{y20}^{x'y} = \frac{\partial^2 F_y}{\partial x' \partial y}$$

$$= \left(\frac{B}{d}\right)^2 \frac{2\pi^4 - 32\pi^2\varepsilon^2 + (384\pi^2 - 6\pi^4 - 1024)\varepsilon^4 + (128\pi^2 + 4\pi^4 - 1024)\varepsilon^6}{\varepsilon \, (1 - \varepsilon^2)^3 \, [16\varepsilon^2 + \pi^2(1 - \varepsilon^2)]^{3/2}}$$

$$K_{y20}^{xx'} = \frac{\partial^2 F_y}{\partial x \partial x'} = 2\left(\frac{B}{d}\right)^2 \frac{(28\pi^3 - 192\pi)\varepsilon_0^4 + (36\pi^3 - 64\pi)\varepsilon_0^2 - 4\pi^3}{(1 - \varepsilon_0^2)^{5/2} \, [16\varepsilon_0^2 + \pi^2(1 - \varepsilon_0^2)]^{3/2}}$$

$$(3 - 9)$$

由于在 F_x,F_y 中只包含速度的一次项,它们对于速度的二阶导数 $K_{x20}^{x'x'}$,$K_{x20}^{x'y'}$,$K_{x20}^{y'y'}$ 以及 $K_{y20}^{x'x'}$,$K_{y20}^{x'y'}$,$K_{y20}^{y'y'}$ 均为零,因而实际上需要用到的油膜力二阶动力系数一共只有 14 个,亦即

K_{x20}^{xx},K_{x20}^{xy},K_{x20}^{yy},$K_{x20}^{xx'}$,$K_{x20}^{xy'}$,$K_{x20}^{x'y}$,$K_{x20}^{yy'}$,K_{y20}^{xx},K_{y20}^{xy},K_{y20}^{yy},$K_{y20}^{xx'}$,$K_{y20}^{xy'}$,$K_{y20}^{x'y}$,$K_{y20}^{yy'}$

则相应的非线性动态油膜力可表达为

$$F_x = F_{x0} + k_{xx}x + k_{xy}y + d_{xx}\dot{x} + d_{xy}\dot{y} +$$
$$(k_{x20}^{xx}x^2 + k_{x20}^{xy}xy + k_{x20}^{yy}y^2 + k_{x20}^{x\dot{x}}x\dot{x} + k_{x20}^{x\dot{y}}x\dot{y} + k_{x20}^{\dot{x}y}\dot{x}y + k_{x20}^{y\dot{y}}y\dot{y}) + \cdots$$

$$F_y = F_{y0} + k_{yx}x + k_{yy}y + d_{yx}\dot{x} + d_{yy}\dot{y} +$$
$$(k_{y20}^{xx}x^2 + k_{y20}^{xy}xy + k_{y20}^{yy}y^2 + k_{y20}^{x\dot{x}}x\dot{x} + k_{y20}^{x\dot{y}}x\dot{y} + k_{y20}^{\dot{x}y}\dot{x}y + k_{y20}^{y\dot{y}}y\dot{y}) + \cdots$$

$$(3 - 10)$$

这样得到的非定常油膜力系数总共为 22 个。

3.4　动态油膜力二阶表征的正确性验证

对于无限短轴承,可以通过对于非线性油膜力的直接计算和二阶表达式近似计算结果加以比较,从而验证其正确性和有效性。

以下给出一个无限短轴承非线性油膜力的计算实例,对于方程的无量纲化按以下规则进行:

$$z = B/2\lambda, \ p = \frac{2\mu\omega}{\psi^2}P, \ T = \omega t, \ F = \frac{\mu\omega RB}{\psi^2}\overline{F}, \ k_{ij} = \frac{\mu\omega B}{\psi^3}K_{ij}$$

$$d_{xx} = \frac{\mu B}{\psi^3}D_{xx}, \ k_{m20}^{ij} = \frac{\mu\omega B}{\psi^3 C}K_{m20}^{ij}, \ k_{m20}^{xx'} = \frac{\mu B}{\psi^3 C}K_{m20}^{xx'}$$

轴承无量纲计算参数如下:

$$B/d = 0.2, \ \varepsilon_0 = 0.6, \ \theta_0 = 46.32°, \ N = 1\ 500 \ \mathrm{r/min}$$

关于非线性油膜力二阶动力系数。图3-1、图3-2分别给出了一阶线性动态刚度与阻尼系数和二阶动力系数随轴承偏心率变化的曲线,两者都具有随着偏心率的增大,动态系数也随之而增大的共同的特点。

1. 计算精度比较

分别采用解析解和按式(3-10)采用二阶近似计算非线性动态油膜力,以下的计算结果是在计算步长取为 $\Delta\varepsilon = 10^{-5}$, $\Delta\theta = 10^{-6}$, $\varepsilon' = 10^{-10}$, $\theta' = 10^{-10}$ 情况下得到的。

1) 解析解

通过轴承的动态压力分布

$$P = \left(\frac{B}{d}\right)^2 (\lambda^2 - 1)\left[-\frac{3}{2}\frac{\varepsilon\sin\varphi}{(1+\cos\varphi)^3} + 3\frac{\varepsilon\theta'\sin\varphi}{(1+\cos\varphi)^3} + 3\frac{\varepsilon'\cos\varphi}{(1+\cos\varphi)^3}\right]$$

在全域范围内进行数值积分,即可求得非线性油膜力

$$\overline{F}_\varepsilon = 0.140\ 634\ 961\ 448\ 422, \quad \overline{F}_\theta = -0.147\ 268\ 751\ 972\ 455$$

$$\begin{cases} \overline{F}_{x0} = \overline{F}_{\varepsilon0}\sin\theta + \overline{F}_{\theta0}\cos\theta = 4.163\ 336\ 342\ 344\ 337 \times 10^{-17} \\ \overline{F}_{y0} = \overline{F}_{\varepsilon0}\cos\theta - \overline{F}_{\theta0}\sin\theta = 0.203\ 621\ 052\ 712\ 784 \end{cases}$$

$$\begin{cases} \overline{F}_x = \overline{F}_\varepsilon\sin\theta + \overline{F}_\theta\cos\theta = 2.648\ 717\ 754\ 627\ 494 \times 10^{-6} \\ \overline{F}_y = \overline{F}_\varepsilon\cos\theta - \overline{F}_\theta\sin\theta = 0.203\ 632\ 702\ 879\ 739 \end{cases}$$

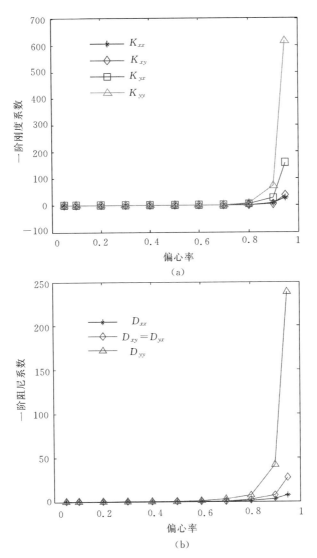

图 3-1　油膜力线性动态刚度与阻尼系数随偏心率变化的曲线
$(B/d = 0.2，\varepsilon_0 = 0.6，\theta_0 = 46.32°，N = 1\,500\ \text{r/min})$
（a）一阶刚度系数；（b）一阶阻尼系数

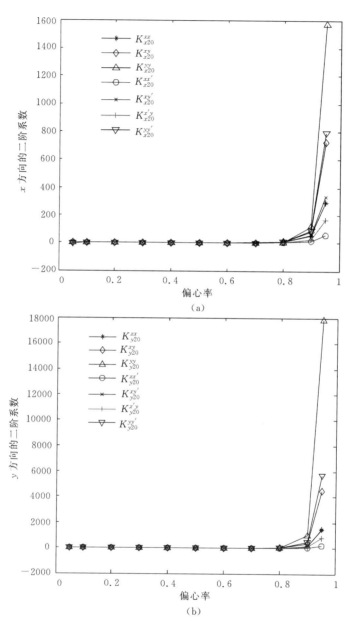

图 3 - 2　油膜力二阶非线性动力系数随偏心率变化的曲线
$(B/d = 0.2, \varepsilon_0 = 0.6, \theta_0 = 46.32°, N = 1\ 500\ \text{r/min})$
(a)x 方向的二阶系数;(b)y 方向的二阶系数

2）二阶动力系数近似表达

采用二阶动力系数近似表达所得到的非线性动态油膜力为

$$\bar{F}_{x1} = \bar{F}_{x0} + K_{xx} \cdot \Delta \bar{x} + K_{xy} \cdot \Delta \bar{y} + D_{xx} \cdot \Delta \bar{x}' + D_{xy} \cdot \Delta \bar{y}' + K_{x20}^{xx} \cdot \Delta \bar{x}^2 +$$
$$K_{x20}^{xy} \cdot \Delta \bar{x} \Delta \bar{y} + K_{x20}^{yy} \cdot \Delta \bar{y}^2 + K_{x20}^{xx'} \cdot \Delta \bar{x} \Delta \bar{x}' + K_{x20}^{xy'} \cdot \Delta \bar{x} \Delta \bar{y}' +$$
$$K_{x20}^{x'y} \cdot \Delta \bar{x}' \Delta \bar{y} + K_{x20}^{yy'} \cdot \Delta \bar{y} \Delta \bar{y}'$$
$$= 2.648\ 685\ 950\ 426\ 013 \times 10^{-6}$$

$$\bar{F}_{y1} = \bar{F}_{y0} + K_{yx} \cdot \Delta \bar{x} + K_{yy} \cdot \Delta \bar{y} + D_{yx} \cdot \Delta \bar{x}' + D_{yy} \cdot \Delta \bar{y}' + K_{y20}^{xx} \cdot \Delta \bar{x}^2 +$$
$$K_{y20}^{xy} \cdot \Delta \bar{x} \Delta \bar{y} + K_{y20}^{yy} \cdot \Delta \bar{y}^2 + K_{y20}^{xx'} \cdot \Delta \bar{x} \Delta \bar{x}' + K_{y20}^{xy'} \cdot \Delta \bar{x} \Delta \bar{y}' +$$
$$K_{y20}^{x'y} \cdot \Delta \bar{x}' \Delta \bar{y} + K_{y20}^{yy'} \cdot \Delta \bar{y} \Delta \bar{y}'$$
$$= 0.203\ 632\ 702\ 790\ 375$$

与精确解相比,解析解与二阶近似表达法两者之间的误差仅为

$$\Delta \bar{F}_x = \bar{F}_x - \bar{F}_{x1} = 3.180\ 420\ 148\ 178\ 191 \times 10^{-11}$$

由此可见,对于动态油膜力的二阶近似具有足够的精度。

2. 不同扰动量的影响

通过选取不同的计算步长来考察扰动量对于计算精度的影响。以下给出相同轴承参数下,当所取扰动量不同时的计算结果:

（1）扰动量：$\Delta \varepsilon = 10^{-3}$；$\Delta \theta = 10^{-4}$；$\varepsilon' = 10^{-10}$；$\theta' = 10^{-10}$。

由解析解所获得的动态油膜力为

$$\begin{cases} \bar{F}_x = \bar{F}_\varepsilon \sin\theta + \bar{F}_\theta \cos\theta = 2.664\ 147\ 849\ 291\ 421 \times 10^{-4} \\ \bar{F}_y = \bar{F}_\varepsilon \cos\theta - \bar{F}_\theta \sin\theta = 0.204\ 790\ 294\ 916\ 505 \end{cases}$$

根据二阶动力系数近似表达计算得到的动态油膜力为

$$\bar{F}_{x1} = 2.660\ 907\ 343\ 956\ 725 \times 10^{-4}, \quad \bar{F}_{y1} = 0.204\ 789\ 387\ 410\ 381$$

以 $\bar{F}_x$ 为例,两者之间的误差为

$$\Delta \bar{F}_x = \bar{F}_x - \bar{F}_{x1} = 3.240\ 505\ 334\ 695\ 587 \times 10^{-7}$$

（2）扰动量：$\Delta \varepsilon = 10^{-4}$；$\Delta \theta = 10^{-5}$；$\varepsilon' = 10^{-10}$；$\theta' = 10^{-10}$。

由解析解所获得的动态油膜力为

$$\begin{cases} \bar{F}_x = \bar{F}_\varepsilon \sin\theta + \bar{F}_\theta \cos\theta = 2.650\ 064\ 499\ 988\ 558 \times 10^{-5} \\ \bar{F}_y = \bar{F}_\varepsilon \cos\theta - \bar{F}_\theta \sin\theta = 0.203\ 737\ 591\ 999\ 566 \end{cases}$$

根据二阶动力系数近似表达计算得到的动态油膜力为

$$\bar{F}_{x1} = 2.649\ 745\ 927\ 342\ 938 \times 10^{-5}, \quad \bar{F}_{y1} = 0.203\ 737\ 583\ 050\ 881$$

x 方向动态油膜力的误差为

$$\Delta \bar{F}_x = \bar{F}_x - \bar{F}_{x1} = 3.185\ 726\ 456\ 197\ 041 \times 10^{-9}$$

计算结果表明:

——由于对于非线性油膜力一阶、二阶近似是在静态平衡点处展开的,因此所有动态系数只与偏心率相关:轴承油膜力的线性、非线性动力系数随着偏心率的增大而增大;

——采用二阶近似表达油膜非线性动态油膜力,与精确解相比,具有足够的计算精度;

——轴承的非线性油膜力随偏心率和扰动量增加而增加,当扰动量增大时,相对于精确解,二阶近似解的误差也随之而增大。

3.5   基于动态油膜力二阶表征的转子系统动力学分析

采用二阶非线性油膜力表征模型进行简单对称转子系统的非线性动力学分析,转子系统模型如图 3-3 所示。

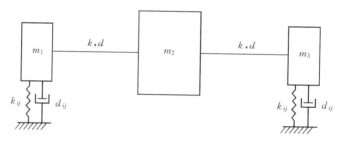

图 3-3   轴承转子系统模型

系统的动力学建模采用集总参数法,动态不平衡力作用下转子系统的动力学方程如下:

对于轴颈中心 O_j^1:

$$\begin{cases} m_1 \ddot{x}_1 + k(x_1 - x_2) + d(\dot{x}_1 - \dot{x}_2) + f_{x1} = m_1 e_{x1} \omega^2 \cos\omega t + m_1 e_{y1} \omega^2 \sin\omega t \\ m_1 \ddot{y}_1 + k(y_1 - y_2) + d(\dot{y}_1 - \dot{y}_2) + f_{y1} = m_1 e_{y1} \omega^2 \cos\omega t - m_1 e_{x1} \omega^2 \sin\omega t \end{cases}$$

$$(3-11)$$

对于圆盘盘中心 O:

$$\begin{cases} m_2\ddot{x}_2 + k(x_2 - x_1) + k(x_2 - x_3) + d(\dot{x}_2 - \dot{x}_1) + d(\dot{x}_2 - \dot{x}_3) \\ \quad = m_2 e_{x2} \omega^2 \cos\omega t + m_2 e_{y2} \omega^2 \sin\omega t \\ m_2\ddot{y}_2 + k(y_2 - y_1) + k(y_2 - y_3) + d(\dot{y}_2 - \dot{y}_1) + d(\dot{y}_2 - \dot{y}_3) \\ \quad = m_2 e_{y2} \omega^2 \cos\omega t - m_2 e_{x2} \omega^2 \sin\omega t \end{cases} \quad (3-12)$$

对于轴颈中心 O_j^3：

$$\begin{cases} m_3\ddot{x}_3 + k(x_3 - x_2) + d(\dot{x}_3 - \dot{x}_2) + f_{x3} = m_3 e_{x3} \omega^2 \cos\omega t + m_3 e_{y3} \omega^2 \sin\omega t \\ m_3\ddot{y}_3 + k(y_3 - y_2) + d(\dot{y}_3 - \dot{y}_2) + f_{y3} = m_3 e_{y3} \omega^2 \cos\omega t - m_3 e_{x3} \omega^2 \sin\omega t \end{cases}$$
$$(3-13)$$

无量纲化按以下方法进行：

$$\overline{x}_i = x_i/C, \quad \overline{y}_i = y_i/C, \quad \overline{\omega} = \omega\sqrt{\frac{C}{g}}$$

$$\overline{f}_{xi} = \frac{f_{xi}}{\sigma W}, \quad \overline{f}_{yi} = \frac{f_{yi}}{\sigma W}$$

$$\overline{m}_i = \frac{m_i}{m}, \quad \tau = \omega t$$

Sommerfeld 数 $\sigma = \dfrac{\mu\omega L R^3}{W C^2}$

$$\overline{k}_i = \frac{k_i \cdot C}{mg}, \quad \overline{d}_i = \frac{d_i}{m}\sqrt{\frac{C}{g}}$$

$$K_{ij} = \frac{k_{ij} C}{mg}, \quad D_{ij} = \frac{d_{ij}}{m}\sqrt{\frac{C}{g}}$$

$$K_{m20}^{ij} = \frac{C^2}{mg} k_{m20}^{ij}, \quad D_{m20}^{ij} = \frac{C d_{m20}^{ij}}{m}\sqrt{\frac{C}{g}}$$

计算参数如下：

集总质量 $m_1 = m_3 = 663.385$ kg，$m_2 = 1\ 754.76$ kg，密度 $\rho = 7\ 800$ kg/m³，弹性模量 $E = 2.1 \times 10^{11}$ N/m²，无量纲化后的转子轴刚度和阻尼为 $\overline{k} = 4.308$，$\overline{d} = 1.252\ 9$。轴承参数：360° 圆轴承；轴承宽度 $B = 0.24$ m，宽径比 $B/d = 1.0$，间隙比 $\psi = 0.003\ 6$；润滑油动力粘度 $\mu = 0.022\ 07$ Pa·s。

设系统的状态向量

$$\boldsymbol{X} = \begin{bmatrix} \overline{x}_1 & \overline{y}_1 & \overline{x}_2 & \overline{y}_2 & \overline{x}_3 & \overline{y}_3 & \overline{x}_1{'} & \overline{y}_1{'} & \overline{x}_2{'} & \overline{y}_2{'} & \overline{x}_3{'} & \overline{y}_3{'} \end{bmatrix}^{\mathrm{T}}$$

由 $\overline{x}' = \dfrac{\mathrm{d}\overline{x}}{\mathrm{d}\tau}$，$\overline{x}'' = \dfrac{\mathrm{d}^2\overline{x}}{\mathrm{d}\tau^2}$，得到系统的状态方程

$$
X' = \begin{cases}
\bar{x}_1{}' \\[4pt]
\bar{y}_1{}' \\[4pt]
\bar{x}_2{}' \\[4pt]
\bar{y}_2{}' \\[4pt]
\bar{x}_3{}' \\[4pt]
\bar{y}_3{}' \\[6pt]
-\dfrac{\bar{k}(\bar{x}_1 - \bar{x}_2) + \bar{d}\,\bar{\omega}(\bar{x}_1{}' - \bar{x}_2{}') + \bar{f}_{x1}}{\bar{m}_1 \bar{\omega}^2} + e_{x1}\cos\tau + e_{y1}\sin\tau \\[10pt]
-\dfrac{\bar{k}(\bar{y}_1 - \bar{y}_2) + \bar{d}\,\bar{\omega}(\bar{y}_1{}' - \bar{y}_2{}') + \bar{f}_{y1}}{\bar{m}_1 \bar{\omega}^2} + e_{y1}\cos\tau - e_{x1}\sin\tau \\[10pt]
-\dfrac{\bar{k}(\bar{x}_2 - \bar{x}_1) + \bar{k}(\bar{x}_2 - \bar{x}_3) + \bar{d}\bar{\omega}(\bar{x}_2{}' - \bar{x}_1{}') + \bar{d}\bar{\omega}(\bar{x}_2{}' - \bar{x}_3{}')}{\bar{m}_2 \bar{\omega}^2} + e_{x2}\cos\tau + e_{y2}\sin\tau \\[10pt]
-\dfrac{\bar{k}(\bar{y}_2 - \bar{y}_1) + \bar{k}(\bar{y}_2 - \bar{y}_3) + \bar{d}\bar{\omega}(\bar{y}_2{}' - \bar{y}_1{}') + \bar{d}\bar{\omega}(\bar{y}_2{}' - \bar{y}_3{}')}{\bar{m}_2 \bar{\omega}^2} + e_{y2}\cos\tau - e_{x2}\sin\tau \\[10pt]
-\dfrac{\bar{k}(\bar{x}_3 - \bar{x}_2) + \bar{d}\bar{\omega}(\bar{x}_3{}' - \bar{x}_2{}') + \bar{f}_{x3}}{\bar{m}_3 \bar{\omega}^2} + e_{x3}\cos\tau + e_{y3}\sin\tau \\[10pt]
-\dfrac{\bar{k}(\bar{y}_3 - \bar{y}_2) + \bar{d}\bar{\omega}(\bar{y}_3{}' - \bar{y}_2{}') + \bar{f}_{y3}}{\bar{m}_3 \bar{\omega}^2} + e_{y3}\cos\tau - e_{x3}\sin\tau
\end{cases}
$$

$$(3-14)$$

式(3-14)中对应于两个支承轴承的动态油膜力 $\bar{f}_{x1}$、$\bar{f}_{y1}$、$\bar{f}_{x3}$、$\bar{f}_{y3}$ 的所有非线性二阶系数通过数值求解 Reynolds 方程获得。

采用动态油膜力非线性二阶近似模型对图3-3所示的轴承转子系统非线性运动的数值计算结果如图3-4～图3-6所示。可以看到,在不平衡(无量纲不平衡偏心 $e_{y2} = 0.001$)激励下,当转子工作转速低于3 650 r/min 时,系统作与转速同频的同步周期运动,出现极限环运动轨迹;当转速在3 650～3 700 r/min 范围内,系统作倍周期运动;而当转速超过3 700 r/min 时,系统将从不稳定的倍周期运动逐渐趋于发散和失稳。

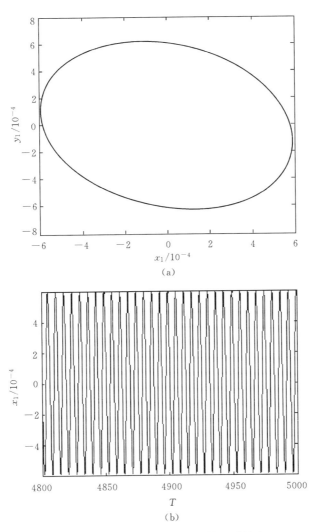

(a)

(b)

图 3 - 4　转速为 3 650 r/min 的运动轨迹

（a）节点 1 的极限环轨迹；(b)节点 1 的时间-位移响应

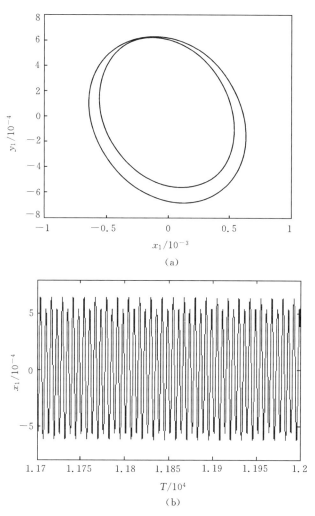

（a）

（b）

图 3-5　转速为 3 690 r/min 的运动轨迹

（a）节点 1 的运动轨迹；（b）节点 1 的时间-位移响应

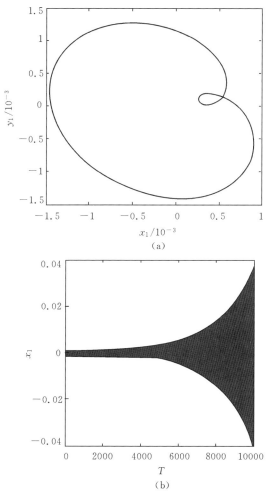

图 3-6　转速为 3 700 r/min 的运动轨迹

（a）节点 1 的运动轨迹；（b）节点 1 的时间-位移响应

3.6　小　　结

　　无论是线性近似或者是非线性二阶，甚至更为高阶的动力系数，都可以通过求解非定常润滑方程得到，从而提高对于油膜动态力的近似精度。因此，本章提出的方法具有普遍适应性。

　　（1）在二阶近似范围内，油膜的非零动特性系数，包括线性、非线性，总共为22个。

（2）在二阶近似中，非线性动力特性系数与定常压力分布、一阶近似分布耦合在一起；同样，在三阶近似的情况下，三阶动力系数的解将和0阶、1阶以及2阶近似所引起的牵连项有关。

（3）就油膜力而言，其非线性干扰是有界的——其实，从本质上讲，以上所能得到的二、三阶动力系数就是因干扰而产生的非线性油膜力的界。

（4）对于油膜力的高阶近似有助于在转子系统非线性动力分析过程中对于非线性方程的类型、非线性动力奇异现象的分类以及相应的分布规律的更深层次的理解。

（5）运用油膜力非线性表达方法对简单轴承转子系统进行了非线性动力学分析验证，在一般情况下，采用油膜力二阶表征非线性动态油膜力，能够涵盖轴承转子系统的典型非线性特征。

参考文献

［1］ Lund J W. The stability of an elastic rotor in journal bearings with flexible,damped supports[J]. Journal of Applied Mechanics，Transactions of the ASME，1965,32(4):911 - 920.

［2］ Adams M L. Nonlinear Dynamics of Flexible Multi-Bearing Rotors[J]. J. of Sound and Vibrations,1980，71(1):129 - 144.

［3］ 王为民. 重型燃气轮机组合转子接触界面强度及系统动力学设计方法研究[D]. 西安:西安交通大学,2012.

［4］ Yang Lihua，Wang Weimin，Yu Lie. Nonlinear dynamic oil-film forces in infinite-short journal bearings［C］// Proceedings of the ASME/STLE 2011. International Joint Tribology Conference，IJTC2011. Los Angeles(California)：IJTC,2011.

［5］ Wang Weimin，Lu Yanjun，Cao Zhijun, et al. Nonlinear behaviors and bifurcation of flexible rotor system with axial-grooved self-acting gas bearing support ［J］. Advanced Science Letters，2011，4(4-5)：1796 -1802.

［6］ 吕延军,虞烈,刘恒. 椭圆轴承转子系统非线性运动及稳定性分析[J]. 机械工程学报,2006,42(4):88 - 95.

［7］ 吕延军,虞烈,刘恒. 流体动压滑动轴承—转子系统非线性动力特性及

稳定性[J]. 摩擦学学报，2005，25(1)：61 - 66.

[8]　吕延军，虞烈，刘恒. 非线性轴承—转子系统的稳定性和分岔[J]. 机械工程学报，2004，40(10)：62 - 67.

[9]　Ho Y S. Liu H，Yu L. Effect of Thrust Magnetic Bearings on Stability and Bifurcation of a Flexible Rotor Active Magnetic Bearing System [J]. J. of Acoustics and Vibration，ASME，2002.

[10]　虞烈，刘恒. 轴承转子系统动力学[M]. 西安：西安交通大学出版社，2001.

[11]　Ho Y S，Liu H，Yu L. Stability and Bifurcation of a Rigid Rotor-Magnetic Bearing System Equipped With a Thrust Magnetic Bearing[J]. Journal of Engineering Tribology，Part. J，P. of ImechE，2000.

[12]　Ji J C. Yu L. Leung A Y T. Bifurcation behavior of a rotor supported by active magnetic bearings[J]. J. of Sound & Vib，2000，235 (1)：133-151.

第4章 纳米尺度下液体流动的分子动力学数值模拟

4.1 前　言

在 N‐S 方程以及由此派生出来的 Reyolds 方程推导过程中,对液体润滑而言,都采用了如下相关假设:

液体被视为密度分布均匀、不可压缩的连续介质;

对于小间隙流动,在润滑膜厚度方向上的流体压力恒定;一般情况下也无需计及温度分布的不均匀性;

在固液边界处流体的运动速度和壁面速度相同,亦即不存在边界滑移;

对于所有润滑问题的处理可以忽略尺度效应;

……

和所有假设一样,它们的存在都是有前提的,包括这些假设与理论的倡导者本人在提出这些假设的同时也都预见到它们的局限性——例如,早在1823 年 Navier 提出宏观流体流动控制方程时,同时也指出了在流‐固相对运动边界上存在滑移的可能[1,7]。

纳米尺度下液体的流动发生在流体润滑轴承转子的起停阶段,此时液体润滑轴承与旋转转子间都不得不经历由接触向非接触、或由非接触向接触状态的转化过渡过程——纳米尺度下液体的流动,作为中间环节,是研究运动表面由接触到分离、或由分离到接触的重要内容。

随着计算机技术的发展,采用分子动力学(Molecular Dynamics,MD)方法来模拟纳米尺度液体的流动表现出其独到的优势,同时也获得了许多重要的研究成果。

1)平行纳米流动

Thompson 等采用数值模拟方法研究了两种不混合流体在宽度为 4.4nm平行纳米流道内的流动,分子模拟规模包括1344 个液体粒子和672 个固体壁面粒子,固液之间的作用以及液体粒子间的相互作用势能均采取 Lennard‐Jones(LJ)势。研究发现,在接触边界处无边界滑移条件并不成立[8]。此后,他们在对平行纳米流道内液态氩流动特性的进一步研究中还发现:

随着固液间相互作用势的改变,可能出现的边界无滑移、滑移乃至负滑移现象,同时存在着一个临界速度剪切率。在此临界值以下,滑移长度仅与流体-壁面间的作用力有关;大于此临界值时,滑移长度将迅速增大。

在固体壁面附近液体的平均密度呈层状空间涨落分布[9,10]。

……

类似的研究还可见诸于参考文献[11](Bitsanis,Magda,1987),[12](Koplik,1989),[13](Heinbuch,1989),[14](Sun,1992),[15](Brrat, 1999)和文献[16](Cieplak,2001)等。

以上所介绍的研究对象主要是关于平行及圆形纳米流道内液体的简单流动。

2)复杂流道流动

对于复杂矩形区域的液体流动的分子动力学模拟能够在微观层面展现出更多的物理现象与细节。例如,Greenspan 等人在二维空间内展示了矩形区域内液体内部漩涡的形成、发展,直至液体湍流出现的全过程[17-21](见图4-1)。

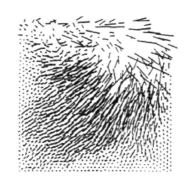

图 4-1　液体空穴流动的分子动力学研究模型[18,20]

对于楔形流道内液态氩流动特性的研究见参考文献[22](Luis,2004)。模拟结果表明,流道形状对于液体压力分布有着重要的影响,几何形状和接近楔形域小端热力学条件的相互影响甚至可能引发流道内液体的结晶化(见图 4-2)。

有关从分子角度探索射流机理的报道可见诸于参考文献[24](Itsuo Hanasaki,2009)。应用分子动力学研究了碳纳米管内水的射流现象,从分子角度探索了宏观领域中存在的射流现象的微观机理。研究结果表明:液体在出口端会形成纳米束从出口端释放开去,释放时粒子束所具有的流动速度远大于流道内液体的流动速度,从而在出口处形成了射流(见图 4-3)。

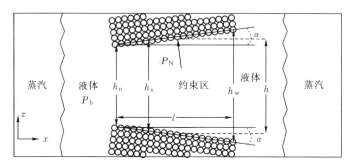

图 4-2 楔形流道内液体特性分子动力学研究模型[22]

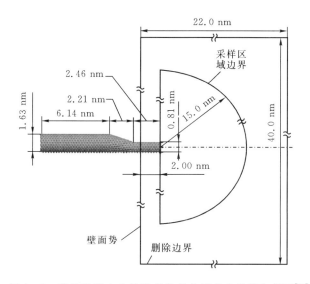

图 4-3 碳纳米管内水射流现象的分子动力学研究模型[24]

这些研究表明,纳米尺度部件下液体流动特性与宏观尺度下的液体流动特性存在着许多重要差异[2-4]。例如,对于复杂纳米流道液体流动特性的研究业已发现了一些诸如液体结晶化、空穴、涡旋及射流等一系列新的现象,并且随着模拟分子数目和规模的增大,部分研究成果对于宏观流动现象的深层次阐明将会起到重要的作用。在这些研究中,大都以流道形状固定、壁面运动速度固定为前提,而针对复杂流道、有关壁面运动速度及固-液势能指数等综合因素对于流体特性的影响,以及针对存在于一般机械系统中的运动副、摩擦副从接触到分离全过程中流体润滑膜在纳米尺度下流动演化特性的研究文献则鲜见报道。

因此,通过分子动力学模拟方法进一步深入开展上述方向的研究,对于宏观流动现象的机理阐明无疑是有益的。

4.2　分子动力学模拟理论与方法

采用分子动力学模拟方法处理流体的微观流动形态首先是基于以下假设：

流体由众多粒子或分子组成，每个粒子都可视为质点；

系统中所有粒子的运动符合经典牛顿定律；

粒子间的相互作用满足叠加原理。

在以上假设的基础上进而建立组成系统所有粒子的初始分布模型，根据粒子间相互作用势函数求解在给定边界条件和初始条件下每一时刻单个粒子的能量和所受到的力，代入系统动力学方程组求解粒子的位置和速度，从而获得模拟系统随时间变化的微观过程。对足够长时间的结果进行统计平均，则可以得到类似于宏观意义下流体的运输特性[1,5]。

4.2.1　系统的 Hamiltonian 运动方程

设流体输送系统由 N 个相互作用的粒子组成，系统的运动可以用 Hamiltonian 运动方程来描述[1]。

在笛卡尔坐标系中，假设模拟系统中的任意粒子 i 具有的坐标为 r_i，动量为 p_i，则系统中所有粒子的坐标和动量可以表示为

$$r = (r_1, r_2, \cdots, r_N) \tag{4-1}$$

$$p = (p_1, p_2, \cdots, p_N) \tag{4-2}$$

单个粒子的动量 p_i 被定义为

$$p_i = m_i \dot{r}_i \tag{4-3}$$

类似地，单个粒子的势能用函数 $\phi(r_i)$ 来表示。

对于 N 个粒子构成的系统，系统的 Hamiltonian 量为

$$\hat{H}(r, p) = K(p) + \phi(r) \tag{4-4}$$

式中：$K(p)$ 为系统动能；$\phi(r)$ 为系统势能。

在通常情况下，系统的动能可以表示为

$$K(p) = \sum_{i=1}^{N} \frac{p_i^2}{2m_i} \tag{4-5}$$

因此，Hamiltonian 量也可以表示为

$$\widehat{H} = \sum_{i=1}^{N} \frac{\pmb{p}_i^2}{2m_i} + \sum_{i=1}^{N} \phi(\pmb{r}_i) \tag{4-6}$$

对式(4-4)全微分,可以得到粒子运动方程的显式表达

$$\frac{\mathrm{d}\widehat{H}}{\mathrm{d}t} = \sum_{i=1}^{N} \frac{\partial \widehat{H}}{\partial \pmb{p}_i} \cdot \dot{\pmb{p}}_i + \sum_{i=1}^{N} \frac{\partial \widehat{H}}{\partial \pmb{r}_i} \cdot \dot{\pmb{r}}_i + \frac{\partial \widehat{H}}{\partial t} \tag{4-7}$$

对于保守系统,式(4-7)中的最后一项为零,从而可简化为

$$\frac{\mathrm{d}\widehat{H}}{\mathrm{d}t} = \sum_{i=1}^{N} \frac{\partial \widehat{H}}{\partial \pmb{p}_i} \cdot \dot{\pmb{p}}_i + \sum_{i=1}^{N} \frac{\partial \widehat{H}}{\partial \pmb{r}_i} \cdot \dot{\pmb{r}}_i = 0 \tag{4-8}$$

类似地,由式(4-6)可以得到

$$\frac{\mathrm{d}\widehat{H}}{\mathrm{d}t} = \sum_{i=1}^{N} \frac{1}{m_i} \pmb{p}_i \cdot \dot{\pmb{p}}_i + \sum_{i=1}^{N} \frac{\partial \phi(\pmb{r}_i)}{\partial \pmb{r}_i} \cdot \dot{\pmb{r}}_i = 0 \tag{4-9}$$

比较式(4-8)和式(4-9),可得

$$\frac{\partial \widehat{H}}{\partial \pmb{p}_i} = \frac{\pmb{p}_i}{m_i} = \dot{\pmb{r}}_i \tag{4-10}$$

$$\frac{\partial \widehat{H}}{\partial \pmb{r}_i} = \frac{\partial \phi(\pmb{r}_i)}{\partial \pmb{r}_i} \tag{4-11}$$

将式(4-10)代入式(4-8)并整理,可得

$$\sum_{i=1}^{N} \left(\dot{\pmb{p}}_i + \frac{\partial \widehat{H}}{\partial \pmb{r}_i} \right) \cdot \dot{\pmb{r}}_i = 0 \tag{4-12}$$

由于在分子动力学模拟中假设各粒子的运动速度是彼此独立的,从而有

$$\frac{\partial \widehat{H}}{\partial \pmb{r}_i} = -\dot{\pmb{p}}_i = -m_i \ddot{\pmb{r}}_i \tag{4-13}$$

比较式(4-11)与式(4-13),可以得到

$$\dot{\pmb{p}}_i = m_i \ddot{\pmb{r}}_i = \pmb{F}_i = -\frac{\partial \phi}{\partial \pmb{r}_i} \tag{4-14}$$

综合以上方程,可以得到系统的 Hamiltonian 正则方程

$$\dot{\pmb{r}}_i = \frac{\partial \widehat{H}}{\partial \pmb{p}_i} = \frac{\pmb{p}_i}{m_i} \tag{4-15}$$

$$\dot{\pmb{p}}_i = -\frac{\partial \widehat{H}}{\partial \pmb{r}_i} = m_i \ddot{\pmb{r}}_i = \pmb{F}_i \tag{4-16}$$

当给定系统的初始位置和速度时,求解线性微分方程组(4-15)和(4-16)可求得系统中粒子的运动轨迹,进而根据统计平均理论得到系统的热力学特性。

4.2.2 分子动力学模拟基本步骤

分子动力学模拟的步骤包括:

(1) 模拟系统空间尺寸和计算规模选取;

(2) 模拟系统初始化;

(3) 边界条件选取;

(4) 粒子间的相互作用势选取;

(5) 数值模拟计算;

(6) 在数值计算的基础上通过统计力学方法对足够长时间内微观状态下物理量取平均值,从而得到系统宏观状态下的热力学特性参数的平均估计。

以下就分子动力学模拟过程中涉及的模拟系统的构建,固液相互作用及边界条件的的选取等重要问题做详细的描述。

1. 模拟系统初始化

所谓初始化就是给出初始时刻模拟系统中所有粒子的空间位置和运动速度,以作为数值计算的初始条件 —— 尽管初始条件的选取并不影响系统最终趋于平衡态的特性,但却影响数值计算的时间及计算效率。

(1) 初始位置。对于由液体粒子组成的系统,虽然原则上液体分子的初始位置可以随机给出,但为避免可能出现的粒子重叠而影响分子间的相互作用势,通常按任意简单晶格体系结构来安排液体粒子的初始空间位置[25],例如面心立方晶格(FCC),体心立方晶格(BCC)等,如图 4 - 4 所示。

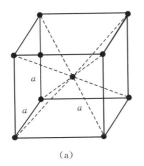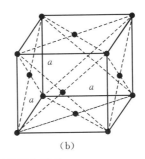

(a)   (b)

图 4 - 4 典型的晶格结构

(a) 面心立方晶格(FCC);(b) 体心立方晶格(BCC)

(2) 初 始 速 度。粒 子 的 初 始 速 度 取 决 于 系 统 的 初 始 温 度, 按

Maxwell-Boltzmann 分布的第 i 个粒子初始速度可表示为[1,26]

$$f(v_{x,y,z}) = \sqrt{\frac{m_i}{2\pi k_B T}} \exp\left(-\frac{m_i v_{x,y,z}^2}{k_B T}\right) \tag{4-17}$$

式中：m_i 为第 i 个粒子的质量；T 为系统理想的温度；k_B 为 Boltzmann 常数，$1.38 \times 10^{-23} \text{J/K}$。

2. 粒子间的相互作用势

粒子间相互作用势的选取直接影响到数值模拟的准确程度和结果的合理性。

虽然判别势函数表达的正确与否最终只能以是否正确描述流体输送系统的物理现象为准则，但对于势函数的选取至今尚未能取得统一的认识——即便针对相同的研究对象，势函数的表达形式也不尽相同，这在某种程度上反映了人们在微观层面对客观世界认识的局限。

（1）连续对势。目前在液体纳米尺度流动特性研究中最为广泛应用的是连续对势。

连续对势兼顾考虑了粒子间引力和斥力的共同作用和光滑衔接，其一般表达形式为[1]

$$\phi(r) = A_m\left(\frac{\sigma}{r}\right)^m - B_n\left(\frac{\sigma}{r}\right)^n \tag{4-18}$$

势函数等号右端表达式中，第一项表示粒子间的斥力作用效果，第二项表示粒子间的引力作用效果。

实际应用中最常用的 Lennard-Jones(LJ) 势的形式是 $m=12,n=6$ 的所谓 LJ12-6 势：

$$\phi(r) = 4\varepsilon\left[\left(\frac{\sigma}{r}\right)^{12} - \left(\frac{\sigma}{r}\right)^6\right] \tag{4-19}$$

式中：r 为两粒子间的距离；ε 为能量参数，其物理意义代表了粒子间相互作用（吸引或排斥）的强度，在数值上相当于将相互作用的一对原子中的一个从平衡位置移到无穷远处所做的功；σ 为距离参数，$r=\sigma$ 时 $\phi(r)=0$，$r>\sigma$ 时 $\phi(r)<0$，$r<\sigma$ 时 $\phi(r)>0$。

粒子间作用势最小时的间隔被定义为粒子间的平衡距离，这时粒子间的相互作用力为零，对式(4-19)求极值可知粒子间的平衡距离为 $\sqrt[6]{2}\sigma$。

对于不同粒子的相互作用，LJ 势中的能量参数和距离参数目前还只能采取混合平均方法近似表达。按照 Lorentz-Berthelot 混合原则，混合能量及距离

参数表达形式为[1]

$$\sigma_{AB} = \frac{1}{2}(\sigma_A + \sigma_B) \qquad (4-20)$$

$$\varepsilon_{AB} = \sqrt{\varepsilon_A \varepsilon_B} \qquad (4-21)$$

式中,下标 A,B 表示不同种类的粒子。

在研究液体输送特性时,固液表面间相互作用势的确定是至关重要的,一种方便的处理是在 LJ 势的基础上引入调节指数,带有调节指数的 LJ 势可取如下形式[7,15]:

$$\phi = 4\varepsilon \left[\left(\frac{\sigma}{r} \right)^{12} - c_{ij} \left(\frac{\sigma}{r} \right)^{6} \right] \qquad (4-22)$$

或

$$\phi = 4A\varepsilon \left[\left(\frac{\sigma}{r} \right)^{12} - \left(\frac{\sigma}{r} \right)^{6} \right] \qquad (4-23)$$

系数 c_{ij},A 的引入有利于方便地调节壁面粒子和液体粒子间的相互作用强度。

(2)粒子间的相互作用力。对于取 LJ12 - 6 作用势的系统,通过势函数对距离微分可以得到粒子相互间的作用力。

$$f(r_{ij}) = -\frac{\partial \phi(r_{ij})}{\partial r_{ij}} = \frac{48\varepsilon}{\sigma} \left[\left(\frac{\sigma}{r_{ij}} \right)^{13} - \frac{1}{2} \left(\frac{\sigma}{r_{ij}} \right)^{7} \right] \qquad (4-24)$$

3. 边界条件

在纳米尺度下,固体壁面对液体流动输送特性的影响是不容忽略的,而目前的分子动力学模拟通常还只能处理上百、成千到几百万这样数目的分子。这样的模拟规模与宏观材料实际情况仍然相差甚远,这就造成模拟系统中存在于固液表面的分子数与系统总体分子数比例严重失调的现象,也与实际情况不相符合,因而无法再现和解释真实的物理现象。

希望通过固液表面边界条件的恰当设置以解决模拟系统与实际系统不相符合的矛盾。例如,在固液表面沿流体流动方向上引入周期性边界条件[1,6],周期性边界条件最主要的目的是为了消除表面效应。然而,周期性边界条件并不具有普遍适用性,例如,在沿固体壁面垂直方向上的流动就不具有周期性,因而无法采取周期性边界条件。

4. 温度控制

对于纳米尺度的分子动力学模拟,由于粒子的运动状态和系统的能量有直接的关系，在分子动力学模拟中要通过间接的方法校正，以保持温度的恒定和均匀。

1）直接速度标定法[27]

分子动力学模拟中，为保持模拟系统的温度恒定，最直接的方法是每一时间步长或隔一定时间步长对系统中分子的速度直接乘以标定因子，使原子的速度重新标定，从而系统的温度校正到设定的温度。其标定因子为

$$\beta = \sqrt{\frac{3Nk_{\mathrm{B}}T}{\sum_i mv_i^2}} \qquad (4-25)$$

式中：v_i 为分子的瞬时速度；m 为分子质量。

由于该方法计算简单，因而被广泛使用于对模拟系统性能的定性研究。

2）外部热浴

另外一种常用的调节温度的方法为外部热浴法，经常使用的有 Anderson 热浴[28] 和 Nose-Hoover 热浴[29-32]。

Anderson 提出的恒温方法中，模拟系统与一指定温度的恒温面相接触进行热浴耦合。模拟系统与热浴的耦合由随机选取的分子的随机速度表示。这些随机碰撞可以视为 Monte Carlo 移动，并伴随着彼此间的能量传递。分子随机碰撞时的相互作用按牛顿定律运算。

在开始分子动力学模拟运算之前，需要定义分子与热浴耦合的强度。耦合强度由随机碰撞频率 ν 所决定。如果分子与热浴的碰撞是彼此独立不相关的，则认为在两次连续随机碰撞过程中的分子分布服从泊松分布。

$$P(t,\nu) = \nu\exp(-\nu t) \qquad (4-26)$$

因此，一个粒子在一个时间步长 t 内经历一次随机碰撞的概率为 νt，如果粒子 i 被选中经历一次碰撞，其新的速度将从对应于所需温度 T 的麦克斯韦-波尔兹曼分布上获得，而其余所有粒子不受这次碰撞的影响。

$$\widehat{P}(\nu) = \frac{4}{\sqrt{\pi}}\left(\frac{m}{2k_{\mathrm{B}}T}\right)^{3/2}\exp\left(\frac{-mv^2}{2k_{\mathrm{B}}T}\right)\cdot v^2 \qquad (4-27)$$

牛顿力学与随机碰撞的组合将 MD 模拟变成一个 Markov 过程[6]，即系统将来的随机过程仅与当前状态有关，因此在重复使用 Andersen 算法时，将保证系统的正则分布不变。

外部热浴法虽然能很好地维持系统温度的恒定，但由于运行过程复杂，增加了模拟过程的时间，因此仅限于模拟系统对温度有严格要求的情况下使用。

5. 固体壁面处理及流-固界面粒子间的相互作用

（1）固体壁面处理。在研究微纳尺度下流体的分子动力学模拟中，合理构造流道壁面，对真实反映流体流动的影响有着重要的意义。比较常见的几种壁面处理方法有 Maxwell 热墙法、刚性壁面法和 Einstein 壁面法等[33-36]。

（2）流-固界面粒子间的相互作用。流体分子与固体壁面间的相互作用对于流体在界面附近的流动特性具有重要的影响。目前，在分子动力学模拟中应用最为广泛的方法以 Lennard-Jones 作用势[7] 居多，亦即采用 Lennard-Jones(LJ) 势能函数来描述液体和固体粒子间的相互作用。此外，还包括 Bounce back 反射法等[37-39]。

6. 算法和时间步长选取

为了得到分子的运动轨迹，分子动力学模拟中用以求解分子运动方程的算法有 Verlet 算法[40]、Leap-Frog 算法[41,42] 和 Gear 预测法[1,5] 等。此外，为了缩小计算量节约计算时间，比较常用的几种节约 CPU 方法如 Verlet 列表[40]、元胞列表[43] 以及 Verlet 和元胞联合列表[44] 等。

以下关于平行流道内的纳米流动、出口端封闭楔形流道内的流动以及纳米尺度下楔形空间的小间隙流动的研究内容、结论和相关细节可参见参考文献[52 - 57]。

4.3　平行纳米流动中壁面速度对液体流动性能的影响

以往关于平行纳米流道的研究主要讨论在壁面运行速度恒定前提下固液间相互作用势、固体密度及尺度效应等对液体流动的影响规律。和宏观流动不同，这些结论包括[8-10]：

在固液接触界面处，随着固体壁面势能作用参数的不同，边界滑移、无滑移或负滑移现象都可能出现，同时，在固体壁面附近的液体平均密度呈层状空间涨落分布；

存在着一个临界速度剪切率，在此临界值以下，滑移长度仅和流体与壁面的作用力有关；高于此临界值时，滑移长度呈迅速增大趋势。

……

以下重点讨论壁面运行速度变化对于液体流动速度、密度及温度分布和边界滑移的影响规律。

1. 模拟系统和模拟方法

1) 模拟系统

平行纳米流道模拟系统由两平行固体壁面和壁面间的液态氩分子组成。液态氩分子数:1200;固体壁面分子数:240;模拟系统沿 x,y,z 方向的空间尺寸:$20.4\sigma\times9.35\sigma\times8.5\sigma$,如图 4-5 所示。

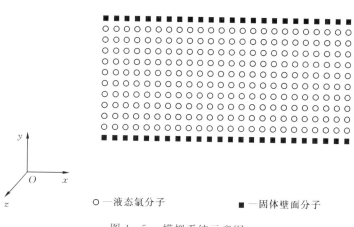

○—液态氩分子   ■—固体壁面分子

图 4-5   模拟系统示意图

2) 初始位置选取

初始时刻液体分子按面心立方晶格(FCC)结构排列,分子间距离由给定的密度值确定,分子初始速 v_0 由初始温度根据麦克斯韦-玻尔兹曼分布随机给出。

3) 边界条件选取

在 x 和 z 方向采用周期性边界条件,即沿 x 和 z 方向模拟系统被其本身的映像系统所包围。沿 y 方向由于要考虑两个固体壁面对液体流动特性的影响,因此采用非周期性边界条件。

4) 分子间相互作用势选取

模拟系统中的液体为液态氩,分子间的相互作用势采用如式(4-19)的LJ 势:

$$\phi(r_{ij})=4\varepsilon\left(\left(\frac{\sigma}{r_{ij}}\right)^{12}-\left(\frac{\sigma}{r_{ij}}\right)^{6}\right)$$

式中:r_{ij} 为第 i 个分子与第 j 个分子之间的距离;σ 为分子特征长度,也可以理解为分子的直径;ε 为分子间相互作用强度的能量特征值。

　　计算中液态氩的模拟参数分别为:特征长度 $\sigma = 0.34$ nm,特征能量参数 $\varepsilon = 1.65 \times 10^{-21}$ J,玻尔兹曼常数 $k_B = 1.381 \times 10^{-23}$ J/K,系统的温度 $T = 132$ K,氩原子的质量 $m = 6.96 \times 10^{-26}$ kg,数密度 $\rho = 0.8$[8-11]。

　　液体和固体壁面之间的 LJ 相互作用势如式(4 - 23)[7]:

$$\phi_{sl} = 4c\,\varepsilon_{sl}\left(\left(\frac{\sigma_{sl}}{r}\right)^{12} - \left(\frac{\sigma_{sl}}{r}\right)^{6}\right)$$

式中:ϕ_{sl} 为液固分子间的 LJ 势能;ε_{sl} 为液体分子和固体分子之间的作用势能;σ_{sl} 为液体分子和固体分子之间的距离参数;c 为势能作用指数,为计算方便,在以下模拟计算中取作用指数 $c = 1.0$。

　　(1)壁面运动速度。下壁面固定,上壁面无量纲运动速度:0.2 ~ 2.0。

　　(2)计算方法。当分子初始空间位置、初始速度和作用力已知时,根据牛顿运动定律,通过积分可以得出任意时刻液体分子的速度和位置。

2. 数值模拟结果及分析 —— 壁面运行速度对液体流动速度分布的影响

　　经典流体动力学理论认为,在剪切流中两固体壁面间液体速度沿膜厚(y)方向应当呈线性分布,这也是推导经典 Reyolds 方程的基本假设之一。为进一步讨论壁面运行速度对液体流动速度分布的影响规律,将模拟区域沿 y 方向划分为大小近似的 11 个层面,采取分层统计的方法,从而得到不同固体壁面运行速度下纳米流道内液体的速度分布,如图 4 - 6 所示。

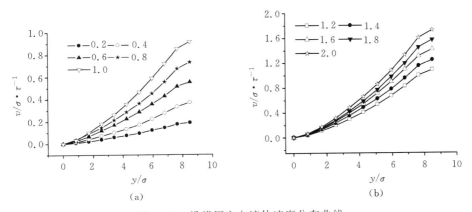

图 4 - 6　沿膜厚方向液体速度分布曲线

(a)无量纲剪切速度 $v = 0.2 \sim 1.0$;(b)无量纲剪切速度 $v = 1.2 \sim 2.0$

　　模拟结果表明,在不同壁面运行速度下,液体运行速度沿膜厚方向的变化不完全符合经典流体力学理论。在靠近静止壁面附近,液体分子的平均速度均保持为零；但在靠近运动壁面附近，液体的流动速度小于壁面的运动速度，并且出现了滑移现象。

模拟获得的纳米流道内液体的速度分布曲线与理论速度分布曲线的比较，如图 4-7 所示。同时，可以根据参考文献[45]所给出的滑移率定义，得到不同壁面运行速度下固体壁面附近液体的滑移率。

定义滑移率

$$S = \frac{v_{w} - v_{f}}{v_{w}} \tag{4-28}$$

式中，v_{w} 为壁面速度；v_{f} 为和壁面相邻区域流体分子的平均速度。滑移率与壁面运动速度间的关系曲线如图 4-8 所示。

数值模拟主要结论包括：

（1）固液界面处的边界滑移明显依赖于剪切速度，滑移率随剪切速度的增加而增加。

当 $v < \sigma / \tau$ 时，运动壁面附近液体的滑移现象并不明显或基本表现为无滑移；当 $v > \sigma / \tau$ 时，随着 v 的增大，在固液界面处速度滑移现象愈加明显，滑移率也呈明显增大趋势。例如当 $v = 1.0$ 时，流体在固体壁面附近模拟获得的速度为 0.91，滑移率为 0.09，运动壁面附近开始出现滑移；当壁面速度 $v = 2.0$ 时，流体在固体壁面附近的速度仅为 1.72，滑移率高达 0.14。

（2）壁面运动速度的影响范围。壁面运动速度对于液体速度分布的影响范围仅限于固体壁面附近，大致在距离运动壁面 0.8 个分子直径范围内会出现速度滑移；在此之外，液体分子的速度分布基本上仍然呈线性分布。

（3）平行纳米流道中的温度分布。随着壁面运行速度的变化，纳米流道内液体沿膜厚方向上的温度将不再保持定值。

不同壁面运行速度下模拟区域内液体沿膜厚方向的温度分布，如图 4-9 所示。

在静止壁面附近，液体温度受壁面运行速度变化的影响较小而保持相对稳定；而在膜厚方向上，越接近运动壁面处，液体的温度越高。

很容易给出这种现象的物理解释：在外力作用下运动壁面保持一定的的运动速度，而在运动壁面附近，液体受到的剪应力使得液体分子的运动速度也相应地增加，液体温度的升高表现为内能的增加。

液体平均温度的升高与壁面运动速度近似呈线性关系（见图 4-10）。

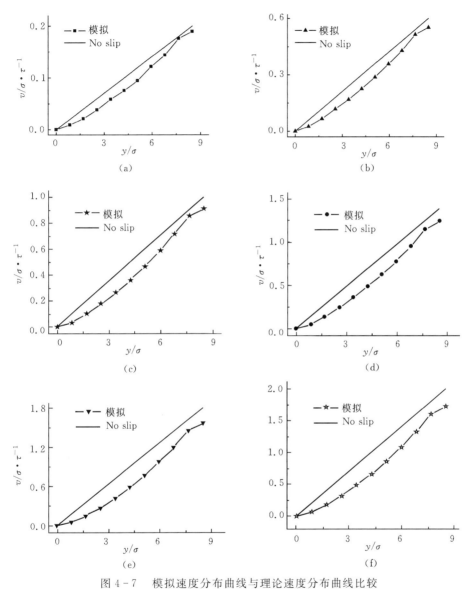

图 4 - 7 模拟速度分布曲线与理论速度分布曲线比较

（a）无量纲剪切速度 $v = 0.2$；（b）无量纲剪切速度 $v = 0.6$；（c）无量纲剪切速度 $v = 1.0$；

（d）无量纲剪切速度 $v = 1.4$；（e）无量纲剪切速度 $v = 1.8$；（f）无量纲剪切速度 $v = 2.0$

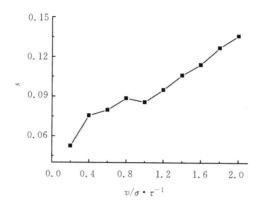

图 4 - 8　滑移率与壁面运动速度关系

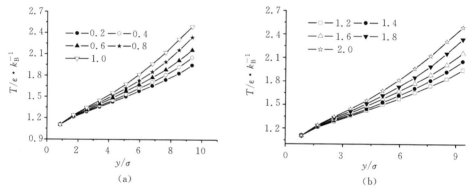

(a)　　　　　　　　　　　　　　(b)

图 4 - 9　沿膜厚方向液体温度分布曲线

(a)无量纲剪切速度 $v = 0.2 \sim 1.0$;(b)无量纲剪切速度 $v = 1.2 \sim 2.0$

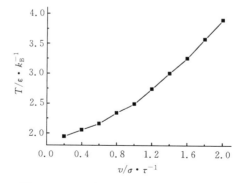

图 4 - 10　温度随壁面运行速度变化曲线

（4）平行纳米流道中的密度分布。纳米流道内沿膜厚方向上液体分子密度分布的改变主要缘自固液分子间相互作用势的影响，从而导致固体壁面附近明显密度分层现象的出现；同时，在上壁面运动、下壁面静止的情况下，密度的分层也不再对称（见图 4-11）。

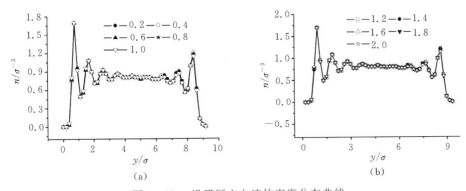

图 4-11 沿膜厚方向液体密度分布曲线

（a）无量纲剪切速度 $v = 0.2 \sim 1.0$；（b）无量纲剪切速度 $v = 1.2 \sim 2.0$

（5）平行纳米流道中的剪应力分布。由于固-液分子间相互作用势的影响以及由此引起的边界滑移，沿膜厚方向的剪应力同样不再呈线性分布（见图4-12）。

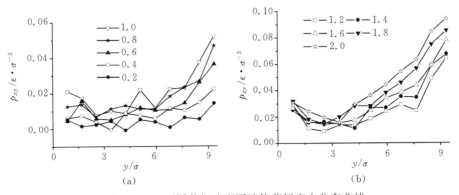

图 4-12 不同剪切速度下液体剪切应力分布曲线

（a）无量纲剪切速度 $v = 0.2 \sim 1.0$；（b）无量纲剪切速度 $v = 1.2 \sim 2.0$

4.4　出口端封闭楔形流道内的类空穴流动

相对平行纳米流道内流体流动特性的研究而言，对于出口端封闭的楔形区域内流体流动规律的研究要复杂得多。在实际中可以找出很多这类工程应用实例。

例如，由各类流体润滑轴承支承的转子系统在启停阶段，轴颈外表面与轴承内表面之间都会因不能形成全膜润滑而处于接触状态，并形成类似的出口端封闭的楔形流道（见图 4-13）。

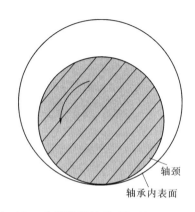

　　　　　　　　　　　　　　　　　　轴颈
　　　　　　　　　　　　　　　轴承内表面

图 4-13　启停阶段轴承-轴颈间的楔形流道

以下主要研究转子在启动阶段、出口端封闭的楔形区域内液体分子因轴颈表面的拖拽作用从外界不断进入楔形收敛空间并最终在该区域内达到相对平衡的流动过程，包括对于液体分子密度、运动速度、区域压力、温度分布和能量积累的规律。

1. 出口端封闭的楔形流道模拟系统

模拟系统由固体壁面和壁面间的液体分子构成。为处理方便，约定：

（1）上壁面静止、下壁面具有运动速度 v_0，出口端处于封闭状态。

（2）区域 A 为数值模拟区域，位于此区域内的分子以及由 B 区域插入到 A 区域后的分子间的相互作用均需计入；B 为外部分子储存区域 —— 无论是原本位于该区域的分子抑或脱离 A 区域而进入 B 区域的分子，将不再参与 A 区域中分子间的相互作用。

（3）在区域 A 内，仅在 x,y 方向上考虑固体壁面效应并取非周期性边界条件,而在 z 方向上则选取周期性边界条件,从而将三维问题简化为二维问题求解(见图 4-14)。

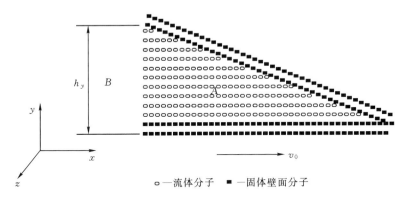

图 4-14　模拟系统示意图

　　由于封闭端的存在,根据模拟区域内所能容纳的最大分子数以及单个分子所占有的空间来决定模拟区域内液体分子的插入和删除:

　　(1) 模拟区域最大容纳的分子数 $N_{\max}$ 根据 Yao 提出的方法确定[46]。

　　(2) 插入分子的速度按照初始温度根据麦克斯韦-玻尔兹曼分布随机确定[1]。

　　(3) 插入分子的位置在随机确定的同时,还应当满足 Mihaly Mezei 提出的分子插入原则——当液体分子从外部区域尝试进入模拟区域时,只有当模拟区域存在能够容纳一个液体分子所占的空间时,液体分子才能插入模拟区域而成为模拟区域内的分子[47]。

　　模拟系统组成。入口端流道高度 $h_y = 9.35$;系统在 x 和 z 方向的计算域尺寸为 34.8×5.1;系统总共包含 570 个液态氩分子和 492 个固体分子,与 Thompson 所研究的模拟系统相当,相关作用势的选择与前面所述的平行纳米流道研究相同[9]。

2. 数值模拟规模与模拟结果

1) 类空穴流动中液体压力分布

　　随着固体壁面速度的增加,纳米流道内的液体压力在 $v = 0.2 \sim 2.0$ 范围内的变化如图 4-15 所示。

　　数值模拟结果显示,无论壁面运动速度大小,出口端封闭所构成的楔形区域内的液体压力分布与宏观层面由 NS 方程求解得到的压力分布有着很大的差异[48]。

尤其值得注意的是,在靠近纳米流道封闭端的液体压力值发生了突变并形成了高压区。

纳米流道内的流体压力分布受到分子动能和分子间相互作用势的双重影响,以下从微观层面来说明谁是决定流体压力的主导性因素。

液体分子动能对液体压力的作用效果如图 4-16 所示。

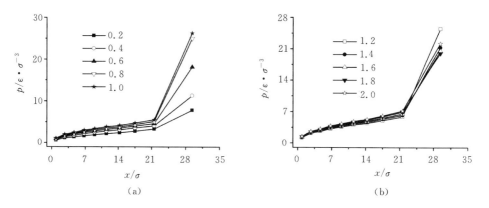

(a)   (b)

图 4-15　液体压力随速度变化曲线
(a)无量纲速度 $v = 0.2 \sim 1.0$;(b)无量纲速度 $v = 1.2 \sim 2.0$

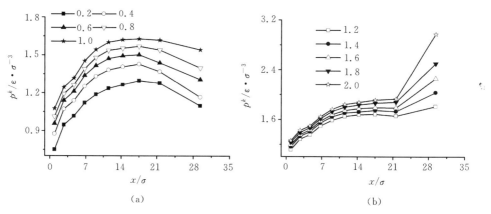

(a)   (b)

图 4-16　分子动能对压力分布的影响
(a)无量纲速度 $v = 0.2 \sim 1.0$;(b)无量纲速度 $v = 1.2 \sim 2.0$

当 $v < 1.0$ 时,分子动能对模拟区域内液体压力的影响效果随壁面运动速度的增加小幅度地均匀增加,并且沿 x 方向不同层面内动能对压力作用效果增加的趋势基本一致;

当 $v > 1.0$ 时,前 9 层面内动能对液体压力的作用效果随壁面运行速度的增加依然保持小幅度均匀增加,只是在封闭端附近动能对于压力的影响更为明显。

分子间相互势能对液体压力的影响如图 4-17 所示。

比较图 4-15 与图 4-17 可以明显看出,分子间相互作用势能对液体压力的作用效果与液体压力的分布曲线形状基本吻合,而且在数值上也比较接近。

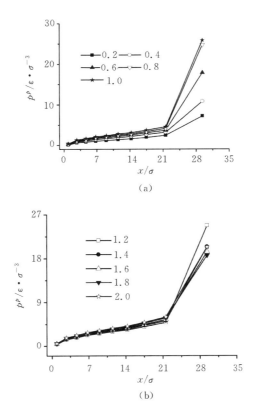

图 4-17　分子作用势对压力分布的影响

(a) 无量纲速度 $v = 0.2 \sim 1.0$;(b) 无量纲速度 $v = 1.2 \sim 2.0$

由此可以推断,在出口端封闭的楔形区域内对液体压力起主导作用的应当是分子间的相互作用势。

2) 平衡状态下液体的密度分布

分子间的相互作用势对于分子的空间密度分布也具有极为重要的的影响,不同壁面运行速度下纳米流道内液体分子的空间分布和统计密度分布曲线如图 4-18 所示。可以看到,在宏观层面被视为连续介质的液体在整个区域内的密度分布实际上并不连续和均匀 —— 一般情况下,低密度分布区出现在入口端;高密度分布区出现在近封闭端;而在中间区域的分子密度分布则趋于相对均匀。

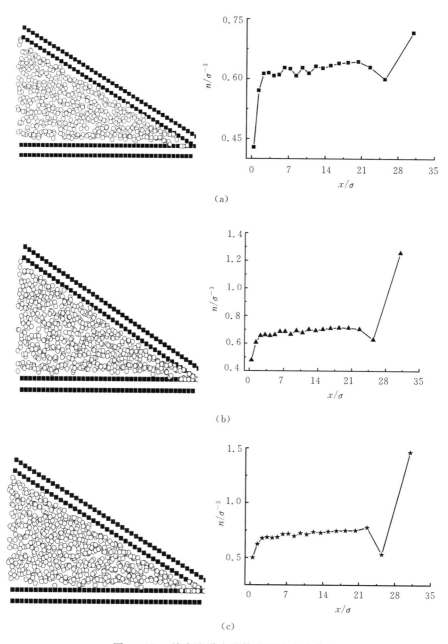

图 4 - 18　纳米流道内液体分子的密度分布

(a)无量纲速度 $v = 0.2$;(b)无量纲速度 $v = 0.6$;(c)无量纲速度 $v = 1.0$;

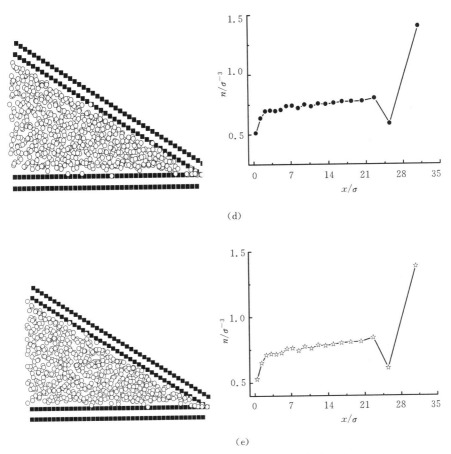

续图 4 - 18　纳米流道内液体分子的密度分布

(d) 无量纲速度 $v = 1.4$；(e) 无量纲速度 $v = 2.0$

　　关于出口端封闭的楔形区域内能量积累过程可以理解为：

　　在固体壁面开始运动初期，整个区域内的分子密度分布大体相同，在入口端跟随壁面运动可能进入模拟区域的分子数较多，而在出口端液体分子的运动由于封闭受到更多的限制，出现分子的积聚、分子间的距离减小和势能的迅速增加，从而在封闭端附近形成高压区，其压力值远大于其他区域，最终在整个楔形区域内达到分子密度和压力分布的动态平衡 —— 这时进入楔形区域和离开楔形区域的分子数基本相当。

　　壁面运动速度进一步的增加将直接导致能量密集区的不断扩大，当楔形区域内的压力合力等于或大于外载荷时，上述出口端封闭区域的能量平衡状态将被打破 —— 对于轴承转子系统而言，意味着转子的起飞而进入全膜润滑状态。

3) 固液间势能作用指数对流动特性的影响

在前面关于纳米流道流动特性的讨论中,对于固液间的相互作用势都是按照公式(4-23)计算得到的,并取式中的势能作用指数 $c = 1.0$。

$$\phi_{sl} = 4c\varepsilon_{sl}\left(\left(\frac{\sigma_{sl}}{r}\right)^{12} - \left(\frac{\sigma_{sl}}{r}\right)^{6}\right)$$

液体与固体壁面间势能作用的强弱通过势能作用指数 c 进行调节,其中 c 可以表示为

$$c = \frac{\varepsilon_{sl}}{\varepsilon_{ll}} \qquad\qquad (4-29)$$

式中,ε_{sl} 为液体和固体表面势能作用的能量参数;ε_{ll} 为液体分子间的 LJ 势能的能量参数。

势能作用指数的大小可以用来衡量固体与液体的浸润性的强弱。作用指数值越小,表示液体与固体表面之间的浸润性越差;作用指数值越大,表示液体与固体表面之间的浸润性越强。

当固液间的相互作用势取 LJ 势时,液固间的接触角也可以采用下式来计算[7,50,51]:

$$\cos\theta_{LJ} = 2c - 1 \qquad\qquad (4-30)$$

式中,θ_{LJ} 为由 LJ 势所决定的液体和固体表面间的接触角,当液体和固体表面之间的作用势很强而出现接触角余弦值大于 1 时,即取接触角为 0。

有必要进一步研究不同势能作用指数对于楔形区域内液体流动特性的影响,以下的模拟结果是在壁面运动速度恒定($v_0 = 1.0$)情况下得到的。

不同固液间势能作用指数下纳米流道内液体分子的空间分布和统计密度分布如图 4-19 所示。

模拟结果表明,固液间势能作用指数对纳米流道内分子的密度分布有着明显的影响:

当固液势能作用指数较小时,一方面,在近封闭端处会形成高密度区;另一方面,由于固液间的相互作用势弱,固体壁面与液体之间的浸润性差,从而造成在封闭端有明显的空穴或空泡区存在。

当固液间相互作用势较强时,由于固体壁面对液体分子的强烈吸附作用,除入口端外,其余区段内分子的密度分布不再有明显的高密度或低密度区出现。

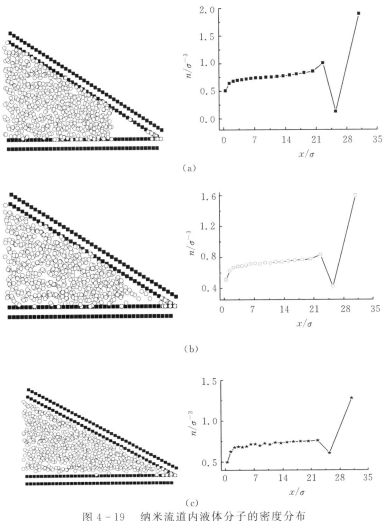

图 4 - 19　纳米流道内液体分子的密度分布

(a) 固液间势能作用指数($c = 0.2, v_0 = 1.0$);

(b) 固液间势能作用指数($c = 0.5, v_0 = 1.0$);

(c) 固液间势能作用指数($c = 1.0, v_0 = 1.0$)

4.5　纳米尺度下楔形空间的小间隙流动

就轴承转子系统的起飞全过程而言,对于出口端封闭的楔形流道液体流动及能量积累过程的研究还仅仅是第一步,从轴颈与轴承间的表面接触到转子起飞进入全膜润滑这一突变瞬间的描述目前仍然缺乏有效的数学方法。一种可替代的途径是转而研究纳米尺度下楔形空间的小间隙流动，以观察在起飞前后可能发生的物理现象。

　　纳米尺度下楔形空间的小间隙流动模型如图 4-20 所示。

　　图中 h_y 为流道入口端高度，$h_y = 9.35\sigma$；h 为不同分离状态下流道出口端高度，$h = 1.7n\sigma (n = 1, 2, \cdots, 5)$，当 $n = 0$ 时，即为前面所讨论的出口端封闭流动；模拟区域在 x 和 z 方向的计算尺寸为：$34.85\sigma \times 5.1\sigma$；无量纲壁面运动速度 $v_0 = 0.2, 0.5, 1.0, 1.5, 1.8$ 和 2.0；固液间的作用势仍采用式（4-23），作用指数 $c = 1.0$。

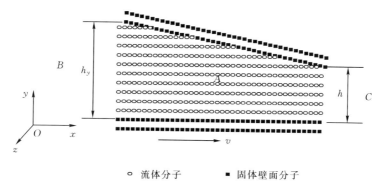

○ 流体分子　　■ 固体壁面分子

图 4-20　模拟系统示意图

1. 楔形流道内的液体压力及其影响因素

　　1）壁面运动速度对压力分布的影响

　　当出口端不再封闭时，随着原先积聚在封闭端的能量得到释放，近出口端处的液体压力，与出口端封闭状态下的液体压力相比，呈现大幅度下降趋势；同时，流体的最大压力也逐渐偏离出口端；当出口端高度继续增加时，楔形流道内的小间隙流动液体压力分布与按 N-S 方程求解得到的宏观压力分布趋于一致（见图 4-21）。

　　2）壁面运动速度对温度分布的影响

　　对应于不同的出口高度和壁面运动速度，流体沿 x 方向的温度分布存在着较大的差异，如图 4-22 所示。

　　模拟结果显示，在小间隙流动中，处于出口端附近的流体温度随着壁面运动速度的增加总体上呈上升趋势，这一结论与参考文献[49]发表的研究结果相吻合（见图 4-23）。

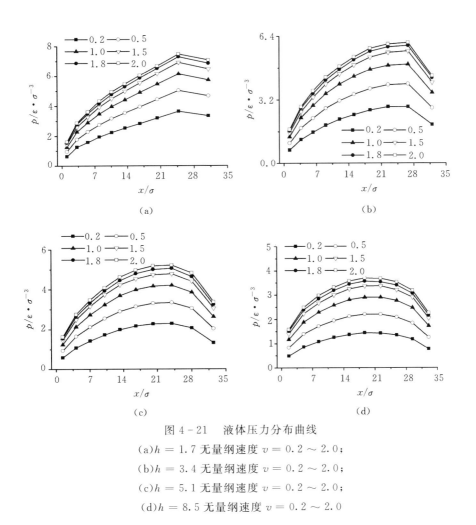

图 4 - 21　液体压力分布曲线

(a)$h = 1.7$ 无量纲速度 $v = 0.2 \sim 2.0$；

(b)$h = 3.4$ 无量纲速度 $v = 0.2 \sim 2.0$；

(c)$h = 5.1$ 无量纲速度 $v = 0.2 \sim 2.0$；

(d)$h = 8.5$ 无量纲速度 $v = 0.2 \sim 2.0$

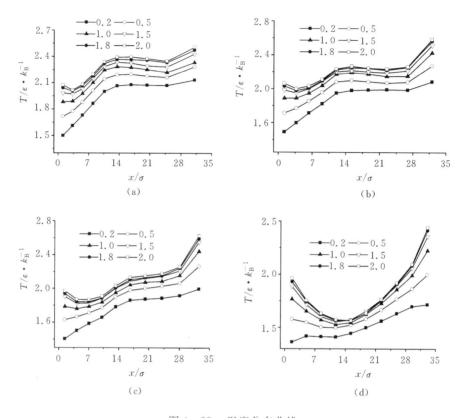

图 4 - 22　温度分布曲线

(a)$h = 1.7$ 无量纲速度 $v = 0.2 \sim 2.0$;(b)$h = 3.4$ 无量纲速度 $v = 0.2 \sim 2.0$;

(c)$h = 5.1$ 无量纲速度 $v = 0.2 \sim 2.0$;(d)$h = 8.5$ 无量纲速度 $v = 0.2 \sim 2.0$

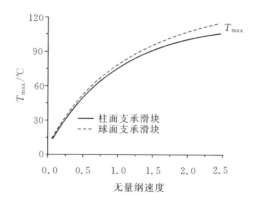

图 4 - 23　壁面运行速度与液体最高温度的变化曲线[49]

2. 小间隙纳米流道中的射流现象

楔形流道内的流体从出口端封闭状态改变为小间隙流动,伴随着能量的瞬时释放,在出口端会出现射流现象——由于原先出口封闭而积累的势能以动能的形式释放出来,导致出口端液体瞬时速度的急剧增加而形成射流,如图 4 - 24 和图 4 - 25 所示。

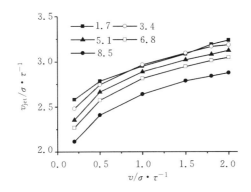

图 4 - 24　不同出口高度下的无量纲射流速度

$(v = 0.2 \sim 2.0)$

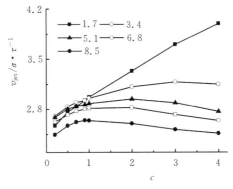

图 4 - 25　固液间势能指数对于出口端射流速度的影响

$(c = 0.2 \sim 4.0)$

纳米流道出口端分离初期,当 $h = 1.7$ 时,由于出口端两固体壁面间的距离较小,固液间势能作用强弱对射流速度的影响较为明显,随着势能指数从 0.2 增加到 4.0,出口端的射流速度呈线性增加。

可以看出,当纳米流道出口端距离相同时,随着壁面运行速度的增加,出口端液体的射流速度不断增加;当壁面的运行速度保持不变时,随着纳米流道出口端分离距离的增加，出口端液体的射流速度越来越小。无量纲射流速度在 $2.0 \sim 3.3$ 之间，所对应的实际流动速度在 $314 \sim 518 \text{ m/s}$ 范围内。

对于上述数值模拟所获得的射流速度的合理性，可以从目前关于射流现象研究的已发表的文献中得到相应的佐证。例如，Hanasaki 在模拟水射流过程时所获得的水射流速度在 $300 \sim 700 \text{ m/s}$ 之间，所采用的模拟参数为：出口端与入口端高度之比大约为 0.5，与本章所采用的无量纲模拟参数 $h = 5.1$、出口端与入口端高度之比 0.517 相近，两者的结论是较为吻合的（见图 $4-26$ 和图 $4-27$）[23,24]。

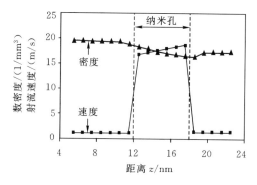

图 $4-26$ 液体流动速度模拟结果[23]

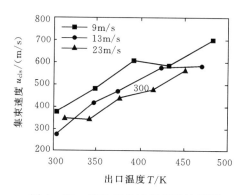

图 $4-27$ 液体流动速度模拟结果[24]

4.6   小   结

本章采用分子动力学（MD）模拟方法，主要讨论在轴承与转子分离前后过程中壁面运行速度及固液间的相互作用势对于润滑液流动特性的影响规律。主要结论如下：

（1）轴承与转子分离之前，在封闭楔形区域内将形成高压区——相应的压力分布远超出轴承正常运行状态下的液体润滑膜压力分布，随着壁面运动速度的增加，并逐渐达到压力的最大值；在此之后，壁面的运动速度效应对最大压力值不再产生影响，而更多地表现为封闭区域内分子内能的积累——随着壁面运动速度的增加，液体温度呈持续增长趋势。

（2）固液间势能作用指数对纳米流道内分子的密度分布有着明显的影响：当固液势能作用指数较小时，在近封闭端处将形成高密度区，并在封闭端形成明显的空穴或空泡区。

（3）随着剪切速率的增加，两固体壁面间液体靠近运动壁面处的温度呈线性增加，同时在运动壁面附近出现着明显的滑移现象，滑移率随着剪切速度的增加而增加。运动壁面对液体滑移的影响范围在 0.8σ 之内。

（4）当封闭楔形区域内压力超出某一临界值时，轴承与转子发生分离，同时在出口端形成射流，楔形区内的射流速度随出口高度的增加逐渐减小，并最终和宏观流动规律趋于一致。

参考文献

[1]　Allen M P，Tildesley D J. Computer simulation of liquids[M]. New York：Oxford university press，1987.

[2]　Israelachvili J N，Mcguiggan P M，Homola A M. Dynamic properties of molecularly thin liquid films[J]. Science，1988，240：189 – 191.

[3]　Guo Z Y，Li Z X. Size effect on microscale single-phase flow and heat transfer[J]. International Journal of Heat and Mass Transfer，2003，46：149 – 159.

[4]　Guo Z Y，Li Z X. Size effect on single-phase channel flow and heat transfer at microscal[J]. International Journal of Heat and Fluid Flow，2003，24(3)：284 – 298.

[5]　Frenkel D，Smit B. Understanding molecular simulation from algorithms to applications[M]. California：academic press，2002

[6]　弗兰克. 分子模拟——从算法到应用[M]. 汪文川，译. 北京：化学工业出版社，2002.

[7]　曹炳阳. 速度滑移及其对微纳尺度流动影响的分子动力学研究[D]. 北京：清华大学，2005.

[8]　Thompson P A，Robbins M O. Simulations of contact-line motion：slip and the dynamics contact angle[J]. Physical review letters，1989，63(7)：766 - 769.

[9]　Thompson P A，Robbins M O. Shear flow near solids：epitaxial order and flow boundary conditions[J]. Physical Review A，1990，41(12)：6830 - 6837.

[10]　Thompson P A，Troian S M. A general boundary condition for liquid flow at solid surface[J]. Nature，1997，389：360 - 362.

[11]　Bitsanis I，Magda J J，Tirrell M. Molecular dynamics of flow in micropores[J]. Journal of chemical physics，1987，87(3)：1733 - 1750.

[12]　Koplik J，Banavar J R，Willemsen J F. Molecular dynamics of fluid flow at solid surface[J]. Physics of fluids A，1989，1(5)：781 - 794.

[13]　Heinbuch U，Fischer J. Liquid flow in pores：slip，no-slip or multilayer sticking[J]. Physical review A，1989，40(2)：1144 - 1146.

[14]　Sun M，Ebner C. Molecular dynamics study of flow at a fluid-wall interface[J]. Physical review latters，1992，69(24)：3491 - 3494.

[15]　Barrat J L，Bocquet L. Large slip effect at a nonwetting fluid-solid interface[J]. Physical Review Letters，1999，82(23)：4671 - 4674.

[16]　Cieplak M，Koplik J. Boundary conditions at a fluid-solid interface [J]. Physical review letters，2001，86(5)：803 - 806.

[17]　Korzeniowski A，Greenspan D. Microscopic turbulence in water[J]. Mathl. Comput. Modelling，1996，23(7)：89 - 100.

[18]　Greenspan D. A molecular mechanics-type approach to turblence[J]. Mathl. Comput. Modelling，1997，26(12)：85 - 96.

[19]　Greenspan D. Molecular cavity flow[J]. Fluid dynamics reseach，1999，25：37 - 56.

[20]　Greenspan D. Molecular study of turbulence in three-dimensional cavity flow[J]. Comput. Methods. Appl. Mech. Engrg，2001，190：4231 - 4244.

[21]　Greenspan D. A study of molecular turbulence through the cavity problem for air[J]. Mathematical and computer modelling，2004，40：345 - 359.

[22]　Luis G. Camare and Fernando Bresme. Liquids confined in wedge

shaped pores：Nonuniform pressure induced by pore geometry[J]. Journal of chemical physics，2004，120(24)：11355 – 11358.

[23] Huang C，Phillip Y K. Investigatin of entrance and exit effects on liquid transport through a cylindrical nanopore[J]. Physical chemistry chemical physics，2008，10：186 – 192.

[24] Itsuo Hanasaki，Akihiro Nakatani. Molecular dynamics of a water jet from carbon nanotube[J]. Physical review，2009，E79(4)：046307(1 – 7).

[25] 周公度，段连运. 结构化学基础[M]. 北京：北京大学出版社，2005.

[26] 万俊华，刘顺隆，杨曜根等. 流体分子理论及性质[M]. 哈尔滨：哈尔滨工业大学出版社，1994.

[27] Heermann D W. 理论物理中的计算机模拟方法[M]. 秦克诚，译. 北京：北京大学出版社，1996.

[28] Andersen H C. Molecular dynamics at constant pressure and/or temperature[J]. J. Chem. Phys. ，1980，72：2384 – 2393.

[29] Hoover W G. Canonical dynamics：equilibrium phase-space distributions[J]. Phys. Rev. A. ，1985，31：1695 – 1697.

[30] Hoover W G. Constant pressure equations of motion[J]. Phys. Rev. A. ，1986，34：2499 – 2500.

[31] Nose S. An extention of the canonical ensemble molecular dynamics method[J]. Mol. Phys. ，1986，57：187 – 191.

[32] Nose S. A unified formulation of the constant temperature molecular dynamics method[J]. J. Chem. Phys. ，1984，81：5 – 11.

[33] Telver R，Toigo F，Koplik J. Thermal walls in computer simulations [J]. Physical Review E，1998，57(1)：R17 – 20.

[34] Koplik J，Banavar J R，Willemsen J F. Molecular dynamics of fluid at solid surface[J]. Physics of Fluids，1989，1(5)：781 – 794.

[35] 房晓勇，刘竞业，杨会静. 固体物理学[M]. 哈尔滨：哈尔滨工业大学出版社，2004.

[36] Boen M，黄昆. 晶格动力学理论[M]. 葛惟锟，贾惟义，译. 北京：北京大学出版社，2006.

[37] Bhattacharya D K，Lie G C. Molecular-dynamics simulations of nonequilibrium heat and momentum transport in very dilute gases[J].

Physical Review letters，1989，62(8)：897 - 900.

[38] Cieplak M，Koplik J，Banavar J R. Molecular dyanmics of flows in the Knudsen regime[J]. Physica A，2000，287：153 - 160.

[39] Morris D. L，Hannon L，Garcia A L. Slip length in a dilute gas[J]. Physical Review A，1992，46(8)：5279 - 5281.

[40] Verlet L. Computer "experiments" on classical fluids. Ⅰ. Thermo-dynamical properties of Lennnard-Jone molecules[J]. Phys. Rev.，1967，157：98 -103.

[41] Hockney R W. The potential calculation and some applications[J]. Methods comput. Phys.，1970，9：136 - 211.

[42] Potter D. Computational physics[M]. New York：Wiley，1973.

[43] Hockney R W. Computer simulation using particles[M]. New York：McGraw-Hill，1981.

[44] Auerbach J D，Paul W，Lutz C. A special purpose parallel computer for molecular dynamics：motivation，design，implementation，and application[J]. J. Phys. Chem.，1987，91：4881 - 4890.

[45] 王慧，胡元中，等. 超薄润滑膜界面滑移现象的分子动力学研究 [J]. 清华大学学报，2000，40：107 - 110.

[46] Yao. Monte carlo simulation of the grand canonical ensemble[J]. Molecular Physics，1982，46(3)：587 - 594.

[47] Mihaly Mezei. A cavity-biased（T，V，μ）Monte Carlo method for the computer simulation of fluids[J]. Molecular Physics，1980，40(4)：901 - 906.

[48] 周桂如，马骥，全永昕. 流体润滑理论[M]. 杭州：浙江大学出版社，1990.

[49] 杨沛然. 流体润滑数值分析[M]. 北京：国防工业出版社，1998.

[50] De Gennes P G. Wetting：Statistics and dynamics[J]. Review of Modern Physics，1985，57：827 - 863.

[51] Freund J B. The atomic detail of a wetting/de-wetting flow[J]. Physics of Fluids，2003，15(5)：L33 - L36.

[52] 贾妍. 纳米尺度下液体流动的分子动力学模拟研究[D]. 西安：西安交通大学，2011.

[53] 贾妍，刘恒，虞烈. 纳米流道内液体特性的分子动力学研究[J]. 西安

交通大学学报，2008，42(1):9－12.

[54] Jia Y，Liu H，Yu L. Molecular dynamics studies of the flow properties of liquids in nanochannel//Proceedings of the IEEE International Conference on Automation and Logistics (ICAL'2008)[C]. Qingdao (China)：2546－2549.

[55] Jia Y，Liu H，Yu L. Propagation of stress wave in nickel single crystals nanoflim via molecular dyanmics//Proceedings of the IEEE International Conference on Automation and Logistics (ICAL'2009)[C]. Shenyang(China)：1396－1400.

[56] Jia Y，Liu H，Yu L. Propagation of stress wave in nickel single crystals nanoflim with cavity via molecular dyanmics//Proceedings of the IEEE International Conference on Automation and Logistics (ICAL'2009)[C]. Shenyang(China)：1401－1405.

[57] 贾妍,刘恒,虞烈. 楔形纳米流道内液体特性的分子动力学研究[J]. 机械工程学报，2011，47(15):61－69.

第5章　动压滑动轴承对于简单转子系统稳定性的影响规律

5.1　概　　述

滑动轴承支承的转子系统的动力学行为,除了仍然受制于转子本身材料的弹性模量、质量分布、运行速度等参数外,在更大程度上将取决于滑动轴承的动特性,这时支承的作用被充分地显示出来。

从积极的意义上说,和滚动轴承不同,流体动压轴承所提供的阻尼能够起到有效地抑制强迫振动的作用,使得系统平稳地越过临界转速、实现超临界高速运行成为可能;不利的一面是当系统工作转速超出一定范围时,轴承的动态油膜力可能导致整个系统产生自激振动,从而出现特有的"油膜涡动"现象。在图5-1中给出了一个支承在动压滑动轴承上的单质量弹性转子的圆盘振幅随转动角频率变化的典型曲线。

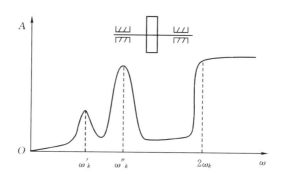

图 5-1　动压滑动轴承支承的单质量弹性转子幅频响应曲线

由于油膜刚度和阻尼各向异性的影响,单质量弹性转子的阻尼固有频率在略低于刚支转子固有频率 ω_k 附近将被分解为两个:ω'_k 和 ω''_k,并出现两个共振峰;同时,由于阻尼的抑制作用,圆盘的同期共振振幅 $A(\omega)$ 表现为有限值,而不再趋于无穷;当 ω 继续上升时,转子越过共振区后的振幅将迅速下降并趋于平稳;但当 ω 超出某一极限频率 ω_{st} 后,圆盘振幅会出现突然迅速增长的趋势,并在振幅频谱中伴随有明显的低频分量,表明系统产生了自激振动并逐渐走向失稳,由于这种低频成分通常维持在工作频率的 1/2 左右,因此这种现象通常被称为"半速涡动";当转子转速继续增加到 2 倍刚支临界转速时,自激振动频率将接近于转子的刚支固有频率,转子振幅急剧增加,从而形成所谓的"油膜振荡"——油膜振荡一旦发生,即便是增大转速也不会消失,这种在工程中往往表现为突发性自激振动所造成的后果往往是灾难性的,因此应当予以特别的重视和关注。

上述动压滑动轴承转子系统可能出现的动力不稳定性主要特征可以归结为:

(1)油膜涡动或油膜振荡的发生不仅与滑动轴承的结构与参数有关,而且与转子参数有关,或者说取决于系统参数。当转子受载情况和结构参数不同时,系统的稳定性状况亦各异。有些转子系统可能在转速较低时就出现油膜涡动,而当转速增加至一定值时演变为油膜振荡;有些转子可能在转动频率小于 $2\omega_k$ 时并不产生油膜涡动,而在转动频率增至或超过 $2\omega_k$ 时突然发生油膜振荡;更有许多成功的案例,由于转子系统参数选择及匹配比较合理,保证了转子系统在整个运行转速范围内始终不产生自激振动。

(2)油膜涡动和油膜振荡属于同一种自激振动,都是由润滑膜动态力所激发的,后者可以看成是前者的特例。这两者之间的区别在于:油膜涡动的自振频率随着转速的增加而增加,而当涡动发展为振荡时,其振荡频率接近于 ω_k,且基本保持不变。

(3)油膜涡动属于正向涡动。如系统转动频率始终低于 2 倍的系统一阶固有频率,油膜振荡将不会发生。

本章主要在线性范围内讨论由于动压滑动轴承的引入,在单质量转子系统中所出现的系统稳定性问题。

5.2　单质量弹性转子

在线性范围内研究由径向滑动轴承支承的转子系统的稳定性,通常是在转子发生小扰动情况下,建立并求解系统运动的动力学微分方程,从而判定系统所处的稳定性状况或趋势。

严格地讲,对于呈强非线性的油膜力,仅取其一阶近似在处理上略显粗糙些。其主要缺陷在于不能够同时计入同期不平衡激励力的影响,因而无法充分揭示系统的非线性振动特征,但由于线性化处理方法能对系统失稳、半速涡动和油膜振荡的发生作出简单、明了的估计,所以在工程分析中至今仍然被大量采用[1]。

对于如图 5-2(a) 所示的单质量弹性转子,圆盘质量为 $2m$,轴刚度为 $2k$,转子对称地支承在一对完全相同的动压滑动轴承上。

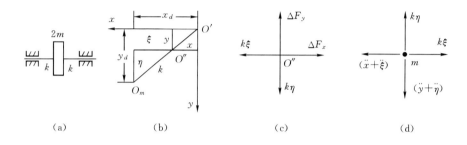

图 5-2　滑动轴承支承的单质量弹性转子系统
(a) 单质量对称弹性转子;(b) 轴颈位移;(c) 轴颈受力;(d) 圆盘质心受力

设轴颈在轴承中的静平衡位置为 O',受扰后的瞬时位置为 O''。在直角坐标系 $O'xy$ 中,分别以 $x,y,\dot{x},\dot{y},\ddot{x}$ 和 $\ddot{y}$ 表示轴颈中心在某瞬时的位移、速度和加速度;$\xi,\eta,\dot{\xi},\dot{\eta},\ddot{\xi},\ddot{\eta}$ 为质量 m 相对于轴颈中心的位移、速度和加速度(见图 5-2(b))。注意到系统的对称性,可以列出关于系统的力平衡方程:

对于轴颈,有

$$\begin{cases} k\xi = \Delta F_x = k_{xx}x + k_{xy}y + d_{xx}\dot{x} + d_{xy}\dot{y} \\ k\eta = \Delta F_y = k_{yx}x + k_{yy}y + d_{yx}\dot{x} + d_{yy}\dot{y} \end{cases} \quad (5-1)$$

对于圆盘,有

$$\begin{cases} m(\ddot{x} + \ddot{\xi}) + k\xi = 0 \\ m(\ddot{y} + \ddot{\eta}) + k\eta = 0 \end{cases} \quad (5-2)$$

将上述微分方程的解 $(x,y,\xi,\eta) = (x_0,y_0,\xi_0,\eta_0)e^{vt}$ 代入式(5-1)、式(5-2)后,得到系统的特征方程

$$a_6\gamma^6 + a_5\gamma^5 + a_4\gamma^4 + a_3\gamma^3 + a_2\gamma^2 + a_1\gamma^1 + a_0 = 0 \quad (5-3)$$

其中,系数

$$a_6 = m^2 A_d^2$$
$$a_5 = m^2 [k(d_{xx} + d_{yy}) + A_g]$$
$$a_4 = m[mk^2 + mk(k_{xx} + k_{yy}) + mA_k + 2kA_d]$$
$$a_3 = mk[k(d_{xx} + d_{yy}) + 2A_g]$$
$$a_2 = k[mk(k_{xx} + k_{yy}) + 2mA_k + kA_d]$$
$$a_1 = k^2 A_g$$
$$a_0 = k^2 A_k$$

式中

$$A_k = k_{xx} k_{yy} - k_{xy} k_{yx}$$
$$A_d = d_{xx} d_{yy} - d_{xy} d_{yx}$$
$$A_g = k_{xx} d_{yy} + k_{yy} d_{xx} - k_{xy} d_{yx} - k_{yx} d_{xy}$$

特征值 γ 由式(5-3)决定,记

$$\gamma = -u + \mathrm{i}\omega_j \tag{5-4}$$

众所周知,系统的稳定性将取决于 γ 在复平面上的分布状况:

如 $u > 0$,则系统处于稳定状态。当系统由于外扰而偏离其静平衡位置后,其自由振动振幅将随时间增加而逐渐衰减,并最终回复到静平衡位置;

如 $u = 0$,则系统处于界限状态。系统受扰后将在平衡位置附近以频率 ω_j 作等幅振荡,其振幅大小由初始条件决定;

如 $u < 0$,亦即特征值 γ 具有正实部,则系统处于不稳定状态,受扰后运动轨迹发散,其振幅将随时间的增加而逐渐增大。

对于系统的稳定性状况精细分析只能借助于对系统特征值的求解,但如仅限于在某特定工况下判别系统稳定与否,则问题要简单得多。对于如式(5-3)的代数方程,判别其特征值是否具有负实部可采用罗斯-赫尔兹(Routh-Hurwitz)准则或乃奎斯特(Nyquist)准则,这里仅介绍 Routh-Hurwitz 准则。

对于任意 n 阶实系数代数方程

$$a_n \gamma^n + a_{n-1} \gamma^{n-1} + \cdots + a_1 \gamma^1 + a_0 = 0 \tag{5-5}$$

如果式(5-5)中所有系数 $a_k (k = 0, 1, 2, \cdots, n) \neq 0$,按系数矩阵

$$\begin{pmatrix} a_1 & a_0 & 0 & 0 & \cdots & 0 & 0 \\ a_3 & a_2 & a_1 & a_0 & \cdots & 0 & 0 \\ a_5 & a_4 & a_3 & a_2 & \cdots & \cdots & \cdots \\ \vdots & \vdots & \vdots & \vdots & & \vdots & \vdots \\ a_{2n-1} & a_{2n-2} & a_{2n-3} & a_{2n-4} & \cdots & a_{n+1} & a_n \end{pmatrix} \tag{5-6}$$

所建立的子行列式 $\Delta_1 = a_1, \Delta_2 = \begin{vmatrix} a_1 & a_0 \\ a_3 & a_2 \end{vmatrix}, \cdots, \Delta_n$ 的值均大于 0,则方程

(5-5) 将只含有负实部的根。

将该准则延拓到复数域内,则有:

对于方程(5-5),定义在复数域内的 $a_k = r_k + \mathrm{i} i_k (k = 0, 1, 2, \cdots, n)$,虚数 $\mathrm{i} = \sqrt{-1}$。如对于系数矩阵

$$
\begin{pmatrix}
r_0 & -i_0 & 0 & 0 & 0 & 0 & \cdots \\
i_1 & r_1 & r_0 & -i_0 & 0 & 0 & \cdots \\
-r_2 & i_2 & i_1 & r_1 & r_0 & -i_0 & \cdots \\
-i_3 & -r_3 & -r_2 & i_2 & i_1 & r_1 & \cdots \\
r_4 & -i_4 & -i_3 & -r_3 & -r_2 & i_2 & \cdots \\
i_5 & r_5 & r_4 & -i_4 & -i_3 & -r_3 & \cdots \\
-r_6 & i_6 & i_5 & r_5 & r_4 & -i_4 & \cdots \\
-i_7 & -r_7 & -r_6 & i_6 & i_5 & r_5 & \cdots \\
\vdots & \vdots & \vdots & \vdots & \vdots & \vdots & \vdots
\end{pmatrix} \tag{5-7}
$$

所有的偶次子行列式的值都大于 0,则该方程的根全部含有负实部[2]。

对于如图 5-2 所示的转子系统方程,在式(5-1)、式(5-2)中消去 ξ 和 η 后,得到

$$
\begin{cases}
\left(\dfrac{m k \gamma^2}{m \gamma^2 + k} + k_{xx} + d_{xx} \gamma \right) x_0 + (k_{xy} + d_{xy} \gamma) y_0 = 0 \\[2mm]
\left(\dfrac{m k \gamma^2}{m \gamma^2 + k} + k_{yy} + d_{yy} \gamma \right) y_0 + (k_{yx} + d_{yx} \gamma) x_0 = 0
\end{cases} \tag{5-8}
$$

当系统恰好处于界限状态,亦即 $u = 0, \gamma = \mathrm{i} \omega_j$ 时,方程(5-8)简化为

$$
\begin{cases}
\dfrac{m k \omega_j^2}{k - m \omega_j^2} x_0 = (k_{xx} + \mathrm{i} \omega_j d_{xx}) x_0 + (k_{xy} + \mathrm{i} \omega_j d_{xy}) y_0 \\[2mm]
\dfrac{m k \gamma^2}{k - m \omega_j^2} y_0 = (k_{yx} + \mathrm{i} \omega_j d_{yx}) x_0 + (k_{yy} + \mathrm{i} \omega_j d_{yy}) y_0
\end{cases} \tag{5-9}
$$

式(5-9)表明,对于处于界限状态下的各向同性转子来说,这时由滑动轴承所提供的动态油膜力所起的作用相当于一组各向同性的弹簧,其在 x, y 方向上等效刚度可以表示为

$$
k_{\mathrm{eq}} = \frac{m k \omega_j^2}{k - m \omega_j^2} \tag{5-10}
$$

将式(5-10)代入式(5-9)后得

$$\begin{cases} (k_{eq} - k_{xx} - i\omega_j d_{xx})x_0 - (k_{xy} + i\omega_j d_{xy})y_0 = 0 \\ -(k_{yx} + i\omega_j d_{yx})x_0 + (k_{eq} - k_{yy} - i\omega_j d_{yy})y_0 = 0 \end{cases} \quad (5-11)$$

式(5-11)存在非零解的条件为

$$\begin{vmatrix} k_{eq} - k_{xx} - i\omega_j d_{xx} & -k_{xy} - i\omega_j d_{xy} \\ -k_{yx} - i\omega_j d_{yx} & k_{eq} - k_{yy} - i\omega_j d_{yy} \end{vmatrix} = 0$$

将上式展开并令其虚、实部分别为零,得到

$$\begin{cases} (k_{eq} - k_{xx})(k_{eq} - k_{yy}) - \omega_j^2(d_{xx}d_{yy} - d_{xy}d_{yx}) - k_{xy}k_{yx} = 0 \\ (k_{eq} - k_{yy})d_{xx} + (k_{eq} - k_{xx})d_{yy} + k_{yx}d_{xy} + k_{xy}d_{yx} = 0 \end{cases} \quad (5-12)$$

引入临界涡动比 γ_{st},并按 $k_{ij} = \dfrac{\mu B\omega}{\psi^3}K_{ij}$,$d_{ij} = \dfrac{\mu B}{\psi^3}D_{ij}(i,j = x,y)$ 对式

(5-12)进行无量纲化,其中 ω 为转动角频率。经无量纲化后的式(5-12)变为

$$\begin{cases} (K_{eq} - K_{xx})(K_{eq} - K_{yy}) - \gamma_{st}^2(D_{xx}D_{yy} - D_{xy}D_{yx}) - D_{xy}D_{yx} = 0 \\ (K_{eq} - K_{yy})D_{xx} + (K_{eq} - K_{xx})D_{yy} + K_{yx}D_{xy} + K_{xy}D_{yx} = 0 \end{cases}$$

$$(5-13)$$

$$\gamma_{st} = \frac{\omega_j}{\omega} \quad (5-14)$$

由此解得

$$\begin{cases} K_{eq} = \dfrac{K_{xx}D_{yy} + K_{yy}D_{xx} - K_{yx}D_{xy} - K_{xy}D_{yx}}{2} \\ \gamma_{st}^2 = \dfrac{(K_{eq} - K_{xx})(K_{eq} - K_{yy}) - D_{xy}D_{yx}}{(D_{xx}D_{yy} - D_{xy}D_{yx})} \end{cases} \quad (5-15)$$

油膜等效刚度 K_{eq} 和临界涡动比 γ_{st} 是衡量径向动压滑动轴承稳定性性能好坏的两个重要指标,前者反映了油膜综合刚度的相对值,后者反映了油膜中涡动因素对阻尼因素的相对比例关系。

显然,油膜的综合刚度应当恒大于零,因此 $K_{eq} > 0$ 是系统稳定的必要条件;当 $\gamma_{st}^2 < 0$ 时,则表明 γ_{st} 无实数解,涡动不可能发生,因此 $\gamma_{st}^2 < 0$ 是系统稳定的充分条件。

对于一般常用径向滑动轴承,K_{eq} 越大而 γ_{st} 越小,则表明轴承稳定性越好。在 $K_{eq} > 0$,$\gamma_{st}^2 > 0$ 时,系统失稳转速为一定值,记失稳时转子的转动频率为 ω_{st}。由 $k_{eq} = \dfrac{mk\omega_{st}^2}{k - m\omega_{st}^2}$ 得到

$$\frac{\mu B\omega_{st}}{\psi^3}K_{eq} = \frac{mk(\gamma_{st}\omega_{st})^2}{k - m(\gamma_{st}\omega_{st})^2}$$

解得界限失稳转速

$$\omega_{st} = \frac{-m\omega_k^2}{2K_{eq}\dfrac{\mu B}{\psi^3}} + \omega_k\sqrt{\left(\frac{m\omega_k^2}{2K_{eq}\dfrac{\mu B}{\psi^3}}\right)^2 + \frac{1}{\gamma_{st}^2}} \qquad (5-16)$$

其中 $\omega_k = \sqrt{\dfrac{k}{m}}$，为刚支时转子的一阶固有频率。

式(5-16) 也可以转换成如下形式以便于对于柔性转子的讨论：

$$\omega_{st} = \frac{1}{\gamma_{st}}\sqrt{\left.\left[\frac{1}{\dfrac{1}{k}+\dfrac{1}{k_{eq}}}\right]\right/m} = \frac{\omega_k}{\gamma_{st}}\sqrt{\frac{1}{\left(1+\dfrac{k}{k_{eq}}\right)}} \qquad (5-17)$$

式(5-17) 表明，如 $k \ll k_{eq}$，则 $\omega_{st} = \dfrac{\omega_k}{\gamma_{st}}$，亦即 $\omega_j = \omega_k$。因此，对于非常柔性的转子来说，系统失稳时的涡动频率将近似等于转子的一阶固有频率，导致系统一旦发生涡动就表现为突发性共振自激振荡——"油膜振荡"。

有时失稳转动频率也常采用无量纲质量 $\bar{m}(\bar{m} = \dfrac{m\psi^3\omega_{st}}{\mu B})$ 和等效刚度 K_{eq} 来表示：

$$\omega_{st} = \omega_k\sqrt{\frac{1}{\gamma_{st}} - \frac{\bar{m}}{K_{eq}}} \qquad (5-18)$$

或者由式(5-17) 出发，引入无量纲量

$$K'_{eq} = k_{eq}\Big/\left(\frac{W}{C}\right), \quad K_{ij} = k_{ij}\Big/\left(\frac{W}{C}\right), \quad D_{ij} = d_{ij}\Big/\left(\frac{W}{C}\right)$$

界限失稳转速 ω_{st} 还可以写成如下形式：

$$\omega_{st} = \omega_k\sqrt{\frac{K'_{eq}\left(\dfrac{f}{C}\right)}{\left[1+K'_{eq}\left(\dfrac{f}{C}\right)\right]\gamma_{st}^2}} \qquad (5-19)$$

式中，无量纲 K'_{eq} 和 γ_{st}^2 的表达式仍与式(5-15) 相同；C 为径向轴承的半径间隙；W 为分配到单个轴承上的静态外载荷；f 为转子中点的静挠度。

$$f = \frac{W}{k} \qquad (5-20)$$

以上关于 ω_{st} 的计算公式式(5-16) ～ 式(5-19) 在本质上是相同的，详细推导可参见参考文献[3]。

5.3　油膜失稳机理

　　动压滑动轴承支承的转子产生上述自激振动的根本原因在于轴承中的动态油膜力。如图 5-3 所示，当轴颈以很高的转动角频率 ω 运行时，在稳态工况下轴颈中心稳定在静态工作点 O' 上，当外载荷很轻时，静态工作点 O' 和轴承几何中心 O 点接近于重合，外载荷 $\boldsymbol{W}$ 和油膜合力 $\boldsymbol{F}$ 相互平衡。

　　设在小扰动情况下轴颈中心偏离其初始平衡位置运动到 O'' 点，并受到新的动态油膜力 $\boldsymbol{F}'$ 的作用。其中，$\boldsymbol{F}_W$ 部分和 $\boldsymbol{W}$ 互相平衡；另一部分为动态油膜力增量 $\Delta\boldsymbol{F}$，由两部分组成：$\Delta\boldsymbol{F}=\Delta\boldsymbol{F}_1+\Delta\boldsymbol{F}_2$。其中 $\Delta\boldsymbol{F}_1$ 促使轴颈中心回复到原静平衡位置；而 $\Delta\boldsymbol{F}_2$ 则推动轴颈绕静态工作点 O' 涡动。因此在 $\Delta\boldsymbol{F}_2$ 作用下，轴颈除了以工作角频率 ω 自转外，还将绕 O' 作与 ω 方向相同的涡动，也就是说在偏心 e 甚小时，存在着因动态油膜力激励而产生自激振动的可能。

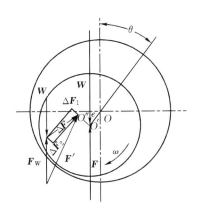

图 5-3　小扰动下滑动轴承的动态油膜力

　　更进一步的定量分析可以由动态油膜力的做功得到。设轴颈中心绕 O' 作频率为 ω_j 的简谐微振动，不失一般性，该运动可表达为

$$\begin{cases} x = x_0\sin\omega_j t \\ y = y_0\sin(\omega_j t+\theta) \end{cases} \qquad (5-21)$$

式中，θ 为相位差。

　　在一个周期时间内动态油膜力增量所做的功分别为

$$\begin{cases} A_{k_{xx}} = \oint -k_{xx}x\,\mathrm{d}x = 0 \\[2mm] A_{k_{yy}} = \oint -k_{yy}y\,\mathrm{d}y = 0 \\[2mm] A_{k_{xy}} = \oint -k_{xy}y\,\mathrm{d}x = \int_0^{\frac{2\pi}{\omega_j}} \big[-k_{xy}y_0\sin(\omega_jt+\theta)(x_0\cos\omega_jt)\omega_j \big]\mathrm{d}t = -\pi k_{xy}x_0y_0\sin\theta \\[2mm] A_{k_{yx}} = \oint -k_{yx}x\,\mathrm{d}y = \int_0^{\frac{2\pi}{\omega_j}} \big[-k_{yx}x_0\sin\omega_jt(y_0\cos(\omega_jt+\theta)\omega_j \big]\mathrm{d}t = \pi k_{yx}x_0y_0\sin\theta \end{cases}$$

类似地,由油膜阻尼力所消耗的功

$$\begin{cases} A_{d_{xx}} = \oint -d_{xx}\dot{x}\,\mathrm{d}x = \int_0^{\frac{2\pi}{\omega_j}} (-d_{xx}\dot{x}^2)\mathrm{d}t = -\pi\omega_jd_{xx}x_0^2 \\[2mm] A_{d_{yy}} = \oint -d_{yy}\dot{y}\,\mathrm{d}y = \int_0^{\frac{2\pi}{\omega_j}} (-d_{yy}\dot{y}^2)\mathrm{d}t = -\pi\omega_jd_{yy}y_0^2 \\[2mm] A_{d_{xy}} = \oint -d_{xy}\dot{y}\,\mathrm{d}x = \int_0^{\frac{2\pi}{\omega_j}} (-d_{xy}\dot{y}\dot{x})\mathrm{d}t = -\pi\omega_jd_{xy}x_0y_0\cos\theta \\[2mm] A_{d_{yx}} = \oint -d_{yx}\dot{x}\,\mathrm{d}y = \int_0^{\frac{2\pi}{\omega_j}} (-d_{yx}\dot{x}\dot{y})\mathrm{d}t = -\pi\omega_jd_{yx}x_0y_0\cos\theta \end{cases}$$

动态油膜力在一个周期内所做的总功

$$\sum A = \pi(k_{yx}-k_{xy})x_0y_0\sin\theta - \pi\omega_j(d_{xx}x_0^2+d_{yy}y_0^2) - \pi\omega_j(d_{xy}+d_{yx})x_0y_0\cos\theta$$

$$(5-22)$$

以上说明,由直接刚度项 k_{xx}, k_{yy} 所产生的力为保守力,因而所做的功与路径无关,在一个周期内所做的功为零;至于交叉项 k_{xy} 和 k_{yx} 所做的功则不能表示为全微分,所做的功与路径相关。对于固定瓦轴承,一般在小偏心工况下有 $k_{xy}<0$, $k_{yx}>0$,因此,交叉刚度力在一个周期内所做的功通常都大于零,并促使涡动轨迹发散。如果整个系统再不受其它阻尼作用,则油膜力增量所做的总功就决定了整个转子系统的稳定性,亦即:

$\sum A > 0$ 时,油膜力做正功向系统输送能量,促使运动轨迹发散,导致系统发生线性失稳;

$\sum A < 0$ 时,油膜力做负功耗散系统能量,使运动轨迹收敛,系统稳定;

$\sum A = 0$ 时,油膜力做功总和为零,这时系统处于界限状态。

图 5-4 经常被用来说明为什么失稳时系统涡动频率总维持在 $\frac{1}{2}$ 转动频率左右的原因。

设轴颈工作频率为 ω，涡动频率为 ω_j，当偏心很小时，可近似认为轴颈中心 O' 绕轴承中心 O 旋转。沿 OO' 连心线取油膜间隙的一半 $\&$ 为控制体，考察其速度流动。根据流量连续原理，单位时间内经 AC 截面流出的油流量为 $\dfrac{r\omega}{2}(c+e)$，经 BD 截面流入的油流量为 $\dfrac{r\omega}{2}(c-e)$；因轴颈挤压速度而造成的控制体体积的缩小为 $2\omega_j er$，根据

$$\frac{r\omega(c+e)}{2} = \frac{r\omega(c-e)}{2} + 2\omega_j er$$

可解得 $\omega_j = \dfrac{\omega}{2}$。

以上表明，当转子转速升高，偏心距越来越小时，仅剪切流动即可满足流量连续条件，从而导致动态油膜力的丧失，进而使得系统的自激振动得不到有效的抑制。

对于实际有限宽轴承，由于存在着端泄轴向流和压力流，通常 $\omega_j < \dfrac{\omega}{2}$，一般 ω_j 在 $0.3\omega \sim 0.5\omega$ 范围内，这就是油膜涡动常被称为"半速涡动"的由来。

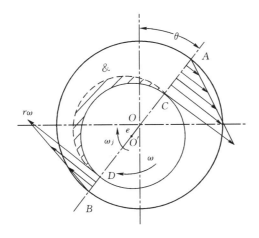

图 5-4　涡动状态下的小间隙剪切流动

5.4　系统参数的影响

1. 轴刚度 k

德国学者格林尼克(Glienicke)曾对单质量弹性转子的振动和稳定性状况进行了较为详尽的讨论[①]。

对于滑动轴承支承的对称单质量弹性转子,其阻尼固有频率和系统的稳定性将主要取决于轴刚度以及动压滑动轴承的型式。轴刚度的大小可以采用轴的相对挠度 $\Delta\mu = f/\Delta R_{\min}$ 来表示,其中 f 为转子中点的静挠度,$\Delta R_{\min}$ 为轴承的最小半径间隙。相应地,轴承的无量纲承载力也可以表示为

$$S_0 = \frac{W\psi_{\min}^2}{Bd\mu\omega} \quad 或 \quad S_{0k} = \frac{W\psi_{\min}^2}{Bd\mu\omega_k} \tag{5-23}$$

图 5-5 给出了一个由椭圆轴承支承的对称单质量弹性转子的前两阶特征值 $\lambda_i = -u_i/\omega_k + \mathrm{i}v_i/\omega_k (i=1,2)$ 的虚、实部随工作转速变化的曲线。随着工作转速的提高,u_1/ω_k 在 $\bar{\omega}_{\mathrm{st}}$ 处越过零点,此后系统发生线性失稳。需要指出的是,对于椭圆轴承来说,工程实际中的系统失稳转速往往要比理论值来得高。

图 5-6 给出了对应于不同轴刚度的转子系统的第一、二阶阻尼固有频率和转子中点的无量纲共振振幅曲线。

由图 5-6(a) 知,计入油膜刚度和阻尼后的阻尼固有频率比刚支时的转子一阶固有频率均有不同程度降低。

一般说来,对于轴刚度较大的转子(对应于小的 $\Delta\mu$ 值),其阻尼固有频率 ω_k^* 将呈大幅度下降趋势;反之,对于轴刚度较小的转子(对应于大的 $\Delta\mu$ 值),其 ω_k^* 下降幅度并不显著。ω_k^* 对于 S_{0k} 的依赖关系在中等和较大 S_{0k} 范围内变化甚小;而当 S_{0k} 很小时,ω_k^* 则趋近于刚支转子的固有频率 ω_k。图 5-6(b) 则表明,轴刚度越小(对应于大的 $\Delta\mu$ 的值),则转子中点的无量纲共振振幅 A_R^*/ρ 越大。

由于油膜轴承的各向异性,这时系统的共振频率也会分裂为两个:第一共振频率和第二共振频率(如图 5-6 中虚线所示)。第二共振由于在工程中并不危及机组安全,因而受到较少的关注。

---

①　格林尼克.支承高速转子的滑动轴承(讲稿).西安交通大学机械零件教研室,1979.

轴刚度 k 对系统失稳频率的定性分析可以由式(5-17)对 k 取极值得到。当 $k \to \infty$ 时,刚性转子的失稳频率

$$\omega_{st} \big|_{k \to \infty} = \lim_{k \to \infty} \sqrt{\frac{k k_{eq}}{k + k_{eq}} \frac{1}{m}} = \frac{1}{\gamma_{st}} \sqrt{\frac{k_{eq}}{m}} \qquad (5-24)$$

或

$$\omega_{st} = \frac{\mu B}{m \psi^3} K_{eq} / \gamma_{st}^2 \qquad (5-25)$$

式(5-25)的物理意义是明显的 —— 就刚性转子而言,该系统在界限状态下的失稳频率将完全取决于油膜等效刚度。式(5-25)亦可写成

$$\bar{m}_{st} = \frac{\omega_{st} m \psi^3}{\mu B} = K_{eq} / \gamma_{st}^2 \qquad (5-26)$$

相似不变量 $\bar{m}_{st}$ 被称为无量纲临界质量,当系统实际参振质量的无量纲值大于 $\bar{m}_{st}$ 时,系统将趋于失稳,因而 $\bar{m}_{st}$ 从某种意义上决定了滑动轴承支承的刚性转子系统为保持稳定运行所容许的最大转子质量。

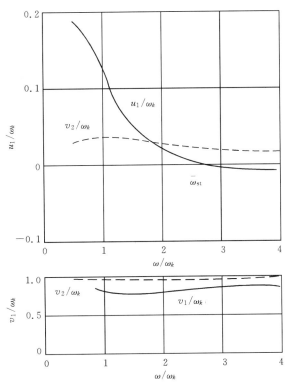

图 5-5　椭圆轴承支承的对称单质量弹性转子的阻尼固有频率随工作转速的变化曲线[①]

$(B/d = 0.5, \psi_{max}/\psi_{min} = 3.0, S_{0k} = 0.1, \Delta\mu = 1.8)$

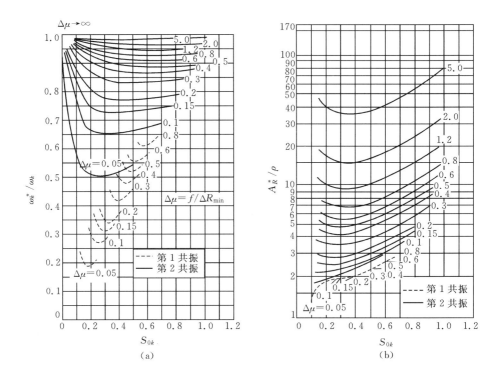

图 5-6　椭圆轴承支承的单质量弹性转子阻尼固有频率及共振振幅随轴的刚度变化曲线[①]

(a) 阻尼固有频率；(b) 共振振幅

$$(B/d = 0.8, \psi_{\max}/\psi_{\min} = 3.0)$$

2. 支座弹性

考察如图 5-7 所示的支承在弹性支座上的单质量弹性转子。

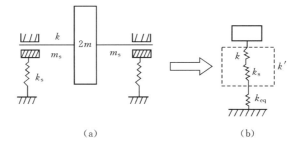

(a)　　　　　　　　　　　　　　(b)

图 5-7　弹性支座转子及其支承刚度的等效

(a) 支承在弹性支座的单质量弹性转子；(b) 计入支座弹性的等效刚度

设支座呈各向同性,弹性支座的刚度为 k_s,支座质量为 m_s。当不考虑支座质量,亦即 $m_s = 0$ 时,系统引入 k_s 后的影响可由以下的分析得到:仍然记界限状态下油膜刚度为 k_{eq},这时该系统中弹性支座刚度 k_s 和转轴刚度 k 串联后的等效刚度(见图 5-7(b))

$$k' = \frac{1}{\frac{1}{k} + \frac{1}{k_s}} < k \qquad (5-27)$$

亦即 k_s 的引入相当于降低了轴刚度或固有频率,因而 k_s 的影响将导致系统失稳转速的下降。当 $k_s \ll k$,亦即支座非常柔性时, $k' \approx k_s$ 或 $\omega'_k \approx \sqrt{\frac{k_s}{m}}$,系统失稳后的涡动频率将接近于 $\sqrt{\frac{k_s}{m}}$。换言之,这时系统的失稳涡动频率将与整个支座系统的一阶固有频率相近。

3. 支座质量

当计入支座参振质量 m_s 时,支座质量所起的作用相当于负刚度。设系统失稳时的涡动频率为 ω_j, $k'_s = k_s - m_s\omega_j^2 < k_s$,因此,支座质量将导致系统失稳转速的进一步下降。

4. 轴承安装角

除 360° 径向圆轴承具有较好的各向向性外,一大类各向异性特征显著的滑动轴承对系统的稳定性影响均与轴承的安装角 α 有关。原因主要是当安装角 α 变化时,其静态承载力和转子动力学系数也随之而发生改变。图 5-8 中所示的椭圆轴承,当安装角 α 沿着转子转动方向设置时($\alpha > 0$),系统的稳定区将显著减小;而当安装角按逆转动方向设置时($\alpha < 0$),系统的稳定性会得到显著的提高。对于中、重载椭圆轴承,一般将 α 设置在 $-15° \sim -30°$ 之间,可望使转子系统的稳定性得到较大的改善。

5. 不对称转子

对于简单转子,转子的不对称性可以用其集中质量的所在位置作为度量参数。这种质量中心的不对称,首先表现在其刚支情况下的固有频率的改变(见图 5-9)。

如果取质量中心位于转子中点的情况($l_1/l_0 = -0.5$)作为基准,当不对称性越来越强时,其刚支固有频率将迅速偏离其基准值;而在 $l_1/l_0 \rightarrow 0$,亦即质量中心与支承位置重合时，$\omega_k \to \infty$；而当质量中心位于两支承之外构成外伸端转子时，固有频率将随着外伸端的伸长而急剧减小。

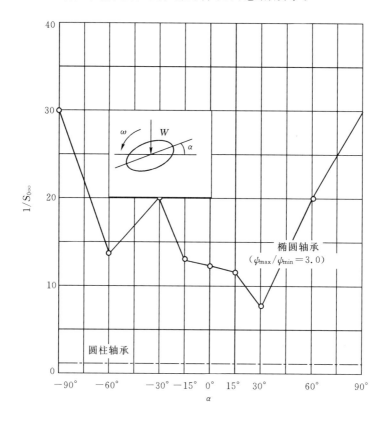

图 5-8　椭圆轴承安装角对于系统特性的影响[①]

转子的不对称将导致轴承负荷分配的改变，以及随之而来的包括轴承动特性系数、系统稳定性和共振状况等在内的一系列系统动态性能的改变。

在图 5-10 中，对系统的阻尼固有频率来说，当质点位于两轴承之间时，这种不对称作用对一阶阻尼固有频率的影响甚小；在非常不对称（$l_1/l_0 \gg 0$），即质点处于外伸端时，不对称影响将显著增强，尤以 $\Delta\mu_1$ 较小时为最大，因为在这一范围内，轴承的油膜刚度将起主导作用。至于界限失稳频率，随着不对称性的增强将显著地降低；系统的共振振幅的变化也和 $\dfrac{\omega_{st}}{\omega_k}$ 一样，呈类似的下降趋势。

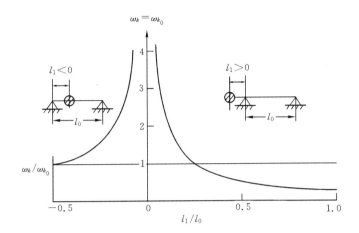

图 5-9　转子不对称性对于系统特性的影响[①]

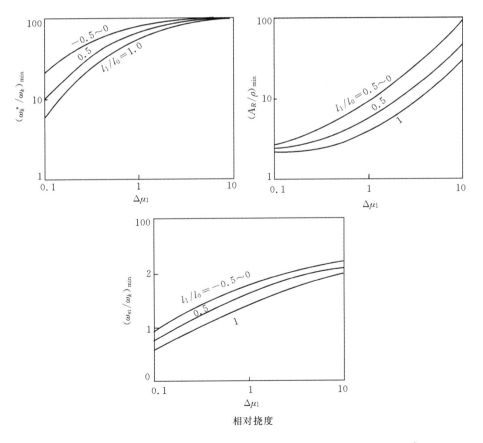

相对挠度

图 5-10　单质量弹性转子不对称性对于系统阻尼固有频率的影响[①]

6. 双转子系统质量分布的影响

本节以双质量转子为例讨论不同质量分布的影响[①]。首先讨论系统在刚支时的固有频率。由图 5-11 可以看出，随着 l_1/l_0 由 -0.5 往 0 变化时，系统的一阶固有频率有所提高，且质量分布的影响在很大程度上取决于较大的质量 m_1 的位置。

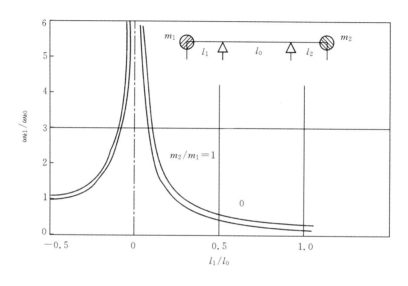

图 5-11　刚性支承双质量转子的位置分布 l_1/l_0、质量比 m_2/m_1 对
一阶固有频率 ω_{k_1} 的影响（$l_1 = l_2$）[①]

至于系统的二阶固有频率，图 5-12 中给出了 $\omega_{k_2}/\omega_{k_1}$ 与 m_2/m_1，以及 l_1/l_0 之间的依赖关系。关于质量分布对系统稳定性影响的讨论比较复杂，由一对完全相同轴承支承的两相等质量转子（$m_1/m_2 = 1.0$）系统的界限失稳工作频率与支承位置比 l_1/l_0 以及相对挠度 $\Delta\mu_1$ 间的关系如图 5-13 所示。

7. 陀螺力矩的影响

对于高速旋转转子系统，在许多情况下有必要考虑陀螺力矩的影响。一般而言，对于不对称单质量弹性转子，陀螺力矩有利于提高轴刚度和减小轴变形。由于耦合的原因，根据理论计算所得到的固有频率会略有增加，质点的

---

①　格林尼克.支承高速转子的滑动轴承（讲稿），西安交通大学机械零件教研室,1979.

共振振幅值也有所减小。

同时,由于陀螺效应,系统的稳定界限将随着转子的不对称性加强而趋于降低 —— 当转子愈趋柔性时,这种影响也愈加明显。

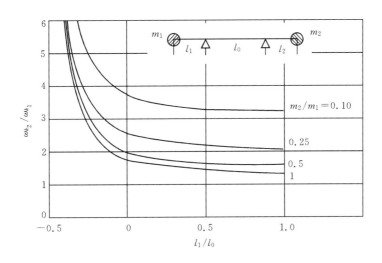

图 5 - 12　刚性支承双质量转子的位置分布 l_1/l_0、质量比 m_2/m_1 对
二阶固有频率 ω_{k_2} 的影响($l_1 = l_2$)[①]

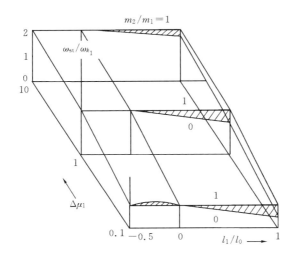

图 5 - 13　相同轴承支承的双质量转子系统的相对挠度 $\Delta\mu_1$
及支承位置比 l_1/l_0 对界限失稳频率的影响($m_1 = m_2$)[①]

5.5 常用径向动压滑动轴承的稳定性比较

为了综合比较常用径向滑动轴承的稳定性,可采用式

$$\left(\frac{\omega_{\mathrm{st}}}{\omega_k}\right)^2 = \frac{1}{(1+b/K_{\mathrm{eq}})}\frac{1}{\gamma_{\mathrm{st}}^2} \tag{5-28}$$

来绘制由各种轴承支承的对称单质量弹性转子系统稳定性曲线图。

需要说明的是,式(5-28)中 K_{eq} 和 γ_{st}^2 虽然在形式上和式(5-15)相同,但这里刚度、阻尼系数所取的无量纲单位不同:对于刚度系数 $k_{\mathrm{eq}} = K_{\mathrm{eq}}$ $\dfrac{W}{S_0 \Delta R_{\mathrm{min}}}$,阻尼系数 $d_{ij} = D_{ij}\dfrac{W}{S_0 \Delta R_{\mathrm{min}}\omega}$,无量纲承载系数 $S_0 = \dfrac{W\psi_{\mathrm{min}}^2}{Bd\mu\omega}$,$\Delta R_{\mathrm{min}}$ 为轴承最小半径间隙,相应的 ψ_{min} 为最小间隙比。$b = S_0/\Delta\mu$,其中 $\Delta\mu$ 为轴相对挠度,$\Delta\mu = f/\Delta R_{\mathrm{min}}$,$f$ 为转子的静挠度,$f = \dfrac{W}{k}$。

选取系统相对失稳工作频率 $\dfrac{\omega_{\mathrm{st}}}{\omega_k}$ 为纵坐标,$S_{0k} = \dfrac{W\psi_{\mathrm{min}}^2}{Bd\mu\omega_k}$ 为横坐标,以相对挠度 $\Delta\mu$ 为参变量绘制的典型稳定性曲线如图 5-14 至图 5-18[4,5] 所示。当相对工作频率高出相应的稳定界限曲线时,系统将发生自激振动。全部稳定界限曲线 $\dfrac{\omega_{\mathrm{st}}}{\omega_k}$ 所占有的区域以两条渐近曲线作为边界,即极端柔性转子($\Delta\mu \to \infty$)和刚性转子($\Delta\mu \to 0$)的稳定界限曲线。在 $\Delta\mu \to \infty$ 的渐近线以上,不论转子和轴承参数如何选取,系统都会是不稳定的;而所有在 $\Delta\mu \to 0$ 的渐近线以下各点上运行的系统都是绝对稳定的。两条渐近曲线 $\Delta\mu \to 0$ 和 $\Delta\mu \to \infty$ 与轴承型式有关,它反映了各种不同型式径向滑动轴承转子系统的稳定性区域。随着轴承宽径比 B/d 和轴承参数的改变,系统的最小界限稳定区域 $\left(\dfrac{\omega_{\mathrm{st}}}{\omega_k}\right)_{\mathrm{min}}$ 以及位于 $\Delta\mu \to 0$ 渐近线以下的绝对稳定区也将随之而改变,绝对稳定区的大小取决于 $\Delta\mu \to 0$ 曲线的斜率。

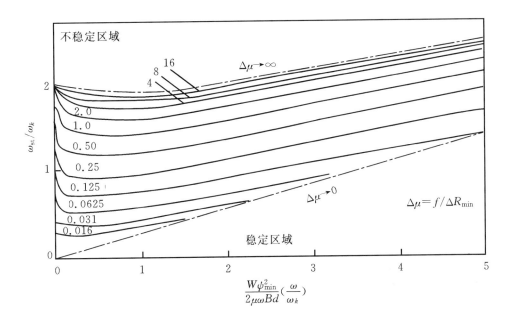

图 5 - 14　圆柱轴承转子系统的稳定性区域[4]（$B/d = 0.5, \alpha = 150°$）

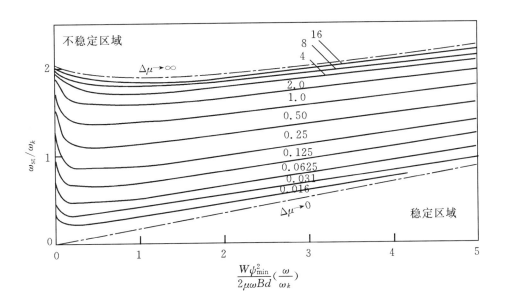

图 5 - 15　圆柱轴承转子系统的稳定性区域[4]（$B/d = 0.8, \alpha = 150°$）

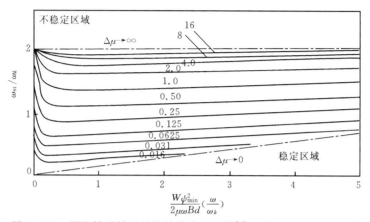

图 5 - 16　圆柱轴承转子系统的稳定性区域[4]（$B/d = 1.2, \alpha = 150°$）

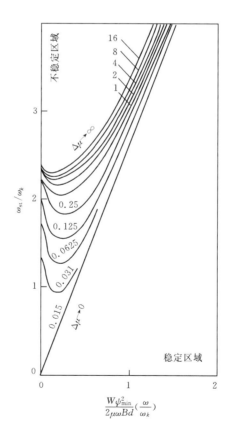

图 5 - 17　椭圆轴承转子系统的稳定性区域[4]

（$B/d = 0.5, \alpha = 150°, \psi_{max}/\psi_{min} = 3.0$，椭圆比 $m = 0.5$）

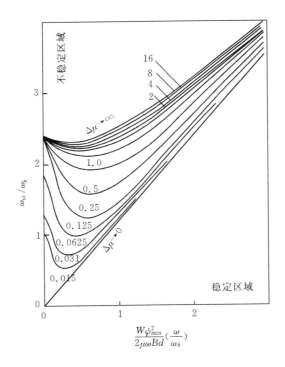

图 5-18　三油楔轴承转子系统的稳定性区域[4]（$B/d = 0.5$）

由以上稳定性曲线图谱可以看到：相对界限失稳频率 $\dfrac{\omega_{st}}{\omega_k}$ 在 $\Delta\mu$ 低值区强烈地依赖于轴相对挠度 $\Delta\mu$，而在 $\Delta\mu$ 高值区则受 $\Delta\mu$ 的影响较小；对应于某一给定值 $\Delta\mu$，相对界限失稳频率在 S_{0k} 较小时往往会具有极小值 $\left(\dfrac{\omega_{st}}{\omega_k}\right)_{\min}$。

就提高系统稳定性而言，以下结论带有普遍性：

——使用相对挠度较大的转子和增加轴承负荷均有利于提高 $\left(\dfrac{\omega_{st}}{\omega_k}\right)$；

——对应于较小的和中等的 S_{0k} 值以及 $\Delta\mu$ 值较大的情况，增大 ω_k 有利于失稳工作频率 ω_{st} 的提高。

此外，合理地改变轴承参数也可有利于系统稳定性的改善，比如适当改变轴承间隙 $\Delta R_{\min}$、减小轴承宽度 B、降低润滑油粘度等都有可能促使系统稳定性的提高。

图 5-19 为几种常用径向滑动轴承的稳定性曲线图谱。可以清楚地看到：圆柱轴承具有很大的不稳定区；与圆柱轴承相比，三油楔轴承的不稳定区域

就要小得多,至于三油叶轴承和椭圆轴承,其不稳定区域就更小了。

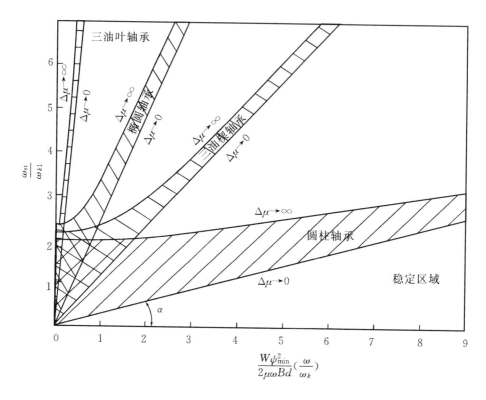

图 5-19　常用径向滑动轴承的稳定性比较[4]($B/d = 0.5$)

图 5-19 还表明,对应于不同的转速和载荷状况,上述四种轴承的最佳应用范围依次为:

360° 圆柱轴承适用于低速重载工况;三油楔轴承和椭圆轴承适用于中等载荷和中等转速;而在高速、轻载时采用三油叶乃至多油叶轴承是较为适宜的。

图 5-19 中对应于不同型式轴承的渐近线 $\Delta\mu \rightarrow 0$ 的斜率 $\tan\alpha$ 及其倾斜角 α 的值可参见表 5-1。

表 5-1　常用径向滑动轴承渐近线 $\Delta\mu \rightarrow 0$ 的斜率 $\tan\alpha$[5]

轴承结构形式	轴承宽径比	渐近线 $\Delta\mu \rightarrow 0$ 时的斜率 $\tan\alpha$	$\alpha/(°)$
圆柱轴承	$B/d = 0.5$	0.2751	15°24′
三油楔轴承	$B/d = 0.5$	1.1553	49°7′
椭圆轴承	$B/d = 0.5$	2.4342	67°40′
三油叶轴承	$B/d = 0.5$	19.2779	87°2′

图 5-20 给出了轴承宽径比 B/d 分别为 $0.5,0.8$ 和 1.2 时圆柱轴承转子系统的稳定性曲线。不难看出,$\Delta\mu \to 0$ 渐近线的斜率随着 B/d 的减小而增大,圆柱轴承的稳定性由于 B/d 的减小而得到十分显著的改善。这一结论对于其它类型的轴承也是同样适用的,因此缩小轴承宽径比对于提高系统稳定性具有十分重要的实际工程意义。

除 B/d 外,对于椭圆轴承,提高 $\psi_{\max}/\psi_{\min}$ 同样有利于稳定性的增加。计算结果表明,该结论适用于所有的宽径比,因此增大 $\psi_{\max}/\psi_{\min}$ 成为工程设计中改善椭圆轴承稳定性经常采用的措施之一。

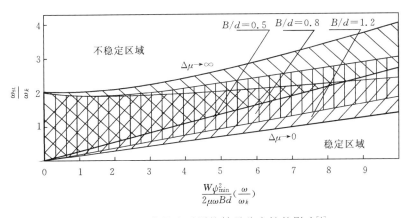

图 5-20   宽径比对圆柱轴承稳定性的影响[4]

5.6   关于可倾瓦径向滑动轴承非本质稳定的讨论

固定瓦轴承支承的转子系统之所以产生自激,很大程度上归咎于油溟动态交叉刚度力的作用;但对于可倾瓦轴承,其交叉刚度项 $(k_{yx} - k_{xy}) = 0$,因而不存在由于油膜交叉刚度力激励系统失稳的问题。以往大量文献都据此认定,在理想状况下,可倾瓦轴承支承的转子具有"天然"的、"本质"的稳定性,几乎"绝对不发生"油膜振荡[5]。可倾瓦轴承在许多工程实际应用中亦被证明确实具有很好的稳定性,这是毋庸置疑的,但以往的研究似乎将这一点过于绝对化了。事实上,在工程中,同样出现过一些可倾瓦轴承支承的转子出现上瓦卸载、瓦块反转,甚至低频自激振动等现象。

"可倾瓦轴承具有天然的稳定性"这一经典结论到底正确与否,仍然需要给出严格意义上的理论阐明[6]。

希望选择合适的例证以便清楚地阐明可倾瓦轴承在一定条件下的动力

学行为 —— 被选择的例证首先应当具有解析解,以排除数值误差的影响;其次,所获得的结果应具有可比性,这样有利于验证结果的正确性。

考察下列特例:

一对称转子支承在一对参数相同的可倾瓦轴承上,轴承由单块可倾瓦组成,瓦张角为 $360°$,瓦块支点设置在 y 轴上,讨论该系统的稳定性(见图 5-21)。

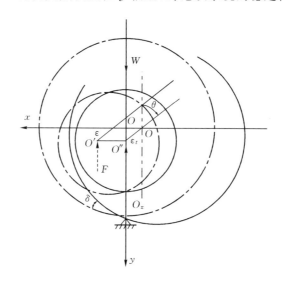

图 5-21   支承在一对相同参数单块可倾瓦轴承上的对称转子

尽管这样的结构并不可能直接见诸于工程实际,但对于当前所要讨论的命题却具有明显的优越性:瓦块的相对刚度、阻尼系数可以根据窄轴承理论用解析解来表示;同时关于系统稳定性的计算结果可以与 $360°$ 圆柱轴承的情况进行对比、分析。参考第 2 章中关于可倾瓦油膜刚度、阻尼系数的定义,在本例中由于支点位置角 $\gamma = \pi$,所以 $\alpha = 0$,因而在理想状态下,即略去瓦块惯性和支点摩擦力之后的折合系数除了 k_{yy},d_{yy} 外,其余系数 $k_{xx} = k_{xy} = d_{xy} = d_{yx} = k_{yx} = 0$。这表明了如果无外加耦合因素作用,则整个系统在 x,y 方向上的运动是解耦的。讨论转子系统在 y 方向上的运动,令 $y = y_0 e^{\gamma t}$ 并列出系统在 y 方向上的运动方程:

$$\begin{cases} 刚性转子: m\gamma^2 y_0 + k_{yy} y_0 + \gamma d_{yy} y_0 = 0 \\ 弹性转子: \dfrac{mk\gamma^2}{m\gamma^2 + k} y_0 + k_{yy} y_0 + \gamma d_{yy} y_0 = 0 \end{cases} \quad (5-29)$$

当系统处于界限状态时,$\gamma = i\omega_j$,类似地引入 y 方向上的等效刚度:

$$\begin{cases} \text{刚性转子}: k_{eq} = m\omega_j^2 = \dfrac{\mu\omega_{st}B}{\psi^3}K_{eq} \\ \text{弹性转子}: k_{eq} = \dfrac{mk\omega_j^2}{k - m\omega_j^2} \end{cases} \quad (5-30)$$

由式 (5-29) 立即可得在界限状态下 $d_{yy} = 0$，引用第 2 章中式 (2-32) 的结论，亦即 $VA_1 - UA_2 = 0$。令 $\gamma_{st} = \dfrac{\omega_j}{\omega_{st}}$，将 $VA_1 - UA_2 = 0$ 展开并无量纲化后得到

$$(K_{xx}D_{yy} + K_{yy}D_{xx} - K_{xy}D_{yx} - K_{yx}D_{xy})[\bar{\beta}^2 K_{xx} + \bar{\alpha}^2 K_{yy} - \overline{\alpha\beta}(K_{xy} + K_{yx})]$$

$$= [(K_{xx}K_{yy} - K_{xy}K_{yx}) - \gamma_{st}^2(D_{xx}D_{yy} - D_{xy}D_{yx})][\bar{\beta}^2 D_{xx} + \bar{\alpha}^2 D_{yy} - \overline{\alpha\beta}(D_{xy} + D_{yx})]$$

记　　　$K_1 = K_{xx}D_{yy} + K_{yy}D_{xx} - K_{xy}D_{yx} - K_{yx}D_{xy}$

$$K_2 = \bar{\beta}^2 K_{xx} + \bar{\alpha}^2 K_{yy} - \overline{\alpha\beta}(K_{xy} + K_{yx})$$

$$K_3 = K_{xx}K_{yy} - K_{xy}K_{yx}$$

$$D_1 = -(D_{xx}D_{yy} - D_{xy}D_{yx})$$

$$D_2 = \bar{\beta}^2 D_{xx} + \bar{\alpha}^2 D_{yy} - \overline{\alpha\beta}(D_{xy} + D_{yx})$$

解得　　　　　　　　$\gamma_{st}^2 = \dfrac{K_1 K_2 - D_2 K_3}{D_1 D_2}$

此时相应的等效刚度　　　　　$K_{eq} = K_{yy}$

从而得到系统在 y 方向上的失稳工作频率：

对于刚性转子，有

$$\omega_{st} = \frac{\mu B}{m\psi^3}K_{yy}/\gamma_{st}^2$$

对于弹性转子，有

$$\omega_{st} = \frac{-\omega_k^2 m}{2\frac{\mu B}{\psi^3}K_{yy}} + \omega_k\sqrt{\left[\frac{m\omega_k^2}{2\frac{\mu B}{\psi^3}K_{yy}}\right]^2 + \frac{1}{\gamma_{st}^2}} \quad (5-31)$$

以下给出具体的计算例证，以加深有关可倾瓦轴承支承的转子系统同样存在界限失稳转速的理解。

例 5-1　一对称单质量转子，质量 $m = 260$ kg，轴颈直径 $d = 101.75$ mm，$\psi = 1.474 \times 10^{-3}$，$\dfrac{\mu B}{\psi^3} = 28.83$ kg·s/mm，轴承宽径比 $B/d = 0.3, 0.4$，0.5。轴承性能参数取短轴承解。计算结果包括可倾瓦轴承和 360℃ 圆柱轴承在不同工作转速下的 K_{eq}，γ_{st} 以及相应的失稳工作转速 n_{st0} 和 n_{stk} (r/min)。图 5-22 为可倾瓦、固定瓦轴承的 ε_t，$\varepsilon - \gamma_{st}$ 曲线，其共同特点是当 ε_t（可倾瓦），

ε(固定瓦)趋近于 0 时,γ_{st} 均趋近于 0.5。但在偏心率增大时,可倾瓦轴承比固定瓦轴承更早地进入恒稳区:当 $\varepsilon_t > 0.45$ 时,可倾瓦轴承转子系统就恒稳了;而固定瓦轴承支承的转子一般要在 $\varepsilon > 0.8$ 后方才进入恒稳区。

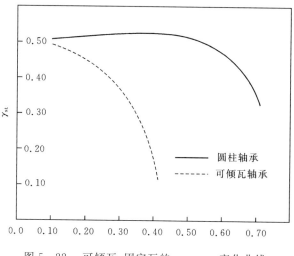

图 5-22　可倾瓦、固定瓦的 ε_t,ε-γ_{st} 变化曲线

　　图 5-23 为 ε_t,ε-K_{eq} 变化曲线,在相同的 B/d 条件下,可倾瓦等效刚度比固定瓦要大得多。

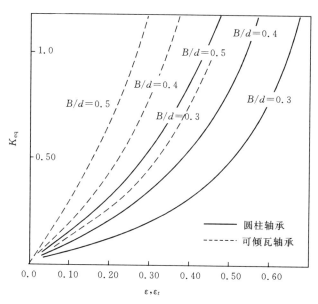

图 5-23　可倾瓦、固定瓦的 ε_t,ε-K_{eq} 变化曲线

　　图 5-24 为按照不同的 B/d 值计算所得到的工作转速 n 与失稳转速 n_{st0}，n_{stk} 间的关系曲线，它们与 $n_{st}/n = 1.0$ 的交点所对应的 n 就是系统实际的失稳转速。

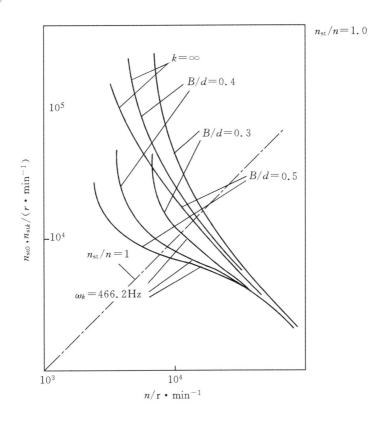

图 5 - 24　不同 B/d 条件下可倾瓦、固定瓦轴承工作转速 n
与失稳转速 n_{st0}，n_{stk} 间的关系曲线

　　以 $B/d = 0.3$ 为例，固定瓦轴承刚性转子（$k \to \infty$）的失稳转速 $n_{st0}^{\#} \approx$ 9 000 r/min，当 $\omega_k = 466.2$ Hz 时的固定瓦弹性转子的失稳转速 $n_{stk}^{\#} \approx$ 6 000 r/min；而对于可倾瓦轴承，相对应的 $n_{st0}^{\#} \approx$ 15 000 r/min，$n_{stk}^{\#} \approx$ 10 000 r/min。因此，可倾瓦轴承的稳定性比同样参数的固定瓦轴承确实要优越得多，但同样存在着在一定转速条件下失稳的可能。

　　本例所得结果的实际意义可以从以下两个方面加以说明：一方面，工程中应用的三瓦、五瓦可倾瓦轴承中的底瓦所起的作用和本例中的单块瓦作用尤为相近，所以在一定的工作转速和涡动频率下产生自激是不足为奇的；另一方面，由于一大类由可倾瓦支承的高速转子工作转速都处在 $10^4 \sim 2.5 \times 10^4$ r/min 范围内,在实际轴承设计中虽然大多采用多块可倾瓦方案,但因此所能提高的稳定裕度是有限的,所以对于可倾瓦轴承转子系统也同样必须进行稳定性校核。

　　关于一般可倾瓦轴承单质量弹性转子系统界限失稳工作频率,以下给出理想状态条件下一般可倾瓦轴承单质量弹性转子对称系统在界限状态下等效刚度 K_{eq} 和界限涡动比 γ_{st} 的计算公式。此外,还将给出一个实际系统的稳定性分析算例,以作为对例 5-1 中关于"可倾瓦轴承转子系统非本质稳定"证明的补充。

1. 可倾瓦轴承的相当刚度和界限涡动比

　　工程中应用得最广的可倾瓦轴承多为三瓦、四瓦、五瓦可倾瓦轴承(见图 5-25)。一个瓦块数为 NP 的可倾瓦轴承,其中每块瓦在涡动频率下的折合刚度、阻尼系数仍如第 2 章所述,整个轴承的折合系数:

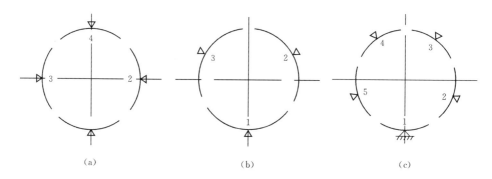

图 5-25　常用可倾瓦轴承示意图

$$\begin{cases} KK_{ij} = KK_{ij}(\gamma_{st}^2) = \sum_{l=1}^{NP} K_{ij}^{(l)} \\ DD_{ij} = DD_{ij}(\gamma_{st}^2) = \sum_{l=1}^{NP} D_{ij}^{(l)} \quad (i,j = X,Y) \end{cases} \quad (5-32)$$

它们都是 γ_{st} 的函数。如不计瓦块惯性,在界限状态下与固定瓦轴承相仿,仍然有

$$\begin{cases} K_{eq}(DD_{XX} + DD_{YY}) = KK_{XX}DD_{YY} + KK_{YY}DD_{XX} - KK_{XY}DD_{YX} - KK_{YX}DD_{XY} \\ \gamma_{st}^2(DD_{XX}DD_{YY} - DD_{XY}DD_{YX}) = (K_{eq} - KK_{XX})(K_{eq} - KK_{YY}) - KK_{XY}KK_{YX} \end{cases}$$

$$(5-33)$$

　　记第 l 块瓦的支点系数比为

$$r_l = \left(\frac{\alpha}{\beta}\right)_l \tag{5-34}$$

可以得到

$$
\begin{cases}
KK_{XX}DD_{YY} = \left[r_1^2 K_{YY}^{(1)} + r_2^2 K_{YY}^{(2)} + \cdots + r_{NP}^2 K_{YY}^{(NP)}\right]\left[D_{YY}^{(1)} + D_{YY}^{(2)} + \cdots + D_{YY}^{(NP)}\right] \\
\qquad = \sum_{l=1}^{NP} r_l^2 K_{YY}^{(l)} D_{YY}^{(l)} + \sum_{l=1}^{NP}\left(\sum_{\substack{m=1 \\ m \neq l}}^{NP} r_l^2 K_{YY}^{(l)} D_{YY}^{(m)}\right) \\[2mm]
KK_{YY}DD_{XX} = \left[K_{YY}^{(1)} + K_{YY}^{(2)} + \cdots + K_{YY}^{(NP)}\right]\left[r_1^2 D_{YY}^{(1)} + r_2^2 D_{YY}^{(2)} + \cdots + r_{NP}^2 D_{YY}^{(NP)}\right] \\
\qquad = \sum_{l=1}^{NP} r_l^2 K_{YY}^{(l)} D_{YY}^{(l)} + \sum_{l=1}^{NP}\left(\sum_{\substack{m=1 \\ m \neq l}}^{NP} r_m^2 K_{YY}^{(l)} D_{YY}^{(m)}\right) \\[2mm]
KK_{XY}DD_{YX} = \left[r_1 K_{YY}^{(1)} + r_2 K_{YY}^{(2)} + \cdots + r_{NP} K_{YY}^{(NP)}\right] \times \\
\qquad\qquad \left[r_1 D_{YY}^{(1)} + r_2 D_{YY}^{(2)} + \cdots + r_{NP} D_{YY}^{(NP)}\right] \\
\qquad = \sum_{l=1}^{NP} r_l^2 K_{YY}^{(l)} D_{YY}^{(l)} + \sum_{l=1}^{NP}\left(\sum_{\substack{m=1 \\ m \neq l}}^{NP} r_l r_m K_{YY}^{(l)} D_{YY}^{(m)}\right) \\[2mm]
KK_{YX}DD_{XY} = \left[r_1 K_{YY}^{(1)} + r_2 K_{YY}^{(2)} + \cdots + r_{NP} K_{YY}^{(NP)}\right] \times \\
\qquad\qquad \left[r_1 D_{YY}^{(1)} + r_2 D_{YY}^{(2)} + \cdots + r_{NP} D_{YY}^{(NP)}\right] \\
\qquad = \sum_{l=1}^{NP} r_l^2 K_{YY}^{(l)} D_{YY}^{(l)} + \sum_{l=1}^{NP}\left(\sum_{\substack{m=1 \\ m \neq l}}^{NP} r_l r_m K_{YY}^{(l)} D_{YY}^{(m)}\right) \\[2mm]
DD_{XX} + DD_{YY} = \sum_{l=1}^{NP}(1 + r_l^2) D_{YY}^{(l)} \\[2mm]
DD_{XX}DD_{YY} - DD_{XY}DD_{YX} = \left[r_1^2 D_{YY}^{(1)} + r_2^2 D_{YY}^{(2)} + \cdots + r_{NP}^2 D_{YY}^{(NP)}\right] \times \\
\qquad\qquad \left[D_{YY}^{(1)} + D_{YY}^{(2)} + \cdots + D_{YY}^{(NP)}\right] - \\
\qquad\qquad \left[r_1 D_{YY}^{(1)} + r_2 D_{YY}^{(2)} + \cdots + r_{NP} D_{YY}^{(NP)}\right]^2 \\
\qquad\qquad = \sum_{l=1}^{NP-1}\left\{\sum_{m=l+1}^{NP}(r_l - r_m)^2 D_{YY}^{(l)} D_{YY}^{(m)}\right\} \\[2mm]
KK_{XX} + KK_{YY} = \sum_{l=1}^{NP}(1 + r_l^2) K_{YY}^{(l)} \\[2mm]
KK_{XX}KK_{YY} - KK_{XY}KK_{YX} = \sum_{l=1}^{NP-1}\left\{\sum_{m=l+1}^{NP}(r_l - r_m)^2 K_{YY}^{(l)} K_{YY}^{(m)}\right\}
\end{cases}
$$

$$\tag{5-35}$$

　　由此得到由多块瓦组成的可倾瓦轴承对称单质量弹性转子系统在界限状态下的油膜等效刚度和界限涡动比：

$$\begin{cases} K_{\mathrm{eq}}\Big\{\sum_{l=1}^{NP}(1+r_l^2)D_{YY}^{(l)}\Big\}=\sum_{l=1}^{NP-1}\Big\{\sum_{m=l+1}^{NP}(r_l-r_m)^2K_{YY}^{(l)}D_{YY}^{(m)}\Big\}+ \\ \qquad\qquad\qquad\qquad \sum_{l=1}^{NP-1}\Big\{\sum_{m=l+1}^{NP}(r_l-r_m)^2D_{YY}^{(l)}K_{YY}^{(m)}\Big\} \\ \gamma_{\mathrm{st}}^2\Big\{\sum_{l=1}^{NP-1}\Big\{\sum_{m=l+1}^{NP}(r_l-r_m)^2D_{YY}^{(l)}D_{YY}^{(m)}\Big\}\Big\}=K_{\mathrm{eq}}^2-\Big\{\sum_{l=1}^{NP}(1+r_l^2)K_{YY}^{(l)}\Big\}K_{\mathrm{eq}}+ \\ \qquad\qquad\qquad\qquad \sum_{l=1}^{NP-1}\Big\{\sum_{m=l+1}^{NP}(r_l-r_m)^2K_{YY}^{(l)}K_{YY}^{(m)}\Big\} \end{cases}$$

$$(5-36)$$

式(5-36)唯一地确定了系统的等效刚度和界限涡动比,其中 $K_{YY}^{(l)}$, $D_{YY}^{(l)}$ ($l=1,2,\cdots,NP$) 由式(2-32)所决定;在求出 K_{eq}, γ_{st} 之后,失稳工作频率由式(5-16)求得。

2. 数值解

例 5-2　五瓦可倾瓦轴承对称单质量弹性转子系统稳定性分析。

系统简图仍参见图5-2,只是支承改为五瓦可倾瓦轴承,瓦块位置沿 y 轴对称分布(见图5-25(c))。

以下对于系统的一般稳定性分析,除按惯例选择圆盘质心的位移,速度 X_d, Y_d, $\dot{X}_d$, $\dot{Y}_d$ 以及轴颈位移 X, Y 作为广义坐标外,还保留了各瓦摆角 φ_1, φ_2, φ_3, φ_4, φ_5 作为广义坐标,进而将运动微分方程化为一般广义特征值问题求解:

$$(\gamma \mathbf{A}+\mathbf{B})\mathbf{X}=\mathbf{0} \qquad (5-37)$$

式中,γ 为特征值,$\mathbf{X}$ 为特征向量。

$$\mathbf{X}^{\mathrm{T}}=\begin{pmatrix} \dot{X}_d & \dot{Y}_d & X_d & Y_d & X & Y & \varphi_1 & \varphi_2 & \cdots & \varphi_5 \end{pmatrix} \qquad (5-38)$$

矩阵 $\mathbf{A}$, $\mathbf{B}$ 由式(5-39)给出。$\mathbf{A}$, $\mathbf{B}$ 阵中左上角虚线所包含的各元素所代表的物理意义和一般固定瓦轴承参数定义相同,其余部分的非0元素反映了可倾瓦轴承在动态时由于各瓦摆角 φ_i 的小扰动所引起的反馈效应和瓦块的动态自平衡。

$$A=\begin{bmatrix}
0 & m & 0 & 0 & 0 & 0 & 0 & 0 & \cdots & 0 \\
m & 0 & 0 & 0 & 0 & 0 & 0 & 0 & \cdots & 0 \\
0 & 0 & 0 & 0 & 0 & 0 & 0 & 0 & \cdots & 0 \\
0 & 0 & m & 0 & 0 & 0 & 0 & 0 & \cdots & 0 \\
0 & 0 & 0 & m & 0 & 0 & 0 & 0 & \cdots & 0 \\
0 & 0 & \displaystyle\sum_{i=1}^{NP^{*}} d_{xxi} & \displaystyle\sum_{i=1}^{NP^{*}} d_{xyi} & -(\beta d_{xx}-\alpha d_{yx})_{1} & -(\beta d_{xy}-\alpha d_{yy})_{1} & -(\beta d_{xx}-\alpha d_{yx})_{2} & -(\beta d_{xy}-\alpha d_{yy})_{2} & \cdots & -(\beta d_{xx}-\alpha d_{yx})_{NP^{*}} \\
0 & 0 & \displaystyle\sum_{i=1}^{NP^{*}} d_{yxi} & \displaystyle\sum_{i=1}^{NP^{*}} d_{yyi} & -(\beta d_{yx}-\alpha d_{yy})_{1} & \big[-(\beta^{2} d_{xx}+\alpha^{2} d_{yy})+\alpha\beta(d_{xy}+d_{yx})\big]_{1} & -(\beta d_{yx}-\alpha d_{yy})_{2} & \big[-(\beta^{2} d_{xx}+\alpha^{2} d_{yy})+\alpha\beta(d_{xy}+d_{yx})\big]_{2} & \cdots & -(\beta d_{yx}-\alpha d_{yy})_{NP^{*}} \\
0 & 0 & (\beta d_{xx}-\alpha d_{yx})_{1} & (\beta d_{xy}-\alpha d_{yy})_{1} & \big[-(\beta^{2} d_{xx}+\alpha^{2} d_{yy})+\alpha\beta(d_{xy}+d_{yx})\big]_{1} & 0 & 0 & 0 & \cdots & 0 \\
0 & 0 & (\beta d_{xx}-\alpha d_{yx})_{2} & (\beta d_{xy}-\alpha d_{yy})_{2} & 0 & \big[-(\beta^{2} d_{xx}+\alpha^{2} d_{yy})+\alpha\beta(d_{xy}+d_{yx})\big]_{2} & 0 & 0 & \cdots & 0 \\
\vdots & \vdots & \vdots & \vdots & \vdots & \vdots & \vdots & \vdots & \cdots & \vdots \\
0 & 0 & (\beta d_{xx}-\alpha d_{yx})_{NP^{*}} & (\beta d_{xy}-\alpha d_{yy})_{NP^{*}} & -(\beta d_{yx}-\alpha d_{yy})_{NP^{*}} & -(\beta d_{yx}-\alpha d_{yy})_{NP^{*}} & 0 & 0 & \cdots & \big[-(\beta^{2} d_{xx}+\alpha^{2} d_{yy})+\alpha\beta(d_{xy}+d_{yx})\big]_{NP^{*}}
\end{bmatrix}$$

$$(5-39\mathrm{a})$$

$$\boldsymbol{B}=\begin{bmatrix}
-m & 0 & 0 & 0 & 0 & 0 & 0 & 0 & \cdots & 0 \\
0 & -m & 0 & 0 & 0 & 0 & 0 & 0 & \cdots & 0 \\
0 & 0 & k & 0 & -k & 0 & 0 & 0 & \cdots & 0 \\
0 & 0 & 0 & k & 0 & -k & 0 & 0 & \cdots & 0 \\
0 & 0 & -k & 0 & k+\displaystyle\sum_{i=1}^{NP^*}k_{xxi} & \displaystyle\sum_{i=1}^{NP^*}k_{yxi} & (\beta k_{xx}-\alpha k_{yx})_1 & (\beta k_{xx}-\alpha k_{yx})_2 & \cdots & (\beta k_{xx}-\alpha k_{yx})_{NP^*} \\
0 & 0 & 0 & -k & \displaystyle\sum_{i=1}^{NP^*}k_{xyi} & k+\displaystyle\sum_{i=1}^{NP^*}k_{yyi} & (\beta k_{xy}-\alpha k_{yy})_1 & (\beta k_{xy}-\alpha k_{yy})_2 & \cdots & (\beta k_{xy}-\alpha k_{yy})_{NP^*} \\
0 & 0 & 0 & 0 & (\alpha k_{xy}-\beta k_{xx})_1 & (\alpha k_{yy}-\beta k_{yx})_1 & \Big[-(\beta^2 k_{xx}+\alpha^2 k_{yy})+\alpha\beta(k_{xy}+k_{yx})\Big]_1 & 0 & \cdots & 0 \\
0 & 0 & 0 & 0 & (\alpha k_{xy}-\beta k_{xx})_2 & (\alpha k_{yy}-\beta k_{yx})_2 & 0 & \Big[-(\beta^2 k_{xx}+\alpha^2 k_{yy})+\alpha\beta(k_{xy}+k_{yx})\Big]_2 & \cdots & 0 \\
\vdots & \vdots & \vdots & \vdots & \vdots & \vdots & \vdots & \vdots & \cdots & \vdots \\
0 & 0 & 0 & 0 & (\alpha k_{xy}-\beta k_{xx})_{NP^*} & (\alpha k_{yy}-\beta k_{yx})_{NP^*} & 0 & 0 & \cdots & \Big[-(\beta^2 k_{xx}+\alpha^2 k_{yy})+\alpha\beta(k_{xy}+k_{yx})\Big]_{NP^*}
\end{bmatrix}$$

$$(5-39\mathrm{b})$$

用于计算的转子、轴承参数主要包括:$m = 260$ kg;转子刚支固有频率 $\omega_k = 466.22$ s^{-1},轴承半径间隙 $C = 0.08$ mm,轴颈直径 $d = 114.46$ mm,轴承宽径比 $B/d = 0.4$,轴承综合参数 $\mu B/\psi^3 = 31.5705$ kg·s/mm;工作转速计算范围:$n = 8\,000 \sim 14\,000$ r/min,计算步长 $\Delta n = 500$ r/min。计算中所有参数均按轴承参数进行了无量纲化处理。

对于五瓦可倾瓦轴承,当轴承无预负荷且对称分布时,实际运行过程中只有 1,2,4 号瓦承载,其余 3,5 号瓦其油楔处于发散区域而不承担载荷,因此在方程(5-39)中,实际瓦块承载数目 $NP^* = 3$。当不考虑瓦块惯性时,矩阵 **A**,**B** 阶数等于 9。全部计算结果包括各静态工作点处每块瓦的静、动特性,系统特征值和特征向量。

表 5-2 为不计瓦块的动态摆角对轴承动特性影响时(相当于三油叶轴承),系统的六阶方程所含三对共轭复根在不同工作频率下的数值解。进一步的计算还表明:如不计瓦块摆角的动态效应,该系统早在 8 000 r/min 之前就已经失稳了。这说明可倾瓦轴承支承的转子系统的稳定性之所以远比固定瓦轴承优越的主要原因并不在于瓦块静态摆角所形成的油膜形状,而是来源于瓦块摆角的动态效应。因此,不可能指望设计一种固定瓦轴承,其油膜形状与可倾瓦在静态平衡时的油膜形状相仿,进而收到与可倾瓦轴承同样的稳定性效果。

由于瓦块的动态反馈效应,该系统延至 13 500 ～ 13 600 r/min 失稳(参见表 5-3),此时系统的阻尼固有频率约为 465 s^{-1}。注意到刚支转子的固有频率为 466.22 s^{-1},因此,此时系统的失稳具有两个明显的特征:系统的涡动频率与刚支转子的固有频率甚为相近;干扰的原因同样来源于动态油膜力,所以仍可称之为"油膜振荡"。

由五瓦可倾瓦轴承支承的转子系统的失稳转速差不多是转子刚支临界转速的 3.1 倍,这比一般固定瓦轴承支承的转子系统的稳定性提高了许多。一般说来,经过适当组合而成的多块瓦可倾瓦轴承的动力稳定性会比单块可倾瓦来得好。

表 5-4 列出了各瓦在失稳前(13 500 r/min)和失稳后(13 600 r/min)所对应的静态力、相对动特性和特征向量 **X**,表中所提供的信息主要可归纳为如下几点:

(1)轴颈位移 X 比轴颈位移 $\bar{Y}$ 大得多,如果仅就实部而言,X 差不多要比 $\bar{Y}$ 大一个 $\psi(0)$ 量级。

(2) 各瓦的动态摆角 $\bar{\varphi}_1$, $\bar{\varphi}_2$, $\bar{\varphi}_4$ 的作用很大,以瓦 1 而言, $|\bar{\varphi}_1| \approx 2|\bar{X}|$。

(3) 在上述两个工作点上,油膜承载力主要是由瓦 1 提供,以 $n = 13\,500$ r/min 为例, $F_{Y\Psi}^{(1)}/W \approx 81\%$。所以,系统的阻尼性能的好坏很大程度上亦将取决于瓦 1 这一主要承载瓦能够给系统提供多少阻尼力,而阻尼力的大小不仅与频率,同时也与相对位移 $\bar{X}_i$, $\bar{Y}_i$ 相关:

$$\bar{X}_i = \bar{X} - \bar{\beta}_i \bar{\varphi}_i, \quad \bar{Y}_i = \bar{Y} - \bar{\alpha}_i \bar{\varphi}_i$$

计算结果可参见表 5-5。

表 5-2　不计可倾轴瓦摆角动态效应时系统的无量纲特征值 λ

相对工作频率 ω/ω_k	No	$\lambda_i = -u_i/\omega + \mathrm{i}v_i/\omega$
2.9649	1	$+0.0409 + \mathrm{i}0.3285$
	2	$-0.0689 + \mathrm{i}0.4271$
	3	$-0.5750 + \mathrm{i}0.5903$
2.9874	1	$+0.0411 + \mathrm{i}0.3265$
	2	$-0.0684 + \mathrm{i}0.4239$
	3	$-0.5731 + \mathrm{i}0.5891$
3.0098	1	$+0.0413 + \mathrm{i}0.3246$
	3	$-0.0678 + \mathrm{i}0.4208$
	5	$-0.5712 + \mathrm{i}0.5879$
3.0323	1	$+0.414 + \mathrm{i}0.3266$
	3	$-0.0672 + \mathrm{i}0.4178$
	5	$-0.5693 + \mathrm{i}0.5868$
3.0547	1	$+0.0416 + \mathrm{i}0.3207$
	3	$-0.0667 + \mathrm{i}0.4147$
	5	$-0.5675 + \mathrm{i}0.5876$
3.0722	1	$+0.0418 + \mathrm{i}0.3189$
	3	$-0.0661 + \mathrm{i}0.4118$
	5	$-0.5656 + \mathrm{i}0.5845$
3.0996	1	$+0.0419 + \mathrm{i}0.3170$
	3	$-0.0656 + \mathrm{i}0.4089$
	5	$-0.5637 + \mathrm{i}0.5834$

表 5 - 3　五瓦可倾瓦轴承支承的但质量弹性转子系统的无量纲特征值 λ

相对工作频率 ω/ω_k	No	$\lambda_i = -u_i/\omega + iv_i/\omega$
2.9649	1	$-0.0012 + i0.3400$
	2	$-0.0175 + i0.3468$
	3	$-0.3912 + i0.6621$
	4	$-0.5639 + i0.7417$
2.9874	1	$-0.00088 + i0.3382$
	2	$-0.0171 + i0.3444$
	3	$-0.3895 + i0.6601$
	4	$-0.5620 + i0.7397$
3.0098	1	$-0.0004 + i0.3364$
	2	$-0.0167 + i0.3421$
	3	$-0.3878 + i0.6582$
	4	$-0.5602 + i0.7378$
3.0323	1	$-0.0001 + i0.3346$
	2	$-0.0162 + i0.3398$
	3	$-0.3862 + i0.6563$
	4	$-0.5583i + 0.7359$
3.0547	1	$+0.0003 + i0.3329$
	2	$-0.01584 + i0.3376$
	3	$-0.3845 + i0.6545$
	4	$-0.5565 + i0.7340$
3.0772	1	$+0.0006 + i0.3311$
	2	$-0.0154 + i0.3354$
	3	$-0.3829 + i0.6527$
	4	$-0.5546 + i0.7321$
3.0996	1	$+0.0009 + i0.3295$
	2	$-0.0151 + i0.3331$
	3	$-0.3812 + i0.6509$
	4	$-0.5528 + i0.7303$

　　表 5 - 5 是计算结果，此时尽管轴颈位移 $\bar{X}$ 很大，但在相对坐标系中的位移（或速度）$\bar{X}_1$，$\bar{Y}_1$ 均很小，亦即瓦 1 所提供的阻尼力是很小的，这是导致整个系统失稳的重要原因之一。

　　如要准确地计算系统的失稳转速，则只须在 13 500 ～ 13 600 r/min 之间搜索，但仅就本节论证"可倾瓦轴承转子系统的非本质稳定"的宗旨而言，以上所提供的数值解结果业已足够，因此，我们得到的一个共同的结论：不管是解析解还是数值解都表明，理想状态下可倾斜轴承转子系统本质稳定论不能成立，系统不稳定的根源和固定瓦轴承一样存在于轴承转子系统本身[①][7,8]。同时，上述理论也可以对参考文献[9]中所报道的可倾瓦轴承系统失稳的实验结果作出令人信服的理论阐述[9]。

表 5 - 4　　系统失稳前后的静、动态特性及特征值、特征向量

工作转速 /(r/min)		13500			13600	
相对频率 ω/ω_k		3.0323			3.0547	
无量纲承载力 $\overline{W}$		0.07282			0.07228	
偏心率 ε		0.1921			0.1905	
系统特征值 λ_i		$-0.791E-4+i0.3446$			$+0.255E-3+i0.3329$	
瓦块号	1	2	4	1	2	4
F_{X0}	$0.36E-5$	-0.0215	0.0215	$0.34E-5$	-0.0214	0.0214
F_{Y0}	0.0588	0.0070	0.0070	0.0584	0.0070	0.0070
K_{xx}	0.0173	0.0062	0.1145	0.0172	0.0059	0.1140
K_{xy}	-0.0072	-0.1899	-0.1544	-0.0072	-0.1895	-0.1543
K_{yx}	0.2966	0.0054	0.0408	0.2952	0.0054	0.0407
K_{yy}	0.1990	0.0657	-0.0426	0.1972	0.0655	-0.0426
D_{xx}	0.0186	0.3420	0.3488	0.0185	0.3415	0.3482
D_{xy}	0.0177	-0.1130	0.1038	0.0176	-0.1128	0.1037
D_{yx}	0.0174	-0.1131	0.1037	0.0172	-0.1129	0.1036
D_{yy}	0.596	0.0505	0.0436	0.5931	0.0503	0.0436
偏支系数 $\overline{\alpha}_i$	0.0	-0.476	0.476	0	-0.476	0.476
偏支系数 $\overline{\beta}_i$	0.5	0.155	0.155	0.5	0.155	0.155
特征向量 $\boldsymbol{X}$ — $\dot{\overline{X}}_d$		$-0.791E-4+i0.3466$			$0.255E-3+i0.3329$	
$\dot{\overline{Y}}_d$		$0.250E-3-i0.242E-3$			$0.231E-3-i0.202E-3$	
$\overline{X}_d$		1.0			1.0	
$\overline{Y}_d$		$0.723E-3-i0.747E-3$			$-0.606E-3-i0.695E-3$	
$\overline{X}$		$0.4470-i0.261E-3$			$0.4446+i0.852E-3$	
$\overline{Y}$		$-0.323E-3-i0.333E-3$			$0.269E-3-i0.310E-3$	
$\overline{\varphi}_1$		$0.8950-i0.630E-3$			$0.897+i0.162E-2$	
$\overline{\varphi}_2$		$0.6970-i0.5755$			$0.6979-i0.5708$	
$\overline{\varphi}_4$		$-0.1433+i0.5747$			$-0.1476+i0.5716$	

---

① 汽轮机径向滑动轴承性能计算方法 JB/Z209－84，机械工业委员会部颁标准，1984.

表 5 - 5　系统失稳前后的绝对、相对位移和角位移

瓦块号	动态摆角 $\bar{\varphi}_i$	轴颈位移 $\bar{X}$	轴颈位移 $\bar{Y}$	相对位移 $\bar{X}_i$	相对位移 $\bar{Y}_i$
			$n=13500\text{r/min}$		
No. 1	$0.8897+\text{i}0.00163$			$0.0022-\text{i}0.0011$	$-0.00032-\text{i}0.00033$
2	$0.6979-\text{i}0.5708$	$0.4470-\text{i}0.00026$	$-0.00032-\text{i}0.00033$	$0.3392+\text{i}0.0879$	$-0.3322+\text{i}0.2711$
4	$-0.1476+\text{i}0.5717$			$0.4698-\text{i}0.0886$	$-0.0705+\text{i}0.2715$
			$n=13600\text{r/min}$		
No. 1	$0.8898+\text{i}0.00163$			$-0.00019-\text{i}0.00004$	$-0.00027-\text{i}0.00031$
2	$0.6979-\text{i}0.5708$	$0.4446+\text{i}0.00085$	$-0.00027-\text{i}0.00031$	$0.3368+\text{i}0.0890$	$-0.3321+\text{i}0.2711$
4	$-0.1476+\text{i}0.5717$			$0.4674-\text{i}0.0875$	$-0.0705+\text{i}0.2715$

5.7　装配有径向滑动轴承、推力轴承的单质量弹性转子

在旋转机械中,推力轴承不仅被用来支承轴向载荷,而且亦被运用来抑制各种激振力和改善系统的动力响应。以往大量的文献多侧重于推力轴承静态性能的处理,而较少考虑推力轴承对于轴的横向振动和稳定性的影响[10-12]。近年来的研究发现:推力轴承由于其轴向静态力和动态力的作用,对于转轴的动力稳定性起着相当可观的作用[13,14]。推力轴承的轴向力(沿转子轴线 z 方向)对于另外两个正交方向上的耦合作用起因于推力盘在 xz 和 yz 平面内的倾斜。通过以下的分析与讨论,我们将会逐步了解推力轴承对于转子弯曲振动所产生的不可忽略的影响。

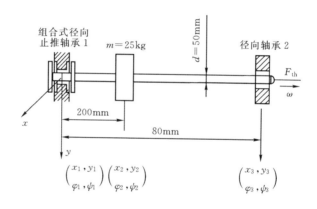

图 5 - 26　装配有径向、轴向推力轴承的转子系统

考察如图 5 - 26 所示的单质量弹性转子,在左、右两端各由一参数相同的 $360°$ 固定瓦圆柱轴承所支承,此外,在转子左端还装配有一对瓦块数为8的固定瓦推力轴承,瓦块形式和瓦块参数与前面第 2 章 2.2.4 节中所提供的例 2 - 2 相同。转子圆盘质量为 25 kg,轴直径 $d = 50$ mm,圆盘距左、右两端的距离 $l_2 = 200$ mm, $l_3 = 600$ mm;两个 $360°$ 圆柱轴承的参数分别为: $D_0 = 50$ mm,轴承宽度 $B = 25$ mm,宽径比 $B/d = 0.5$;径向轴承间隙比 $\psi = 2C/D_0 = 0.001$;推力轴承参数为: $r_1 = 25$ mm,推力瓦径向宽度 $B_r = 50$ mm,推力瓦张角 $\theta_0 = 40°$,瓦面倾斜角 $\alpha_0 = 0.002$;节线位置角 $\theta_p = \theta_0/2$;轴向间隙 $h_e = 0.05$ mm;润滑油动力粘度 $\mu = 0.027\ 06$ Pa・s;转子所受轴向力 $F_{th} = 0$。

5.7.1 系统的静平衡状态

推力轴承引入所带来的问题首先是影响到系统的静态工作点。在没有推力轴承作用的情况下,图 5 - 26 中转子两端的径向轴承将按比例分担转子重量。当左端作用有推力轴承时,推力轴承所产生的静态力,将使得负荷分配规律发生改变。参见图 5 - 27,对于转子左端点 A,有

$$\begin{cases} \begin{bmatrix} M_1 \\ S_1 \end{bmatrix} = \begin{pmatrix} -M_{y0}^p \\ F_{x0}^{(1)} - W_{x0} \end{pmatrix} = \begin{pmatrix} -M_{y0}^p \\ F_{x0}^{(1)} \end{pmatrix} \\ \begin{bmatrix} N_1 \\ Q_1 \end{bmatrix} = \begin{pmatrix} M_{x0}^p \\ F_{y0}^{(1)} - W_{y0} \end{pmatrix} = \begin{pmatrix} M_{x0}^p \\ F_{y0}^{(1)} \end{pmatrix} \end{cases} \tag{5-40a}$$

方程(5-40a)实际上表现了点 A 受到轴作用力矩、剪力、径向轴承支持力和推力轴承力矩间的平衡关系。式中,M_1,N_1 分别为由轴施加给 A 点在 xz, yz 平面内的力矩;S_1,Q_1 为轴施加给 A 点在 x,y 方向上的剪力;$F_{x0}^{(1)}$,$F_{y0}^{(1)}$ 为径向滑动轴承施加给 A 点在 x,y 方向上的油膜力分量;W_{x0},W_{y0} 为推力轴承合力 W_0 在 x,y 方向上的分量,如在轴向方向上无外力作用,推力轴承的轴向合力将自相平衡,W_0 及其分量 W_{x0} 和 W_{y0} 均为零;M_{x0}^p 和 M_{y0}^p 则为因推力盘倾斜所引起的推力轴承附加力矩。

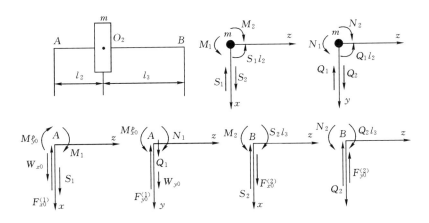

图 5 - 27 装配有推力轴承的单质量弹性转子系统的受力分析

类似地,对圆盘列出静态力、力矩平衡方程,有

$$\begin{cases} \begin{bmatrix} M_2 \\ S_2 \end{bmatrix} = \begin{bmatrix} M_1 - S_1 l_2 \\ S_1 \end{bmatrix} \\ \begin{bmatrix} N_2 \\ Q_2 \end{bmatrix} = \begin{bmatrix} N_1 - Q_1 l_2 \\ Q_1 - mg \end{bmatrix} \end{cases} \tag{5-40b}$$

对于轴右端点 B,有

$$\begin{cases} \begin{bmatrix} M_3 \\ S_3 \end{bmatrix} = \begin{bmatrix} M_2 - S_2 l_3 \\ S_2 + F_{x0}^{(2)} \end{bmatrix} = 0 \\ \begin{bmatrix} N_3 \\ Q_3 \end{bmatrix} = \begin{bmatrix} N_2 - Q_2 l_3 \\ Q_2 + F_{y0}^{(2)} \end{bmatrix} = 0 \end{cases} \tag{5-40c}$$

上述方程中所涉 $F_{x0}^{(1)}$, $F_{y0}^{(1)}$, $F_{x0}^{(2)}$, $F_{y0}^{(2)}$ 均取决于两径向轴承中稳态油膜压力 $p_0^{(1)}$ 和 $p_0^{(2)}$,可表示为

$$\begin{cases} F_{x0}^{(i)} = F_x(p_0^{(i)}) \\ F_{y0}^{(i)} = F_y(p_0^{(i)}) \quad (i=1,2) \end{cases} \tag{5-41}$$

由推力轴承油膜力所引起的力矩 M_{x0}^p 和 M_{y0}^p 则取决于推力轴承中的油膜压力分布 $p_0^{(3)}$,记

$$\begin{cases} M_{x0}^p = M_x(p_0^{(3)}, \varphi_0^{(1)}, \psi_0^{(1)}) \\ M_{y0}^p = M_y(p_0^{(3)}, \varphi_0^{(1)}, \psi_0^{(1)}) \end{cases} \tag{5-42}$$

以上各式中的 $p_0^{(i)}$ 可由相应的雷诺方程解出。

对于径向滑动轴承,有

$$\begin{cases} Re(p_0^{(1)}, x_0^{(1)}, y_0^{(1)}) = 0 \\ Re(p_0^{(2)}, x_0^{(3)}, y_0^{(3)}) = 0 \end{cases} \tag{5-43a}$$

对于推力轴承,有

$$Re(p_0^{(3)}, \varphi_0^{(1)}, \psi_0^{(1)}) = 0 \tag{5-43b}$$

为求解方程(5-43),还需要补充关于轴的静态变形方程以得到 $x_0^{(1)}$, $x_0^{(3)}$, $y_0^{(1)}$, $y_0^{(3)}$, $\varphi_0^{(1)}$ 和 $\psi_0^{(1)}$:

$$\begin{cases} \begin{bmatrix} x_0^{(2)} \\ \varphi_0^{(2)} \end{bmatrix} \approx \begin{bmatrix} x_0^{(1)} + l_2 \varphi_0^{(1)} + \dfrac{l_2^2}{2EI}M_1 - \dfrac{l_2^3}{6EI}S_1 \\ \varphi_0^{(1)} + \dfrac{l_2}{EI}M_1 - \dfrac{l_2^2}{2EI}S_1 \end{bmatrix} \\ \begin{bmatrix} y_0^{(2)} \\ \psi_0^{(2)} \end{bmatrix} \approx \begin{bmatrix} y_0^{(1)} + l_2 \psi_0^{(1)} + \dfrac{l_2^2}{2EI}N_1 - \dfrac{l_2^3}{6EI}Q_1 \\ \psi_0^{(1)} + \dfrac{l_2}{EI}N_1 - \dfrac{l_2^2}{2EI}Q_1 \end{bmatrix} \end{cases} \tag{5-44a}$$

以及

$$\begin{cases} \begin{pmatrix} x_0^{(3)} \\ \varphi_0^{(3)} \end{pmatrix} \approx \begin{bmatrix} x_0^{(2)} + l_3\varphi_0^{(2)} + \dfrac{l_3^2}{2EI}M_2 - \dfrac{l_3^3}{6EI}S_2 \\ \varphi_0^{(2)} + \dfrac{l_3}{EI}M_2 - \dfrac{l_3^2}{2EI}S_2 \end{bmatrix} \\[2em] \begin{pmatrix} y_0^{(3)} \\ \psi_0^{(3)} \end{pmatrix} \approx \begin{bmatrix} y_0^{(2)} + l_3\psi_0^{(2)} + \dfrac{l_3^2}{2EI}N_2 - \dfrac{l_3^3}{6EI}Q_2 \\ \psi_0^{(2)} + \dfrac{l_3}{EI}N_2 - \dfrac{l_3^2}{2EI}Q_2 \end{bmatrix} \end{cases} \tag{5-44b}$$

以上总共 29 个方程对应着 29 个未知数——包括 8 个力、力矩参数,6 个径向轴承、推力轴承油膜合力和力矩参数,3 个油膜压力分布参数以及 12 个转子静平衡位置参数。

考虑推力轴承作用后使得转子静态工作点的求解过程变得更为复杂。和所有的超静定问题求解一样,油膜力的求解需要和转轴的弹性变形计算同时进行,而且由于耦合的缘故,迭代过程也是必不可少的环节。

5.7.2　系统的运动微分方程及稳定性分析

可以给出转子左端 A 点的运动方程:

$$\begin{bmatrix} d_{xx} & d_{xy} & -d_{x\varphi}^w & -d_{x\psi}^w \\ d_{yx} & d_{yy} & -d_{y\varphi}^w & -d_{y\psi}^w \\ 0 & 0 & -d_{y\varphi}^m & -d_{y\psi}^m \\ 0 & 0 & d_{x\varphi}^m & d_{x\psi}^m \end{bmatrix}_1 \begin{pmatrix} \dot{x}_1 \\ \dot{y}_1 \\ \dot{\varphi}_1 \\ \dot{\psi}_1 \end{pmatrix} + \begin{bmatrix} k_{xx} & k_{xy} & -k_{x\varphi}^w & -k_{x\psi}^w \\ k_{yx} & k_{yy} & -k_{y\varphi}^w & -k_{y\psi}^w \\ 0 & 0 & -k_{y\varphi}^m & -k_{y\psi}^m \\ 0 & 0 & k_{x\varphi}^m & k_{x\psi}^m \end{bmatrix}_1 \begin{pmatrix} x_1 \\ y_1 \\ \varphi_1 \\ \psi_1 \end{pmatrix} -$$

$$\begin{bmatrix} \dfrac{12EI}{l_2^3} & 0 & \dfrac{-6EI}{l_2^2} & 0 \\ 0 & \dfrac{12EI}{l_2^3} & 0 & \dfrac{-6EI}{l_2^2} \\ \dfrac{6EI}{l_2^2} & 0 & \dfrac{-2EI}{l_2} & 0 \\ 0 & \dfrac{6EI}{l_2^2} & 0 & \dfrac{-2EI}{l_2} \end{bmatrix} \begin{pmatrix} x_2 \\ y_2 \\ \varphi_2 \\ \psi_2 \end{pmatrix} + \begin{bmatrix} \dfrac{12EI}{l_2^3} & 0 & \dfrac{6EI}{l_2^2} & 0 \\ 0 & \dfrac{12EI}{l_2^3} & 0 & \dfrac{6EI}{l_2^2} \\ \dfrac{6EI}{l_2^2} & 0 & \dfrac{4EI}{l_2} & 0 \\ 0 & \dfrac{6EI}{l_2^2} & 0 & \dfrac{4EI}{l_2} \end{bmatrix} \begin{pmatrix} x_1 \\ y_1 \\ \varphi_1 \\ \psi_1 \end{pmatrix} = 0$$

$$\tag{5-45a}$$

对于圆盘的运动,有

$$
\begin{pmatrix} m & 0 & 0 & 0 \\ 0 & m & 0 & 0 \\ 0 & 0 & \theta_y & 0 \\ 0 & 0 & 0 & \theta_x \end{pmatrix}
\begin{pmatrix} \ddot{x}_2 \\ \ddot{y}_2 \\ \ddot{\varphi}_2 \\ \ddot{\psi}_2 \end{pmatrix}
+
\begin{pmatrix} 0 & 0 & 0 & 0 \\ 0 & 0 & 0 & 0 \\ 0 & 0 & 0 & \omega\theta_z \\ 0 & 0 & -\omega\theta_z & 0 \end{pmatrix}
\begin{pmatrix} \dot{x}_2 \\ \dot{y}_2 \\ \dot{\varphi}_2 \\ \dot{\psi}_2 \end{pmatrix}
-
$$

$$
\begin{pmatrix}
\dfrac{12EI}{l_3^3} & 0 & \dfrac{-6EI}{l_3^2} & 0 \\[2mm]
0 & \dfrac{12EI}{l_3^3} & 0 & \dfrac{-6EI}{l_3^2} \\[2mm]
\dfrac{6EI}{l_3^2} & 0 & \dfrac{-2EI}{l_3} & 0 \\[2mm]
0 & \dfrac{6EI}{l_3^2} & 0 & \dfrac{-2EI}{l_3}
\end{pmatrix}
\begin{pmatrix} x_3 \\ y_3 \\ \varphi_3 \\ \psi_3 \end{pmatrix}
-
\begin{pmatrix}
\dfrac{12EI}{l_2^3} & 0 & \dfrac{6EI}{l_2^2} & 0 \\[2mm]
0 & \dfrac{12EI}{l_2^3} & 0 & \dfrac{6EI}{l_2^2} \\[2mm]
\dfrac{-6EI}{l_2^2} & 0 & \dfrac{-2EI}{l_2} & 0 \\[2mm]
0 & \dfrac{-6EI}{l_2^2} & 0 & \dfrac{-2EI}{l_2}
\end{pmatrix}
\begin{pmatrix} x_1 \\ y_1 \\ \varphi_1 \\ \psi_1 \end{pmatrix}
+
$$

$$
\begin{pmatrix}
\dfrac{12EI}{l_3^3} & 0 & \dfrac{6EI}{l_3^2} & 0 \\[2mm]
0 & \dfrac{12EI}{l_3^3} & 0 & \dfrac{6EI}{l_3^2} \\[2mm]
\dfrac{6EI}{l_3^2} & 0 & \dfrac{4EI}{l_3} & 0 \\[2mm]
0 & \dfrac{6EI}{l_3^2} & 0 & \dfrac{4EI}{l_3}
\end{pmatrix}
\begin{pmatrix} x_2 \\ y_2 \\ \varphi_2 \\ \psi_2 \end{pmatrix}
+
\begin{pmatrix}
\dfrac{12EI}{l_2^3} & 0 & \dfrac{-6EI}{l_2^2} & 0 \\[2mm]
0 & \dfrac{12EI}{l_2^3} & 0 & \dfrac{-6EI}{l_2^2} \\[2mm]
\dfrac{-6EI}{l_2^2} & 0 & \dfrac{4EI}{l_2} & 0 \\[2mm]
0 & \dfrac{-6EI}{l_2^2} & 0 & \dfrac{4EI}{l_2}
\end{pmatrix}
\begin{pmatrix} x_2 \\ y_2 \\ \varphi_2 \\ \psi_2 \end{pmatrix}
= 0
$$

$$(5-45\mathrm{b})$$

相应地,列出右端轴颈的力、力矩平衡方程:

$$
\begin{pmatrix} d_{xx} & d_{xy} & 0 & 0 \\ d_{yx} & d_{yy} & 0 & 0 \\ 0 & 0 & 0 & 0 \\ 0 & 0 & 0 & 0 \end{pmatrix}_2
\begin{pmatrix} \dot{x}_3 \\ \dot{y}_3 \\ \dot{\varphi}_3 \\ \dot{\psi}_3 \end{pmatrix}
+
\begin{pmatrix} k_{xx} & k_{xy} & 0 & 0 \\ k_{yx} & k_{yy} & 0 & 0 \\ 0 & 0 & 0 & 0 \\ 0 & 0 & 0 & 0 \end{pmatrix}_2
\begin{pmatrix} x_3 \\ y_3 \\ \varphi_3 \\ \psi_3 \end{pmatrix}
-
$$

$$
\begin{pmatrix}
\dfrac{12EI}{l_3^3} & 0 & \dfrac{6EI}{l_3^2} & 0 \\[2mm]
0 & \dfrac{12EI}{l_3^3} & 0 & \dfrac{6EI}{l_3^2} \\[2mm]
\dfrac{-6EI}{l_3^2} & 0 & \dfrac{-2EI}{l_3} & 0 \\[2mm]
0 & \dfrac{-6EI}{l_3^2} & 0 & \dfrac{-2EI}{l_3}
\end{pmatrix}
\begin{pmatrix} x_2 \\ y_2 \\ \varphi_2 \\ \psi_2 \end{pmatrix}
+
\begin{pmatrix}
\dfrac{12EI}{l_3^3} & 0 & \dfrac{-6EI}{l_3^2} & 0 \\[2mm]
0 & \dfrac{12EI}{l_3^3} & 0 & \dfrac{-6EI}{l_3^2} \\[2mm]
\dfrac{-6EI}{l_3^2} & 0 & \dfrac{4EI}{l_3} & 0 \\[2mm]
0 & \dfrac{-6EI}{l_3^2} & 0 & \dfrac{4EI}{l_3}
\end{pmatrix}
\begin{pmatrix} x_3 \\ y_3 \\ \varphi_3 \\ \psi_3 \end{pmatrix}
= 0
$$

$$(5-45\mathrm{c})$$

包含在以上方程中的 k_{ij}，$d_{ij}(i,j = x,y)$ 为径向滑动轴承的刚度、阻尼系数；k_{is}^{w}，d_{is}^{w} 为推力轴承的力刚度系数 $(i = x,y;s = \varphi,\psi)$；$k_{is}^{m}$ 和 d_{is}^{m} 则为推力轴承的力矩刚度系数。这些转子动力学系数当系统静态工作点已知时可由第 2 章所介绍的方法算出，可视为已知值。求解系统方程 $(5-45)$，即可求得该系统的特征值。以下给出图 $5-26$ 所示转子系统的数值分析结果。

1. 关于径向滑动轴承的偏载效应

在无推力轴承的情况下，径向滑动轴承所提供的支承反力只需平衡转子的重量；而当考虑推力轴承作用时，径向轴承所提供的支反力除平衡转子自重外，还需要平衡因推力轴承所引起的静态力矩，从而导致径向滑动轴承的承载力分量在 x 方向上不再为零，因此径向轴承通常工作在偏载工况下，如图 $5-28$ 所示。

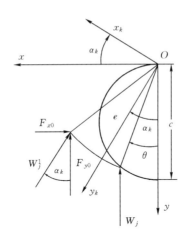

图 $5-28$　$360°$ 径向滑动轴承的偏载效应

一般说来，径向滑动轴承在承担垂直载荷与承担偏载载荷两种不同情况下所呈现出来的静、动态性能具有很大的差别，两者之间也不存在固定的转换关系。仅在极个别的情况下，例如当轴承呈各向同性时（如 $360°$ 径向圆柱轴承），其在偏载工况下的静、动态特性可由垂直载荷工况下的值直接转换得到。

参见图 $5-28$，F_{x0}，F_{y0} 为偏载时的油膜力分量，W_j 代表在垂直载荷下的合力，当偏载角为 α_k 时，则

$$\begin{cases} F_{x0} = W_j \sin\alpha \\ F_{y0} = W_j \cos\alpha \end{cases} \tag{5-46}$$

相应的刚度、阻尼系数转换关系为

$$\boldsymbol{K}_u = \boldsymbol{A}_u \boldsymbol{K}_v, \quad \boldsymbol{D}_u = \boldsymbol{A}_u \boldsymbol{D}_v \tag{5-47}$$

其中转换矩阵

$$\boldsymbol{A}_u = \begin{pmatrix} \cos^2\alpha_k & \sin\alpha_k\cos\alpha_k & \sin\alpha_k\cos\alpha_k & \sin^2\alpha_k \\ -\sin\alpha_k\cos\alpha_k & \cos^2\alpha_k & -\sin^2\alpha_k & \sin\alpha_k\cos\alpha_k \\ -\sin\alpha_k\cos\alpha_k & -\sin^2\alpha_k & \cos^2\alpha_k & \sin\alpha_k\cos\alpha_k \\ \sin^2\alpha_k & -\sin\alpha_k\cos\alpha_k & -\sin\alpha_k\cos\alpha_k & \cos^2\alpha_k \end{pmatrix}$$

以上 $\boldsymbol{K}_u$ 和 $\boldsymbol{D}_u$ 为偏载工况下的刚度、阻尼系数列向量，$\boldsymbol{K}_v$，$\boldsymbol{D}_v$ 为垂直载荷工况下相应的刚度、阻尼系数列向量，且

$$\boldsymbol{K}_u = (k_{xx} \quad k_{xy} \quad k_{yx} \quad k_{yy})^{\mathrm{T}}, \quad \boldsymbol{D}_u = (d_{xx} \quad d_{xy} \quad d_{yx} \quad d_{yy})^{\mathrm{T}}$$

图 5-29 给出了轴承 1，2 的偏心率随工作转速增加的变化曲线。由于推力轴承的作用，位于转子左端的 $1^{\#}$ 轴承偏心率增加，轴颈下沉；而位于转子右端的 $2^{\#}$ 轴承的偏心率则相应地减小，轴颈上浮。图 5-29(b)，(c) 给出了因径向轴承静态工作点改变而导致两个轴承相应的刚度、阻尼系数变化曲线。例如在转速 $N = 9064$ r/min 时，$1^{\#}$ 轴承的偏心率 ε_1 以及刚度系数 $k_{xx}^{(1)}$ 和 $k_{yy}^{(1)}$ 均比仅有径向轴承支承时的对应值增加了 20% 左右；而对于轴承 2，其 ε_2，$k_{xx}^{(2)}$，$k_{yy}^{(2)}$ 则比原先减小了 32% ～ 37%。以上说明，由于引入推力轴承后导致径向滑动轴承产生的偏载效应是很大的。有关径向轴承偏载时的静、动态数据见表 5-6。

表 5-6(1)　径向轴承在偏载工况下的无量纲性能参数(轴承 1)

工况		ε_1	$\overline{W}_1$	$\theta_j^{(1)}$	$\alpha_k^{(1)}$	$K_{xx}^{(1)}$	$K_{yy}^{(1)}$	$D_{xy}^{(1)}$	$D_{yx}^{(1)}$
$N = 3000$r/min	(A)	0.058	0.046	1.497	0	0.1165	0.0592	0.1165	1.5959
	(B)	0.067	0.053	1.486	-0.0085	0.1346	0.0691	0.1346	1.6067
$N = 9060$r/min	(A)	0.019	0.015	1.546	0	0.0385	0.0193	0.0385	1.5736
	(B)	0.023	0.018	1.542	-0.0038	0.0458	0.0230	0.0456	1.5750

A:不计推力轴承影响;B:计入推力轴承影响。

表 5 - 6(2)　　径向轴承在偏载工况下的无量纲性能参数(轴承 2)

工况		ε_2	$\overline{W}_2$	$\theta_j^{(2)}$	$\alpha_k^{(2)}$	$K_{xx}^{(2)}$	$K_{yy}^{(2)}$	$D_{xy}^{(2)}$	$D_{yx}^{(2)}$
$N = 3000\text{r/min}$	(A)	0.0290	0.0230	1.534	0	0.0581	0.0292	0.0581	1.5771
	(B)	0.0197	0.0155	1.546	0.0291	0.0395	0.0197	0.0395	1.5714
$N = 9060\text{r/min}$	(A)	0.0096	0.0075	1.559	0	0.0192	0.0096	0.0192	1.5715
	(B)	0.0060	0.0047	1.563	0.0144	0.0119	0.0060	0.0120	1.5707

A:不计推力轴承影响;B:计入推力轴承影响。

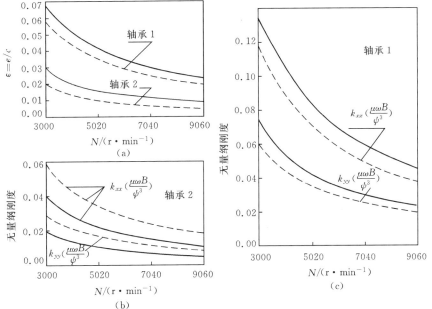

图 5 - 29　推力轴承的偏载效应

(a)径向轴承偏心率-转速变化曲线;(b),(c)偏载效应对径向轴承刚度系数的影响

2. 转子在静态工作点处的广义位移

系统的静态工作点$(x_1, y_1, \varphi_1, \psi_1, \cdots)$以及推力、径向轴承的负荷分配可由方程(5-40)～(5-44)联立解出。最后求解结果列入表 5-7 中。为了对比,在表 5-7 中还给出了在两端刚支时转子各点的位移变形和角变形。当计入推力轴承、径向轴承的影响后,各点的轴位移实际上是转速的函数。以 $N = 9\,064\text{ r/min}$ 为例,位于 l_2 处的圆盘中心的垂直方向变形 y_2 和刚支情况下相

比,大约减小了 70%,说明推力轴承对转子挠度曲线的影响极大,并且这种影响主要来自 M_{x0}^p 和 M_{y0}^p 的作用。在表 5-8 中列出了本算例中推力轴承的无量纲静、动特性参数。

表 5-7　转子在静态工作点处的无量纲广义位移

工况	$N=0$ r/min	$N=3\,000$ r/min	$N=9\,060$ r/min
	(C)	(B)	(B)
y_1/D_0	0.0	0.31×10^{-4}	0.38×10^{-4}
y_2/D_0	0.56×10^{-3}	0.29×10^{-3}	0.17×10^{-3}
y_3/D_0	0.0	-0.39×10^{-7}	-0.20×10^{-7}
$\bar{\psi}_1$	0.16×10^{-3}	0.36×10^{-4}	0.14×10^{-4}
$\bar{\psi}_2$	0.93×10^{-4}	0.49×10^{-4}	0.42×10^{-4}
$\bar{\psi}_3$	-0.12×10^{-3}	-0.53×10^{-4}	-0.42×10^{-4}
工况	$N=0$ r/min	$N=3\,000$ r/min	$N=9\,060$ r/min
	(C)	(B)	(B)
x_1/D_0	0.0	0.33×10^{-4}	0.11×10^{-4}
x_2/D_0	0.0	0.48×10^{-4}	0.19×10^{-4}
x_3/D_0	0.0	0.99×10^{-5}	0.30×10^{-5}
$\bar{\varphi}_1$	0.0	0.64×10^{-5}	0.30×10^{-5}
$\bar{\varphi}_2$	0.0	0.12×10^{-5}	0.69×10^{-6}
$\bar{\varphi}_3$	0.0	-0.54×10^{-6}	-0.23×10^{-6}

C:刚支转子;B:推力、径向轴承支承转子。

表 5-8　推力盘倾斜参数对推力轴承性能的影响

$\bar{\varphi},\bar{\psi}$	$\bar{M}_{y0}^p$	$\bar{M}_{x0}^p$	$\bar{K}_{x\varphi}^m$	$\bar{K}_{x\psi}^m$	$\bar{D}_{x\varphi}^m$	$\bar{D}_{x\psi}^m$	$\bar{K}_{y\varphi}^m$	$\bar{K}_{y\psi}^m$	$\bar{D}_{y\varphi}^m$	$\bar{D}_{y\psi}^m$
$\bar{\varphi}=0$ $\bar{\psi}=0$	0.000	0.000	0.094	0.388	0.001	0.190	-0.388	0.094	-0.190	0.001
$\bar{\varphi}=0.1$ $\bar{\psi}=0.1$	0.049	-0.030	0.109	0.413	0.004	0.196	-0.410	0.085	-0.196	-0.002
$\bar{\varphi}=0.4$ $\bar{\psi}=0.2$	0.152	-0.194	0.311	0.638	0.036	0.242	-0.851	-0.047	-0.295	-0.033

3. 系统稳定性分析

求解系统方程(5-45)可得到系统的固有特征值。数值结果表明,当仅考虑系统装配有径向滑动轴承时,系统的一阶阻尼临界转速 $n_{cr} = 5\,653$ r/min;而当推力轴承的作用一并计入后,系统的一阶阻尼临界转速 $n_{cr}^* = 10\,445$ r/min——差不多是 n_{cr} 的 1.85 倍,推力轴承有效地提高了转子的一阶阻尼临界转速。

至于系统的稳定性,记系统的一阶特征值 $\gamma_1 = -u_1 + iv_1$,数值计算结果表明推力轴承对系统一阶特征值的虚部(即涡动频率)的影响甚小,其涡动比 v_1/ω 非常接近于 0.5,且当转速改变时几乎保持不变,这主要是由于本例中的径向轴承运行在很小的偏心率情况下的缘故。另一方面,推力轴承对特征值实部(对应于对数衰减率部分)的影响却很大。在表 5-9 中给出了 u_1/ω 的值:当转子仅由径向轴承支承时,系统的界限失稳转速在 9 400 r/min 左右;由于推力轴承的作用,系统延至 13 220 r/min 之后方才失稳,推力轴承的作用使系统的界限失稳转速提高了将近 40%。上述计算结果说明,在这类情况下如果略去推力轴承的作用就极不合适了[15]。

表 5-9　系统特征值的负实部 u_1/ω

$n(\text{r} \cdot \text{min}^{-1})$		3 000	5 010	7 020	9 030	10 000	13 000	14 000
u_1/ω	Case(A)	0.027	0.015	0.010	0.003	-0.006	—	—
	Case(B)	0.019	0.011	0.007	0.005	0.004	0.001	-0.002

A:不计入推力轴承影响;B:计入推力轴承影响。

参考文献

[1]　张直明. 流体动压轴承润滑理论 [M]. 西安:西安交通大学研究生教材,1979.

[2]　数学手册编写组. 数学手册 [M]. 北京:高等教育出版社,1979.

[3]　朱均,虞烈. 流体润滑理论 [M]. 西安:西安交通大学研究生教材,1990.

[4]　张鄂,朱均. 径向滑动轴承稳定性的计算及研究 [J]. 润滑与密封,1990 (2).

[5]　Elewell R C,et al. Design of Pivoted-Pad Journal Bearing [J]. Trans ASME. Series F,1969,91.

[6]　朱均. 关于可倾瓦径向滑动轴承稳定性的探讨（一）[C] //摩擦学第三届全国学术交流会议文集，1982.

[7]　虞烈. 关于可倾瓦轴承-转子系统的不稳定性及广义能量守恒在系统稳定性判据中的应用 [C] //全国第二届轴系零件会议论文集，1986.

[8]　虞烈，谢友柏，朱均，等. 二阶力学系统的稳定性格度及广义能量准则 [J]. 机械工程学报，1988 (4).

[9]　Flack R D. Experiments on the Stability of Two Flexible Rotor in Tilting Pad Bearings [C]. The 42nd Annual Meeting in Anaheim. California，1987 (5).

[10]　Someya T，FukudaM. Anaiysis and Experimental Verification of Dynamic Characteristics of Oil Film Thrust Bearing [J]. Bulletin of JSME，1972，15：1004 - 1015.

[11]　Etsion I. Design Charts for Arbitrarily Pocoted，Liquid-Lubricated，Flat-Sector-Pad Thrust Bearing [J]. Journal of Lubrication Technology. Trans ASME，1978，100：279 - 286.

[12]　Jeng M C，Szerri A Z. A Thermohydrodynamic Solution of Pivoted Thrust Pads [J]. Journal of Tribology，Trans ASME ，1986，108：195 - 218.

[13]　Zhu Qin，Xie Youbai，Yu Lie. Axial Transient Forces of Thrust Bearing Rotor System in a Turboexpander [C] //Proceedings of the International Conference on Hydrodynamic Bearing-Rotor System Dynamics. Xian (China)：[s. n.]，1990.

[14]　Mittwollen N，Hegel T，Glienicke J. Effects of Hydrodynamic Thrust Bearings on Lateral Shaft Vibration [J]. Journal of Tribology，Trans ASME，1990，113：811 - 818.

[15]　Yu Lie，Bhat R B. Coupled Dynamics of a Rotor-Journal Bearing System Equipped with Thrust Bearings [J]. Shock and Vibration，1995，2 (1)：1 - 6.

[16]　虞烈. 轴承-转子系统的稳定性与振动控制研究 [D]. 西安：西安交通大学，1987.

第6章 滚动轴承支承的弹性转子与振动控制技术

实际工程应用中,尤其是在高转速条件下,通常会出现同一个转子采用不同的滚动轴承支承,或同一轴承支承不同的转子,其动力响应出现明显差别,极端情况甚至出现事故。解释此类现象的原因,则涉及到转子动态响应与支承轴承的匹配问题,必须将滚动轴承的部件动力特性与弹性转子动力特性结合,二者形成同步联立动力学分析系统,然后对系统动力学特性予以考察。在现有滚动轴承支承转子系统中,无论是简化轴承处理方式,或者简化转子处理方式,均是针对特定关注对象而言的。在高速机床中,Yuzhong Cao[1] 利用 Timoshenko 梁轴模型建立转子模型,并结合 Jones[2] 拟静力模型,建立高速机床动力学模型,为目前关注转子动力响应的研究中,对轴承简化程度较少的模型。此外,Wensing[3] 采用多软件组合,建立了滚动轴承支承电主轴同步动力学分析模型,以及 Fritzsn[4] 采用传输线原理构成的联立动力分析模型,无疑都是在尝试构建滚动轴承支承转子系统同步联立动力学理论模型。然而必须认识到,现有同步联立模型中,其各自缺陷仍然十分明显,如 Yuzhong Cao[1] 的支承模型未能计入部件惯性效应,Wensing[3] 模型中无法计及保持架振动特性,而 Fritzsn[4] 在转子与轴承间引入了时滞效应。因此,克服现有模型的缺陷,构建更贴近工程实际的滚动轴承支承转子系统动力学模型,并形成能够对转子动力响应与轴承部件振动特征同步联立分析与讨论的便捷工具,成为关键。本章拟通过建立滚子轴承支承转子系统动力学模型,分析转子轴承系统的异常振动运行状况,研究圆柱滚子轴承支承转子振动特性的动力耦合效应,以使读者能对滚动轴承支撑转子系统的动态特性有一个全局性的了解[5]。

6.1 圆柱滚子轴承动力学模型

1. 滚子与套圈之间的作用关系

滚子与套圈的几何作用如图 6-1 所示:惯性圆柱坐标系中滚子相对惯性坐标系中心的位置向量为 r_b^a,移动速度向量为 v_b^a,直角坐标系中滚子的位置

向量为 $\boldsymbol{r}_b^i$,速度向量为 $\boldsymbol{v}_b^i$,滚子姿态角为(φ_{b1},φ_{b2},φ_{b3}),滚子定体坐标系下旋转速度向量为 $\boldsymbol{w}_b^b$;惯性直角坐标系中套圈的位置向量为 $\boldsymbol{r}_r^i$,速度向量为 $\boldsymbol{v}_r^i$,套圈定体坐标系中姿态角为(φ_{r1},φ_{r2},φ_{r3}),套圈定体坐标系下旋转速度为 $\boldsymbol{w}_r^r$。于是,滚子定体坐标系到惯性坐标系的转换矩阵为 $\boldsymbol{T}_{ib}(\varphi_{b1},\varphi_{b2},\varphi_{b3})$,内圈定体坐标系到惯性坐标系的转换矩阵为 $\boldsymbol{T}_{ir}(\varphi_{r1},\varphi_{r2},\varphi_{r3})$,惯性坐标系到滚子方位坐标系的转换矩阵为 $\boldsymbol{T}_{ia}(\theta_b,0,0)$,坐标转换逆矩阵 $\boldsymbol{T}^{-1}$ 代表相反方向的转换。

　　滚子轴承实际运行时,不断发生倾斜与歪斜,使得滚子与滚道接触载荷呈不对称分布,因而以滚子定体坐标系为参照,对滚子进行切片处理,将滚子分成 s 个圆片,分别对每个圆片与套圈作用力和力矩,然后相加获得滚子与套圈的总力和总力矩。因此,第 m 切片相对滚子中心的坐标值为

$$x_m = (-0.5 + \frac{m-0.5}{s})L_e \tag{6-1}$$

式中,L_e 为滚子的有效长度。套圈定体坐标系中,滚子中心相对套圈中心的位置向量为

$$\boldsymbol{r}_{br}^r = \boldsymbol{T}_{ir}(\boldsymbol{r}_b^i - \boldsymbol{r}_r^i) \tag{6-2}$$

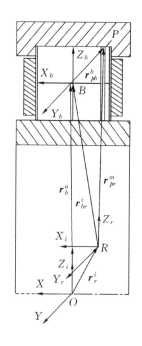
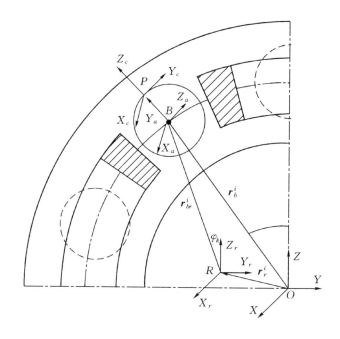

图 6-1　滚子与套圈的几何作用

套圈定体坐标系中,圆片中心相对于套圈中心的位置向量为

$$\boldsymbol{r}_{bm}^r = \boldsymbol{r}_{br}^r + \boldsymbol{T}_{br}(x_m \quad 0 \quad 0)^{\mathrm{T}} \tag{6-3}$$

式中,$\boldsymbol{T}_{br}$ 为滚子定体坐标系到内圈定体坐标系的转换矩阵。于是,切片 m 中心相对于套圈中心的方位角为

$$\psi_m = \arctan(-\frac{r_{bm2}^r}{r_{bm3}^r}) \tag{6-4}$$

则套圈定体坐标系到切片方位坐标系的转换矩阵为 $\boldsymbol{T}_{rar}(\psi_m, 0, 0)$。因此,接触点 P 相对套圈中心的位置向量为

$$\boldsymbol{r}_{pr}^{al} = \boldsymbol{T}_{ral}\left(\boldsymbol{r}_{br}^r + \boldsymbol{T}_{ir}\boldsymbol{T}_{ib}^{-1}\begin{bmatrix} x_m \\ -(0.5d_b - c_b)\sin\varphi \\ (0.5d_b - c_b)\cos\varphi \end{bmatrix}\right) \tag{6-5}$$

式中,d_b 为滚子直径;c_b 为滚子半径减少量;φ 为绕滚子轴线角度,确定 φ 的必要条件为

$$\boldsymbol{r}_{pr2}^{al} = \boldsymbol{r}_{br2}^a + \boldsymbol{T}_{21}x_l - \boldsymbol{T}_{22}\boldsymbol{r}_r\sin\varphi + \boldsymbol{T}_{23}\boldsymbol{r}_r\cos\varphi = 0 \tag{6-6}$$
$$\boldsymbol{T} = \boldsymbol{T}_{ra}\boldsymbol{T}_{ir}\boldsymbol{T}_{ib}^{-1}$$

根据三角函数计算关系,可知角度 φ 有两个值,分别为

$$\begin{cases} \varphi = \arctan\dfrac{\boldsymbol{T}_{23}}{\boldsymbol{T}_{22}} + \arcsin\dfrac{\boldsymbol{r}_{br2}^a + \boldsymbol{T}_{21}x_l}{\sqrt{\boldsymbol{T}_{22}^2 + \boldsymbol{T}_{23}^2}} \\ \varphi = \pi + \arctan\dfrac{\boldsymbol{T}_{23}}{\boldsymbol{T}_{22}} + \arcsin\dfrac{\boldsymbol{r}_{br2}^a + \boldsymbol{T}_{21}x_l}{\sqrt{\boldsymbol{T}_{22}^2 + \boldsymbol{T}_{23}^2}} \end{cases} \tag{6-7}$$

式中的取值根据内外圈来取。当为内圈时,φ 取使 r_{pr3}^{al} 较小值中的角度;当为外圈时,取使 r_{pr3}^{al} 较大值中的角度。于是切片 m 与套圈滚道之间的几何接触变形 δ 为

$$\delta = \pm(r_{pr3}^{al} - d_r/2) \tag{6-8}$$

式中,$\delta \leqslant 0$ 时滚子与滚道不发生接触,否则产生接触;符号"+"为外套圈滚道,d_r 为外滚道直径 d_{ro};"−"为内套圈滚道,d_r 为内滚道直径 d_{ri}。

获得几何接触变形之后,需要建立接触坐标系,以便分析滚子与套圈之间的作用力和力矩。滚子方位坐标系到接触坐标系的转换矩阵为 $\boldsymbol{T}_{arp}(\psi_c, 0, 0)$,其中外滚道时 ψ_c 为 0,内滚道时 ψ_c 为 π。滚子与滚道之间的作用力采用由 Lundberg 给出的线接触 Hertz 经验公式[6] 来计算,其公式如下:

$$\delta = 0.39\left[\frac{4(1-\nu_b^2)}{E_b} + \frac{4(1-\nu_r^2)}{E_r}\right]^{0.9}\frac{Q_m^{0.9}}{(l_r/s)^{0.8}} \tag{6-9}$$

考虑到滚子与滚道之间接触变形相比半径较小,可以假设滚子和套圈的

接触变形相等。因此,滚子坐标系中接触中心到滚子中心的位置向量可表示为

$$\boldsymbol{r}_{pb}^{b} = \begin{bmatrix} x_l \\ -(r_b - c_b - \delta/2)\sin\varphi \\ (r_b - c_b - \delta/2)\cos\varphi \end{bmatrix} \qquad (6-10)$$

惯性坐标系中,切片中心相对于套圈中心的位置向量为

$$\boldsymbol{R}_{pr}^{i} = \boldsymbol{T}_{ib}^{-1}\boldsymbol{r}_{pb}^{b} + \boldsymbol{r}_{b}^{i} - \boldsymbol{r}_{r}^{i} \qquad (6-11)$$

于是,接触坐标系中套圈的速度向量为

$$\boldsymbol{u}_{r}^{p} = \boldsymbol{T}_{ap}\boldsymbol{T}_{ia}(\boldsymbol{v}_{r}^{i} + (\boldsymbol{T}_{ir}^{-1}\boldsymbol{w}_{r}^{r} - \begin{bmatrix} \dot{\theta}_b \\ 0 \\ 0 \end{bmatrix}) \times \boldsymbol{R}_{pr}^{i}) \qquad (6-12)$$

而滚子的速度向量为

$$\boldsymbol{u}_{b}^{p} = \boldsymbol{T}_{ap}(\begin{bmatrix} \dot{x}_b \\ 0 \\ \dot{r}_b \end{bmatrix} + \boldsymbol{T}_{ia}\boldsymbol{T}_{ib}^{-1}(\boldsymbol{w}_{b}^{b} \times \boldsymbol{r}_{pb}^{b})) \qquad (6-13)$$

于是,接触坐标系中套圈相对于滚子滑动速度向量为

$$\boldsymbol{u}_{rb}^{p} = \boldsymbol{u}_{r}^{p} - \boldsymbol{u}_{b}^{p} \qquad (6-14)$$

垂直于滚动方向和沿滚动方向的滑动速度分别为 u_{rb1}^{p} 和 u_{rb2}^{p},则滚子相对滚道的有效滑动速度可以表示为

$$u_{s} = \sqrt{(u_{rb1}^{p})^2 + (u_{rb2}^{p})^2} \qquad (6-15)$$

代入常用牵引润滑公式,可计算出牵引系数

$$\mu(u_{s}) = (A + Bu_{s})\mathrm{e}^{(-Cu_{s})} + D \qquad (6-16)$$

式中,A,B,C 和 D 为润滑剂的特性参数,详见参考文献[6]。

在滚动轴承运行过程中,滚子与滚道之间的油膜阻尼不可忽略,此处油膜阻尼系数表示为[5]

$$c_{l} = \frac{b_1}{r_s}P^{c_1}V^{c_2}G^{c_3} \qquad (6-17)$$

式中,b_1,c_1,c_2 和 c_3 为回归参数,分别取为 $b_1 = 3.3724,c_1 = 1.4073,c_2 = -0.8417,c_3 = -1.4353$;$r_s$ 为几何参数,$r_s = R_b/R_s$。

同时滚子与滚道接触时,材料产生滞后阻尼,其阻尼系数可表示为

$$c_{m} = 1.5\alpha_e Q_m \qquad (6-18)$$

式中,α_e 为恢复系数,与材料成分有关,轴承钢取值范围为 $0.08 \sim 0.32$ s/m。

在滚子定体坐标系中,作用于滚子切片的力矢量为

$$
\boldsymbol{F}_{rbm}^{p} = \begin{vmatrix}
\mu_{br}\left|-Q_m+(c_l+c_m)u_{rc3}^{p}\right|u_{rc1}^{p}/u_s \\
\mu_{br}\left|-Q_m+(c_l+c_m)u_{rc3}^{p}\right|u_{rc2}^{p}/u_s \\
-Q_m+(c_l+c_m)u_{rc3}^{p}
\end{vmatrix} \tag{6-19}
$$

作用于滚子的作用力和力矩向量为

$$
\boldsymbol{F}_{rb}^{a} = \sum_{m=1}^{s}(\boldsymbol{T}_{ap}^{-1}\boldsymbol{F}_{rbm}^{p}) \tag{6-20}
$$

$$
\boldsymbol{M}_{rb}^{b} = \sum_{m=1}^{s}\left[\boldsymbol{r}_{pb}^{b}\times(\boldsymbol{T}_{ib}\boldsymbol{T}_{ia}^{-1}\boldsymbol{T}_{ap}^{-1}\boldsymbol{F}_{rbm}^{p})\right] \tag{6-20}
$$

作用于套圈的作用力和力矩向量为

$$
\boldsymbol{F}_{br}^{i} = \sum_{j=1}^{N_b}\sum_{m=1}^{s}(-\boldsymbol{T}_{ia}^{-1}\boldsymbol{T}_{ap}^{-1}\boldsymbol{F}_{rbm}^{p}) \tag{6-21}
$$

$$
\boldsymbol{M}_{br}^{r} = \sum_{j=1}^{N_b}\sum_{m=1}^{s}\left[(\boldsymbol{T}_{ir}\boldsymbol{R}_{pr}^{i})\times(-\boldsymbol{T}_{ia}^{-1}\boldsymbol{T}_{ap}^{-1}\boldsymbol{F}_{rbm}^{p})\right] \tag{6-21}
$$

2. 滚子与套圈挡边的作用关系

为了分析滚子倒角与挡边的作用,需要确定套圈挡边上一点与滚子倒圆角中心的位置关系,则建立套圈方位坐标系到套圈挡边坐标系(X_f,Y_f,Z_f)的转换矩阵为$\boldsymbol{T}_{arf}(0,\gamma,0)$,角度$\gamma$为挡边位置角度,如图6-2所示。坐标转换矩阵的逆代表相反方向的转换。需要注意的是,这里套圈方位角由相关滚子倒角中心确定,而不是滚子中心。

滚子坐标系中,滚子两边端部倒圆角中心到滚子中心位置向量为

$$
\boldsymbol{r}_{eb}^{b} = (\pm L_e \quad -(d_f/2)\sin\varphi_f \quad (d_f/2)\cos\varphi_f)^{\mathrm{T}} \tag{6-22}
$$

其中,d_f为滚子倒圆角中心圆直径。转换到套圈挡边坐标系中为

$$
\boldsymbol{r}_{eb}^{f} = \boldsymbol{T}_{bf}\boldsymbol{r}_{eb}^{b} \tag{6-23}
$$

式中,"+"表示滚子左端,"-"表示滚子右端;$\boldsymbol{T}_{bf}=\boldsymbol{T}_{arf}\boldsymbol{T}_{rar}^{-1}\boldsymbol{T}_{ir}^{-1}\boldsymbol{T}_{ib}^{-1}$,为滚子定体坐标系到挡边坐标系的转换矩阵;$\varphi_f$为绕$X$轴倒圆角中心所在方位角,角度值由$\boldsymbol{T}_{bf}$确定:

$$
\varphi_f = \arctan(-\boldsymbol{T}_{bf32}/\boldsymbol{T}_{bf33}) \tag{6-24}
$$

$$
\varphi_f = \pi + \arctan(-\boldsymbol{T}_{bf32}/\boldsymbol{T}_{bf33})
$$

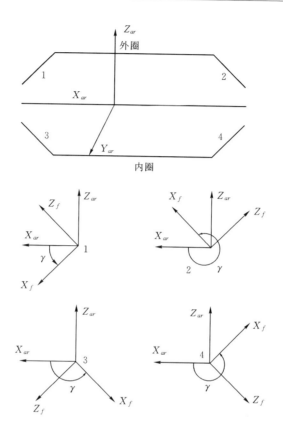

图 6 - 2　滚子与套圈挡边的几何作用

其中,φ_f 取使 $|r_{eb3}^f|$ 较大值。套圈坐标系中,滚子两边端部倒圆角中心到套圈中心的位置向量为

$$\boldsymbol{r}_{er}^r = \boldsymbol{T}_{ir}\boldsymbol{T}_{ib}^{-1}\boldsymbol{r}_{eb}^b + \boldsymbol{r}_{br}^r \qquad (6-25)$$

而在套圈方位坐标系中,滚子两边端部倒圆角中心到套圈中心位置向量为

$$\boldsymbol{r}_{er}^{ar} = (r_{er1}^{ar} \quad 0 \quad r_{er3}^{ar})^{\mathrm{T}} \qquad (6-26)$$

式中,$r_{er1}^{ar} = r_{er1}^r$,$r_{er1}^{ar} = \sqrt{(r_{er2}^r)^2 + (r_{er3}^r)^2}$。

滚子倒圆角中心点到套圈挡边坐标原点的位置向量为

$$\boldsymbol{r}_{ef}^{ar} = \boldsymbol{r}_{er}^{ar} - (\pm 0.5B_r \quad 0 \quad 0.5d_r)^{\mathrm{T}} \qquad (6-27)$$

式中,B_r 为滚道宽度,其中符号"+"代表滚子与套圈右端挡边发生作用,而符号"—"则代表了滚子与套圈左端挡边发生作用。

在挡边坐标系中,套圈挡边坐标系原点到滚子倒圆角中心点的位置向量为

$$r_{ef}^f = T_{arf} r_{ef}^{ar} \tag{6-28}$$

于是,获得滚子与套圈挡边的作用变形为

$$\delta_f = R_{ce} - \left| r_{ef3}^f \right| \tag{6-29}$$

式中,$\delta_f > 0$ 为正表示接触,否则表示不接触;R_{ce} 为滚子倒圆角半径。在接触变形获得以后,采用 Hertz 点接触计算公式获得接触力 Q_f。而套圈方位角为

$$\psi = \arctan(-r_{er2}^r / r_{er3}^r) \tag{6-30}$$

从套圈坐标系到套圈方位坐标系的转换矩阵为 $T_{rar}(\psi,0,0)$。在挡边坐标系中,滚子接触点到滚子中心的位置向量为

$$r_p^f = T_{arf} T_{rar} T_{ir} T_{ib}^{-1} r_{eb}^b + (0 \quad 0 \quad R_{ce})^T \tag{6-31}$$

套圈挡边接触点到套圈中心的位置向量为

$$R_p^f = r_p^f + T_{arf} T_{rar} r_{br}^r \tag{6-32}$$

滚子接触点的速度向量为

$$u_b^f = T_{arf} T_{rar} T_{ir} v_b^i + (T_{arf} T_{rar} T_{ir} T_{ib}^{-1} w_b^b) \times r_p^f \tag{6-33}$$

套圈挡边接触点的速度向量为

$$u_r^f = T_{arf} T_{rar} v_r^i + (T_{arf} T_{rar} w_r^r) \times R_p^f \tag{6-34}$$

从而得到套圈挡边相对于滚子的速度向量为

$$u_{br}^f = u_r^f - u_b^f \tag{6-35}$$

获得相对滑动速度之后,采用式(6-16)计算牵引系数的公式计算此处牵引系数 μ_{bf}。于是,在套圈挡边坐标系中,挡边对单个滚子的作用力向量为

$$F_{fb}^f = \begin{pmatrix} \mu_{br} \left| -Q_f + c_m u_{br3}^f \left| u_{br1}^f \right/ \sqrt{(u_{br1}^f)^2 + (u_{br2}^f)^2} \right. \\ \mu_{bf} \left| -Q_f + c_m u_{br3}^f \left| u_{br2}^f \right/ \sqrt{(u_{br1}^f)^2 + (u_{br2}^f)^2} \right. \\ -Q_f + c_m u_{br3}^f \end{pmatrix} \tag{6-36}$$

作用于滚子的力和力矩向量为

$$F_{fb}^a = T_{ia} T_{ir}^{-1} T_{rar}^{-1} T_{arf}^{-1} F_{fb}^f$$

$$M_{bf}^b = (T_{ib} T_{ir}^{-1} T_{rar}^{-1} T_{arf}^{-1} r_p^f) \times (T_{ib} T_{ia}^{-1} F_{bf}^a) \tag{6-37}$$

作用于套圈的力和力矩向量为

$$F_{bf}^i = \sum_{j=1}^{N_b} (-T_{ir}^{-1} T_{rar}^{-1} T_{arf}^{-1} F_{fb}^f)$$

$$M_{fb}^r = \sum_{j=1}^{N_b} ((T_{rar}^{-1} T_{arf}^{-1} R_p^f) \times (-T_{rar}^{-1} T_{arf}^{-1} F_{fb}^f)) \tag{6-38}$$

3. 滚子与保持架之间的作用关系

如图 6-3 所示,惯性直角坐标系中保持架的位置向量为 r_c^i,速度向量为

v_c^i,姿态角(φ_{c1},φ_{c2},φ_{c3}),保持架定体坐标系中旋转速度为 w_c^c,而在保持架定体坐标系中的坐标兜孔中心到保持架中心的位置向量可表示为

$$r_{dc}^c = (0 \quad -0.5d_m\sin\theta_p \quad 0.5d_m\cos\theta_p)^{\mathrm{T}} \tag{6-39}$$

式中,d_m 为轴承节圆直径;θ_p 为兜孔中心所在方位角度,$\theta_p = 2\pi(j-1)/N_b$,j 为滚子序号。而保持架姿态角获得内圈定体坐标系到惯性坐标系的转换矩阵为 $T_{ic}(\varphi_{c1},\varphi_{c2},\varphi_{c3})$,保持架定体坐标到兜孔坐标的转换矩阵为 $T_{cd}(\theta_p,0,\varphi_d)$。其中对于保持架前端和左端,$\varphi_d = \pi$;对于后端和右端,$\varphi_d = 0$。

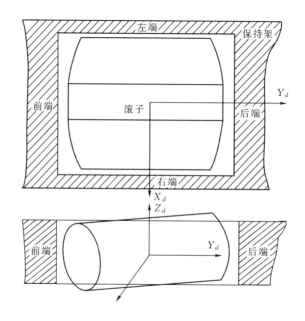

图 6-3　滚子与保持架的几何作用

惯性坐标系中滚子中心相对保持架中心的位置向量为

$$r_{bc}^i = r_b^i - r_c^i \tag{6-40}$$

在兜孔坐标系中,滚子中心相对于兜孔中心的位置向量为

$$r_{bd}^d = T_{cd}(T_{ic}r_{bc}^i - r_{dc}^c) \tag{6-41}$$

考虑到滚子运行过程存在倾斜和歪斜运动,会与保持架兜孔壁产生作用,因而滚子与保持架的作用模型需要分为滚子圆柱面与前后端和滚子端面与左右端两种情况。

根据滚子与保持架的几何关系,建立滚子与兜孔前后端的相互作用模型。考虑滚子凸度结构,根据滚子圆柱面周向方位位置,确定滚子定体坐标系

中滚子与兜孔壁作用点到滚子切片中心的位置向量

$$\boldsymbol{r}_{pb}^{b} = (x_m \quad -(0.5d_b - c_b)\sin\varphi_b \quad (0.5d_b - c_b)\cos\varphi_b)^{\mathrm{T}} \quad (6-42)$$

于是,滚子切片圆柱面边缘点到兜孔中心点的位置向量为

$$\boldsymbol{r}_{pd}^{d} = \boldsymbol{T}_{cd}\boldsymbol{T}_{ic}\boldsymbol{T}_{ib}^{-1}\boldsymbol{r}_{pb}^{b} + \boldsymbol{r}_{bd}^{d} \quad (6-43)$$

为获得相互作用的最大点,即应有

$$-T_{bd22}(r_b - c_b)\cos\varphi_b - T_{bd23}(r_b - c_b)\sin\varphi_b = 0 \quad (6-44)$$

整理式(6-44),可得到两个 φ_b 角度值:

$$\varphi_b = \arctan(-T_{bd22}/T_{bd23})$$
$$\varphi_b = \pi + \arctan(-T_{bd22}/T_{bd23}) \quad (6-45)$$

通过确定滚子切片圆柱面到兜孔中心最大值,即 r_{pd2}^{d} 最大,确定 φ_b 角度值。于是,滚子切片圆柱面与兜孔侧壁的最小间隙为

$$\delta_{bc} = r_{pd2}^{d} - B_{dc}/2 \quad (6-46)$$

随后, $\delta_{bc} > 0$ 时法向接触力 Q_{cm} 可以采用 Hertz 线接触公式计算获得,

惯性坐标系中,相互作用点到保持架质心的位置向量为

$$\boldsymbol{r}_{pc}^{i} = \boldsymbol{T}_{ib}^{-1}\boldsymbol{r}_{pb}^{b} + \boldsymbol{r}_{bc}^{i} \quad (6-47)$$

兜孔坐标系中,兜孔作用点的速度向量为:

$$\boldsymbol{u}_{c}^{d} = \boldsymbol{T}_{cd}\boldsymbol{T}_{ic}[\boldsymbol{v}_{c}^{i} + \boldsymbol{T}_{ic}^{-1}\boldsymbol{w}_{c}^{c} \times \boldsymbol{r}_{pc}^{i}] \quad (6-48)$$

滚子作用点的速度向量为

$$\boldsymbol{u}_{b}^{d} = \boldsymbol{T}_{cd}\boldsymbol{T}_{ic}[\boldsymbol{v}_{b}^{i} + \boldsymbol{T}_{ib}^{-1}(\boldsymbol{w}_{b}^{b} \times \boldsymbol{r}_{pb}^{b})] \quad (6-49)$$

滚子相对兜孔的相对速度向量为

$$\boldsymbol{u}_{bc}^{d} = \boldsymbol{u}_{b}^{d} - \boldsymbol{u}_{c}^{d} \quad (6-50)$$

获得相对滑动速度之后,采用公式(6-16)计算牵引系数 μ_{bc}。于是,兜孔坐标系中,保持架对滚子切片的作用力向量为

$$\boldsymbol{F}_{dbm}^{d} = \begin{pmatrix} \mu_{bc} \left| -Q_{cm} + c_d u_{bc2}^{d} \right| u_{bc1}^{d} / \sqrt{(u_{bc1}^{d})^2 + (u_{bc3}^{d})^2} \\ -Q_{cm} + c_d u_{bc2}^{d} \\ \mu_{bc} \left| -Q_{cm} + c_d u_{bc2}^{d} \right| u_{bc3}^{d} / \sqrt{(u_{bc1}^{d})^2 + (u_{bc3}^{d})^2} \end{pmatrix} \quad (6-51)$$

式中, c_d 为粘滞阻尼。获得兜孔坐标系中作用到滚子切片上的作用力向量后,则作用到单个滚子上的总作用力和力矩为

$$\boldsymbol{F}_{db}^{a} = \sum_{m=1}^{s} (\boldsymbol{T}_{ia}\boldsymbol{T}_{ic}^{-1}\boldsymbol{T}_{cd}^{-1}\boldsymbol{F}_{dbm}^{d})$$
$$\boldsymbol{M}_{db}^{b} = \sum_{m=1}^{s} (\boldsymbol{r}_{pb}^{b} \times \boldsymbol{T}_{ib}\boldsymbol{T}_{ic}^{-1}\boldsymbol{T}_{cd}^{-1}\boldsymbol{F}_{dbm}^{d}) \quad (6-52)$$

作用到保持架上的作用力和力矩为

$$\boldsymbol{F}_{bd}^i = \sum_{j=1}^{N_b} \sum_{m=1}^s (-\boldsymbol{T}_{ic}^{-1}\boldsymbol{T}_{cd}^{-1}\boldsymbol{F}_{dbm}^d)$$

$$(6-53)$$

$$\boldsymbol{M}_{bd}^c = \sum_{j=1}^{N_b} \sum_{m=1}^s \big[(\boldsymbol{T}_{ic}\boldsymbol{r}_{pc}^i) \times (-\boldsymbol{T}_{cd}^{-1}\boldsymbol{F}_{dbm}^d)\big]$$

　　获得滚子与兜孔前后端的作用模型后，随后建立滚子与兜孔左右端的作用模型。于是，根据式（6-22）获得的滚子坐标系中滚子两边端部倒圆角中心到滚子中心的位置向量 $\boldsymbol{r}_{eb}^b$，求得兜孔坐标系中滚子端部倒圆角中心到兜孔中心点的位置向量为

$$\boldsymbol{r}_{ed}^d = \boldsymbol{T}_{cd}\boldsymbol{T}_{ic}\boldsymbol{T}_{ib}^{-1}\boldsymbol{r}_{eb}^b + \boldsymbol{r}_{bd}^d \tag{6-54}$$

　　为获得相互作用的最大点，即应有

$$-\boldsymbol{T}_{bd12}(d_f/2)\cos\varphi_f - \boldsymbol{T}_{bd13}(d_f/2)\sin\varphi_f = 0 \tag{6-55}$$

整理式（6-55），可得到两个 φ_f 角度值：

$$\varphi_f = \arctan(-\boldsymbol{T}_{bd12}/\boldsymbol{T}_{bd13})$$

$$\varphi_f = \pi + \arctan(-\boldsymbol{T}_{bd12}/\boldsymbol{T}_{bd13})$$

$$(6-56)$$

通过确定滚子端部倒圆角中心到兜孔中心最大值，即 $\boldsymbol{r}_{ed1}^d$ 最大，确定 φ_f 角度值。

　　于是，滚子端部与兜孔侧壁的作用变形为

$$\delta_{ba} = \boldsymbol{r}_{ed1}^d + R_{ce} - B_{da}/2 \tag{6-57}$$

式中，$\delta_{ba} > 0$ 时法向接触力 Q_e 可以采用 Hertz 点接触公式计算获得，否则法向接触力 Q_e 为 0。

　　惯性坐标系中，相互作用点到保持架质心的位置向量为

$$\boldsymbol{r}_{ec}^i = \boldsymbol{T}_{ib}^{-1}\boldsymbol{r}_{eb}^b + \boldsymbol{r}_{bc}^i \tag{6-58}$$

　　兜孔坐标系中，兜孔作用点的速度向量为

$$\boldsymbol{u}_{ec}^d = \boldsymbol{T}_{cd}\boldsymbol{T}_{ic}\big[\boldsymbol{v}_c^i + \boldsymbol{T}_{ic}^{-1}\boldsymbol{w}_c^c \times \boldsymbol{r}_{ec}^i\big] \tag{6-59}$$

　　滚子作用点的速度向量为

$$\boldsymbol{u}_{eb}^d = \boldsymbol{T}_{cd}\boldsymbol{T}_{ic}\big[\boldsymbol{v}_b^i + \boldsymbol{T}_{ib}^{-1}(\boldsymbol{w}_b^b \times \boldsymbol{r}_{eb}^b)\big] \tag{6-60}$$

　　滚子相对兜孔的相对速度向量为

$$\boldsymbol{u}_{bce}^d = \boldsymbol{u}_{be}^d - \boldsymbol{u}_{ce}^d \tag{6-61}$$

　　获得相对滑动速度之后，采用式（6-16）计算牵引系数 μ_{bce}。于是，兜孔坐标系中，保持架对单个滚子的作用力向量为

$$\boldsymbol{F}_{eb}^{d} = \begin{bmatrix} -Q_e + c_e u_{bce1}^d \\ \mu_{bce} \mid -Q_e + c_e u_{bce1}^d \mid u_{bce2}^d / \sqrt{(u_{bce2}^d)^2 + (u_{bce3}^d)^2} \\ \mu_{bce} \mid -Q_e + c_e u_{bce1}^d \mid u_{bce3}^d / \sqrt{(u_{bce2}^d)^2 + (u_{bce3}^d)^2} \end{bmatrix} \qquad (6-62)$$

式中，c_e 为接触粘滞阻尼。则作用于滚子的作用力和力矩向量为

$$\boldsymbol{F}_{eb}^{a} = \boldsymbol{T}_{ia} \boldsymbol{T}_{ic}^{-1} \boldsymbol{T}_{cd}^{-1} \boldsymbol{F}_{eb}^{d}$$
$$\boldsymbol{M}_{eb}^{b} = \boldsymbol{r}_{eb}^{b} \times \boldsymbol{T}_{ib} \boldsymbol{T}_{ic}^{-1} \boldsymbol{T}_{cd}^{-1} \boldsymbol{F}_{eb}^{d} \qquad (6-63)$$

作用于保持架上的作用力与力矩向量为

$$\boldsymbol{F}_{ec}^{i} = \sum_{j=1}^{N_b} (-\boldsymbol{T}_{ic}^{-1} \boldsymbol{T}_{cd}^{-1} \boldsymbol{F}_{eb}^{d})$$
$$\boldsymbol{M}_{ec}^{c} = \sum_{j=1}^{N_b} \left[(\boldsymbol{T}_{ic} \boldsymbol{r}_{ec}^{i}) \times (-\boldsymbol{T}_{cd}^{-1} \boldsymbol{F}_{eb}^{d}) \right] \qquad (6-64)$$

于是，可获得作用于滚子上总力和力矩向量为

$$\boldsymbol{F}_{cb}^{a} = \boldsymbol{F}_{eb}^{a} + \boldsymbol{F}_{db}^{a}$$
$$\boldsymbol{M}_{cb}^{b} = \boldsymbol{M}_{eb}^{b} + \boldsymbol{M}_{db}^{b} \qquad (6-65)$$

作用于保持架上的总力和力矩向量为

$$\boldsymbol{F}_{bc}^{i} = \boldsymbol{F}_{ec}^{i} + \boldsymbol{F}_{bd}^{i}$$
$$\boldsymbol{M}_{bc}^{c} = \boldsymbol{M}_{ec}^{c} + \boldsymbol{M}_{bd}^{c} \qquad (6-66)$$

4. 保持架与引导套圈之间的作用关系

由于自身的结构特征，保持架与引导套圈之间的相互作用存在一定的特异性。如图 6-4 所示，保持架倾斜时，其定体系 X_c 轴正方向上边缘点和保持架定体系 X_c 轴负方向上的边缘点可能存在两个接触点，因此需要对这两个接触点位置进行判断。同时，保持架由于介于轴承外圈与内圈之间，其作用套圈可能是内圈，也可能是外圈，而这些取决于保持架引导方式。

惯性坐标系中，保持架质心相对套圈的质心的位置向量为

$$\boldsymbol{r}_{cr}^{i} = \boldsymbol{r}_{c}^{i} - \boldsymbol{r}_{r}^{i} \qquad (6-67)$$

保持架定体坐标系中，保持架与引导套圈作用边缘点到保持架中心的位置向量为

$$\boldsymbol{r}_{pc}^{c} = (\pm 0.5 B_{cage} \quad -0.5 d_c \sin\varphi_c \quad 0.5 d_c \cos\varphi_c)^{\mathrm{T}} \qquad (6-68)$$

式中，B_{cage} 为保持架宽度；符号"＋"代表左端作用边缘点，"－"则代表右端作用边缘点；外圈引导时，d_c 为保持架外圈直径 d_{co}；内圈引导时，d_c 为保持架内

圈直径 d_{ci}；φ_c 为保持架上接触点的方位角，其值需要在后续处理中获取。

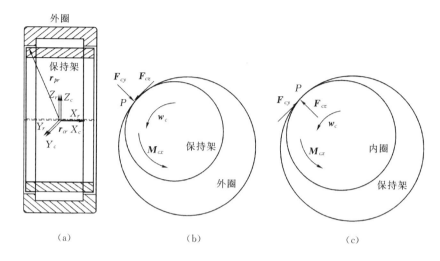

图 6 - 4　滚子与保持架的几何作用

(a) 几何作用关系；(b) 外圈引导；(c) 内圈引导

套圈定体坐标系中，边缘点到套圈中心点的位置向量为

$$r_{pr}^r = T_{ir}r_{cr}^i + T_{ir}T_{ic}^{-1}r_{px}^c \tag{6-69}$$

考虑到在套圈定体坐标系中 Y_r - Z_r 平面上的投影在外圈引导时最大，在内圈引导时最小。此时对 φ_c 求偏导，得

$$\frac{\partial}{\partial \varphi_c}\left[(r_{pr2}^r)^2 + (r_{pr3}^r)^2\right] = 0 \tag{6-70}$$

采用二分法对上式求导可获得两个值：φ_c 和 $\varphi_c + \pi$。当外圈引导时，φ_c 取 $\left[(r_{pr2}^r)^2 + (r_{pr3}^r)^2\right]$ 最大值；而内圈引导时，φ_c 取 $\left[(r_{pr2}^r)^2 + (r_{pr3}^r)^2\right]$ 最小值。

保持架在运行过程中，由于滚子与保持架之间的作用力的不对称分布，促使保持架产生偏斜与倾斜运动，因而保持架与引导套圈两侧的作用点并未在同一方向上，且同一侧的挡边也并非与保持架完全接触。因此，在分析保持架与引导套圈作用时，将保持架与引导套圈作用长度切分成 s 片，第 m 切片中心在保持架中心的坐标可表示为

$$x_m = \pm\left[B_{cage} - (m - 0.5)(B_{gcage}/s)\right] \tag{6-71}$$

式中，B_{cage} 为保持架宽度；B_{gcage} 为引导套圈引导面宽度；"＋"表示保持架左端；"－"表示保持架右端。

套圈坐标系中，切片 m 引导套圈作用点到套圈中心点的位置向量为

$$r_{prx}^r = T_{ir}r_{cr}^i + T_{ir}T_{ic}^{-1}(x_m \quad -0.5d_c\sin\varphi_c \quad 0.5d_c\cos\varphi_c)^T \tag{6-72}$$

于是,保持架边缘点到套圈引导面的距离为

$$h_m = \pm(0.5d_c - \sqrt{(r_{prx2}^r)^2 + (r_{prx3}^r)^2}) \qquad (6-73)$$

式中,"+"表示外圈引导,"−"表示内圈引导。

考虑保持架表面和引导套圈表面存在粗糙度,这将是保持架与引导套圈作用关系的临界值,即

$$\sigma_{cr} = \sqrt{\sigma_c^2 + \sigma_r^2} \qquad (6-74)$$

式中,σ_c 为保持架表面粗糙度,σ_r 为套圈引导表面粗糙度。

当 $h_m \leqslant \sigma_{cr}$ 时,保持架切片 m 边缘点与引导套圈表面产生接触变形,表示为

$$\delta_{cr} = h_m - \sigma_{cr} \qquad (6-75)$$

式中,$\delta_{cr} > 0$ 表示保持架切片与引导套圈表面产生接触,否则表示不接触。获得接触变形之后,采用 Hertz 线接触公式来计算接触力 Q_L。随后,可以根据 r_{prx}^r 获得惯性坐标系中,保持架表面与引导套圈接触点的方位角为

$$\varphi = \arctan(-r_{prx2}^r / r_{prx3}^r) \qquad (6-76)$$

于是,建立接触坐标系 $PX_pY_pZ_p$,则套圈定体坐标系到接触坐标系的转换矩阵表示为 $\boldsymbol{T}_{rp}(\varphi,0,0)$。接触坐标系中,保持架切片 m 表面与套圈引导面接触点 P 的速度为

$$\boldsymbol{u}_c^p = \boldsymbol{T}_{rp}\boldsymbol{T}_{ir}\boldsymbol{v}_c^i + \boldsymbol{T}_{rp}\boldsymbol{T}_{ir}\boldsymbol{T}_{ic}^{-1}(\boldsymbol{w}_c^c \times (x_m \quad -0.5d_c\sin\varphi_c \quad 0.5d_c\cos\varphi_c)^{\mathrm{T}}) \qquad (6-77)$$

而套圈引导面上接触点的速度为

$$\boldsymbol{u}_r^p = \boldsymbol{T}_{rp}\boldsymbol{T}_{ir}\boldsymbol{v}_r^i + \boldsymbol{T}_{rp}(\boldsymbol{w}_r^r \times r_{prx}^r) \qquad (6-78)$$

保持架相对套圈的速度为

$$\boldsymbol{u}_{cr}^p = \boldsymbol{u}_r^p - \boldsymbol{u}_c^p \qquad (6-79)$$

垂直于滚动方向和沿滚动方向的滑动速度分别为 u_{cr1}^p 和 u_{cr2}^p,则保持架相对引导套圈的有效滑动速度可以表示为

$$u_{sr} = \sqrt{(u_{cr1}^p)^2 + (u_{cr2}^p)^2} \qquad (6-80)$$

获得有效滑动速度之后,根据式(6-16)计算获得保持架与引导套圈之间的牵引系数 μ_{cr}。接触坐标系中,作用于保持架的作用力向量为

$$\boldsymbol{F}_{crp}^p = (\mu_{cr}Q_L u_{cr1}^p / u_{sr} \quad \mu_{cr}Q_L u_{cr2}^p / u_{sr} \quad \pm Q_L)^{\mathrm{T}} \qquad (6-81)$$

式中,"+"代表外圈引导,"−"代表内圈引导。

当 $h_m > \sigma_{cr}$ 时,保持架切片 m 与引导套圈表面之间存在流体润滑作用,此时可以假设为滑动轴承里的"短轴承"理论,则

$$\boldsymbol{F}_{cy} = \pm \frac{\pi \eta_0 u \ (B_{\text{gcage}}/s)^3 \varepsilon}{4 C_g^2 \ (1-\varepsilon^2) 1.5} \tag{6-82}$$

$$\boldsymbol{F}_{cz} = \pm \frac{\eta_0 u \ (B_{\text{gcage}}/s)^3 \varepsilon^2}{C_g^2 \ (1-\varepsilon^2)^2} \tag{6-83}$$

式中,上面符号用于内圈引导,而下面符号用于外圈引导;η_0 为大气压下润滑油的动力粘度;C_g 为保持架引导间隙;$u = u_{r2}^p + u_{c2}^p$ 为润滑油拖动速度;ε 为保持架中心的相对偏心量,表示为

$$\varepsilon = (\sqrt{(r'_{prx2})^2 + (r'_{prx3})^2} - d_c/2)/C_g \tag{6-84}$$

式中,外圈引导时 d_c 为保持架外径 d_{co},内圈引导时 d_c 为保持架内径 d_{ci}。而流体动压油膜的分布压力还对运动的保持架表面产生如下的摩擦力矩 M_{cx}:

$$M_{cx} = \frac{2\pi \eta_0 u_{cr2}^p (B_{\text{gcage}}/s)(d_c/2)}{C_g \ \sqrt{1-\varepsilon^2}} \tag{6-85}$$

于是,接触坐标系中引导套圈对保持架切片 m 作用力向量为

$$\boldsymbol{F}_{crp}^p = (0 \quad \boldsymbol{F}_{cy} \quad \boldsymbol{F}_{cz})^{\text{T}} \tag{6-86}$$

上述公式主要针对单个切片的作用力和力矩进行分析,而此处已对保持架左右两侧都进行了切片处理。相关计算如下:惯性坐标系中,引导套圈对保持架左右两端切片的作用力向量为

$$\boldsymbol{F}_{crLj}^i = \boldsymbol{T}_{ir}^{-1} \boldsymbol{T}_{rp}^{-1} \boldsymbol{F}_{crp}^p \tag{6-87}$$

$$\boldsymbol{F}_{crRj}^i = \boldsymbol{T}_{ir}^{-1} \boldsymbol{T}_{rp}^{-1} \boldsymbol{F}_{crp}^p \tag{6-88}$$

式中,下标"L"表示保持架左端,"R"表示右端。而保持架两端切片对引导套圈作用力向量为

$$\boldsymbol{F}_{rcLj}^i = - \boldsymbol{F}_{crLj}^i \tag{6-89}$$

$$\boldsymbol{F}_{rcRj}^i = - \boldsymbol{F}_{crRj}^i \tag{6-90}$$

保持架定体坐标系中,作用于保持架两端切片的作用力矩向量为

$$\boldsymbol{M}_{crLj}^c = (x_m \quad -(d_c/2)\sin\varphi_c \quad (d_c/2)\cos\varphi_c)^{\text{T}} \times (\boldsymbol{T}_{ic} \boldsymbol{F}_{crLj}^i) + (M_{cx} \quad 0 \quad 0)^{\text{T}} \tag{6-91}$$

$$\boldsymbol{M}_{crRj}^c = (x_m \quad -(d_c/2)\sin\varphi_c \quad (d_c/2)\cos\varphi_c)^{\text{T}} \times (\boldsymbol{T}_{ic} \boldsymbol{F}_{crRj}^i) + (M_{cx} \quad 0 \quad 0)^{\text{T}} \tag{6-92}$$

则引导套圈对保持架的作用力向量为

$$\boldsymbol{F}_{crL}^i = \sum_{j=1}^s (\boldsymbol{F}_{crLj}^i + \boldsymbol{F}_{crRj}^i) \tag{6-93}$$

保持架对引导套圈的作用力向量为

$$\boldsymbol{F}_{rcL}^i = \sum_{j=1}^s (\boldsymbol{F}_{rcLj}^i + \boldsymbol{F}_{rcRj}^i) \tag{6-94}$$

随后,保持架定体坐标系中,作用于保持架的作用力矩向量为

$$\boldsymbol{M}_{cr}^c = \sum_{j=1}^s \left[\boldsymbol{M}_{crLj}^c + \boldsymbol{M}_{crLj}^c \right] \tag{6-95}$$

在套圈定体坐标系中,作用于引导套圈的作用力矩向量为

$$\boldsymbol{M}_{rcL}^r = \sum_{j=1}^s \left[\boldsymbol{r}_{prx}^r \times (\boldsymbol{T}_{ir} \boldsymbol{F}_{rcLj}^i) + (-M_{cx} \quad 0 \quad 0)^{\mathrm{T}} \right] \tag{6-96}$$

6.2　滚动轴承支承的转子系统动力学模型

1. 转子动力学方程

典型的 Jeffcott 转子轴承系统模型如图 6-5 所示,其动力响应的求解过程大致为:采用 Timoshenko 梁单元对该轴进行离散,获得转子的质量刚度矩阵[7,8];将计入转动效应后的轮盘视作集中质量,利用 Hamilton 原理,加入到转子的质量刚度矩阵中;建立转轴整体动力微分方程;将轮盘不平衡力、轴承支承力以及整轴重力,作为微分方程右端项,添加到对应的离散节点处;求解转子动力响应。

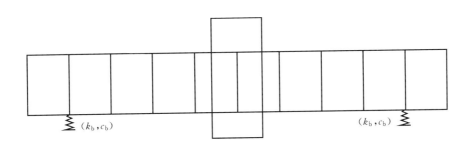

图 6-5　典型转子有限元模型

采用单节点 4 自由度的 Timoshenko 梁轴单元[7,8]对整轴进行离散,单元示意如图 6-6 所示。该单元有效计入了转轴的转动惯量、剪切效应和轴向力效应,并同步考虑转轴的平面位移(x,y)和转动(ψ,φ)。

离散后的转子方程为

$$\boldsymbol{M}\ddot{\boldsymbol{q}}_{rs} + \boldsymbol{G}\dot{\boldsymbol{q}}_{rs} + \boldsymbol{K}\boldsymbol{q}_{rs} = \boldsymbol{F}_b + \boldsymbol{F}_e + \boldsymbol{F}_g + \boldsymbol{F}_r \tag{6-97}$$

式中,$\boldsymbol{M},\boldsymbol{G},\boldsymbol{K}$ 为系统质量矩阵、陀螺矩阵、刚度矩阵;$\boldsymbol{F}_b,\boldsymbol{F}_e,\boldsymbol{F}_g,\boldsymbol{F}_r$ 为轴承支

承力向量、转子不平衡力向量、转子重力向量、转子径向载荷向量;$\boldsymbol{q}_{rs}$ 为转子自由度向量,为了方便在相空间对方程求解,可以表示为

$$\boldsymbol{q}_r = (x_{r1},y_{r1},\psi_{r1},\varphi_{r1},\dot{x}_{r1},\dot{y}_{r1},\dot{\psi}_{r1},\dot{\varphi}_{r1},\cdots,x_{rm},y_{rm},\psi_{rm},\varphi_{rm},\dot{x}_{rm},\dot{y}_{rm},\dot{\psi}_{rm},\dot{\varphi}_{rm})^{\mathrm{T}}$$

$$(6-98)$$

式中,m 为转子离散节点个数。

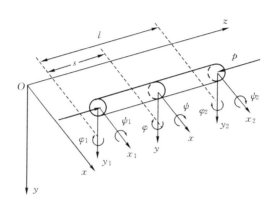

图 6-6　Timoshenko 梁轴单元

　　将滚动轴承简化处理为非线性弹簧,依据转子在轴承位置的节点位移和速度,求得支承力,即是式(6-97)中的 $\boldsymbol{F}_b$,其在系统中只是一个最后的合力,并不包含部件动态响应信息。

2. 轴承内圈与转子耦合关系

　　建立滚动轴承支承转子系统同步联立动力学理论分析模型,关键在于利用系统的约束条件,将转子动力方程与轴承各个部件微分方程进行联立。其实现过程主要包括以下几个步骤:

　　(1) 利用几何约束关系,实现转子与滚动轴承部件的耦合;

　　(2) 构建联立动力方程;

　　(3) 系统广义自由度向量构建,求解联立方程。

　　实际安装中,轴承内圈与转子固结,而轴承内圈的质量远小于转子质量。因此,轴承内圈的运动状态,与转子在轴承位置的运动状态一致,且主要受转子的动力方程控制。但轴承各个部件对内圈的作用力,却仍然是真实作用于内圈,即实际作用于转子的支承位置。因此,将转子动力响应与轴承动力响应进行联立仿真,二者的联立关系则在于轴承内圈:转子在轴承位置的自由度

与轴承内圈固结,且仅受转子动力方程控制;轴承内圈受其余轴承部件的作用力与力矩,构成转子支承力与力矩向量 $\boldsymbol{F}_b$,其关系如图 6-7 所示。然而,由于转子动力学分析与轴承动力学分析的长期分离,业界在建立转子模型与轴承模型时,采用的坐标系并不一致,如图 6-8 所示。本书此处并未对其进行统一处理,仍然按照传统习惯建立坐标系,只是在利用内圈约束条件时,对其坐标系的不同,进行了对应项及符号处理。

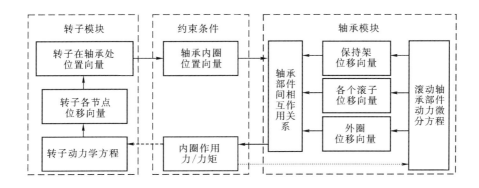

图 6-7　转子轴承系统约束条件示意图

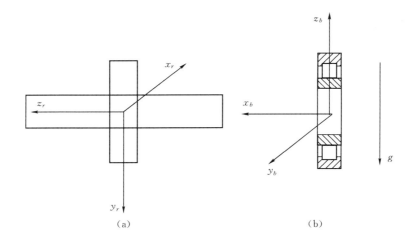

图 6-8　转子惯性坐标系与轴承惯性坐标系
(a) 转子惯性坐标系;(b) 轴承惯性坐标系

设转子在轴承处节点编号为 s,则在求取滚动轴承部件间相互作用时,轴承内圈在惯性直角坐标系下的自由度向量 $\boldsymbol{q}_{bi}$ 与转子轴承处自由度向量利用下式进行固结：

$$\begin{aligned}
\boldsymbol{q}_{bi} &= (x_{bi}, y_{bi}, z_{bi}, \dot{x}_{bi}, \dot{y}_{bi}, \dot{z}_{bi}, \eta_{bi}, \xi_{bi}, \lambda_{bi}, \dot{\eta}_{bi}, \dot{\xi}_{bi}, \dot{\lambda}_{bi}) \\
&= \boldsymbol{q}_{rs} \\
&= (0, -x_{rs}, -y_{rs}, 0, -\dot{x}_{rs}, -\dot{y}_{rs}, \omega \cdot t, -\psi_{rs}, -\varphi_{rs}, \omega, -\dot{\psi}_{rs}, -\dot{\varphi}_{rs})
\end{aligned}$$

$$(6-99)$$

式中，ω 为转子角速度，t 为时间项。在求取滚动体与内圈作用力时，或者保持架与内圈作用力时，内圈的几何位置则由 $\boldsymbol{q}_{bi}$ 决定。

部件间相互作用关系求取后，所获得的轴承内圈作用力与力矩，在轴承惯性直角坐标系下给出。单个轴承内圈的作用力向量为

$$\boldsymbol{F}_{bi\_1} = (F_{ix1}, F_{iy1}, F_{iz1}, M_{ix1}, M_{iy1}, M_{iz1})$$

转子支承力向量

$$\boldsymbol{F}_b = (\cdots, F_{Lx}, F_{Ly}, M_{Lx}, M_{Ly}, \cdots, F_{Rx}, F_{Ry}, M_{Rx}, M_{Ry}, \cdots)$$

则二者联立后，转子支承力可采用下式给出：

$$\begin{aligned}
\boldsymbol{F}_b = (&\cdots, 0, -F_{ix1}, -F_{iy1}, 0, -M_{ix1}, -M_{iy1}, \cdots 0, \\
&-F_{ix2}, -F_{iy2}, 0, -M_{ix2}, -M_{iy2}, \cdots)
\end{aligned}$$

$$(6-100)$$

至此，借助式(6-99)和式(6-100)，即可以实现转子动力学响应与轴承动力学响应的同步联合分析。

3. 系统广义向量

为了完成系统自由度在状态空间的表出，以便采用数值积分对动力方程求解，需要构建一个系统广义自由度向量，使之同时包含了转子有限单元节点的广义自由度向量和滚动轴承各个部件的广义自由度向量。对于一个转子轴承系统，至少包含两套径向支承轴承。设第一套轴承 $\boldsymbol{q}_{bL}$ 处转子编号 s_1，第二套轴承处转子节点编号 s_2，则在计入内圈边界条件后，将第一套轴承各个部件的动态响应采用一个广义向量 $\boldsymbol{q}_{b1L}$ 表出：

$$\begin{aligned}
\boldsymbol{q}_{b1L} = (&x_{L1}, r_{L1}, \theta_{L1}, \dot{x}_{L1}, \dot{r}_{L1}, \dot{\theta}_{L1}, \eta_{L1}, \xi_{L1}, \lambda_{L1}, \dot{\eta}_{L1}, \dot{\xi}_{L1}, \dot{\lambda}_{L1}, \\
&\cdots\cdots\cdots\cdots\cdots\cdots\cdots\cdots\cdots\cdots\cdots\cdots\cdots\cdots\cdots\cdots\cdots\cdots\cdots\cdots, \\
&x_{Ln}, r_{Ln}, \theta_{Ln}, \dot{x}_{Ln}, \dot{r}_{Ln}, \dot{\theta}_{Ln}, \eta_{Ln}, \xi_{Ln}, \lambda_{Ln}, \dot{\eta}_{Ln}, \dot{\xi}_{Ln}, \dot{\lambda}_{Ln}, \\
&x_{Lc}, y_{Lc}, z_{Lc}, \dot{x}_{Lc}, \dot{y}_{Lc}, \dot{z}_{Lc}, \eta_{Lc}, \xi_{Lc}, \lambda_{Lc}, \dot{\eta}_{Lc}, \dot{\xi}_{Lc}, \dot{\lambda}_{Lc}, \\
&x_{Lo}, y_{Lo}, z_{Lo}, \dot{x}_{Lo}, \dot{y}_{Lo}, \dot{z}_{Lo}, \eta_{Lo}, \xi_{Lo}, \lambda_{Lo}, \dot{\eta}_{Lo}, \dot{\xi}_{Lo}, \dot{\lambda}_{Lo}, \\
&0, -x_{rs1}, -y_{rs1}, 0, -\dot{x}_{rs1}, -\dot{y}_{rs1}, \omega \cdot t, -\psi_{rs1}, -\varphi_{rs1}, \omega, -\dot{\psi}_{rs1}, -\dot{\varphi}_{rs1})
\end{aligned}$$

$$(6-101)$$

式中,部件顺序为从第 1 号 ～ n 号滚子、保持架、外圈以及内圈。为了在惯性坐标系中求解部件的加速度,将式(6 – 101)写成如下形式:

$$
\begin{aligned}
\boldsymbol{q}_{bL} = (&x_{L1},r_{L1},\theta_{L1},\dot{x}_{L1},\dot{r}_{L1},\dot{\theta}_{L1},\eta_{L1},\xi_{L1},\lambda_{L1},\omega_{L11},\omega_{L12},\omega_{L13},\\
&\cdots\cdots\cdots\cdots\cdots\cdots\cdots\cdots,\\
&x_{Ln},r_{Ln},\theta_{Ln},\dot{x}_{Ln},\dot{r}_{Ln},\dot{\theta}_{Ln},\eta_{Ln},\xi_{Ln},\lambda_{Ln},\omega_{Ln1},\omega_{Ln2},\omega_{Ln3},\\
&x_{Lc},y_{Lc},z_{Lc},\dot{x}_{Lc},\dot{y}_{Lc},\dot{z}_{Lc},\eta_{Lc},\xi_{Lc},\lambda_{Lc},\omega_{Lc1},\omega_{Lc2},\omega_{Lc3},\\
&x_{Lo},y_{Lo},z_{Lo},\dot{x}_{Lo},\dot{y}_{Lo},\dot{z}_{Lo},\eta_{Lo},\xi_{Lo},\lambda_{Lo},\omega_{Lo1},\omega_{Lo2},\omega_{Lo3},\\
&0,-x_{rs1},-y_{rs1},0,-\dot{x}_{rs1},-\dot{y}_{rs1},\omega\cdot t,-\psi_{rs1},-\varphi_{rs1},\omega,-\dot{\psi}_{rs1},-\dot{\varphi}_{rs1})
\end{aligned}
$$
$$(6-102)$$

在 $\boldsymbol{q}_{bL}$ 中,部件自由度顺序与 $\boldsymbol{q}_{b1L}$ 保持一致。另一套轴承的自由度广义向量 $\boldsymbol{q}_{bR}$ 也可以采用类似方法表出,此处不再赘述。

在式(6 – 98)中,给出了转子各个节点的广义向量表达式 $\boldsymbol{q}_r$。将转子 $\boldsymbol{q}_r$ 与两套轴承 $\boldsymbol{q}_{bL}$ 和 $\boldsymbol{q}_{bR}$ 组合,并考虑边界条件后(内圈固结转子,外圈固结轴承座),构成系统的广义向量 $\boldsymbol{q}$,表示成

$$
\begin{aligned}
\boldsymbol{q} = (&x_{r1},y_{r1},\psi_{r1},\varphi_{r1},\dot{x}_{r1},\dot{y}_{r1},\dot{\psi}_{r1},\dot{\varphi}_{r1}\cdots\cdots x_{rm},y_{rm},\psi_{rm},\varphi_{rm},\dot{x}_{rm},\dot{y}_{rm},\dot{\psi}_{rm},\dot{\varphi}_{rm},\\
&x_{L1},r_{L1},\theta_{L1},\dot{x}_{L1},\dot{r}_{L1},\dot{\theta}_{L1},\eta_{L1},\xi_{L1},\lambda_{L1},\dot{\eta}_{L1},\dot{\xi}_{L1},\dot{\lambda}_{L1},\\
&\cdots\cdots\cdots\cdots\cdots\cdots\cdots\cdots,\\
&x_{Ln},r_{Ln},\theta_{Ln},\dot{x}_{Ln},\dot{r}_{Ln},\dot{\theta}_{Ln},\eta_{Ln},\xi_{Ln},\lambda_{Ln},\dot{\eta}_{Ln},\dot{\xi}_{Ln},\dot{\lambda}_{Ln},\\
&x_{Lc},y_{Lc},z_{Lc},\dot{x}_{Lc},\dot{y}_{Lc},\dot{z}_{Lc},\eta_{Lc},\xi_{Lc},\lambda_{Lc},\dot{\eta}_{Lc},\dot{\xi}_{Lc},\dot{\lambda}_{Lc},\\
&0,0,0,0,0,0,0,0,0,0,0,0,\\
&0,0,0,0,0,0,0,0,0,0,0,0,\\
&x_{R1},r_{R1},\theta_{R1},\dot{x}_{R1},\dot{r}_{R1},\dot{\theta}_{R1},\eta_{R1},\xi_{R1},\lambda_{R1},\dot{\eta}_{R1},\dot{\xi}_{R1},\dot{\lambda}_{R1},\\
&\cdots\cdots\cdots\cdots\cdots\cdots\cdots\cdots\cdots\cdots,\\
&x_{Rn},r_{Rn},\theta_{Rn},\dot{x}_{Rn},\dot{r}_{Rn},\dot{\theta}_{Rn},\eta_{Rn},\xi_{Rn},\lambda_{Rn},\dot{\eta}_{Rn},\dot{\xi}_{Rn},\dot{\lambda}_{Rn},\\
&x_{Rc},y_{Rc},z_{Rc},\dot{x}_{Rc},\dot{y}_{Rc},\dot{z}_{Rc},\eta_{Rc},\xi_{Rc},\lambda_{Rc},\dot{\eta}_{Rc},\dot{\xi}_{Rc},\dot{\lambda}_{Rc},\\
&0,0,0,0,0,0,0,0,0,0,0,0,\\
&0,0,0,0,0,0,0,0,0,0,0,0)
\end{aligned}
$$
$$(6-103)$$

因此,对系统广义向量 $\boldsymbol{q}$ 进行时间求导可获得 $\dot{\boldsymbol{q}}$。

采用 $\boldsymbol{X}$ 表示系统状态向量,其表达式为

$$\boldsymbol{X} = (\boldsymbol{q},\dot{\boldsymbol{q}})^{\mathsf{T}}\qquad(6-104)$$

可以看到,在系统广义自由度向量表达式中,外圈和内圈的自由度项均置零:外圈置零是因为轴承座固结,假设绝对刚性;而内圈置零,则是因为此处内

圈与转子的自由度耦合条件,内圈的运动状态由转子确定。同时,从最终的状态向量 $\boldsymbol{X}$ 也可以看出,系统向量规模也将达到 $8m+24(n+3)$ 个非线性节点,m 表示转子离散的有限元节点个数,n 表示轴承滚动体数量。也正因如此,在计算机技术未发展到一定阶段以前,将转子与滚动轴承动力学模型进行联立分析,其计算规模将远超出接受范围。至此,则可采用变步长四阶龙科库塔法对状态向量 $\dot{\boldsymbol{X}}$ 进行积分,求解系统动态响应。

4. 程序结构

针对上述滚动轴承支撑转子动力学模型,借助 Microsoft Visual Studio 应用程序集成开发平台,采用 FORTRAN 编程语言,实现滚动轴承支承转子系统动力学建模及求解综合程序编写。其计算的基本流程如图 6-9 所示。其基本步骤大致包含:

(1) 系统参数输入;

(2) 转子有限元模型建立;

(3) 系统初值;

(4) 利用约束条件,处理轴承内圈动态响应;

(5) 求解滚动轴承部件间作用力及力矩;

(6) 构建系统自由度广义向量;

(7) 采用 4 阶变步长龙格库塔法求解系统动态响应;

(8) 转子动态响应与轴承动态响应同步输出。

为了便于计算程序收敛,需要进行系统初始化准备,包括系统模型几何参数、计算参数以及转子和轴承的初值准备。对模型几何参数和计算参数,程序采用 Module 模块实现,即将所有参数在 module 中定义为 parameter,然后在主程序与各子程序之前 use module。其中包括转子几何结构信息,转子有限单元划分信息,轴承几何结构信息,转子和轴承材料参数,轴承润滑物理参数,载荷参数,初始转速,积分初始步长,迭代次数,收敛误差等信息;轴承各个部件初值采用拟静力学方法,根据部件几何尺寸和外载荷,采用平衡迭代,获得滚子径向位置,滚子自转与公转,保持架转速等信息的初值向量;转子的初值计算,采用同参数的简化轴承作为支承,计算稳态初值,然后以轴承位置重力方向最低点为时间截取点,获得转子初值向量,初值选取时刻为轴承节点在重力方向的振动值达到最大时刻。

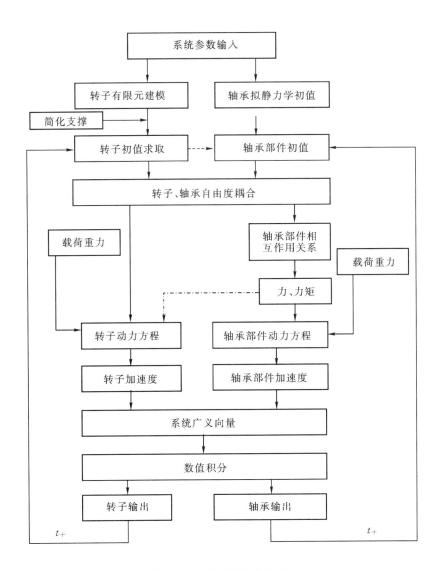

图 6-9　程序简化流程图

6.3　滚动轴承诱发的转子系统共振

在转子转动过程中,滚动体有规律进出载荷区,使得轴承的总体支承刚度发生有规律的变化,并产生滚动体数量与滚子公转频率乘积倍数的轴承特征频率,简称 VC 振动[9]。在精密的转子轴承系统中,或者带载荷工况下,除了系统不平衡外,VC 振动和保持架振动亦为系统的主要振动来源之一,其中 VC 振动频率通常是转子基频振动的若干倍,而保持架振动频率则接近工频的一半。当转子旋转频率与系统固有频率接近时,系统将与不平衡激励发生共振,出现临界振幅增大,并且转子振动反向的现象,这在实际工程中是有害的。然而,同样作为激励源的轴承特征振动,是否也会在特定条件下,诱发系统类似一阶共振一样的共振效应?现有研究中,暂未对此问题给出明确回答。对于实际测试过程中出现的这种现象,其诱发因素可能是多种,此处借助建立的滚动轴承支承转子系统动力学分析平台,从轴承特征振动诱发系统共振的角度,给予一种可能解释。

滚子轴承支承转子系统联合动力仿真分析计算模型如图 6-10 所示,而计算系统详细参数如表 6-1 至表 6-3 所示。整轴采用 Timoshenko 离散为 10 个有限单元共计 11 个节点,每一个节点包含两个平动自由度和两个转动自由度。支承轴承置于 2 号节点及 10 号节点,轮盘置于中间 6 号节点。实际转轴系统中,当转速较低时,或者载荷较大时,系统轨迹通常紊乱,且高频成分较大;而随着转速升高,或者卸载,系统振动轨迹会逐渐表现为椭圆形工频振动。出现这种情况的原因,则是在于不同工况下,转子不平衡力和轴承支承力的相对大小不同所致。因此,此处对转子轴承系统的研究,也需要对不平衡量和载荷的设置予以考虑。此处系统不平衡主要添加在中间轮盘上,且较小,如此在低转速时,轴承的非工频激励占优,而随着转速升高,不平衡激励逐渐占优。

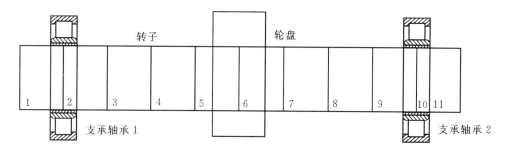

图 6-10 计及部件动态响应的滚动轴承转子系统

表 6-1 系统模型材料

部件	密度 /(kg·m^{-3})	弹性模量 /GPa	泊松比
滚子	7 750	200	0.25
保持架	8 860	100	0.25
转子	7 800	200	0.3

表 6 - 2　系统润滑参数

润滑参数	数值
工作温度 /℃	25
润油密度 /(kg·m^{-3})	980
室温下润油动力粘度 /(Pa·s)	0.033
粘压系数 /Pa^{-1}	1.28×10^{-8}
保持架与套圈摩擦系数	0.05
滚子与套圈摩擦系数	0.05

表 6 - 3　系统模型几何结构参数

部件	参数	数值
转子结构参数	转子长度 /m	0.5
	转子直径 /m	70×10^{-3}
	轮盘厚度 /m	60×10^{-3}
	轮盘直径 /m	140×10^{-3}
	轮盘不平衡量 /m	0.001×10^{-3}
	转子有限单元数	10
	转子有限单元节点数	11
	轮盘节点编号位置	6
	轴承节点编号位置	2，10
	轴承跨距 /m	0.4
轴承结构参数	轴承节圆直径 /m	98.5×10^{-3}
	滚子直径 /m	15×10^{-3}
	滚子有效长度 /m	14×10^{-3}
	滚子个数	12
	滚子修型(凸度)半径 /m	1.5
	轴承单边径向游隙 /m	0.005×10^{-3}
	滚道宽度 /m	16.04×10^{-3}
	保持架外径 /m	106.0×10^{-3}
	保持架内径 /m	91.75×10^{-3}
	保持架引导宽度 /m	3.5×10^{-3}
	保持架兜孔中心直径 /m	98.5×10^{-3}
	保持架兜孔周向间隙 /m	0.2×10^{-3}
	保持架兜孔轴向间隙 /m	0.2×10^{-3}
	保持架/内圈间隙 /m	1.075×10^{-3}
	保持架/外圈间隙 /m	1.5×10^{-3}

对于滚子轴承而言,其特征振动只能由轴承部件自身动力响应引起。在内圈与转子固结、外圈与轴承座固结后,轴承特征振动则是滚动体连续通过载荷区引起的 VC 特征振动,以及保持架特征振动。为了研究和讨论此二部件对转子的振动特性影响,需要首先确认二者的特征振动表现。

在无打滑的理想情况下,保持架振动的特征频率 f_c 可以表示为

$$f_c = \frac{r_b}{r_b + R_b} f_e \qquad (6-105)$$

式中,f_e 为转子工频,或与不平衡激励频率一致的转频,基本参数中,$r_b/(r_b + R_b) = 0.4238$。

单个滚子绕轴承节圆的公转转速,在理想情况下,其大小与保持架转动速度相等。单个滚子公转频率 f_r,其大小与保持架特征频率相等,即 $f_r = f_c$。因此,所有滚子连续进出载荷区引起的 VC 特征振动频率信息 f_{vc} 则表示为

$$f_{vc} = f_r \cdot N_b = \frac{r_b}{r_b + R_b} N_b f_e \qquad (6-106)$$

式中,N_b 为滚动体数量。

引入轴承几何特征参数 BN 值($BN = \frac{r_b}{r_b + R_b} N_b$),则 f_{vc} 可以简化为

$$f_{vc} = BN \cdot f_e \qquad (6-107)$$

由式(6-10)可以看出,f_{vc} 为 f_e 的 BN 倍数,而 BN 取值由轴承结构参数决定,一般大于 5。因此,VC 振动的 f_{vc} 通常表现为高频,而保持架特征振动 f_c 通常表现为接近 f_e 一半的频率。同时,此处的 BN 值也将作为本章讨论轴承特征振动引起系统异常振动的重要参数之一,本章中 BN 取为 5.08。

1. 系统转速振幅特性

对于弹性转子,其固有特性,即一阶临界频率,是需要首先予以关注的。为了确定系统的固有频率特性,固结于转轴上的轮盘不平衡量设置为 $e = 1\ \mu m$,轴承间隙 $C_r = 5\ \mu m$,载荷 $F_{dr} = 5\ kN$ 施加在轴承位置,得到转子上轮盘位置的转速–振动峰峰值振幅图,如图 6-11 所示。

可以看出,从 1 000 r/min 到 100 000 r/min 转速范围内,在水平方向和竖直方向上分别出现了如下几个明显的振动峰:L_{x1}(6 600 r/min),L_{x2}(34 200 r/min),L_{x3}(82 600 r/min);L_{y1}(6 800 r/min),L_{y2}(34 800 r/min)和 L_{y3}(81 600 r/min)。低转速区水平方向振动峰峰值幅值较竖直方向更大。正常情况下,系统升速过程中,只在临界处才会出现明显的振动峰。然而此处低转速区出现的明显的振动峰,明显不是系统过临界引起的。因此,为了寻求这些振动峰的形成原

因,绘制了系统升速过程中的瀑布图,如图 6 - 12(a) 和(b) 所示,转速间隔步长为 1 200 r/min。

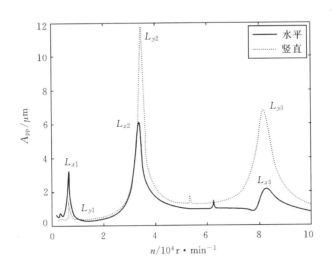

图 6 - 11　系统转速与振动峰峰值图

从系统瀑布图中可以看出,转子轮盘节点的振动频率中,主要包含三个频率成分,f_{vc},f_e 以及 f_{cage}。其中,f_e 为轮盘不平衡引起的工频,其大小 $f_e = n/60$。f_{cage} 约等于工频 f_e 的 0.42 倍,图 6 - 13 给出了 12 000 r/min 时轴承部件保持架的动态响应。可以看出,此时保持架的振动频率 $f_{cage} = 84.98$ Hz。图 6 - 14 给出了转子轮盘节点 12 000 r/min 时的动态响应,其中低频明显出现 84.98 Hz,即是保持架特征频率 f_{cage};同时,200 Hz = 12 000/60,即为工频 f_e;而高频成分中,最明显的1 017 Hz,其与工频 f_e 刚好存在 BN 倍数(BN = 5.08) 关系(式(6 - 106)),或者等于滚子公转频率与滚子个数的乘积,因此该 1 017 Hz 频率则为轴承 VC 特征振动频率。如此,便确定了转子振动频谱中,主要存在的频率成分为保持架特征振动频率、轴承 VC 振动频率、轴承工频以及各种频率成分的组合。

传统意义上的转子一阶临界转速,即是转子在工频激励下出现共振的转速,此时的工频激励频率则定义为系统的固有频率。一般而言,转子的一阶振型,通常是中点对称弯曲。从动力学表现来看,转子过临界存在两个主要特征:

(1)工频振动出现明显振动增大;

(2)转子振动出现反向。

理论计算中,由于转子的计算均是考虑转子中点的涡动,因此其振动相位暂时不能从理论计算中给予考察，但实际测试中，从转子升速过临界的过程中，却可能观察到。此处限于计算模型的缺陷，只能对转子的振动峰进行考察。

在图 6-12(a)，(b) 中，f_{cage} 对应轴承保持架部件的特征振动频率；f_e 对应转子不平衡引起的工频，在该频率上出现振动峰的转速位置，即为系统一阶临界转速；f_{vc} 则是由轴承 VC 特征振动引起的频率。因此，系统在水平方向的一阶临界转速 $n_{xc} = 34\,400$ r/min，对应固有频率 $f_{xc} = 574$ Hz；系统在竖直方向对应一阶临界转速 $n_{yc} = 34\,800$ r/min，对应固有频率 $f_{yc} = 580$ Hz。然而，从系统瀑布图中可以看出，系统工频 f_e 上，只在临界位置存在一个振动峰，即是在一阶临界转速位置（n_{xc}，n_{yc}）导致如图 6-12(a) 中 L_{x2} 和 L_{y2} 的原因。低转速区域的 L_{x1}，L_{y1} 则存在于 f_{vc} 频率段上，而高转速区域的 L_{x3}，L_{y3} 则出现在 f_{cage} 频率段上。

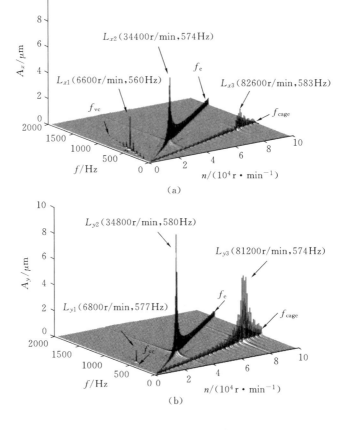

图 6-12　系统振动瀑布图

(a) 系统转速振幅图（轮盘节点，$F_{dr} = 5$ kN；

(b) 系统竖直方向振动瀑布图（轮盘节点，$F_{dr} = 5$ kN)

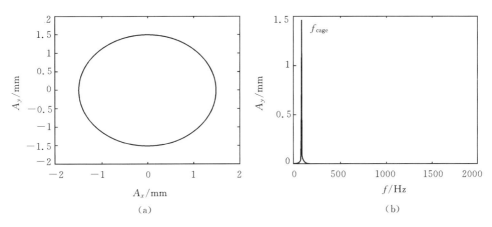

图 6-13　12000 r/min 时保持架动态响应($F_{dr}=5$ kN)

（a）振动轨迹；（b）y 频谱

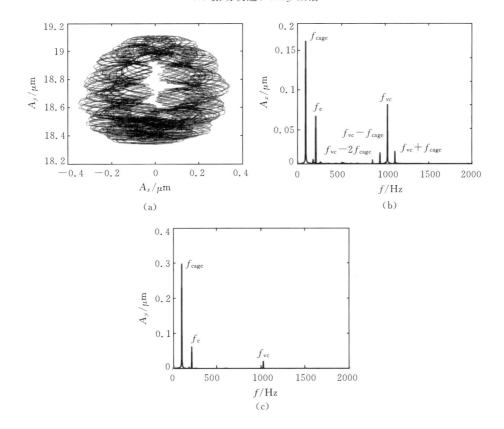

图 6-14　12 000 r/min 时转子轮盘节点动态响应($F_{dr}=5$ kN)

（a）振动轨迹；（b）x 频谱；（c）y 频谱

2.轴承 VC 振动诱发转子共振

在图 6-11 中,转子在低转速区域的异常振动 L_{x1} 和 L_{y1},在瀑布图中可以看到其振动峰并未出现在工频 f_{e} 上,而是在轴承特征振动频率 f_{vc} 上。

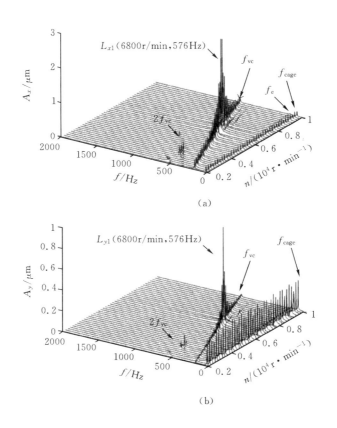

(a)

(b)

图 6-15　低转速区域系统振动瀑布图（轮盘节点, $F_{dr}=5$ kN）

(a) x 方向频谱;(b) y 方向频谱

图 6-15 给出了转子轮盘节点低转速区域更详细的振动瀑布图,从图中可以更清晰地看到转子在该转速段的振动,其工频 f_{e} 和保持架特征振动 f_{cage} 的幅值,在该转速段并未发生明显变化。但在 f_{vc} 上 6 800 r/min 位置,则出现了明显的振动峰,此时 $f_{\mathrm{vc}}=576$ Hz,与系统两个方向的固有频率 574 Hz 和 580 Hz 几乎一致（由于计算转速间隔,导致一定误差）。同时,在 $2f_{\mathrm{vc}}$ 上,在更低的转速位置 3 400 r/min 也出现了异常振动峰,且振动峰出现时,其频率 576.5 Hz,只是由于转速低,导致其振幅相对于 f_{vc} 激发的共振不明显。此外,转子在高转速区域

53 200 r/min 处和 62 400 r/min 处，也出现了一定程度的异常振动，图 6-16 给出了此时轮盘节点的振动瀑布图。在轴承固有支承刚度与支承整体质量构成的能量系统中，还构成系统刚体振动固有频率，即是此处 53 200 r/min 对应的 4 508 Hz 和 62 400 r/min 对应的 4 713 Hz。

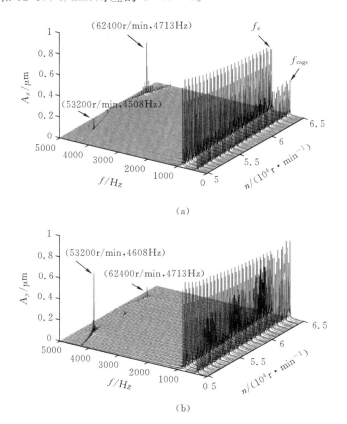

图 6-16　系统在 53 200 r/min 和 62 400 r/min 处瀑布示意图(轮盘节点，$F_{dr} = 5$ kN)

(a)x 方向频谱；(b)y 方向频谱

结合转速振幅图与瀑布图，可以得出结论：当滚动轴承 VC 特征振动频率（或其倍频）接近转子固有频率时，即式(6-107)所示，转子将受轴承特征振动激发出现亚临界共振，从而导致转子异常振动增大(图 6-11 中 L_{x1} 和 L_{y1})。

$$f_{vc} = f_{xc}(f_{yc}) \tag{6-108}$$

在轴承特征频率引发系统共振的已有研究中，Lynagh[10] 将转子考虑为集中质量，从理论和实验上对轴承 VC 频率诱发系统共振进行了讨论。由于 Lynagh 是将转子处理为集中质量，所以他将系统共振定义为系统接触刚度与转子质量构成的非线性弹簧系统共振,包括转子反弹共振和转子摇摆共振。然其本质上,仍是表达了除去不平衡激励外,轴承 VC 振动作为系统激励,也可能诱发系统多种共振形式。但由于其关注点不同,并未对该低转速区域出现的振动峰进行进一步讨论。

实际滚动轴承支承转子系统中,低转速区域的异常振动时有发生,甚者持续共振导致事故。然而长久以来,人们对此种异常振动的处理方式,通常是快速通过共振区,并未对其形成的诱因,进行深入计算研究。此处的计算结果,为工程实际中的低转速区域共振,提供了一种可能的解释,同时也为滚动轴承支承的转子系统,提供了一个额外的动力设计准则,即滚动轴承支承转子系统需要避免长时间工作在亚临界共振转速位置。

3. 保持架特征振动诱发转子共振

在图 6-11 中,在远大于一阶临界 L_{x2} 和 L_{y2} 的地方,出现了另外的振动峰 L_{x3} 和 L_{y3}。从全局瀑布图中可以看到,该 L_{x3} 和 L_{y3} 并不是由工频 f_e 引起,而是出现在保持架引起的特征振动频率 f_{cage} 上。在出现振动峰的位置,具备如下特点:

(1) 水平方向上,82 600 r/min 处 f_{cage} 出现振动峰,$f_{cage} = 583$ Hz,接近转子此方向固有频率 574 Hz。

(2) 竖直方向上,81 200 r/min 处 f_{cage} 出现振动峰,$f_{cage} = 574$ Hz,接近转子此方向固有频率 580 Hz。

(3) f_{cage} 上出现的振动峰,其转速分布较其他振动峰(VC 共振峰和临界振动峰)更广,尤其是在水平方向上。

如此不难获悉,与轴承 VC 特征振动诱发转子共振相似,保持架的特征振动在满足特定条件的时候(式(6-108)),也会诱发转子发生超临界共振,导致异常振动增大。同时,由于保持架振动频率通常为转子工频的 $0.4 \sim 0.5$ 倍,因此保持架诱发转子共振,主要是在一阶临界的 $2 \sim 2.5$ 倍高转速区域出现,且异常振动覆盖转速范围较大。

$$f_{cage} = f_{xc}(f_{yc}) \tag{6-109}$$

理论上,当转子过临界后,其振动并不会出现异常振动,只需要保证支承轴承足够的强度和润滑散热,即可保证稳定运行。然而实际工程中,对于滚动轴承支承的过临界柔性转子,附加阻尼器几乎是必须条件。同时,来自轴承厂的大量数据显示,运行在一临界后所谓安全转速范围的滚动轴承转子系统,保持架为最易损坏的部件。此处计算结果表明,对于滚动轴承支承的柔性转子,当其运行在一临界转速以上时,除了要克服本身超高转速的困难,还需要克服保持架特征振动诱发的转子异常共振,因此必须要外加阻尼器,保证足够的能量耗散。同时,当保持架特征振动诱发转子共振时,保持架自身动力特性必然受转子影响,承受更强烈的高频冲击,导致保持架最易提前损坏。因此,本文此处的计算结果,无疑为高速转子轴承系统设计,提供了新的动力学依据。

6.4　转子异常振动的影响因素

对于实际工程的转子轴承设计,其载荷、安装条件、轴承选型等,均已存在核算标准。然而,对于轴承因素诱发的转子共振而出现的异常动力学表现,现有核算标准并未涉及。此处拟针对轴承诱发转子共振现象,对实际工况中的可控因素,予以讨论。

1. 外载荷对于转子异常振动的影响

当外载荷存在时,无疑是增大了轴承的支承力,即是增大了轴承部件对转子动力响应的影响。图 6 - 17 给出了系统在不同载荷条件下的转速振幅特性图。

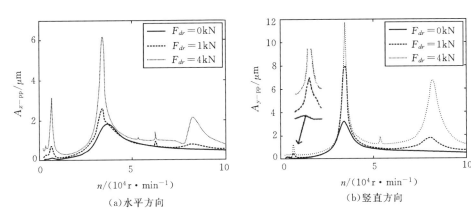

　　　　　　(a)水平方向　　　　　　　　　　　　(b)竖直方向

图 6 - 17　不同载荷条件下转子轮盘节点转速振幅特性
(a) 水平方向；(b) 垂直方向

从图中可以看出:

(1)随着外部载荷的增大,系统振幅在全转速范围内均有所增大。

(2)在低转速区域 L_{x1}、L_{y1} 振动峰区域,外部载荷越大,转子由 VC 共振引起的异常振动越大;同时,竖直方向的载荷,对水平方向的异常振动增大效应更敏感。

(3) 在临界转速 L_{x2}, L_{y2} 振动峰区域,载荷增大在导致系统振幅增大的同时,也导致了系统在水平方向上的临界转速减小,对竖直方向临界转速位移影响不大。

(4) 在过临界后的高转速 L_{x3}, L_{y3} 振动峰区域,载荷越大,共振效应越明显,且竖直方向远较水平方向更敏感。

图 6-18 和图 6-19 给出了不同载荷下,转子轮盘节点的振动瀑布图。从图中可以看出,当载荷 $F_{dr} = 0$ kN 时,无论是轴承的 VC 频率成分,或者保持架特征振动频率成分,相对于系统工频振动 f_e 而言,几乎可以忽略,尤其是在转速增大到一定程度的时候;而当载荷存在时,轴承的特征频率开始变得明显,并且随着载荷的增大(从 $F_{dr} = 1$ kN 到 $F_{dr} = 5$ kN)而变得更明显;系统载荷增大,轴承保持架的低频特征振动会在全转速范围内越明显。

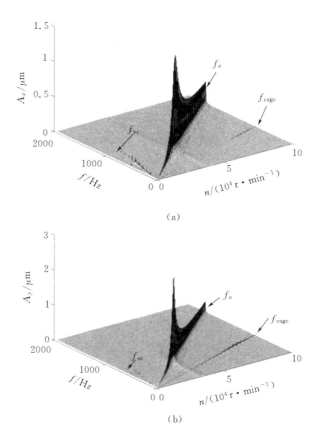

图 6-18　转子轮盘节点振动瀑布图($F_{dr} = 0$ kN)

(a)x 方向频谱;(b)y 方向频谱

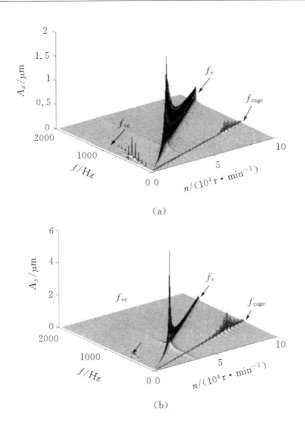

图 6-19　转子轮盘节点振动瀑布图($F_{dr} = 1$ kN)

(a)x 方向频谱；(b)y 方向频谱

图 6-20 ~ 图 6-22 给出了定转速 6 800 r/min 时转子轮盘节点详细振动特性，此时转子受轴承 VC 共振影响最大。从图中可以看出：当无载荷存在时，转子振动主要受三个因素影响：f_{cage}、f_e 和 f_{vc}，且这三个不同频率的激励大小相差不大，因此导致转子振动紊乱如图 6-20a) 所示，或者描述为混沌运动；当载荷存在时，此时 f_{vc} 远大于 f_e 和 f_{cage}，转子振动表现为以 f_{vc} 为主周期的拟周期运动，或者定义为伪周期运动，且随着载荷的增大，f_{vc} 越明显，周期性越强。值得注意的是，在 $F_{dr} = 1$ kN 和 $F_{dr} = 5$ kN 时，转子振动的主频并非是工频，而是轴承特征频率 f_{vc}。在实际工程中，转子的振动由转动和涡动共同构成，此处限于转子模型，并未给出转子实际的转动响应，只是涡动结果。因此，图 6-22 的实际振动状况将是以 f_{vc} 涡动，并在电机带动下，以 f_e 频率转动。实际转子负载测试信号中，其工频也往往随着载荷的增大而逐渐被湮没。

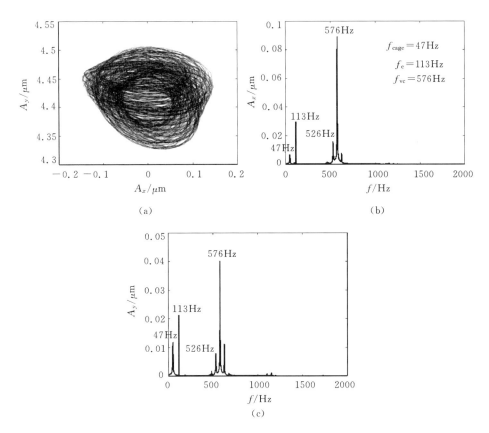

图 6-20　转子轮盘节点动态响应($F_{dr} = 0$ kN,6800 r/min)
(a)振动轨迹;(b)x方向频谱;(c)y方向频谱

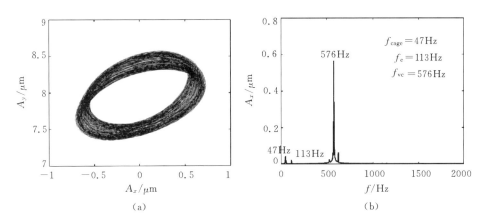

图 6-21　转子轮盘节点动态响应($F_{dr} = 1$ kN,6800 r/min)
(a)振动轨迹;(b)x方向频谱

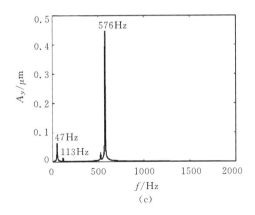

续图 6-21　转子轮盘节点动态响应($F_{dr} = 1$ kN,6800 r/min)

(c) y 方向频谱

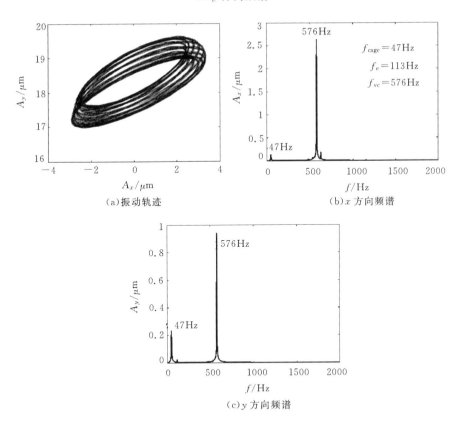

(a) 振动轨迹　　　　　　　　　(b) x 方向频谱

(c) y 方向频谱

图 6-22　转子轮盘节点动态响应($F_{dr} = 5$ kN,6800 r/min)

(a) 振动轨迹；(b) x 方向频谱；(c) y 方向频谱

2. 滚子个数对转子异常振动的影响

滚动轴承诱发转子出现异常振动的转速位置,由转子自身的固有频率和轴承 BN 值共同决定。此处拟对不同轴承 BN 值的影响进行讨论,即采用改变滚子个数的方式实现。本节中,滚子个数分别为 12,14,15 个时,对应的 BN 值为 5.08,5.93 以及 6.35。图 6-23 给出了不同滚子个数时,系统对应的转速特性图,从图中可以看出,滚子个数增大后,系统的转速振幅基本特性并未发生规律性的变化。图 6-24 和图 6-25 为不同转速位置对应的局部放大图,包括水平方向和竖直方向的详细信息。

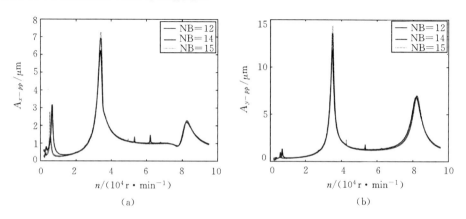

图 6-23　不同滚子个数时系统转速振幅图(轮盘节点,$F_{dr} = 5$ kN)

(a) x 方向;(b) y 方向

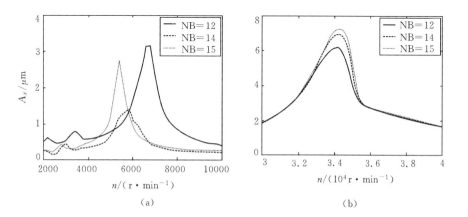

图 6-24　不同滚子个数时水平方向系统转速振幅图(轮盘节点,$F_{dr} = 5$ kN)

(a) 低速区;(b) 临界区

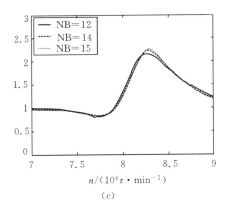

(c)

续图 6-24　不同滚子个数时水平方向系统转速振幅图(轮盘节点,$F_{dr} = 5$ kN)

(c) 高速区

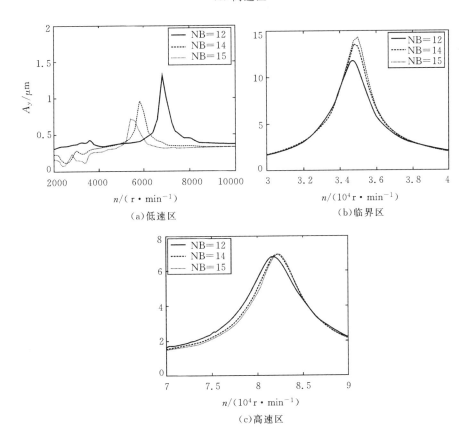

图 6-25　不同滚子个数时竖直方向系统转速振幅图(轮盘节点,$F_{dr} = 5$ kN)

(a) 低速区;(b) 临界区;(c) 高速区

从上图中可以看出:

(1) 随着滚子数量的增加,系统在水平和竖直方向的临界转速,出现右移,且临界处的振幅也随之增大。滚子个数为 12 时,水平方向临界特性为 $(34\ 000\ \text{r/min}, 6.215\ \mu\text{m})$,竖直方向临界特性为 $(34\ 800\ \text{r/min}, 11.79\ \mu\text{m})$;而当滚子个数为 15 时,水平方向临界特性为 $(34\ 200\ \text{r/min}, 7.254\ \mu\text{m})$,幅值增大 16.7%,竖直方向临界特性为 $(35\ 000\ \text{r/min}, 14.32\ \mu\text{m})$,幅值增大 21.5%。

(2) 在低转速区,转子异常振动峰的位置和幅值,除了受滚子个数的影响,最重要的是受轴承 BN 值的影响。当滚子个数从 12 增大到 15 时,对于振动峰出现的转速位置,水平方向左移 20%,竖直方向左移 20%;对于振动峰出现时的幅值,水平方向减小 12.8%,竖直方向减小 46%。

(3) 在高转速区,滚子个数增大,使得异常振动峰位置出现轻微的右移,同时振幅轻微增大。

实际工程概念中,常常会认为滚子个数越多,转子运行能够更平稳,振动也越小。从此处计算结果可以看出,对于一阶临界转速范围以内,该结论是适用的。滚子个数增加,首先使得轴承 BN 值明显增大,因此导致低转速区域的异常振动峰左移;而左移后的振动峰,转速更低,振动更小。同时,滚子个数增加,也使得单个滚子的冲击更小,因此在一阶临界转速以内非异常振动峰转速位置,滚子个数 15 的振动量明显较滚子个数 12 时更小。

然而,值得注意的是,在低速区某固定转速下,欲通过增加滚子数量来改善转子振动状况时,需要小心核算 VC 共振峰的转速位置。如此处图 6 - 25 所示,在 5 800 r/min 处,15 个滚子时正好处于 VC 共振峰转速位置,其振动较 14 个滚子和 12 个滚子都明显大出很多。同时,在过临界的时候,滚子数量增多,使得转子临界转速出现轻微右移,则过临界时的转速更高,因此导致过临界时转子振动更大;对于在一阶临界后的高速区域,其基本影响规律与过临界时类似,滚子数量增多,对转子在高速区域的振动改善并不明显。

6.5　轴承转子系统的振动控制

支承在滚动轴承或滑动轴承上的高速转子,由于外界干扰或自激有时不得不处于人们所不期望的高振幅状态下运行。

一个未经很好平衡的转子或轴承设计欠合理,在其通过临界转速区或运行时出现剧烈的振动是不言而喻的。如前面几节所述,即使是一个经过了很好动平衡的转子,在高速运行过程中也会由于滚动轴承自身结构的原因诱发系统的奇异振动。例如，由于加工工艺和装配的影响，由于运行过程中平衡精度的降低，由于热效应引起的轴弯曲，由于某一局部部件的磨损或损坏，保持架结构 …… 所有上述因素都有可能使系统在运行中产生自激或强迫振动并超出振幅许可范围。

长期以来，人们一直试图寻找各种途径对于高速旋转转子实施振动控制，包括主动的和被动的，其中如外弹性阻尼支承即属于典型的被动式抑振装置（见图 6-26）。以下重点介绍弹性阻尼支承的设计方法、最优控制力参数选择等相关内容。

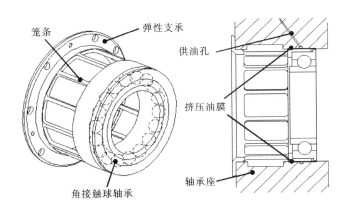

图 6-26 挤压膜阻尼器结构

6.5.1 固定点理论

为改善系统的振动持性所采用的外加弹性阻尼支承，在结构参数选择合理的情况下可以起到下列作用：使转子能够平稳地通过临界转速并降低转子在整个运行速度范围内的振幅；减少传递到轴承和支座上的传递力；保护机械免受因为局部部件的损坏造成不平衡力突然增大而导致整机事故；增加系统抗外干扰的能力等。弹性阻尼支承的抑制振动及增加系统稳定性的效果，取决于其参振质量、支承刚度和阻尼参数的合理匹配。

经典振动理论在设计动力吸振器时，采用固定点理论或 PQ 点理论以获取最佳参数[11]。其原理大致如下：一个单质量弹性系统，为抑制主振幅，在主系统上施加了一个弹性阻尼器作为吸振装置（见图 6-27），其中主系统由 m_1，k_{11} 组成，弹性阻尼器由 m_2，k_{12} 和 c_{12} 组成，激振力 $F_0 \mathrm{e}^{i\omega t}$ 作用在主质量 m_1 上。

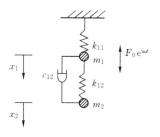

图 6 - 27   粘弹性支承二自由度系统

系统的运动方程为

$$\begin{cases} m_1\ddot{x}_1 = -k_{11}x_1 + k_{12}(x_2 - x_1) + c_{12}(\dot{x}_2 - \dot{x}_1) + F_0 e^{i\omega t} \\ m_1\ddot{x}_2 = -k_{12}(x_2 - x_1) - c_{12}(\dot{x}_2 - \dot{x}_1) \end{cases} \tag{6-110}$$

设系统的强迫振动响应为 $x_1 = x_{10}e^{i\omega t}$，$x_2 = x_{20}e^{i\omega t}$，则

$$\begin{cases} x_{10} = \dfrac{F_0(k_{12} - m_2\omega^2 + i\omega c_{12})}{(-m_1\omega^2 + k_{11})(-m_2\omega^2 + k_{12}) - m_2\omega^2 k_{12} + i\omega c_{12}[k_{11} - (m_1 + m_2)\omega^2]} \\[3mm] x_{20} = \dfrac{F_0(k_{12} + i\omega c_{12})}{(-m_1\omega^2 + k_{11})(-m_2\omega^2 + k_{12}) - m_2\omega^2 k_{12} + i\omega c_{12}[k_{11} - (m_1 + m_2)\omega^2]} \end{cases} \tag{6-111}$$

这时，主质量 m_1 的振幅 x_{10} 与主系统(m_1，k_{11})的静挠度 $x_{st}(x_{st} = F_0/k_{11})$ 之比为

$$\left| \frac{x_{10}}{x_{st}} \right| =$$

$$\sqrt{\dfrac{\left(2\zeta\dfrac{\omega}{\omega_{11}}\right)^2 + \left[\left(\dfrac{\omega}{\omega_{11}}\right)^2 - \left(\dfrac{\omega_{22}}{\omega_{11}}\right)^2\right]^2}{\left(2\zeta\dfrac{\omega}{\omega_{11}}\right)^2\left[(1+\mu)\left(\dfrac{\omega}{\omega_{11}}\right)^2 - 1\right]^2 + \left\{\mu\left(\dfrac{\omega_{22}}{\omega_{11}}\right) \times \left(\dfrac{\omega}{\omega_{11}}\right)^2 - \left[\left(\dfrac{\omega}{\omega_{11}}\right)^2 - 1\right]\left[\left(\dfrac{\omega}{\omega_{11}}\right)^2 - \left(\dfrac{\omega_{22}}{\omega_{11}}\right)^2\right]\right\}^2}}$$

$$\tag{6-112}$$

式中，$\zeta = c_{12}/c_c$ 为阻尼比，且 $c_c = 2m_2\omega_{22}$；ω/ω_{11} 为强迫振动频率比；ω_{22}/ω_{11} 为吸振器固有频率与主质量固有频率之比，$\omega_{11} = \sqrt{k_{11}/m_1}$，$\omega_{22} = \sqrt{k_{12}/m_2}$；$\mu = m_2/m_1$ 为吸振器质量 m_2 与主质量 m_1 之比。

图 6-28 表示了 $\mu = 1/20$ 且吸振器的阻尼变化时，主质量的响应与强迫振动频率比之间的关系。当阻尼 $c_{12} = 0$ 时，系统(m_1，k_{11}，m_2，k_{12})的振幅具有两个共振峰；在另一种特殊情况即 $c_{12} \rightarrow \infty$ 时，原系统相当于($m_1 + m_2$，k_{11})系统，因此系统将只具有一个共振点。阻尼为 0 的共振曲线与阻尼为 ∞ 的共振

曲线的两个特殊交点 P 和 Q，亦被称为固定点，不管阻尼 c_{12} 的大小如何，所有的共振曲线均通过这两个定点而与阻尼无关。一般说来，ω_{22}/ω_{11} 越大，P 点的振幅比值就越大，而 Q 点的振幅比值则越小。为了提高减振效果，首先要尽可能降低 P 点和 Q 点的值，为此，可适当选取 ω_{22}/ω_{11} 使 P 和 Q 两点的值相等；其次，适当地选取阻尼，尽量使得振幅的极值出现在两点附近。

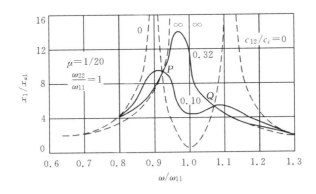

图 6-28　不同阻尼情况下的主质量振幅比[11]

为使吸振器的阻尼能有效地发挥作用，c_{12} 既不能取 0，也不能为 ∞，只能取 0 与 ∞ 之间的某一特定值，且在最大振幅所对应的共振频率下，阻尼力与振幅的乘积为最大值。当 μ 给定时，适当选取 c_{12} 可以满足上述条件。这时的阻尼称为最佳阻尼。

为了求得最佳阻尼，从图 6-28 选取 P 和 Q 两点纵坐标相等时的频率 ω_{22}/ω_{11}，且希望两个共振振幅都尽可能小。当 c_{12} 取某个适当值时，该条件给定为

$$\omega_{22}/\omega_{11} = 1/(1+\mu) \tag{6-113}$$

对于质量比非常小的吸振器，可以取 $\omega_{22}/\omega_{11} \approx 1$，从而得到最佳阻尼。但对质量比不小的情况，吸振器的固有频率也应比主质量的固有频率低一些，例如 $\mu = 0.25$ 时，$\omega_{22}/\omega_{11} = 1/1.25 = 0.80$，即吸振器的固有频率比主质量的频率低 20% 时，也可以得到最佳阻尼。

将式(6-113)代入相应的无阻尼系统频率方程

$$\left(\frac{\omega_{22}}{\omega_{11}}\right)^2 \left(\frac{\omega}{\omega_{22}}\right)^4 - \left[1 + (1+\mu)\left(\frac{\omega_{22}}{\omega_{11}}\right)^2\right]\left(\frac{\omega}{\omega_{22}}\right)^2 + 1 = 0 \tag{6-114}$$

得到

$$(1+\mu)^2 \left(\frac{\omega}{\omega_{11}}\right)^4 - (2+3\mu+\mu^2)\left(\frac{\omega}{\omega_{11}}\right)^2 + 1 = 0 \tag{6-115}$$

对 μ 的各值求出 ω/ω_{11} 值,如图 6-29 中虚线所示。

当式(6-115)满足时,P 点或 Q 点的值可按下式选取:

$$\frac{X_{P,Q}}{x_{st}} = \sqrt{1 + \frac{2}{\mu}} \qquad (6-116)$$

为提高吸振器的效率,两个共振振幅应尽量地小,并以此作为选择最佳阻尼系数 c_{12} 的条件。

$$\left(\frac{c_{12}}{2m_2} \frac{1}{\omega_{11}} \right)^2 = \frac{3\mu}{8(1+\mu)^3} \qquad (6-117)$$

在吸振器设计时,共振时的弹簧疲劳强度便成了很重要的问题,因此需要对 m_1 和 m_2 的相对振幅 X_{re} 作出估计。X_{re} 和 X_{st} 之比即放大率 Z 可近似地表示为

$$Z^2 \approx \frac{X_{re}}{X_{st}} = \frac{2}{\sqrt{3\mu^2}}(1+\mu)\sqrt{1+\frac{\mu}{2}} \qquad (6-118)$$

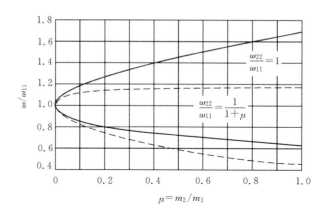

图 6-29　对应于不同质量比 μ 时的共振频率[11]

上述关于最佳吸振器的设计程序可汇总如下:

(1)由式(6-116)得到 P,Q 点的振幅与静挠度之比,并由此确定吸振器的质量 $m_2 = \mu m_1$。

(2)由式(6-113)得到吸振器的固有频率 ω_{22} 和弹簧常数 k_{12}。

(3)由式(6-117)确定吸振器的阻尼 c_{12}。

参考文献[12-14]曾采用上述理论设计滚动轴承支承的简单转子系统的外弹性阻尼支承,得到了大量的计算结果和一些有价值的结论。其余还可参见相关参考文献[15-17]。

6.5.2　虚拟振幅法

按照上述固定点理论求解最佳支承参数的局限性很大。对于略为复杂一些的系统,上述固定点往往不容易找到,甚至有时这样的固定点实际上并不存在,如滑动轴承转子系统、多质量或多跨转子系统等就是如此。

对于复杂系统弹性阻尼器参数的求解,可采用以下所述的虚拟振幅法。虚拟振幅法根据设计要求,首先虚拟两个"准固定点"(而不是寻找固定点),然后逆解出弹性阻尼器的最佳质量、刚度和阻尼[18]。为说明问题起见,首先对单质量转子滚动轴承系统进行分析和计算。

1. 滚动轴承转子系统

当将滚动轴承看作是一个具有刚度 k_b 和阻尼 d_b 的弹性阻尼结构时,一个对称的、滚动轴承支承的单质量弹性转子系统力学模型如图 6-30 所示。其运动方程为

$$
\begin{cases}
m\ddot{x}_m + k\xi_R = m\omega^2\rho\cos\omega t \\
m\ddot{y}_m + k\eta_R = m\omega^2\rho\sin\omega t \\
k\xi_R = k_b\xi + d_b\dot{\xi} \\
k\eta_R = k_b\eta + d_b\dot{\eta} \\
m_s\ddot{x}_s + k_s x_s + d_s\dot{x}_s = k\xi_R \\
m_s\ddot{y}_s + k_s y_s + d_s\dot{y}_s = k\eta_R
\end{cases} \tag{6-119}
$$

式中,m 为圆盘质量;k 为轴刚度;k_b 为轴承刚度;d_b 为轴承阻尼;m_s 为支承质量;k_s 为支承刚度;d_s 为支承阻尼;ρ 为质量偏心距。

在复数域内表示各处的位移:m_s 的绝对位移 $A_s = x_s + \mathrm{i}y_s$;轴颈绝对位移 $A_j = x_j + \mathrm{i}y_j$;轴颈相对于支承的位移 $A_\xi = A_j - A_s$;圆盘中心的绝对位移 $A_m = x_m + \mathrm{i}y_m$;圆盘中心相对于轴颈的位移 $A_R = A_m - A_j$。记各位移 $A_i = A_{i0}\mathrm{e}^{\mathrm{i}\omega t}$,代入式(6-119)后得

$$
\begin{cases}
A_{R0} = (m\omega^2\rho + m\omega^2 A_{m0})/k \\
A_{\xi0} = (m\omega^2\rho + m\omega^2 A_{m0})/(k_b + \mathrm{i}\omega d_b) \\
A_{s0} = (m\omega^2\rho + m\omega^2 A_{m0})/(k_s - m_s\omega^2 + \mathrm{i}\omega d_s) \\
A_{m0} = A_{s0} + A_{\xi0} + A_{R0}
\end{cases} \tag{6-120}
$$

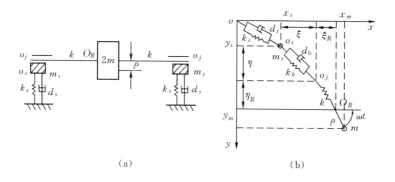

图 6 - 30　滚动轴承单质量弹性转子系统简图
(a) 力学模型;(b) 计算坐标

化为无量纲形式:$\overline{A}_{i0} = A_{i0}/\rho; \overline{k}_i = k_i/k; \overline{d}_i = d_i/d_c; \overline{\omega} = \omega/\omega_k; d_c$(临界阻尼) $= 2\sqrt{mk} = 2m\omega_k; \omega_k = \sqrt{k/m}; \overline{m}_s = m_s/m$。

以下为方便起见,各无量纲量均略去"—",如 $\overline{A}_{i0}$ 仍简记为 A_{i0} 等等,式(6 - 120)成为

$$
\begin{cases}
A_{R0} = \omega^2(1 + A_{m0}) \\
A_{\xi 0} = \omega^2(1 + A_{m0})/(k_b + \mathrm{i}2\omega d_b) \\
A_{s0} = \omega^2(1 + A_{m0})/[(k_s - m_s\omega^2) + \mathrm{i}2\omega d_s] \\
A_{m0} = \omega^2 \dfrac{a + \mathrm{i}b}{1 - \omega^2(a + \mathrm{i}b)}
\end{cases}
\tag{6 - 121}
$$

式中,$a = f + \dfrac{h}{h^2 + 4\omega^2 d_s^2}$;$b = g + \dfrac{-2\omega d_s}{h^2 + 4\omega^2 d_s^2}$;$f = 1 + \dfrac{k_b}{k_b^2 + 4\omega^2 d_b^2}$;

$g = \dfrac{-2\omega d_b}{k_b^2 + 4\omega^2 d_b^2}$;　$h = k_s - m_s\omega^2$。

不平衡力作用下的圆盘振幅为

$$|A_{m0}| = \omega^2 \times$$

$$\sqrt{\frac{[1 + 2fh + h^2(f^2 + g^2)] - 2g(2\omega d_s) + (f^2 + g^2)(2\omega d_s)^2}{h^2(1 - 2\omega^2 f) - 2\omega^2 h + \omega^4[(f^2 + g^2)h^2 + (1 + 2fh)] + [(1 - 2\omega^2 f) + \omega^4(f^2 + g^2)](2\omega d_s)^2 - 2g\omega^4(2\omega d_s)}}$$

$$\tag{6 - 122}$$

希望理想的振幅-频率响应曲线近似为一条平行直线,设系统不平衡响应的最大振幅值 $|A_{m0}|_{\max} = \delta$(见图 6 - 31)。如果能够通过合理地选择支承参数 m_s, k_s, d_s,使得施加了这样的弹性阻尼支承的系统振幅曲线和图 6 - 31 中的曲线(a)相仿,则这样的减振效果将近似是最佳的。图中曲线(a)和刚支时(相

当于 $d_s \to \infty$）的系统振幅曲线亦相交于 P 和 Q 两点。

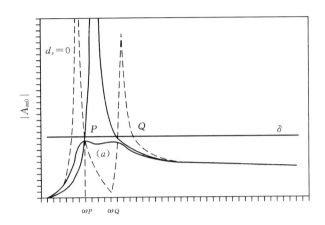

图 6 - 31　弹性阻尼支承不同参数时系统的振幅-频率曲线[18]

　　如前所述,对于复杂的系统来说,要寻找两个和支承参数完全无关的固定点有时是困难的,但是适当地选择 m_s, k_s,使得当 $d_s = 0$ 及 $d_s \to \infty$ 时振幅曲线都通过 P, Q 两点却是容易做到的。

$$
\begin{aligned}
& \left| A_{m0}(m_s, k_s) \right| \big|_{d_s=0} = \delta \\
& \left| A_{m0}(m_s, k_s) \right| \big|_{d_s \to \infty} = \delta \qquad (\omega = \omega_P, \omega_Q)
\end{aligned}
\tag{6-123}
$$

　　如式(6-123)成立,则意味着在 P 和 Q 两点 d_s 对振幅的影响极小。至于 d_s 实际取值的大小,虽然无疑将影响 $\left| A_{m0} \right|$,但可以指望系统真实的振幅将低于 δ 或在 δ 附近波动。

　　为了进一步实现振幅曲线的平滑,最佳阻尼 d_s 按下式选取:

$$
\frac{\partial \left| A_{m0} \right|}{\partial \omega} \Bigg|_{\omega = \omega_P(\omega_Q)} = 0
\tag{6-124}
$$

　　上述方法并非依照先确定 m_s, k_s,再计算出 ω_P, ω_Q,最后再计算最大振幅的步骤,而是先定出最佳振幅,计算 ω_P, ω_Q,最终再确定参数 m_s, k_s 和 d_s,故称为"虚拟振幅法"[18]。

　　对于图 6-30 所示系统,令刚支(或 $d_s = 0$)时的 $\left| A_{m0} \right|$ 等于设定值 δ（δ 可根据工程实际要求定出）,即

$$
\left| A_{m0} \right| \big|_{d_s \to \infty} = \omega^2 \sqrt{\frac{f^2 + g^2}{1 - 2\omega^2 f + \omega^4(f^2 + g^2)}} = \delta
\tag{6-125}
$$

由式(6-125)可求得 ω_P 和 ω_Q。

由 $\left.|A_{m0}|\right|_{d_s=0}=\delta$ $(\omega=\omega_P,\omega_Q)$，得到关于 m_s,k_s 的方程

$$\frac{(1+fh)^2+g^2h^2}{h^2-2\omega^2h(1+fh)+\omega^4\left[(1+fh)^2+g^2h^2\right]}=\frac{\delta^2}{\omega^4}\quad(\omega=\omega_P,\omega_Q)$$

$$(6-126)$$

整理后可得到关于 $h(m_s,k_s)$ 的方程

$$\left[\omega^4(1-\delta^2)(f^2+g^2)-\delta^2(1-2\omega^2f)\right]h^2+\left[2(1-\delta^2)\omega^4f+2\omega^2\delta^2\right]h+$$
$$(1-\delta^2)\omega^4=0\quad(\omega=\omega_P,\omega_Q)\qquad(6-127)$$

进而得到 h_P,h_Q：

$$\begin{cases}h_P=k_s-m_s\omega_P^2\\[2mm]h_Q=k_s-m_s\omega_Q^2\end{cases}\qquad(6-128)$$

并由此求得 m_s 和 k_s：

$$\begin{cases}m_s=\dfrac{h_P-h_Q}{\omega_Q^2-\omega_P^2}\\[4mm]k_s=\dfrac{\omega_Q^2h_P-\omega_P^2h_Q}{\omega_Q^2-\omega_P^2}\end{cases}\qquad(6-129)$$

最佳阻尼 d_s 之值则由式(6-124)算出。

2. 算例

对于图 6-30 所示单质量转子滚动轴承系统设计弹性阻尼支承。其中，圆盘质量 $m=44$ kg，轴刚度 $k=5.83\times10^7$ N/m，轴承刚度 $k_b=8.76\times10^7$ N/m，轴承阻尼 $d_b=1.40\times10^4$ N·s/m。

(1) 最佳支承参数。按上述虚拟振幅法，对于不同的振幅控制值 δ 可计算出相应的弹性阻尼支承最佳无量纲参数(见表 6-4)。

表 6-4　不同 δ 时，弹性阻尼支承的最佳参数[18]

δ	ω_P	ω_Q	m_s	k_s	d_s(按 ω_P)
1.10	0.562	2.634	0.111	0.065	0.180
1.25	0.579	1.752	0.290	0.172	0.289
2.00	0.635	1.099	1.533	0.921	0.650

$\left|A_{m0}\right|_{\max}$	α_a	d_s(按 ω_Q)	$\left|A_{m0}\right|_{\max}$	α_a
1.098	93.7%	0.134	1.229	92.9%
1.240	92.9%	0.222	1.360	92.2%
1.917	89.0%	0.556	1.981	88.6%

图 6-32 是对应于表 6-4 中各 δ 值时的圆盘振幅-转速曲线:结果表明,在

一定的 δ 取值范围内,与无弹性阻尼支承时系统振幅相比,系统最大振幅衰减率 α_a 都在 90% 以上。一般 δ 取值越小,其减振效果也越佳,且一般实际振幅都将低于 δ 或在 δ 附近而不致出入很大。在系统整个运行速度范围内,圆盘只是以稍大于质量偏心距的小振幅振动及通过临界转速区。图 6-33 是按照 δ = 1.25 计算最佳参数后绘制的系统圆盘、轴颈和支承的振幅-转速曲线;计算结果表明,对圆盘振幅(系统的最大振幅)$|A_{m0}|$ 进行控制后,其他各振幅也得到了有效控制。

图 6-34 是对应于不同振幅控制值 δ 的最佳参数曲线。当 δ 取值较小时,相应的最佳参数 m_s、k_s 和 d_s 也较小。而较小的支承刚度和阻尼对减小传递到基础上的传递力是十分有利的。

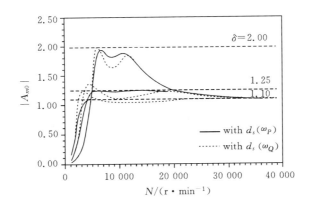

图 6-32　不同 δ 值时圆盘振幅-转速曲线

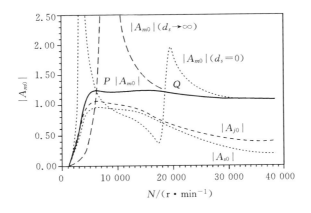

图 6-33　δ = 1.25 时系统各振幅-转速曲线

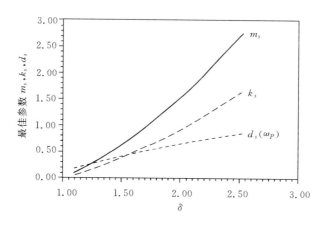

图 6-34   支承参数-δ 曲线

（2）传递力。转子通过油膜向轴承和支座的传递力的大小是需要关注的另一个问题,传递力的大小直接关系到轴承寿命和整个系统是否能和周围的设备具有良好的隔离。通过改变设计参数,从而使得由支承和轴承传递到基础上的动态力尽可能限制在允许范围内是最理想的。

图 6-35 为通过轴承和支承传递到基础上的动态力传递率曲线,其中传递率定义为通过轴承或支承的传递力与相同转速下转子不平衡激振力 $m\omega^2\rho$ 之比,即

$$T_s = F_s/m\omega^2\rho$$
$$T_b = F_b/m\omega^2\rho$$

计算结果表明:按较小的振幅控制值 δ 所选择的弹性阻尼支承结构参数可以使系统获得十分理想的传递率特性。

定义无量纲传递力等于传递力与刚支时在临界转速(ω_k)处通过轴承的传递力之比,也许更能说明问题。此时通过轴承和支承的无量纲传递力分别为

$$\begin{cases} F_b = \dfrac{|A_{\xi 0}(\omega)|}{|A_{\xi 0}(\omega_k)||_{d_s \to \infty}} \\[4mm] F_s = \dfrac{|A_{s0}(\omega)|}{|A_{\xi 0}(\omega_k)||_{d_s \to \infty}} \sqrt{\dfrac{k_s^2 + (2\omega d_s)^2}{k_b^2 + (2\omega d_b)^2}} \end{cases} \qquad (6-130)$$

式(6-130)说明,支承刚度、支承阻尼取值越小,对减少通过支承的传递力越有利。因此,在按式(6-126) ~ 式(6-129)计算 m_s、k_s 时,应选取较小的一组数值。

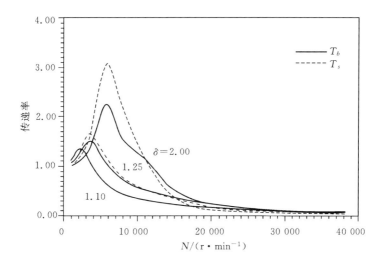

图 6-35　传递率-转速曲线[18]

图 6-36 是无量纲传递力曲线。从中可以看出,按照此方法控制系统不平衡响应计算的最佳支承参数对降低通过轴承和支承的传递力也是十分有效的。在较小的振幅控制值下,传递力在整个运行速度范围内能够衰减到刚支时最大传递力的 10% 以内。

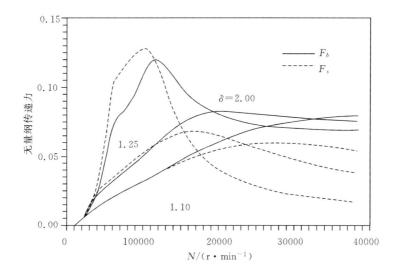

图 6-36　对应于不同 δ 时无量纲传递力-转速曲线

6.5.3　带有弹性阻尼支承的滑动轴承转子系统

由于滑动轴承比滚动轴承能更有效地向系统提供阻尼，因而采用滑动轴承支承的转子系统通常具有较好的抑振作用。但在一些特殊场合，仍然需要进一步改进系统的动态特性，因此需要设计针对滑动轴承转子系统的外加弹性阻尼支承。在确定滑动轴承转子系统的外弹性阻尼支承最佳参数时，下列因素使问题变得更加复杂化：轴承的动力特性采用线性化的 8 个系数来描述，从而导致在刚度和阻尼矩阵中均出现了交叉耦合项，而这些系数又都是工作频率的函数。所有这些都使得应用经典的“固定点理论”变得十分困难或不可能，这时采用虚拟振幅法进行弹性阻尼支承参数设计的步骤如下：

仍然讨论如图 6-30(a) 所示的系统，坐标设置则如图 6-37 所示。

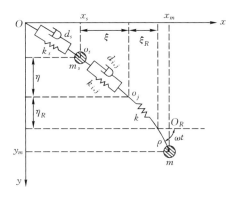

图 6-37　带有外弹性阻尼支承的滑动轴承转子系统坐标示意图

1. 系统运动方程

对于圆盘质量，有

$$\begin{cases} m\ddot{x}_m + k\xi_R = 0 \\ m\ddot{y}_m + k\eta_R = 0 \\ x_m = x_s + \xi + \xi_R + \rho\cos\omega t \\ y_m = y_s + \eta + \eta_R + \rho\sin\omega t \end{cases} \tag{6-131}$$

对于转轴，有

$$\begin{cases} \Delta F_x = k\xi_R \\ \Delta F_y = k\eta_R \\ \Delta F_x = k_{xx}\xi + k_{xy}\eta + d_{xx}\dot{\xi} + d_{xy}\dot{\eta} \\ \Delta F_y = k_{yx}\xi + k_{yy}\eta + d_{yx}\dot{\xi} + d_{yy}\dot{\eta} \end{cases} \tag{6-132}$$

对于支承质量,有

$$\begin{cases} m_s\ddot{x}_s + k_s x_s + d_s\dot{x}_s - \Delta F_x = 0 \\ m_s\ddot{y}_s + k_s y_s + d_s\dot{y}_s - \Delta F_y = 0 \end{cases} \tag{6-133}$$

式中,m 为圆盘质量;k 为轴刚度;k_{ij},d_{ij}($i,j = x,y$)为轴承刚度和阻尼系数;m_s 为支承质量;k_s 为支承刚度;d_s 为支承阻尼;ρ 为质量偏心距。令

$$\begin{cases} (x_s\ \xi\ \xi_R\ x_m)^{\mathrm{T}} = \mathrm{Re}\{(x_{s0}\ \xi_0\ \xi_{R0}\ x_{m0})^{\mathrm{T}}\mathrm{e}^{\mathrm{i}\omega t}\} \\ (y_s\ \eta\ \eta_R\ y_m)^{\mathrm{T}} = \mathrm{Re}\{(y_{s0}\ \eta_0\ \eta_{R0}\ y_{m0})^{\mathrm{T}}\mathrm{e}^{\mathrm{i}\omega t}\} \end{cases} \tag{6-134}$$

以上 x_{s0},y_{s0},$\cdots$,x_{m0},y_{m0} 为复振幅。由此得到

$$\begin{cases} (x_{s0} + \xi_0 + \xi_{R0}) - (k/m\omega^2)\xi_{R0} = -\rho \\ (y_{s0} + \eta_0 + \eta_{R0}) - (k/m\omega^2)\eta_{R0} = \mathrm{i}\rho \\ \xi_{R0} = (m\omega^2/k)x_{m0} \\ \eta_{R0} = (m\omega^2/k)y_{m0} \\ x_{s0} = \dfrac{m\omega^2 x_{m0}}{(k_s - m_s\omega^2) + \mathrm{i}\omega d_s} \xrightarrow{\text{记为}} \dfrac{m\omega^2 x_{m0}}{h} \\ y_{s0} = \dfrac{m\omega^2 y_{m0}}{(k_s - m_s\omega^2) + \mathrm{i}\omega d_s} \xrightarrow{\text{记为}} \dfrac{m\omega^2 y_{m0}}{h} \\ \xi_0 = x_{m0} - x_{s0} - \xi_{R0} - \rho \\ \eta_0 = y_{m0} - y_{s0} - \eta_{R0} + \mathrm{i}\rho \\ h = (k_s - m_s\omega^2) + \mathrm{i}\omega d_s \end{cases} \tag{6-135}$$

令

$$\alpha_x = \frac{m\omega^2}{h} - \frac{k - m\omega^2}{k}$$

则关于 x_{m0},y_{m0} 的方程为

$$\begin{cases} (m\omega^2 + \alpha_x g_{xx})x_{m0} + \alpha_x g_{xx} y_{m0} = \rho(-g_{xx} + \mathrm{i}g_{xy}) \\ \alpha_x g_{yx} x_{m0} + (m\omega^2 + \alpha_x g_{yy})y_{m0} = \rho(-g_{yx} + \mathrm{i}g_{yy}) \end{cases} \tag{6-136}$$

式中

$$g_{ij} = k_{ij} + \mathrm{i}\omega d_{ij} \qquad (i,j = x,y)$$

则

$$
\begin{cases}
\dfrac{x_{m0}}{\rho} = \dfrac{m\omega^2(-g_{xx}+ig_{xy})+\alpha_x(g_{xy}g_{yx}-g_{xx}g_{xy})}{(m\omega^2+\alpha_x g_{xx})(m\omega^2+\alpha_x g_{yy})-\alpha_x^2 g_{xy}g_{yx}} \\[4mm]
\dfrac{y_{m0}}{\rho} = \dfrac{m\omega^2(-g_{yx}+ig_{yy})+i\alpha_x(g_{xx}g_{yy}-g_{xy}g_{yx})}{(m\omega^2+\alpha_x g_{xx})(m\omega^2+\alpha_x g_{yy})-\alpha_x^2 g_{xy}g_{yx}}
\end{cases}
\tag{6-137}
$$

我们所关心的是支承、轴颈和圆盘中心的振幅:

(1) 轴瓦或支承振幅

$$
\begin{cases}
\text{复振幅为 } x_{s0},\ y_{s0} \\[2mm]
\text{正进动振幅 } A_m = \dfrac{x_{s0}+iy_{s0}}{2} = A_{m1}+iA_{m2} = |A_m|e^{i\varphi_1} \\[2mm]
\text{反进动振幅 } B_m = \dfrac{x_{s0}-iy_{s0}}{2} = B_{m1}+iB_{m2} = |B_m|e^{i\varphi_2} \\[2mm]
\text{最大振幅 } |A_{s\,\max}| = |A_m|+|B_m| \\[2mm]
\text{最小振幅 } |A_{s\,\min}| = ||A_m|-|B_m||
\end{cases}
\tag{6-138}
$$

(2) 轴颈振幅

$$
\begin{cases}
\text{复振幅为 } x_{s0}+\xi_0,\ y_{s0}+\eta_0 \\[2mm]
\text{正进动振幅 } C_m = \dfrac{x_{s0}+\xi_0+i(y_{s0}+\eta_0)}{2} = C_{m1}+iC_{m2} = |C_m|e^{i\varphi_3} \\[2mm]
\text{反进动振幅 } D_m = \dfrac{x_{s0}+\xi_0-i(y_{s0}+\eta_0)}{2} = D_{m1}+iD_{m2} = |D_m|e^{i\varphi_4} \\[2mm]
\text{最大振幅 } |A_{z\,\max}| = |C_m|+|D_m| \\[2mm]
\text{最小振幅 } |A_{z\,\min}| = ||C_m|-|D_m||
\end{cases}
$$

$$
\tag{6-139}
$$

(3) 圆盘振幅

$$
\begin{cases}
\text{复振幅为 } x_{m0}-\rho,\ y_{m0}+i\rho \\[2mm]
\text{正进动振幅 } E_m = \dfrac{x_{m0}-\rho+i(y_{m0}+i\rho)}{2} = E_{m1}+iE_{m2} = |E_m|e^{i\varphi_5} \\[2mm]
\text{反进动振幅 } F_m = \dfrac{x_{m0}-\rho-i(y_{m0}+i\rho)}{2} = F_{m1}+iF_{m2} = |F_m|e^{i\varphi_6} \\[2mm]
\text{最大振幅 } |A_{R\,\max}| = |E_m|+|F_m| \\[2mm]
\text{最小振幅 } |A_{R\,\min}| = ||E_m|-|F_m||
\end{cases}
$$

$$
\tag{6-140}
$$

采用虚拟振幅法选择最佳参数的步骤为:

① 根据工程设计需要确定最大许可振幅 δ。

② 令刚支条件下(相当于 $d_s \rightarrow \infty$)

$$|A_{R\,max}|\,|_{\omega=\omega_p,\omega_Q} = \delta \qquad (6-141)$$

由式(6-141)可求得两个"准固定点"对应的频率 ω_P 和 ω_Q。

③ 由下式求 h_P 和 h_Q(当 $d_s = 0$ 时):

$$\begin{cases} |A_{R\,max}|\,|_{\omega=\omega_p} = \delta \\ |A_{R\,max}|\,|_{\omega=\omega_Q} = \delta \end{cases} \qquad (6-142)$$

④ 结合式(6-129)和 $h = k_s - m_s\omega^2$,可联立解出 m_s, k_s。

⑤ 按 m_s, k_s, ω_P(或 ω_Q)选取之值求解方程

$$\frac{\partial\,|A_{R\,max}|}{\partial\,\omega}\bigg|_{\omega=\omega_p(\omega_Q)} = 0 \qquad (6-143)$$

由此得到最佳阻尼 d_s。

2. 传递力计算

(1) 通过轴承的传递力

$$F_b = \max\{F_r, F_s\} \qquad (6-144)$$

式中

$$\begin{cases} F_r = [(e_1\cos\alpha + e_2\sin\alpha)^2 + (f_1\cos\alpha + f_2\sin\alpha)^2]^{1/2} \\ F_s = [(-e_1\sin\alpha + e_2\cos\alpha)^2 + (-f_1\sin\alpha + f_2\cos\alpha)^2]^{1/2} \end{cases}$$

记

$$\begin{cases} \xi_0 = C_1 - \mathrm{i}D_1 \\ \eta_0 = C_2 - \mathrm{i}D_2 \end{cases}$$

可以得到

$$\begin{cases} e_1 = k_{xx}C_1 + k_{xy}C_2 + \omega d_{xx}D_1 + \omega d_{xy}D_2 \\ f_1 = k_{xx}D_1 + k_{xy}D_2 - \omega d_{xx}C_1 - \omega d_{xy}C_2 \\ e_2 = k_{yx}C_1 + k_{yy}C_2 + \omega d_{yx}D_1 + \omega d_{yy}D_2 \\ f_2 = k_{yx}D_1 + k_{yy}D_2 - \omega d_{yx}C_1 - \omega d_{yy}C_2 \\ \alpha = 0.5\arctan\dfrac{2(e_1e_2 + f_1f_2)}{(e_1^2 - e_2^2) + (f_1^2 - f_2^2)} \end{cases}$$

(2) 支承传向基础的传递力

$$F_s = \max\{F_p, F_q\} \qquad (6-145)$$

式中

$$\begin{cases} F_p = [(a_1\cos\beta + a_2\sin\beta)^2 + (b_1\cos\beta + b_2\sin\beta)^2]^{1/2} \\ F_q = [(-a_1\sin\beta + a_2\cos\beta)^2 + (-b_1\sin\beta + b_2\cos\beta)^2]^{1/2} \end{cases}$$

记

$$\begin{cases} x_{s0} = A_1 - \mathrm{i}B_1 \\ y_{s0} = A_2 - \mathrm{i}B_2 \end{cases}$$

则有

$$\begin{cases} a_1 = k_s A_1 + \omega d_s B_1 \\ b_1 = k_s B_1 - \omega d_s A_1 \\ a_2 = k_s A_1 + \omega d_s B_2 \\ b_2 = k_s B_2 - \omega d_s A_2 \\ \beta = 0.5\arctan\dfrac{2(a_1 a_2 + b_1 b_2)}{(a_1^2 - a_2^2) + (b_1^2 - b_2^2)} \end{cases}$$

这样,就可以采用传递率或无量纲传递力来表征系统的传递力特性。其中,传递率和无量纲传递力的定义与前节同。

3. 稳定性计算

由于滑动轴承油膜阻尼特性的介入,系统的稳定性分析十分必要,对方程(6-131)～(6-133)所对应的齐次方程进行系统特征值计算,由不同转速下各阶特征值的负实部之最小值 $u(\omega)$,则可得到系统的阻尼曲线。可以用施加弹性阻尼支承前后的系统阻尼曲线比较系统稳定性的变化情况。

例 6-1　某单质量转子系统参数:圆盘质量 $2m = 50$ kg,轴刚度 $k = 6.86 \times 10^6$ N/m;滑动轴承直径 $D = 50$ mm,宽度 $B = 30$ mm,间隙比 $\psi = 0.0025$,润滑油粘度 $\eta = 1.96 \times 10^{-2}$ N·s/m²,计算弹性阻尼支承最佳参数值。

为简便起见,滑动轴承刚度和阻尼系数的计算采用短轴承理论解。

按照虚拟振幅逆解法分别求得 $\delta = 1.5, 2.0, 2.5$ 时系统的最佳参数如表6-5所示。

表 6-5　不同 δ 时系统最佳支承参数(滑动轴承转子系统)

δ	ω_P rad/s	ω_Q rad/s	m_s kg	k_s 10^6 N/m	$d_s(\omega_P)$ 10^4 N·s/m²	$d_s(\omega_Q)$ 10^4 N·s/m²
1.5	398.56	908.03	15.30	4.06	1.40	1.20
2.0	422.34	740.79	36.62	9.79	2.18	1.96
2.5	438.88	675.44	64.61	17.36	2.96	2.68

图 6-38 为 $\delta = 1.5$ 时圆盘振幅与刚支时振幅的对比曲线,表明按最佳支承参数所设计的系统响应振幅得到了极大改善——在整个运行速度范围内,

振幅都被有效地控制在振幅设定值 δ 左右,最大振幅衰减率达到了 84.73%。

图 6-39 是对应于表 6-5 中不同 δ 时系统的圆盘振幅曲线。δ 越小,弹性阻尼支承的减振效果越佳;且 δ 值越小,各最佳参数值也越小。同时,由式(6-145)可以看到,较小的 k_s 和 d_s 对于减少通过支承传送到基础上的传递力也是有利的。

图 6-40 是 $\delta = 1.5$ 时系统的振幅曲线,表明在系统最大振幅 $|A_{R\max}|$ 得到控制后,系统其他各点的振幅也得到了有效的抑制。

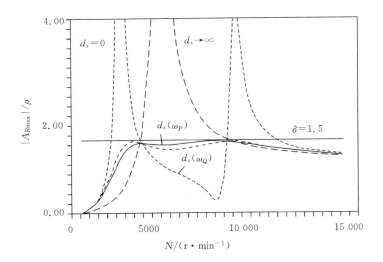

图 6-38 $\delta = 1.5$ 时圆盘振幅曲线

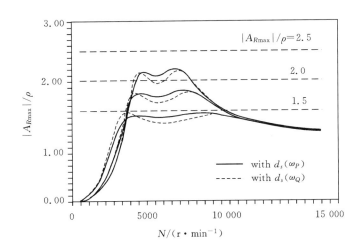

图 6-39 不同 δ 时圆盘振幅曲线

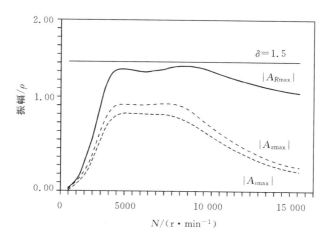

图 6-40　$\delta = 1.5$ 时系统振幅曲线

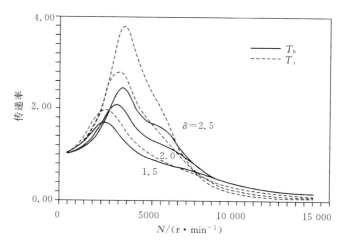

图 6-41　传递率曲线

图 6-41 为系统的力传递率曲线,相应地,图 6-42 为无量纲传递力随转速变化的曲线。可以看出,在按照虚拟振幅法设计最佳支承参数后,系统的传递力特性也大为改善;振幅控制值越小,通过轴承和支承的传递力越小。如图 6-42 所示,当 $\delta = 1.5$ 时,在整个转速范围内通过轴承和支承的传递力分别下降到刚支时最大传递力的 24% 和 18%。

图 6-43 是采用弹性阻尼支承前后系统的阻尼曲线。从中不难看出,按照虚拟振幅法设计弹性阻尼支承最佳参数后,系统不但在通常的运行速度范围内是稳定的,而且还在一定程度上改善了系统的阻尼特性,增大了稳定裕度,

并使系统的失稳转速相应提高;振幅控制值 δ 越小,系统的稳定性也越好。

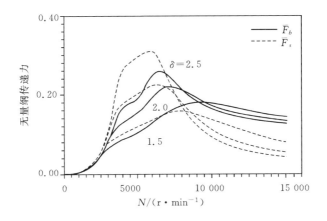

图 6-42　无量纲传递力曲线

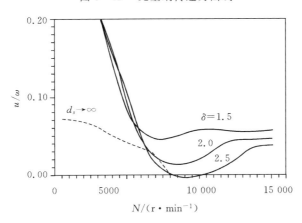

图 6-43　系统的阻尼曲线

　　虚拟振幅法在估算轴承转子系统的弹性阻尼支承最佳参数时具有一定的优越性。如以系统不平衡响应为控制目标,按虚拟振幅法所得到的最佳弹性阻尼支承参数以及在此基础上所设计的转子系统,能够保证系统在整个运行速度范围内(包括临界转速区)的稳态最大振幅限制在与不平衡偏心大小相当的水平上。

　　计算表明,支承质量、支承刚度的选择及匹配是至关重要的,与此相比,对于最佳支承阻尼的选取范围则可稍宽些。

　　振幅控制值越小,各最佳参数值也越小;较小的支承刚度和支承阻尼对减小系统的传递力和改善系统的稳定性同样是有利的。

按照虚拟振幅法设计的弹性阻尼支承,对减小通过轴承和支承的传递力是极为有效的;同时,它还在很大程度上改善了系统的稳定性,提高了稳定裕度,这对于滑动轴承支承的转子系统具有特别的意义。

6.5.4　轴承转子系统的最优控制力计算

本节讨论由滑动轴承支承的多质量转子系统的振动控制问题,并主要介绍参考文献[19-21]所采用的"两步线性过程"。该方法对于计算系统最优控制力或控制参数是有效的,其主要思路是先将系统中待定结构参数的作用用一组未知的同类力来代替。

以弹性阻尼支承结构为例,如图 6-44 所示,作用在第 j 个质点上的弹性阻尼支承的作用,总可以用一个相当的控制力 u_j 来替代,尽管 u_j 是未知的。下一步就是定义一个可以表征系统最佳响应的物理量,进而将问题转化为选择合适的 u_j,从而使得系统的响应最佳,在 u_j 求出之后再按曲线拟合等方法找出控制参数 ……

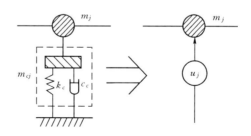

图 6-44　弹性阻尼支承作用的等效

类似的实际计算可采用线性规划或最小二乘法[20,21]。

从控制工程的角度来看,引入相当的同类力 u_j 是极为有利的。注意到 u_j 的作用仅是表示作用在第 j 个质点 m_j 上的力,并没有更多的额外限制,u_j 既可以认为是由质量刚度和阻尼阵中的各主对角元所产生的(如 m_{jj},k_{jj},c_{jj}),同样也可看作由于耦合,即位于刚度、阻尼阵中第 j 行上的各非对角元(如 k_{ji},c_{ji},$i \neq j$)的作用而造成的。

这样将对特定参数的选择拓宽为同类力的选择,给控制理论的运用创造了极为有利的条件。

本节主要讨论引入同类力代替控制参数的做法。至于系统的最佳动态响应,则主要讨论系统在任意周期激振力下的受迫振动问题。

1. 周期激振力、稳态响应

一般说来,作用在系统第 j 个质点上的激振力通式可记为

$$\begin{cases} F_{Exj} = -F_{E1j}\sin(\beta_{1j} + \omega_s t) \\ F_{Eyj} = -F_{E2j}\cos(\beta_{2j} + \omega_s t) \end{cases} \quad (6-146)$$

F_{E1j},F_{E2j},β_{1j},β_{2j} 以及 ω_s 分别为对应的力幅、相差和频率(见图 $6-45$)。

转化为复数域内的运算,即

$$\begin{cases} F_{Exj} = -F_{E1j}(\cos\beta_{1j} + \mathrm{i}\sin\beta_{1j})\,e^{\lambda\varphi} \\ F_{Eyj} = -F_{E2j}(-\sin\beta_{2j} + \mathrm{i}\cos\beta_{2j})\,e^{\lambda\varphi} \end{cases}$$

$$(6-147)$$

式中频率比、幅角的定义为

$$\lambda = \mathrm{i}\frac{\omega_s}{\omega}, \qquad \varphi = \omega t \quad (6-148)$$

系统的激振力矢量

$$\boldsymbol{F} = \begin{pmatrix} F_{E11}(\cos\beta_{11} + \mathrm{i}\sin\beta_{11}) \\ F_{E21}(-\sin\beta_{21} + \mathrm{i}\cos\beta_{21}) \\ \vdots \\ F_{E1n}(\cos\beta_{1n} + \mathrm{i}\sin\beta_{1n}) \\ F_{E2n}(-\sin\beta_{2n} + \mathrm{i}\cos\beta_{2n}) \end{pmatrix}$$

$$(6-149)$$

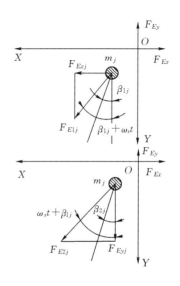

图 $6-45$　不平衡激励力及坐标系选择

特别地,对于残余不平衡所引起的激励力

$$F_{E1j} = F_{E2j} = m_j\omega_s^2\rho_j \quad (6-150)$$

对于处于受迫振动下的 (M,K,C) 系统

$$[(\boldsymbol{K} - \boldsymbol{M}\omega_s^2) + \mathrm{i}\omega_s\boldsymbol{C}]\boldsymbol{X} = \boldsymbol{F}$$

其动态响应的稳态解可如下形式(详见第 9 章):

$$\begin{bmatrix} \mathrm{i}\omega_s\boldsymbol{X} \\ \boldsymbol{X} \end{bmatrix} = (\mathrm{i}\omega_s A + \boldsymbol{B})^{-1}\begin{bmatrix} \boldsymbol{0} \\ \boldsymbol{F} \end{bmatrix}$$

$$= (\boldsymbol{\Gamma}_1 \quad \boldsymbol{\Gamma}_2 \cdots \boldsymbol{\Gamma}_{2n})\left\{ \mathrm{diag}\left[\frac{1}{a_i(\mathrm{i}\omega_s - \lambda_i)}\right] \begin{bmatrix} \boldsymbol{\Psi}_1^{\mathrm{T}} \\ \boldsymbol{\Psi}_2^{\mathrm{T}} \\ \vdots \\ \boldsymbol{\Psi}_{2n}^{\mathrm{T}} \end{bmatrix} \begin{bmatrix} \boldsymbol{0} \\ \boldsymbol{F} \end{bmatrix} \right\}$$

或
$$X = \sum_{k=1}^{2n} \beta_k \, X_k \qquad (6-151)$$

式中,$i\omega_s \neq \lambda_k (k = 1,2,\cdots,2n)$,$\lambda_k$ 为 (M,K,C) 系统的复特征值,$\boldsymbol{\Gamma}_1,\boldsymbol{\Gamma}_2,\cdots,$ $\boldsymbol{\Gamma}_{2n}$ 和 $\boldsymbol{\Psi}_1,\boldsymbol{\Psi}_2,\cdots,\boldsymbol{\Psi}_{2n}$ 为系统相应的右、左特征向量,以及

$$\begin{pmatrix} \beta_1 \\ \beta_2 \\ \vdots \\ \beta_{2n} \end{pmatrix} = \mathrm{diag}\left(\frac{1}{a_i(i\omega_s - \lambda_i)}\right) \begin{pmatrix} \boldsymbol{\Psi}_1^{\mathrm{T}} \\ \boldsymbol{\Psi}_2^{\mathrm{T}} \\ \vdots \\ \boldsymbol{\Psi}_{2n}^{\mathrm{T}} \end{pmatrix} \begin{pmatrix} \boldsymbol{0} \\ \boldsymbol{F} \end{pmatrix} = \boldsymbol{H} \begin{pmatrix} \boldsymbol{0} \\ \boldsymbol{F} \end{pmatrix} \qquad (6-152)$$

$\beta_i(i = 1,2,\cdots,2n)$ 不仅与系统的本征性质有关,而且和作用力矢量 $\boldsymbol{F}$ 中诸元的大小及力施加位置有关。

设在多质量转子系统的第 j 个节点上作用有弹性阻尼支承(m_{sj},k_{sj} 和 c_{sj} 为需要确定的参数),当 m_{sj},k_{sj} 和 c_{sj} 未定时,可以首先以一未知力 u_j 来代替弹性阻尼支承的综合效应;进一步通过选择或定义一个可以表征系统在 u_j 作用下的最佳响应的物理量,于是问题转化为求解最优的 u_j 使系统获得最佳响应。在 u_j 求出之后,再按照曲线拟合的方法来确定 m_{sj},k_{sj} 和 c_{sj} 等。

由于 m_{sj},k_{sj} 和 c_{sj} 选择有时受到客观原因的限制不能任意取值,因而此类问题通常可以分为两类:有约束寻优和无约束寻优。以下就这两种情况分别讨论等效力 u_j 的计算过程。

2. 无约束条件下最优控制力直接解法

工程中,控制力的施加位置往往受到各种限制,这类限制是必须满足的。这里所说的"无约束"是指控制力的大小(力幅)和力的形式(刚度力抑或是阻尼力)不作人为的限制。在这种情况下,如何选择有限个控制力 $\boldsymbol{U}^{\mathrm{T}} = (u_1\ u_2\ \cdots\ u_{im})$ 以使得系统稳态响应最小?

直观地说,$\boldsymbol{U}$ 应当存在有最佳值:因为在 $\boldsymbol{U} = \boldsymbol{0}$ 时,系统的响应就是原响应;当 $\|\boldsymbol{U}\| \gg \|\boldsymbol{F}\|$ 时,响应将主要取决于 $\boldsymbol{U}$,$\boldsymbol{U}$ 成为新的激振源,必将导致系统的稳定响应增大而不再起到抑制振动的作用。因此,当 $\boldsymbol{U}$ 选择得当时,系统有可能获得最佳响应。

设系统除 $\boldsymbol{F}$ 外还受到控制力 $\boldsymbol{U}$ 的作用,这时系统的综合响应可记为

$$X_c = (\boldsymbol{\Gamma}_1\ \ \boldsymbol{\Gamma}_2\ \cdots\ \boldsymbol{\Gamma}_{2n}) \begin{pmatrix} \beta_1 + \alpha_1 \\ \beta_2 + \alpha_2 \\ \vdots \\ \beta_{2n} + \alpha_{2n} \end{pmatrix} \qquad (6-153)$$

其中 $\boldsymbol{\alpha}^{\mathrm{T}} = (\alpha_1 \quad \alpha_2 \quad \cdots \quad \alpha_{2n})$，为仅当力矢量 $\boldsymbol{U}$ 作用在系统上的复放大因子矢量。根据式(6-152)有

$$\boldsymbol{\alpha} = \boldsymbol{H} \begin{bmatrix} \boldsymbol{0} \\ \boldsymbol{U} \end{bmatrix} \tag{6-154}$$

为转化为实数域内的运算，引入记号

$$\boldsymbol{U} = \boldsymbol{U}^r + \mathrm{i}\boldsymbol{U}^i, \quad \boldsymbol{R} = \begin{bmatrix} \boldsymbol{0} \\ \boldsymbol{U}^r \end{bmatrix}, \quad \boldsymbol{S} = \begin{bmatrix} \boldsymbol{0} \\ \boldsymbol{U}^i \end{bmatrix}$$

$$\tilde{\boldsymbol{U}} = \boldsymbol{R} + \mathrm{i}\boldsymbol{S}, \quad \boldsymbol{\alpha} = \boldsymbol{\alpha}^r + \mathrm{i}\boldsymbol{\alpha}^i, \quad \boldsymbol{H} = \boldsymbol{P} + \mathrm{i}\boldsymbol{Q}$$

且向量 $\boldsymbol{\alpha}, \boldsymbol{U}$ 中的第 k 个元分别记为

$$\begin{cases} \alpha_k = \alpha_k^r + \mathrm{i}\alpha_k^i, \quad U_k = U_k^r + \mathrm{i}U_k^i \\ \boldsymbol{\alpha}^{r\mathrm{T}} = (\alpha_1^r \ \alpha_2^r \cdots \alpha_{2n}^r), \quad \boldsymbol{\alpha}^{i\mathrm{T}} = (\alpha_1^i \ \alpha_2^i \cdots \alpha_{2n}^i) \end{cases}$$

由式(6-154)得到

$$\boldsymbol{\alpha}^r = \boldsymbol{P}\boldsymbol{R} - \boldsymbol{Q}\boldsymbol{S}, \quad \boldsymbol{\alpha}^i = \boldsymbol{P}\boldsymbol{S} + \boldsymbol{Q}\boldsymbol{R} \tag{6-155}$$

通常情况下，$\tilde{\boldsymbol{U}}$（因而 $\boldsymbol{R}, \boldsymbol{S}$）为稀疏列向量。

设等效力个数为 m，这些力分别作用在坐标 $(i_1, i_2, \cdots i_m)$ 上，不妨设 $i_1 < i_2 < \cdots < i_{m-1} < i_m$，一般 $m \ll n$。因此，在实数域内需要确定的未知数一共为 $2m$ 个，即 $r_{i1}, r_{i2}, \cdots, r_{im}$ 和 $s_{i1}, s_{i2}, \cdots, s_{im}$。

记

$$\boldsymbol{H} = (h_1 \ h_2 \ \cdots \ h_{2n}), \quad \boldsymbol{P} = (p_1 \ p_2 \ \cdots \ p_{2n})$$

$$\boldsymbol{Q} = (q_1 \ q_2 \ \cdots \ q_{2n}), \quad h_k = p_k + \mathrm{i}q_k \quad (k = 1, 2, \cdots, 2n)$$

于是有

$$\boldsymbol{\alpha}^r = (p_1 \ p_2 \ \cdots \ p_{2n}) \begin{pmatrix} 0 \\ 0 \\ \vdots \\ r_{i1} \\ r_{i2} \\ \vdots \\ r_{im} \\ 0 \\ \vdots \\ 0 \end{pmatrix} - (q_1 \ q_2 \ \cdots \ q_{2n}) \begin{pmatrix} 0 \\ 0 \\ \vdots \\ 0 \\ s_{i1} \\ s_{i2} \\ \vdots \\ s_{im} \\ 0 \\ \vdots \\ 0 \end{pmatrix} = \sum_{l=i_1}^{i_m} (p_l r_l - q_l s_l)$$

$$\tag{6-156a}$$

同理

$$\alpha^i = \sum_{l=i_1}^{i_m} (p_l s_l + q_l r_l) \qquad (6-156b)$$

或写成显式

$$\begin{Bmatrix} \alpha_1^r \\ \alpha_2^r \\ \vdots \\ \alpha_{2n}^r \end{Bmatrix} = \begin{Bmatrix} \sum\limits_{l=i_1}^{i_m} (p_{1,l} r_l - q_{1,l} s_l) \\ \sum\limits_{l=i_1}^{i_m} (p_{2,l} r_l - q_{2,l} s_l) \\ \vdots \\ \sum\limits_{l=i_1}^{i_m} (p_{2n,l} r_l - q_{2n,l} s_l) \end{Bmatrix}, \quad \begin{Bmatrix} \alpha_1^i \\ \alpha_2^i \\ \vdots \\ \alpha_{2n}^i \end{Bmatrix} = \begin{Bmatrix} \sum\limits_{l=i_1}^{i_m} (p_{1,l} s_l + q_{1,l} r_l) \\ \sum\limits_{l=i_1}^{i_m} (p_{2,l} s_l + q_{2,l} r_l) \\ \vdots \\ \sum\limits_{l=i_1}^{i_m} (p_{2n,l} s_l + q_{2n,l} r_l) \end{Bmatrix}$$

$$(6-157)$$

如式(6-153)所示,将 X_c 表示成 $2n$ 个复模态的线性组合,对于归一化的模态而言,每一模态 $\Gamma_1,\Gamma_2,\cdots,\Gamma_{2n}$ 对于 X_c 的影响程度或在 X_c 中所占的比重都仅取决于相对应的复放大因子的大小。因此,可按下式构造系统的最佳响应目标函数 f:

$$f = \sum_{k=1}^{2n} (|\alpha_k + \beta_k|)^2 \qquad (6-158)$$

全部问题化为:寻找 $\tilde{\boldsymbol{U}}^*$(或 $\boldsymbol{R}^*,\boldsymbol{S}^*$),使得 f 取得极值(对一切 $\tilde{\boldsymbol{U}}$),即

$$f^* \big|_{U=\tilde{U}^*} = \min f \big|_U \qquad (6-159)$$

如果控制力幅值和虚、实部无约束,式(6-159)就构成了无条件约束极值问题。对式(6-158)求导后,得到一组关于 r_j,s_j 的线性方程

$$\begin{cases} \dfrac{\partial f}{\partial r_j} = 0 \\ \dfrac{\partial f}{\partial s_j} = 0 \end{cases} \qquad (j = i_1, i_2, \cdots, i_m) \qquad (6-160a)$$

式(6-160a)写成显式后为

$$\begin{cases} \sum_{k=1}^{2n} \left\{ \sum_{l=i_1}^{i_m} \left[(p_{k,l}p_{k,j} + q_{k,l}q_{k,j})r_l \right] + \sum_{l=i_1}^{i_m} \left[(-q_{k,l}p_{k,j} + p_{k,l}q_{k,j})s_l \right] \right\} \\ \quad = \sum_{k=1}^{2n} (-\beta_k^r p_{k,j} - \beta_k^i q_{k,j}) \\ \qquad\qquad\qquad\qquad\qquad\qquad\qquad\qquad (j = i_1, i_2, \cdots, i_m) \\ \sum_{k=1}^{2n} \left\{ \sum_{l=i_1}^{i_m} \left[(-p_{k,l}q_{k,j} + q_{k,l}p_{k,j})r_l \right] + \sum_{l=i_1}^{i_m} \left[(q_{k,l}q_{k,j} + p_{k,l}p_{k,j})s_l \right] \right\} \\ \quad = \sum_{k=1}^{2n} (\beta_k^r q_{k,j} - \beta_k^i p_{k,j}) \end{cases}$$

$$(6-160b)$$

求解上述线性方程可得到等效力矢量 U。对于第 j 个等效力 u_j，再根据 m_{sj}，k_{sj} 和 c_{sj} 所起的力效应和 u_j 应尽可能接近的原则，即可定出各质点上的弹性阻尼支承参数。

3. 有约束条件下的非线性规划法

这里的"有约束"是指除了力的作用点位置不能任意选择外，控制力的形式（虚、实部）及其幅值大小也受到特定的限制。

设系统待定的控制力变量个数为 k，将控制力向量记为

$$U^{\mathrm{T}} = (u_1 \ u_2 \ \cdots \ u_k) \tag{6-161}$$

第 j 个控制力的最大许用值为 $[u_j]$，约束条件表示为

$$\frac{u_j}{[u_j]} - 1 = H_j \leqslant 0 \qquad (j = 1, 2, \cdots, k) \tag{6-162}$$

如果将无约束问题的寻优过程加以适当改造，同样可以方便地应用于本节所讨论的有约束寻优问题。

构造扩展目标函数

$$F = f + M^* \{ \max^2(H_1, 0) + \max^2(H_2, 0) + \cdots + \max^2(H_k, 0) \} \tag{6-163}$$

式中，f 为目标函数真值，由式（6-158）所决定；M^* 为惩罚因子。惩罚因子一般可选取为

$$M^{*(0)} = 0.1 \sim 10.0$$

$$M^{*(k+1)} = 10 M^{*(k)} \tag{6-164}$$

实际计算时，一维搜索可采用 0.618 法，多维搜索则可采用鲍威尔

(Powell)法或复合形法[23,24]。

相应的最优控制力计算程序框图可参见图 6-46。

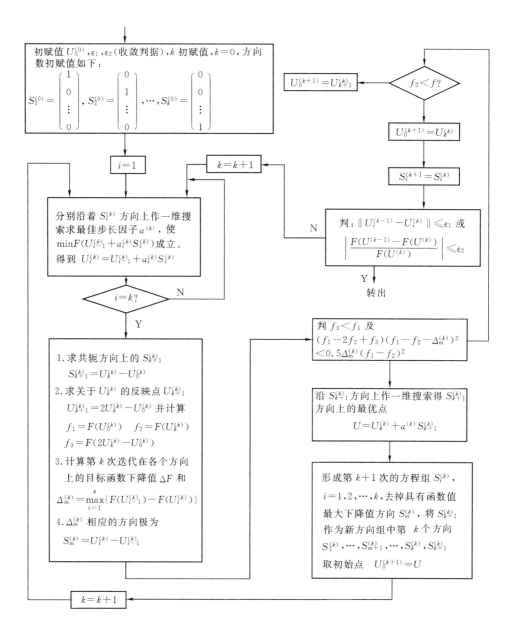

图 6-46　最优控制力计算主程序框图(Powell 法)

例 6-2　对一个支承在 5 瓦可倾瓦轴承上的具有 5 个集总质量的离心式压缩机转子系统（见图 6-47）进行控制力寻优计算。相应的转子、轴承参数见表 6-6。计算该系统在一组给定不平衡力作用下系统的不平衡响应，以及一对作用在质点 m_3 上的最优控制力。

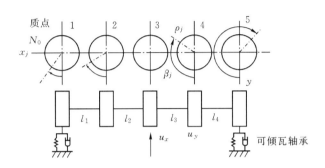

图 6-47　多质量转子可倾瓦轴承系统的不平衡响应最优控制[22]

表 6-6　多质量转子可倾瓦轴承系统计算参数[22]

（转子弹性模量：$E = 210\text{GPa}$；转子材料质量密度：$\rho = 7\,800\ \text{kg/m}^3$）

轴段参数			
No	轴段长度 l_j/mm	直径 d_j/mm	圆盘附加质量 G_{zj}/kg
1	260	101.75	1.736
2	519	150.0	7.062
3	270	150.0	7.602
4	270	150.0	8.848
5	416	150.0	1.143
6	193	114.46	0.0

轴段参数			
No	轴承直径 D/mm	间隙比 ψ	宽径比	负荷分配 /N
1	101.75	0.001 47	0.403	2 548.0
2	114.46	0.001 398	0.411	2 538.2

对该系统建立系统运动方程并化为广义特征值问题求解，可得到系统特征值及左、右特征矢量。系统的广义坐标经过凝聚后最终为 26 个，其中包括：对应于 5 个质点的 10 个速度坐标（$\dot{X}_1,\dot{Y}_1,\dot{X}_2,\dot{Y}_2,\cdots,\dot{X}_5,\dot{Y}_5$），10 个线位移坐

标（X_1，Y_1，X_2，Y_2，…，X_5，Y_5）以及两个轴承的实际承载瓦的 6 个角位移坐标
（$\alpha_1^{(1)}$，$\alpha_2^{(1)}$，$\alpha_4^{(1)}$，$\alpha_1^{(2)}$，$\alpha_2^{(2)}$，$\alpha_4^{(2)}$）。该系统在刚支时转子临界角频率为 439.8
rad/s。当系统在一组给定的不平衡力作用下，依次求解系统的稳态响应。

系统相应的不平衡参数分布如表 6 - 7 所示。

表 6 - 7 　转子系统不平衡参数分布[22]

圆盘 No	1	2	3	4	5
$\rho_j/\mu\mathrm{m}$	1.01	3.0	7.5	15.0	4.5
$\beta_j/(°)$	30.0	60.0	0.0	120.0	225.0

为节省篇幅，本章仅列出了当控制力 u_x，u_y 作用在质点 m_3 上的结果：系统在控制力施加前通过临界转速时的振幅响应曲线以及施加直接解法所求得的控制力后的响应曲线如图 6 - 48 所示。当按复合形法求得的最佳控制力施加于系统时，其稳态响应如图 6 - 49 所示。

计算结果表明：

（1）系统受控前其最大振幅值为 34.174 μm，发生在临界转速附近，对系统施加控制力有效地抑制了振动。

（2）当系统上作用有按复合形法确定的控制力时，系统的最大振幅下降到 11.363 μm，比控制前衰减了 66% 以上。

（3）按直接解法求得的控制力对系统控制后，效果尤为显著：受控后过临界时的振幅均小于 2.5 μm，衰减幅度达 90% 以上，并且在通过临界转速区时不再有共振发生（如图 6 - 48 中的点划线所示）。

（4）表 6 - 8 列出了 u_x，u_y（直接解法）的计算值，它们表示了在质点水平、垂直方向上的一对定义在复数域内的控制力。根据 u_x，u_y 采用曲线拟合法可以很方便地选择系统的控制参数，这里就不再赘述了。

以上所介绍的按复模态理论构造最佳响应目标函数和控制力寻优计算方法具有更多的优越性和更为广泛的适应性，可以很方便地应用于复杂系统的控制力寻优和控制参数计算。

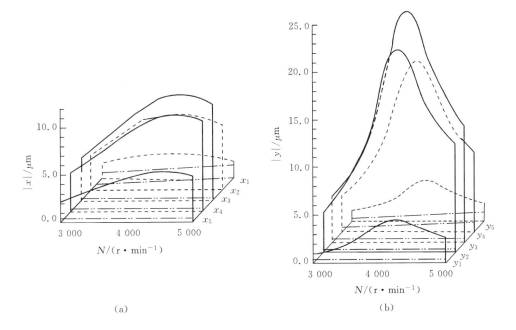

(a)　　　　　　　　　　　　(b)

图 6-48　系统控制前、后振幅响应[22]

———控制前；　……控制后（直接解法）

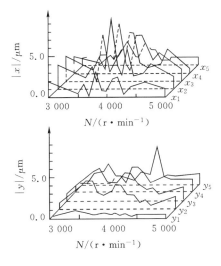

图 6-49　系统受控后（复合型法）的振幅响应[22]

表 6 - 8　　无量纲最优控制力（直接解法）[22]

转速/（r/min）	u_x	u_y
3 600	- 0.27E - 3 - i0.14E - 2	- 0.14E - 2 - i0.24E - 3
3 800	- 0.30E - 3 - i0.16E - 2	- 0.15E - 2 - i0.26E - 3
4 000	- 0.33E - 3 - i0.18E - 2	- 0.17E - 2 - i0.28E - 3
4 200	- 0.36E - 3 - i0.19E - 2	- 0.19E - 2 - i0.31E - 3
4 400	- 0.40E - 3 - i0.21E - 2	- 0.21E - 2 - i0.33E - 3
4 600	- 0.45E - 3 - i0.23E - 2	- 0.23E - 2 - i0.37E - 3

参考文献

[1]　Cao Y，Altintas Y. A General Method for the Modeling of Spindle-Bearing Systems [J]. Journal of Mechanical Design，2005，126（6）：1089 - 1104.

[2]　Jones A B. A general theory for elastically constrained ball and radial roller bearings under arbitrary load and speed conditions [J]. Journal of Basic Engineering，1960，82（2）：309 - 320.

[3]　Wensing J A. On the dynamics of ball bearings [D]. Netherlands：University of Twente，1998.

[4]　Fritzsn D，Stahl J，Nakhimovski I. Transmission line co-simulation of rolling bearing applications [C]. Linköping（Sweden）：Linköping University Electronic Press，2007：24 - 39.

[5]　易均. 滚子轴承支承转子系统动力学特性分析 [D]：西安：西安交通大学，2015.

[6]　Gupta PK. Advanced dynamics of rolling elements [M]：New York：Springer-Verlag，1984.

[7]　Thomas D L，Wilson J M，Wilson R R. Timoshenko beam finite elements [J]. Journal Of Sound And Vibration，1973，31（3）：315 - 330.

[8]　Nelson H D. A finite rotating shaft element using Timoshenko beam theory [J]. Journal of Mechanical Design-Transactions of the Asme，1980，102（4）：793 - 803.

[9]　UNNERSJö CS. VARYING COMPLIANCE VIBRATION OF ROLLING

BEARINGS [J]. J. Sound and Vibration. 1978, 58: 363 - 373.

[10]　Lynagh N, Rahnejat H, Ebrahimi M, et al. Bearing induced vibration in precision high speed routing spindles [J]. International Journal Of Machine Tools & Manufacture, 2000, 40 (4): 561 - 577.

[11]　（日）谷口修. 振动工程大全 [M]. 北京：机械工业出版计，1983.

[12]　Gunter E J. Influence of Flexibly Mounted Rolling Element Bearings Rotor Response, Part 1—Linear Analysis [J]. ASME Journal Lubrication Technology, 1970, 92 (1): 59 - 75.

[13]　Kirk R G, Gunter E J. The Effect of Support Flexiblity and Damping on the Synchronous Response of A Single-Mass Flexible Rotor [J]. ASME Journal of Engineering for Industry, 1972, 94 (1): 221 - 232.

[14]　Mohan S, Hahn E J. Design of Squeeze Film Damper Systems for Rigid Rotors [J]. ASME Journal of Engineering for Industry, 1974, 96 (3): 976 - 982.

[15]　Gunter E J, Barrett L E, Allaire P E. Design of Nonlinear Squeeze film Dampers for Aircraft Engines [J]. ASME Journal of Lubrication Technology, 1977, 99: 57 - 64.

[16]　Doltal M, Roberts J B, Holmes R. The Effect of External Damping on the Vibration of Flexible Shafts Supported on Oil Film Beatings [J]. Journal of Sound and Vibration, 1977 (65).

[17]　Chen W T C, Rajan M, et al. The Optimal Design of Squeeze Film Damper for Rotor Systems [J]. ASME Journal of Mechanisms, Transmissions and Automation in Design, 1988, 110: 116 - 174.

[18]　Yu Lie, Zhang Zhiming. A New Method for Calculating the Three Main Factors of Damped Flexible Supports [C] //EUROTRIB 85, Congress International de Tribologie. Lyon, France, 1985 (9).

[19]　Pilkey W D, et al. Efficient Optimal Design of Suspension Systems for Rotating Shafts [J]. Trans of ASME, 1976 (8).

[20]　Pilkey W D, et al. A Linear Programming Approach for Balancing Flexible Rotors [J]. Trans. of ASME, 1976 (8).

[21]　Wang B P, Pilkey W D. Limiting Performance Characteristics of Steady-

State Systems [J]. Journal of Applied Mechanics，ASME，1975 (9).

[22]　Yu Lie，et al. The Vibration Control for Rotor-Bearing System and the Calculation of Op-timum Control Forces [J]. Journal of Vibration and Acoustics，ASME，1989 (10).

[23]　希梅尔布劳. 实用非线性规划 [M]. 北京：科学出版社，1981.

[24]　席少霖，赵风治. 最优化计算方法 [M]. 上海：上海科学技术出版社，1983.

第 7 章 单跨多质量弹性转子系统的动力学建模

本章主要处理一类由动压滑动轴承支承的单跨多质量弹性转子的动力学问题,包括对于转子的离散化、质点运动方程、特殊支承以及系统动力学建模等。

7.1 转子的离散化

在实际机组的轴承转子系统动力学建模过程中,首先需要对转子进行离散化处理。离散化处理的方法一般可分为两类:

一类是针对复杂转子本身对转子进行分段离散化处理,进而构建系统的动力学模型,这类方法主要包括有限元法和集总参数法;另一类方法是保持转子在物理空间和几何特性的连续性,而在对其动力学描述过程中通过模态截断以达到离散化的目的,如瑞利-里茨(Rayleigh-Ritz)法即是这类方法的典型代表。以下对上述方法分别给予介绍。

7.1.1 有限元法

采用有限元法对转子进行离散化时,首先将整个连续转子划分为 n 个轴段。下面以第 j 个典型轴段单元为例来说明有限元法对于轴单元的处理过程。

讨论如图 7-1 所示的等截面轴单元。该轴单元的长度、横截面积、质量密度、弹性模量以及单位长度直径惯性矩分别用 $(l_j, A_j, \rho_j, E_j, I_j)$ 来表示,以 yz 平面为例,设该轴单元在其左、右两端面上的位移、转角分别为 $(y_{j-1}, \Psi_{j-1}, y_j, \psi_j)$,则轴单元上任意坐标点 z 处的位移或挠度可以表征为单元两端面上的位移与转角的函数:

$$y_j(z) = \begin{pmatrix} n_1 & n_2 & n_3 & n_4 \end{pmatrix}_j \begin{bmatrix} y_{j-1} \\ \psi_{j-1} \\ y_j \\ \psi_j \end{bmatrix}$$

记为

$$y_j(z) = \boldsymbol{N}_j \boldsymbol{Y}_j \qquad (7-1)$$

其中 $\boldsymbol{Y}_j = (y_{j-1}, \psi_{j-1}, y_j, \psi_j)^{\mathrm{T}}$，$\boldsymbol{N}_j = (n_1 \quad n_2 \quad n_3 \quad n_4)$，$n_j(j=1,2,\cdots,4)$ 为形状函数。

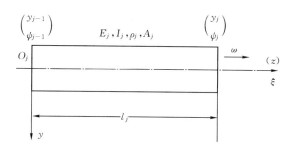

图 7-1　第 j 个典型轴单元

　　为便于对不同的轴单元都能在统一模式下运算，在单元上建立局部坐标系 $O_j\xi y$，其中 O_j 为轴左端截面的中心，$O_j\xi$ 和轴心线同轴，ξ 和 z 之间的换算关系为

$$\xi = \frac{z}{l_j} \qquad (0 \leqslant \xi \leqslant 1, \ 0 \leqslant z \leqslant l_j) \qquad (7-2)$$

如不计入外力和惯性力的影响，则转轴在 yz 平面内的弯曲变形方程应为

$$\frac{\partial^4 y(z)}{\partial z^4} = 0 \qquad (7-3\text{a})$$

其通解为一多项式，记为

$$y(z) = a_0 + a_1 z + a_2 z^2 + a_3 z^3 \qquad (7-3\text{b})$$

挠度角

$$\psi(z) = y' = \frac{\partial y(z)}{\partial z} = a_1 + 2a_2 z + 3a_3 z^2 \qquad (7-3\text{c})$$

　　由 $y(0) = y_{j-1}, y(1) = y_j, y'(0) = \psi_{j-1}, y'(1) = \psi_j$，得到

$$\begin{pmatrix} y_{j-1} \\ \psi_{j-1} \\ y_j \\ \psi_j \end{pmatrix} = \begin{pmatrix} 1 & 0 & 0 & 0 \\ 0 & 1 & 0 & 0 \\ 1 & l & l^2 & l^3 \\ 0 & 1 & 2l & 3l^2 \end{pmatrix} \begin{pmatrix} a_0 \\ a_1 \\ a_2 \\ a_3 \end{pmatrix} \qquad (7-4\text{a})$$

记为

$$\boldsymbol{Y}_j = \boldsymbol{L}_j \boldsymbol{A} \qquad (7-4\text{b})$$

解得多项式系数

$$\boldsymbol{A} = \boldsymbol{L}_j^{-1} \boldsymbol{Y}_j \qquad (7-4\text{c})$$

以及相应的形状函数 $\boldsymbol{N}_j = (n_1 \quad n_2 \quad n_3 \quad n_4)$：

$$\begin{cases} n_1 = 1 - 3\xi^2 + 2\xi^3 \\ n_2 = l_j(\xi - 2\xi^2 + \xi^3) \\ n_3 = 3\xi^2 - 2\xi^3 \\ n_4 = l_j(-\xi^2 + \xi^3) \end{cases} \tag{7-5}$$

同样，在 xz 平面内，用 $\boldsymbol{X}_j = (x_{j-1} \quad \varphi_{j-1} \quad x_j \quad \varphi_j)^{\mathrm{T}}$ 表示轴单元的两端面坐标向量，任一点 z 处的挠度一样可写成

$$x(z) = \boldsymbol{N}_j \boldsymbol{X}_j \tag{7-6}$$

第 j 个轴单元的动能

$$T_j = \frac{1}{2} \int_0^l \rho A_j(\dot{x}^2 + \dot{y}^2)\mathrm{d}z + \frac{1}{2} \int_0^l \rho I_j(\dot{\phi}^2 + \dot{\psi}^2)\mathrm{d}z + \frac{1}{2} \int_0^l 4\rho I_j \omega \dot{\phi} \psi \mathrm{d}z + \frac{1}{2} \int_0^l (2\rho I_j \omega^2)\mathrm{d}z$$

$$= \frac{1}{2} \int_0^l \rho A_j \dot{\boldsymbol{X}}_j^{\mathrm{T}} \boldsymbol{N}_j^{\mathrm{T}} \boldsymbol{N}_j \dot{\boldsymbol{X}}_j \mathrm{d}z + \frac{1}{2} \int_0^l \rho A_j \dot{\boldsymbol{Y}}_j^{\mathrm{T}} \boldsymbol{N}_j^{\mathrm{T}} \boldsymbol{N}_j \dot{\boldsymbol{Y}}_j \mathrm{d}z + \frac{1}{2} \int_0^l \rho I_j \dot{\boldsymbol{X}}_j^{\mathrm{T}} \boldsymbol{N}'^{\mathrm{T}} \boldsymbol{N}' \dot{\boldsymbol{X}}_j \mathrm{d}z +$$

$$\frac{1}{2} \int_0^l \rho I_j \dot{\boldsymbol{Y}}_j^{\mathrm{T}} \boldsymbol{N}'^{\mathrm{T}} \boldsymbol{N}' \dot{\boldsymbol{Y}}_j \mathrm{d}z + \frac{\omega}{2} \int_0^l 4\rho I_j \dot{\boldsymbol{X}}_j^{\mathrm{T}} \boldsymbol{N}'^{\mathrm{T}} \boldsymbol{N}' \dot{\boldsymbol{Y}}_j \mathrm{d}z + \frac{1}{2} \int_0^l (2\rho I_j \omega^2)\mathrm{d}z$$

$$= \frac{1}{2} \dot{\boldsymbol{X}}_j^{\mathrm{T}} \boldsymbol{M}_j \dot{\boldsymbol{X}}_j + \frac{1}{2} \dot{\boldsymbol{Y}}_j^{\mathrm{T}} \boldsymbol{M}_j \dot{\boldsymbol{Y}}_j + \frac{1}{2} \dot{\boldsymbol{X}}_j^{\mathrm{T}} \boldsymbol{J}_j \dot{\boldsymbol{X}}_j + \frac{1}{2} \dot{\boldsymbol{Y}}_j^{\mathrm{T}} \boldsymbol{J}_j \dot{\boldsymbol{Y}}_j + 2\omega \dot{\boldsymbol{X}}_j^{\mathrm{T}} \boldsymbol{J}_j \boldsymbol{Y}_j + \frac{1}{2} \int_0^l (2\rho I_j \omega^2)\mathrm{d}z =$$

$$\frac{1}{2} (\dot{\boldsymbol{X}}_j^{\mathrm{T}} \ \dot{\boldsymbol{Y}}_j^{\mathrm{T}}) \begin{bmatrix} \boldsymbol{M}_j + \boldsymbol{J}_j & \boldsymbol{0} \\ \boldsymbol{0} & \boldsymbol{M}_j + \boldsymbol{J}_j \end{bmatrix} \begin{bmatrix} \dot{\boldsymbol{X}}_j \\ \dot{\boldsymbol{Y}}_j \end{bmatrix} + 2\omega(\dot{\boldsymbol{X}}_j^{\mathrm{T}} \ \dot{\boldsymbol{Y}}_j^{\mathrm{T}}) \begin{bmatrix} 0 & \boldsymbol{J}_j \\ 0 & 0 \end{bmatrix} \begin{bmatrix} \boldsymbol{X}_j \\ \boldsymbol{Y}_j \end{bmatrix} + \frac{1}{2} \int_0^l (2\rho I_j \omega^2)\mathrm{d}z$$

$$\tag{7-7}$$

其中

$$\begin{cases} \boldsymbol{M}_j = \int_0^l \rho A_j \boldsymbol{N}^{\mathrm{T}} \boldsymbol{N} \, \mathrm{d}z \\ \boldsymbol{J}_j = \int_0^l \rho I_j \boldsymbol{N}'^{\mathrm{T}} \boldsymbol{N}' \mathrm{d}z \\ \boldsymbol{N}' = \left(\dfrac{\partial n_1}{\partial z} \quad \dfrac{\partial n_2}{\partial z} \quad \dfrac{\partial n_3}{\partial z} \quad \dfrac{\partial n_4}{\partial z} \right) \end{cases} \tag{7-8}$$

类似地，采用形状函数和端面坐标来表示轴单元的势能。当转轴变形已知时，第 j 个轴段单元的势能

$$V_j = \frac{1}{2} \int_0^l \frac{EI_x}{\rho_y^2(z)} \mathrm{d}z + \frac{1}{2} \int_0^l \frac{EI_y}{\rho_x^2(z)} \mathrm{d}z$$

$$= \frac{1}{2} \int_0^l EI_x \left(\frac{\partial^2 y}{\partial z^2} \right)^2 \mathrm{d}z + \frac{1}{2} \int_0^l EI_y \left(\frac{\partial^2 x}{\partial z^2} \right)^2 \mathrm{d}z$$

$$= \frac{1}{2} \int_0^l EI_x \boldsymbol{Y}_j^{\mathrm{T}} \boldsymbol{N}''^{\mathrm{T}} \boldsymbol{N}'' \boldsymbol{Y}_j \mathrm{d}z + \frac{1}{2} \int_0^l EI_y \boldsymbol{X}_j^{\mathrm{T}} \boldsymbol{N}''^{\mathrm{T}} \boldsymbol{N}'' \boldsymbol{X}_j \mathrm{d}z$$

$$= \frac{1}{2}\begin{pmatrix} \boldsymbol{X}_j^{\mathrm{T}} & \boldsymbol{Y}_j^{\mathrm{T}} \end{pmatrix}\begin{bmatrix} \boldsymbol{K}_j^x & \boldsymbol{0} \\ \boldsymbol{0} & \boldsymbol{K}_j^y \end{bmatrix}\begin{bmatrix} \boldsymbol{X}_j \\ \boldsymbol{Y}_j \end{bmatrix}$$

$$(7-9)$$

其中

$$\boldsymbol{K}_j^x = \int_0^l EI_x \boldsymbol{N}''^{\mathrm{T}} \boldsymbol{N}'' \mathrm{d}z$$

$$\boldsymbol{K}_j^y = \int_0^l EI_y \boldsymbol{N}''^{\mathrm{T}} \boldsymbol{N}'' \mathrm{d}z \qquad (7-10)$$

$$\boldsymbol{N}'' = \begin{pmatrix} \dfrac{\partial^2 n_1}{\partial z^2} & \dfrac{\partial^2 n_2}{\partial z^2} & \dfrac{\partial^2 n_3}{\partial z^2} & \dfrac{\partial^2 n_4}{\partial z^2} \end{pmatrix}$$

从而得到以广义坐标 $\boldsymbol{X}_j$，$\boldsymbol{Y}_j$ 来表示的第 j 个轴段单元的动能与势能。对全部单元作同样处理，可以得到以广义坐标集来描述的整个转子的动能和势能，进而导出系统的拉格朗日方程[5]。

7.1.2 瑞利-里茨（Rayleigh-Ritz）法

对于无阻尼线性系统，无论是离散抑或是连续分布系统，当系统各点在平衡点附近以频率 ω 作自由振动时，整个系统的动能 T 和势能 V 之和为常值，同时，两者的最大值相等，亦即 $T_{\max} = V_{\max}$。设转子的振型函数为 $\phi(x,y,z)$，转子在任意时刻、任意位置的振动位移

$$\varphi(x,y,z,t) = \phi(x,y,z)\sin\omega t \qquad (7-11)$$

则转子的势能、动能总可以表达成

$$V = \bar{V}(\phi)\sin^2\omega t, \quad T = \omega^2 \bar{T}(\phi)\cos^2\omega t \qquad (7-12)$$

从而得到

$$\omega^2 = \frac{\bar{V}(\phi)}{\bar{T}(\phi)} \qquad (7-13)$$

式中 $\dfrac{\bar{V}(\phi)}{\bar{T}(\phi)}$ 被称为瑞利商，满足边界条件的连续函数 ϕ 称为容许函数。

瑞利证明，将任意容许函数 ϕ 代入式(7-13)所求得的频率 ω 只会等于或大于系统本征模态所对应的固有频率 ω_{tr}，这就是瑞利原理[7]。

瑞利原理表明，当采用近似振型函数来逼近系统真实固有振动模态时，客观上相当于给原系统施加了附加约束，因而由瑞利商所求得的频率总是比系统的真实固有频率来得高。

依据式(7-13)求解多自由度系统固有频率的方法称为瑞利法。虽然瑞利法对于求解系统的低阶固有频率较为有效，但用于计算高阶固有频率时精度

却很低[5]。

瑞利-里茨(Rayleigh-Ritz)法实际上是在瑞利法基础上的改进,希望能够克服瑞利法的缺点以提高系统高阶固有频率的计算精度 —— 挠度函数不再采用单一函数,而代之以多个线性独立的容许函数的线性组合来表征连续转子的振型:

$$\varphi = \sum_{i=1}^{n} c_i \phi_i \qquad (7-14)$$

并通过对瑞利商取极值,亦即

$$\omega^2 = \frac{\overline{V}(\sum_{i=1}^{n} c_i \phi_i)}{\overline{T}(\sum_{i=1}^{n} c_i \phi_i)} \to \min \qquad (7-15)$$

以确定相应的系数 c_i。根据满足式(7-15)具有极小值的必要条件,可以得到

$$\frac{\partial(\omega^2)}{\partial c_j} = \frac{\frac{\partial \overline{V}}{\partial c_j}\overline{T} - \frac{\partial \overline{T}}{\partial c_j}\overline{V}}{\overline{T}^2} = \frac{1}{\overline{T}}\left(\frac{\partial \overline{V}}{\partial c_j} - \frac{\overline{V}}{\overline{T}}\frac{\partial \overline{T}}{\partial c_j}\right) = 0 \quad (j=1,2,\cdots,n)$$

$$(7-16)$$

由此得到一个关于 c_j 的 n 阶线性方程组

$$\frac{\partial L}{\partial c_j} = 0 \quad (j=1,2,\cdots,n) \qquad (7-17)$$

式中,$L = \overline{V} - \tilde{\omega}^2 \overline{T}$,$\tilde{\omega}^2 = \min\left(\dfrac{\overline{V}}{\overline{T}}\right)$。

线性系统动能和势能的偏导数一般可表示为

$$\frac{\partial \overline{V}}{\partial c_j} = \sum_{i=1}^{n} a_{ij} c_j, \qquad \frac{\partial \overline{T}}{\partial c_j} = \sum_{i=1}^{n} b_{ij} c_j \qquad (7-18)$$

其中,a_{ij} 和 b_{ij} 为由已知容许函数 ϕ_i 和 ϕ_j 计算得到的常数,对于一般的稳定系统,通常存在有 $a_{ij} = a_{ji}$,$b_{ij} = b_{ji}$。利用式(7-17)、式(7-18),得到

$$\sum_{i=1}^{n} (a_{ij} - \tilde{\omega}^2 b_{ij}) c_j = 0 \quad (i,j=1,2,\cdots,n) \qquad (7-19)$$

为使所有 c_j 不等于零,应有

$$| a_{ij} - \tilde{\omega}^2 b_{ij} | = 0 \quad (i,j=1,2,\cdots,n) \qquad (7-20)$$

求解方程(7-20)可得到 n 个正实根 $\omega_k(k=1\sim n)$。当方程无重根时,应有

$$\omega_1 < \omega_2 < \omega_3 < \cdots < \omega_n \qquad (7-21)$$

则 ω_k 为第 k 阶固有模态所对应的固有频率近似值。

在大多数情况下,瑞利-里茨法对于挠度函数的选择只需要满足与位移、

转角等有关的几何条件,而不一定要满足与力或力矩有关的力学条件;当然,满足尽可能多的边界条件会有助于计算精度的提高。

现在根据瑞利-里茨法推导连续系统的运动方程。

设系统位移可以表示成若干个满足几何边界条件的、线性独立的位移函数 $f_1(x), f_2(x), f_3(x), \cdots, f_n(x)$ 的组合:

$$y = \sum_{i=1}^{n} f_i(x) q_i(t) \qquad (7-22)$$

式中,$q_i(t)$ 为对应于位移函数 $f_i(x)$ 的系数,连续函数 $f_i(x)$ 相当于分布坐标。由于位移函数 $y(x,t)$ 完全由参数 $q_1, q_2, \cdots, q_n$ 所决定,所以 $q_1, q_2, \cdots, q_n$ 是分布坐标模型中的广义坐标。

对于给定的质量密度 $\rho(x)$,系统的动能为

$$T = \frac{1}{2} \int_0^L \rho \dot{y}^2 \, dx = \frac{1}{2} \int_0^l \rho \sum_{i=1}^{n} \sum_{j=1}^{n} f_i(x) f_j(y) \dot{q}_i \dot{q}_j \, dx \qquad (7-23)$$

或简化为

$$T = \frac{1}{2} \sum_{i=1}^{n} \sum_{j=1}^{n} m_{ij} \dot{q}_i \dot{q}_j \, dx \qquad (7-24)$$

式中,m_{ij} 称为广义质量系数,且

$$m_{ij} = \int_0^l \rho f_i f_j \, dx \qquad (7-25)$$

对于给定的截面抗弯特性 $EI(x)$,系统势能可表示为

$$V = \frac{1}{2} \int_0^L EI (y'')^2 \, dx = \frac{1}{2} \int_0^L EI \sum_{i=1}^{n} \sum_{j=1}^{n} f''_i f''_j q_i q_j \, dx$$

其中,y'' 表示对坐标 x 的二阶偏导数。同样,势能 V 可简记为

$$V = \frac{1}{2} \sum_{i=1}^{n} \sum_{j=1}^{n} k_{ij} q_i q_j \qquad (7-26)$$

式中 k_{ij} 称为广义刚度系数,且

$$k_{ij} = \int_0^l EI f''_i f''_j \, dx \qquad (7-27)$$

为求得广义力,可先求出由分布主动力 $p(x,t)$ 所做的总功

$$W = \int_0^l p y \, dx = \int_0^l p \sum_{j=1}^{n} f_j q_j \, dx = \sum_{j=1}^{n} \int_0^l p f_j \, dx \cdot q_j$$

因此,相应的广义力

$$Q_j = \int_0^l p f_j \, dx \qquad (7-28)$$

整个系统的拉格朗日方程为

$$\sum_{i=1}^{n} m_{ij} \ddot{q}_i + \sum_{i=1}^{n} k_{ij} \dot{q}_i = Q_j \quad (j = 1, 2, \cdots, n) \qquad (7-29)$$

当容许函数 $f_i(x)$ 和项数 n 选取得当时，可由上述离散化方程得到较为满意的结果。

例如，对于如图 7-2 所示的多圆盘转子系统，设转轴的分布参数分别为：$\rho(z)$，质量密度；$A(x)$，轴横截面积；$I(z)$，单位长度直径转动惯量。除转轴外，沿转子轴向各点 $z_i (i = 1, 2, \cdots, s)$ 处还带有多个圆盘（集中质量：m_i；转动惯量：J_{di}, J_{pi}。）；同时，在 $z_j (j = 1, 2, \cdots, p)$ 点处沿 x, y 方向还作用有刚度力及力矩，相应的力刚度系数与扭转刚度系数分别为 k_{1j}, k_{2j}。系统的运动方程推导过程如下：

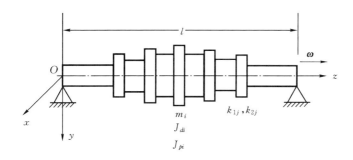

图 7-2　多圆盘转子系统

设转子沿 z 方向的变形 $x(z), y(z)$ 可以近似表达为

$$\begin{cases} x(z) = \sum_{i=1}^{n} a_i(t) \phi_i(z) = \boldsymbol{\Phi} \boldsymbol{q}_1 \\ y(z) = \sum_{i=1}^{n} b_i(t) \psi_i(z) = \boldsymbol{\Psi} \boldsymbol{q}_2 \end{cases} \qquad (7-30)$$

其中，$\phi_i(z), \psi_i(z)$ 为沿着轴向 z 方向的已知连续形态函数或容许函数，原则上讲，$\phi_i(z), \psi_i(z)$ 可以随意选择 —— 只需满足系统的边界条件；$a_i(t), b_i(t)$ 代表各容许函数在转子总体变形中所占的比例，被称为形态坐标。$\boldsymbol{\Phi}, \boldsymbol{\Psi}$ 为容许函数集：

$$\begin{cases} \boldsymbol{\Phi} = (\phi_1(z) \quad \phi_2(z) \quad \cdots \quad \phi_n(z)), \; \boldsymbol{\Psi} = (\psi_1(z) \quad \psi_2(z) \quad \cdots \quad \psi_n(z)) \\ \boldsymbol{q}_1^{\mathrm{T}} = (a_1(t) \quad a_2(t) \quad \cdots \quad a_n(t)), \; \boldsymbol{q}_2^{\mathrm{T}} = (b_1(t) \quad b_2(t) \quad \cdots \quad b_n(t)) \end{cases}$$

$$(7-31)$$

系统的动能

$$T = \frac{1}{2}\int_0^l \rho A(\dot{x}^2 + \dot{y}^2)\mathrm{d}z + \frac{1}{2}\int_0^l \rho I_j(\dot{\phi}^2 + \dot{\psi}^2)\mathrm{d}z +$$

$$\frac{1}{2}\int_0^l 4\rho I\omega\dot{\phi}\psi\mathrm{d}z + \frac{1}{2}\sum_{i=1}^s m_i[\dot{x}^2(z_i) + \dot{y}^2(z_i)] +$$

$$\frac{1}{2}\sum_{i=1}^s J_{di}[\dot{\phi}^2(z_i) + \dot{\psi}^2(z_i)] + \frac{\omega}{2}\sum_{i=1}^n 2J_{pi}\phi(z_i)\psi(z_i) \qquad (7-32)$$

系统的势能

$$V = \frac{1}{2}\int_0^l EIy''^2\mathrm{d}z + \frac{1}{2}\int_0^l EIx''^2\mathrm{d}z + \frac{1}{2}\sum_{j=1}^p k_{1j}x^2(z_j) + \frac{1}{2}\sum_{j=1}^p k_{2j}y^2(z_j)$$

$$(7-33)$$

令

$$\begin{cases} M_1 = \int_0^l \rho A \boldsymbol{\Phi}^\mathrm{T}\boldsymbol{\Phi}\mathrm{d}z + \sum_{i=1}^s m_i \boldsymbol{\Phi}^\mathrm{T}(z_i)\boldsymbol{\Phi}(z_i) \\[2mm] M_2 = \int_0^l \rho A \boldsymbol{\Psi}^\mathrm{T}\boldsymbol{\Psi}\mathrm{d}z + \sum_{i=1}^s m_i \boldsymbol{\Psi}^\mathrm{T}(z_i)\boldsymbol{\Psi}(z_i) \\[2mm] K_1 = \int_0^l EI\boldsymbol{\Phi}''^\mathrm{T}\boldsymbol{\Phi}''\mathrm{d}z + \sum_{j=1}^p k_{1j}\boldsymbol{\Phi}^\mathrm{T}(z_j)\boldsymbol{\Phi}(z_j) \\[2mm] K_2 = \int_0^l EI\boldsymbol{\Psi}''^\mathrm{T}\boldsymbol{\Psi}''\mathrm{d}z + \sum_{j=1}^p k_{2j}\boldsymbol{\Psi}^\mathrm{T}(z_j)\boldsymbol{\Psi}(z_j) \\[2mm] J_1 = \int_0^l \rho I\boldsymbol{\Phi}'^\mathrm{T}\boldsymbol{\Phi}'\mathrm{d}z + \sum_{i=1}^s J_{di}\boldsymbol{\Phi}'^\mathrm{T}(z_j)\boldsymbol{\Phi}'(z_j) \\[2mm] J_2 = \int_0^l \rho I\boldsymbol{\Psi}'^\mathrm{T}\boldsymbol{\Psi}'\mathrm{d}z + \sum_{i=1}^s J_{di}\boldsymbol{\Psi}'^\mathrm{T}(z_j)\boldsymbol{\Psi}'(z_j) \\[2mm] J = \int_0^l 4\rho I\boldsymbol{\Phi}'^\mathrm{T}\boldsymbol{\Psi}'\mathrm{d}z + \sum_{i=1}^n 2J_{pi}\boldsymbol{\Phi}'^\mathrm{T}(z_i)\boldsymbol{\Psi}'(z_i) \end{cases} \qquad (7-34)$$

系统的动能可简记为

$$T = \frac{1}{2}(\dot{\boldsymbol{q}}_1^\mathrm{T} \quad \dot{\boldsymbol{q}}_2^\mathrm{T})\begin{bmatrix} \boldsymbol{M}_1 + \boldsymbol{J}_1 & \boldsymbol{0} \\ \boldsymbol{0} & \boldsymbol{M}_2 + \boldsymbol{J}_2 \end{bmatrix}\begin{bmatrix} \dot{\boldsymbol{q}}_1 \\ \dot{\boldsymbol{q}}_2 \end{bmatrix} + \frac{\omega}{2}(\dot{\boldsymbol{q}}_1^\mathrm{T} \quad \dot{\boldsymbol{q}}_2^\mathrm{T})\begin{bmatrix} \boldsymbol{0} & \boldsymbol{J} \\ \boldsymbol{0} & \boldsymbol{0} \end{bmatrix}\begin{bmatrix} \boldsymbol{q}_1 \\ \boldsymbol{q}_2 \end{bmatrix}$$

$$(7-35)$$

系统势能简记为

$$V = \frac{1}{2}(\boldsymbol{q}_1^\mathrm{T} \quad \boldsymbol{q}_2^\mathrm{T})\begin{bmatrix} \boldsymbol{K}_1 & \boldsymbol{0} \\ \boldsymbol{0} & \boldsymbol{K}_2 \end{bmatrix}\begin{bmatrix} \boldsymbol{q}_1 \\ \boldsymbol{q}_2 \end{bmatrix} \qquad (7-36)$$

系统的拉格朗日方程为

$$\begin{bmatrix} \boldsymbol{M}_1 + \boldsymbol{J}_1 & \boldsymbol{0} \\ \boldsymbol{0} & \boldsymbol{M}_2 + \boldsymbol{J}_2 \end{bmatrix} \begin{bmatrix} \ddot{\boldsymbol{q}}_1 \\ \ddot{\boldsymbol{q}}_2 \end{bmatrix} + \frac{\omega}{2} \begin{bmatrix} \boldsymbol{0} & \boldsymbol{J} \\ -\boldsymbol{J} & \boldsymbol{0} \end{bmatrix} \begin{bmatrix} \dot{\boldsymbol{q}}_1 \\ \dot{\boldsymbol{q}}_2 \end{bmatrix} + \begin{bmatrix} \boldsymbol{K}_1 & \boldsymbol{0} \\ \boldsymbol{0} & \boldsymbol{K}_2 \end{bmatrix} \begin{bmatrix} \boldsymbol{q}_1 \\ \boldsymbol{q}_2 \end{bmatrix} = \boldsymbol{0}$$

$$(7-37)$$

由于瑞利-里茨法采用满足边界条件的容许函数组来近似表征转子的振动形态,因而其精度在很大程度上取决于容许函数的选择。对于刚性支承的转子,工程上通常的做法是取转子在刚支时前 m 阶固有模态作为容许函数,即可对系统的振动状态作出满意的逼近,同时也大大缩减了系统的自由度,这也是瑞利-里茨法最大优点之所在;而对于弹性支承的转子,除刚支模态外,在容许函数中还应当包括刚体运动模态在内,才能够保证必要的计算精度。

7.1.3　集总参数法

本节主要介绍如何运用集总参数法建立一般轴承多质量转子系统的运动方程。

采用集总参数法对如图 7-3 所示的实际转子进行离散化处理,就是将连续转子简化为由多个无质量弹性轴段和集总质量串接而成的系统。对于划分为 $n-1$ 个轴段的转子系统,相对应的集总质量共有 n 个,如图 7-4 所示。

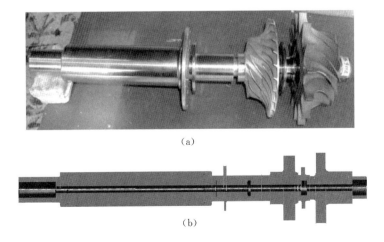

(a)

(b)

图 7-3　多质量转子及系统模型

(a) 微型燃气轮机转子;(b) 微型燃气轮机转子系统模型

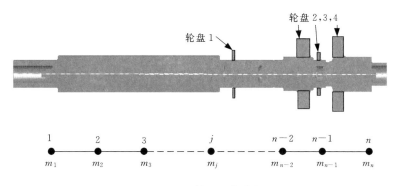

图 7 - 4　转子的离散化

　　不失一般性,取第 j 个由 s 个变截面轴组成的典型轴段为例(见图 7 -
5(a))。所谓集总参数,实际上就是在转子离散化后将该阶梯轴段的质量和转
动惯量集总到轴段的左、右两端,视作为刚性薄圆盘,同时将轴段本身简化为
无质量的等截面弹性轴(见图 7 - 5(b))。

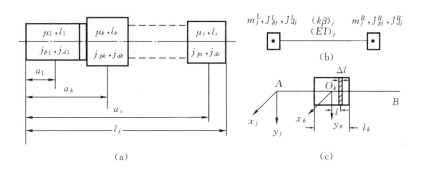

图 7 - 5　变截面轴段的集总

　　集总到第 j 个轴段两端的质量按照总质量及质心位置不变的原则计算:

$$\begin{cases} m_j^R = \sum\limits_{k=1}^{s} \dfrac{(\mu l a)_k}{l_j} \\ m_j^L = \sum\limits_{k=1}^{s} \dfrac{[\mu l(l_j - a)]_k}{l_j} = \sum\limits_{k=1}^{s} (\mu l)_k - m_j^R \end{cases} \qquad (7-38a)$$

式中,l_k 为第 k 个等截面子轴段的长度;μ_k 为子轴段上单位长度的分布质量;
a_k 为该子轴段质心到轴段 j 左端面的距离。

　　类似地,第 j 个轴段中第 k 个等截面子轴段的转动惯量为

$$\begin{cases} J_{pk} = j_{pk}l_k \\ J_{dk} = j_{dk}l_k + \int_{-\frac{l}{2}}^{\frac{l}{2}} \mu_k l^2 \mathrm{d}l = j_{dk}l_k + \frac{1}{12}\mu_k l_k^3 \end{cases} \tag{7-38b}$$

式中，j_{pk}，j_{dk} 分别为子轴段 k 上单位长度的极转动惯量和直径转动惯量。

当进一步将第 k 个子轴段的转动惯量 J_{pk}，J_{dk} 向第 j 个轴段的左、右两端等效时，应遵循等效后的转动惯量 J_{pk}^L，J_{pk}^R，J_{dk}^L，J_{dk}^R 在向原惯性主轴 x_k，y_k 折合时仍然保持不变的原则（见图 7-5 (c)），亦即

$$\begin{cases} J_{pk}^L + J_{pk}^R = J_{pk} = j_{pk}l_k \\ J_{dk}^L + \left(\mu_k l_k - \frac{\mu_k l_k a_k}{l_j}\right)a_k^2 + J_{dk}^R + \left(\frac{\mu_k l_k a_k}{l_j}\right)(l_j - a_k)^2 = J_{dk} = j_{dk}l_k + \frac{1}{12}\mu_k l_k^3 \end{cases} \tag{7-39a}$$

注意到在子段 k 中微元 $\mathrm{d}l$ 的转动惯量向左右两端集总时，等效转动惯量和到端面的距离的平方近似成反比，因此有

$$\begin{cases} J_{pk}^L a_k^2 \approx J_{pk}^R (l_j - a_k)^2 \\ J_{dk}^L a_k^2 \approx J_{dk}^R (l_j - a_k)^2 \end{cases} \tag{7-39b}$$

联立求解方程(7-39a) 和(7-39b)，得到

$$\begin{cases} J_{pj}^R = \sum_{k=1}^{s} \frac{a_k^2}{a_k^2 + (l_j - a_k)^2} j_{pk}l_k \\ J_{pj}^L = \sum_{k=1}^{s} \frac{(l_j - a_k)^2}{a_k^2 + (l_j - a_k)^2} j_{pk}l_k \\ J_{dj}^R = \sum_{k=1}^{s} \frac{a_k^2}{a_k^2 + (l_j - a_k)^2} \left[j_d l + \frac{1}{12}\mu l^3 - \mu l a (l_j - a) \right]_k \\ J_{dj}^L = \sum_{k=1}^{s} \frac{(l_j - a_k)^2}{a_k^2 + (l_j - a_k)^2} \left[j_d l + \frac{1}{12}\mu l^3 - \mu l a (l_j - a) \right]_k \end{cases} \tag{7-39c}$$

因此节点 j 的集总质量及转动惯量分别为

$$\begin{cases} m_j = m_j^{(d)} + m_j^R + m_{j+1}^L \\ J_{pj} = J_{pj}^{(d)} + J_{pj}^R + J_{pj+1}^L \\ J_{dj} = J_{dj}^{(d)} + J_{dj}^R + J_{dj+1}^L \end{cases} \tag{7-39d}$$

当第 j 个轴段为等截面轴时，所对应的集总质量及转动惯量只需在式(7-38a) 和式(7-38b) 中令 $s=1$，$a_k = \frac{l}{2}$，即可求得

$$m_j^R = \frac{1}{2}(\mu l)_j, m_j^L = M_j^R, J_{pj}^R = \frac{1}{2}(j_p l)_j, J_{pj}^L = J_{pj}^R, J_{dj}^R = \frac{1}{2}\left(J_d l - \frac{1}{6}\mu l^3\right)_j$$

从而得到节点 j 处的集总质量和转动惯量

$$\begin{cases} m_j = m_j^{(d)} + \dfrac{1}{2}(\mu l)_j + \dfrac{1}{2}(\mu l)_{j+1} \\[2mm] J_{pj} = J_{pj}^{(d)} + \dfrac{1}{2}(j_p l)_j + \dfrac{1}{2}(j_p l)_{j+1} \\[2mm] J_{dj} = J_{dj}^{(d)} + \dfrac{1}{2}\left(j_d l - \dfrac{1}{12}\mu l^3\right)_j + \dfrac{1}{2}\left(j_d l - \dfrac{1}{12}\mu l^3\right)_{j+1} \end{cases} \tag{7-40}$$

以上各式中,m_j,J_{pj},J_{dj} 分别为简化到节点 j 处的质量、极转动惯量和直径转动惯量;$m_j^{(d)}$,$J_{pj}^{(d)}$ 和 $J_{dj}^{(d)}$ 分别为原本就位于节点 j 处的圆盘(如叶轮、齿轮等)质量、极转动惯量和直径转动惯量;l_j 为轴段长度;μ_j,j_{pj},j_{dj} 依次为轴段上单位长度质量、极转动惯量以及直径转动惯量分布。

无质量弹性轴的等效抗弯刚度 $(EI)_j$ 可按纯弯曲时轴段两端截面的相对转角保持不变的原则确定:

$$\left(\frac{l}{EI}\right)_j = \sum_{k=1}^{s}\left(\frac{l}{EI}\right)_k \tag{7-41}$$

其中,$(EI)_k(k=1,2,\cdots,s)$ 为子轴段 k 的抗弯刚度。

当考虑轴段扭转时,无质量弹性轴的等效抗扭刚度 K_β 同样可按纯扭转时转轴两端的相对扭动角保持不变的原则求得:

$$\frac{1}{K_{\beta j}} = \sum_{k=1}^{s}\left(\frac{1}{K_\beta}\right)_k \tag{7-42}$$

其中,$(K_\beta)_k(k=1,2,\cdots,s)$ 为子轴段 k 的抗扭刚度。

上述集总参数法也被称为梅克斯泰德-蒲尔(Prohl-Myklested)方法[1,2,4]。

此外,在计算各轴段的截面轴惯性矩时,在下列情况下还应当考虑轮盘体对轴段截面惯性矩的影响:

—— 整体转轴上的轮盘,对其所在轴段的刚度有加强的作用,因而使得轴段的截面惯性矩 I 有所提高;

—— 转轴上的套装轮盘,对轴的刚性也将产生影响。

因此,在对带有轮盘的轴段刚度计算时,都应当对其截面惯性矩进行适当修正,计入轮盘对其所在轴段刚度影响后轴段的截面惯性矩可以表示为[6]

$$I_{si} = \frac{I_{di}}{1 - \dfrac{b_i}{c_i}(1 - \lambda_{1i})} \tag{7-43}$$

式中,I_{di} 为不计轮盘影响时,直径为 d_i 的轴段截面惯性矩;b_i 为轮盘在与轴段交界处的轴向厚度;c_i 为轴段的长度;λ_{1i} 为考虑轮盘对轴段刚性的影响系数,可由图 7-6 查得。

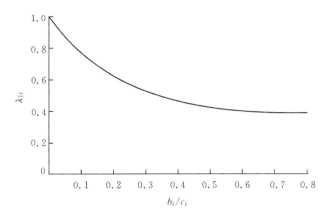

图 7 - 6　λ_{1i} 随 b_i/c_i 的变化曲线[6]

对于套装轮盘转子,修正后的轴截面惯性矩

$$I_{gi} = \lambda_{2i} I_{di} \tag{7-44}$$

式中,$\lambda_{2i} = f\left(\dfrac{B}{d},\dfrac{D}{d},\dfrac{\Delta}{d}\right)$。其中,$B$ 为轮毂长度;d 为轴的直径;D 为轮盘外径;Δ 为套装过盈量,其值可由图 7 - 7 查得。

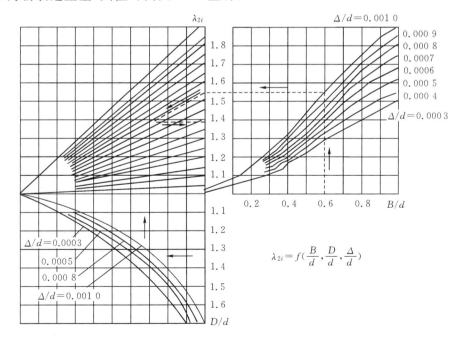

图 7 - 7　套装轮盘对轴刚性影响系数 λ_{2i} 曲线图[6]

　　圆盘对于转轴弯曲刚度的影响大小视匹配参数而定。工程计算经验表明,对于薄圆盘,例如汽轮发电机组中的高、中压转子轮盘,计入轮盘对于轴刚性影响所得到的转子临界转速会比不计及这一影响的结果提高10%左右;而对于厚圆盘,例如汽轮发电机组中的低压缸转子,由于轮盘较厚,这一影响有时会高达到25%左右[6]。以套装轮盘为例,当$B/d = 0.6, D/d = 1.3, \Delta/d = 0.001$时,在图7-7中可查得$\lambda_{2i} = 1.41$,亦即截面惯性矩增加了近40%,可见其影响是极为显著的。实验还指出,当$D/d > 1.7$后,I'/I将不再随D/d呈近似线性增长关系而逐渐趋于平缓。因此,当$D/d > 1.7$时,仍可按$D/d \approx 1.7$的情况处理(见图7-8)。

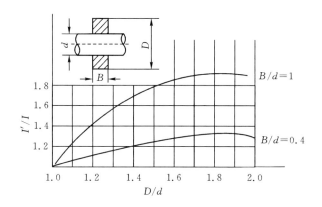

图7-8　套装轮盘转子惯性矩修正曲线[6]($\Delta/d = 0.001$)

　　带有轮盘的整锻转子的截面惯性矩的修正曲线可参见图7-9,该曲线适应于$B/d < 1$和$D > 1.1d$的情况。当$D > 1.1d$时,可直接按照叶轮直径D来计算截面惯性矩。

　　采用集总质量法对转子分段离散化处理后,对于第j个典型轴段的描述将涉及以下参数:

　　(1)第j个轴段的总质量$m_j + m_{zj}$。

　　(2)圆盘的转动惯量θ_j。

　　(3)包括陀螺力矩在内的惯性力矩。

　　除转动外,为维持圆盘绕x, y轴的进动,在Oxz平面内转轴施加在圆盘上的矩为

$$M_{kd} = \theta_y \ddot{\varphi} + \theta_z \omega \dot{\psi} \qquad (7-45)$$

类似地,在Oyz平面内有

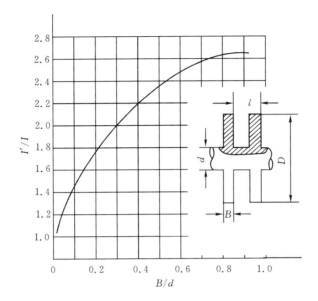

图 7 - 9 整锻转子的惯性矩修正曲线[6]

$$N_{kd} = -\theta_x \ddot{\psi} + \theta_z \omega \dot{\varphi} \qquad (7-46)$$

以上 φ, ψ, ω 依次为 Oxz, Oyz 平面内的偏转角及转子工作角速度,M_{kd},N_{kd} 的正方向规定与 y, x 轴同向(见图 7 - 10)。

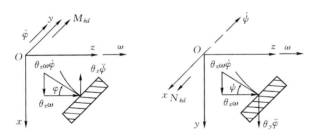

图 7 - 10 圆盘的受力分析

对于薄圆盘,相应的直径转动惯量 θ_x, θ_y 和极转动惯量 θ_z 为

$$\theta_x = \theta_y = \frac{\pi d^4 t \gamma}{64}$$

$$\theta_z = \frac{\pi d^4 t \gamma}{32}$$

$$(7-47)$$

式中,d 为圆盘直径;t 为圆盘厚度;γ 为单位体积密度。

（4）无质量轴段的几何、物理参数，如弹性模量 E、长度 l_j、直径 d_j（见图 7 - 11）。

由于材料的弹性模量 E 随温度升高而下降，所以应根据不同的使用温度对弹性模量作相应的修正，其修正值如表 7 - 1 所示[6]。

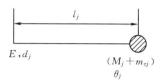

图 7 - 11　集总后的等效轴段

表 7 - 1　　温度对弹性模量的修正系数[6]

平均温度 $\bar{t}/℃$	0	10	200	300	400	500
对 E 的修正系数 /（%）	100	99.5	97.5	94.5	89.5	83.8

7.2　滑动轴承支承的转子系统运动方程

以下给出在线性范围内研究由转子、轴承（固定瓦轴承、可倾瓦轴承）、弹性阻尼支承、密封件等组成的轴承转子系统中各零部件的建模以及系统运动方程的建立过程。

7.2.1　第 j 个质点的运动方程

不失一般性，第 j 个质点在 x 方向上的运动与受力如图 7 - 12 所示，其平衡方程为

$$
\begin{Bmatrix} x \\ \varphi \\ M \\ S \end{Bmatrix}_j^R = \begin{bmatrix} 1 & l & \dfrac{l^2}{2EJ} & \dfrac{-l^3}{6EJ} \\ 0 & 1 & \dfrac{l}{EJ} & \dfrac{-l^2}{2EJ} \\ 0 & 0 & 1 & -l \\ 0 & 0 & 0 & 1 \end{bmatrix}_j \begin{Bmatrix} x \\ \varphi \\ M \\ S \end{Bmatrix}_{j-1}^R + \begin{Bmatrix} 0 \\ 0 \\ -M_k \\ \sum P_x \end{Bmatrix}_j \qquad (7 - 48)
$$

同样，在 y 方向上有

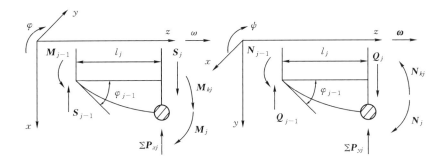

图 7 - 12　第 j 个质点的受力分析

$$\begin{Bmatrix} y \\ \psi \\ N \\ Q \end{Bmatrix}_j^R = \begin{bmatrix} 1 & l & \dfrac{l^2}{2EJ} & \dfrac{-l^3}{6EJ} \\ 0 & 1 & \dfrac{l}{EJ} & \dfrac{-l^2}{2EJ} \\ 0 & 0 & 1 & -l \\ 0 & 0 & 0 & 1 \end{bmatrix}_j \begin{Bmatrix} y \\ \psi \\ N \\ Q \end{Bmatrix}_{j-1}^R + \begin{Bmatrix} 0 \\ 0 \\ N_k \\ \sum P_y \end{Bmatrix}_j \qquad (7-49)$$

式中，$J = \pi d^4 / 64$。

由圆盘施加给第 j 个轴段的矩 M_{kj}，N_{kj} 为

$$\begin{bmatrix} M_k \\ N_k \end{bmatrix}_j = \begin{bmatrix} -\theta_y & 0 \\ 0 & \theta_x \end{bmatrix}_j \begin{Bmatrix} \ddot{\varphi} \\ \ddot{\psi} \end{Bmatrix}_j + \begin{bmatrix} 0 & -\theta_z\omega \\ -\theta_z\omega & 0 \end{bmatrix}_j \begin{Bmatrix} \dot{\varphi} \\ \dot{\psi} \end{Bmatrix}_j \qquad (7-50)$$

在一般情况下，质点 j 会受到包括惯性力、作用在该质点上的轴承力、来自于密封或转子叶尖间隙的流体激励力以及与系统广义位移无关的外加激振力或控制力等：

$$\begin{Bmatrix} \sum P_x \\ \sum P_y \end{Bmatrix}_j = \begin{Bmatrix} P_{mx} \\ P_{my} \end{Bmatrix}_j + \begin{Bmatrix} P_{sx} \\ P_{sy} \end{Bmatrix}_j + \begin{Bmatrix} P_{Bx} \\ P_{By} \end{Bmatrix}_j + \begin{Bmatrix} P_{cx} \\ P_{cy} \end{Bmatrix}_j$$

式中：

惯性力　　　　$$\begin{Bmatrix} P_{mx} \\ P_{my} \end{Bmatrix}_j = \begin{bmatrix} m & 0 \\ 0 & m \end{bmatrix}_j \begin{Bmatrix} \ddot{x} \\ \ddot{y} \end{Bmatrix}_j$$

轴承力：对于普通固定瓦轴承，油膜作用所产生的动态力为

$$\begin{Bmatrix} P_{Bx} \\ P_{By} \end{Bmatrix}_j = \begin{bmatrix} k_{xx} & k_{xy} \\ k_{yx} & k_{yy} \end{bmatrix}_j \begin{Bmatrix} x \\ y \end{Bmatrix}_j + \begin{bmatrix} d_{xx} & d_{xy} \\ d_{yx} & d_{yy} \end{bmatrix}_j \begin{Bmatrix} \dot{x} \\ \dot{y} \end{Bmatrix}_j \qquad (7-51)$$

式中 k_{ij}，d_{ij}　$(i,j = x,y)$ 为固定瓦轴承的刚度、阻尼系数，对于可倾瓦支承和弹性阻尼支承的情况将在稍后进一步详细讨论。

流体激励力

$$\begin{bmatrix} P_{sx} \\ P_{sy} \end{bmatrix}_j = \begin{bmatrix} k_{Fxx} & k_{Fxy} \\ k_{Fyx} & k_{Fyy} \end{bmatrix}_j \begin{bmatrix} x \\ y \end{bmatrix}_j + \begin{bmatrix} d_{Fxx} & d_{Fxy} \\ d_{Fyx} & d_{Fyy} \end{bmatrix}_j \begin{bmatrix} \dot{x} \\ \dot{y} \end{bmatrix}_j$$

以及外加激振力或控制力 P_{cxj}，P_{cyj} ……

因此，作用在质点 j 上的力可以表达成如下形式：

$$\begin{bmatrix} \sum P_x \\ \sum P_y \end{bmatrix}_j = \begin{bmatrix} m & 0 \\ 0 & m \end{bmatrix}_j \begin{bmatrix} \ddot{x} \\ \ddot{y} \end{bmatrix}_j + \begin{bmatrix} d_{Fxx} & d_{Fxy} \\ d_{Fyx} & d_{Fyy} \end{bmatrix}_j \begin{bmatrix} \dot{x} \\ \dot{y} \end{bmatrix}_j + \begin{bmatrix} d_{xx} & d_{xy} \\ d_{yx} & d_{yy} \end{bmatrix}_j \begin{bmatrix} \dot{x} \\ \dot{y} \end{bmatrix}_j +$$

$$\begin{bmatrix} k_{Fxx} & k_{Fxy} \\ k_{Fyx} & k_{Fyy} \end{bmatrix}_j \begin{bmatrix} x \\ y \end{bmatrix}_j + \begin{bmatrix} k_{xx} & k_{xy} \\ k_{yx} & k_{yy} \end{bmatrix}_j \begin{bmatrix} x \\ y \end{bmatrix}_j + \begin{bmatrix} P_{cx} \\ P_{cy} \end{bmatrix}_j \qquad (7-52)$$

由式（7-48）、式（7-49）可以得到

$$\begin{cases} \begin{bmatrix} M \\ R \end{bmatrix}_{j-1}^{\mathrm{R}} = \boldsymbol{A}_j^{-1} \begin{bmatrix} x \\ \varphi \end{bmatrix}_j - \boldsymbol{A}_j^{-1} \begin{bmatrix} 1 & l \\ 0 & 1 \end{bmatrix}_j \begin{bmatrix} x \\ \varphi \end{bmatrix}_{j-1} \\ \begin{bmatrix} M \\ S \end{bmatrix}_j^{\mathrm{L}} = \begin{bmatrix} 1 & -l \\ 0 & 1 \end{bmatrix}_j \begin{bmatrix} M \\ S \end{bmatrix}_{j-1}^{\mathrm{R}} = \begin{bmatrix} 1 & -l \\ 0 & 1 \end{bmatrix}_j \left\{ \boldsymbol{A}_j^{-1} \begin{bmatrix} x \\ \varphi \end{bmatrix}_j - \boldsymbol{A}_j^{-1} \begin{bmatrix} 1 & l \\ 0 & 1 \end{bmatrix}_j \begin{bmatrix} x \\ \varphi \end{bmatrix}_{j-1} \right\} \end{cases}$$

$$(7-53)$$

式中，上标"R"、"L"分别代表第 j 个轴段的右、左截面。变换矩阵

$$\boldsymbol{A}_j = \begin{bmatrix} \dfrac{l^2}{2EJ} & \dfrac{-l^3}{6EJ} \\ \dfrac{l}{EJ} & \dfrac{-l^2}{2EJ} \end{bmatrix}_j$$

由此得到完全用位移、转角及其导数 $(x, y, \varphi, \psi, \cdots)$ 表示的各轴段力及力矩的平衡方程

$$\begin{bmatrix} -M_k \\ \sum P_x \end{bmatrix}_j - \boldsymbol{A}_{j+1}^{-1} \begin{bmatrix} x \\ \varphi \end{bmatrix}_{j+1} + \boldsymbol{A}_{j+1}^{-1} \begin{bmatrix} 1 & l \\ 0 & 1 \end{bmatrix}_{j+1} \begin{bmatrix} x \\ \varphi \end{bmatrix}_j +$$

$$\begin{bmatrix} 1 & -l \\ 0 & 1 \end{bmatrix}_j \left\{ \boldsymbol{A}_j^{-1} \begin{bmatrix} x \\ \varphi \end{bmatrix}_j - \boldsymbol{A}_j^{-1} \begin{bmatrix} 1 & l \\ 0 & 1 \end{bmatrix}_j \begin{bmatrix} x \\ \varphi \end{bmatrix}_{j-1} \right\} = 0$$

$$\begin{bmatrix} N_k \\ \sum P_y \end{bmatrix}_j - \boldsymbol{A}_{j+1}^{-1} \begin{bmatrix} y \\ \psi \end{bmatrix}_{j+1} + \boldsymbol{A}_{j+1}^{-1} \begin{bmatrix} 1 & l \\ 0 & 1 \end{bmatrix}_{j+1} \begin{bmatrix} y \\ \psi \end{bmatrix}_j +$$

$$\begin{bmatrix} 1 & -l \\ 0 & 1 \end{bmatrix}_j \left\{ \boldsymbol{A}_j^{-1} \begin{bmatrix} y \\ \psi \end{bmatrix}_j - \boldsymbol{A}_j^{-1} \begin{bmatrix} 1 & l \\ 0 & 1 \end{bmatrix}_j \begin{bmatrix} y \\ \psi \end{bmatrix}_{j-1} \right\} = 0 \qquad (7-54)$$

式（7-54）整理后并写成显式：

$$
\begin{bmatrix} m & 0 & 0 & 0 \\ 0 & m & 0 & 0 \\ 0 & 0 & \theta_y & 0 \\ 0 & 0 & 0 & \theta_x \end{bmatrix}_j \begin{Bmatrix} \ddot{x} \\ \ddot{y} \\ \ddot{\varphi} \\ \ddot{\psi} \end{Bmatrix}_j + \begin{bmatrix} (d_{Fxx}+d_{xx}) & (d_{Fxy}+d_{xy}) & 0 & 0 \\ (d_{Fyx}+d_{yx}) & (d_{Fyy}+d_{yy}) & 0 & 0 \\ 0 & 0 & 0 & \theta_z\omega \\ 0 & 0 & -\theta_z\omega & 0 \end{bmatrix}_j \begin{Bmatrix} \dot{x} \\ \dot{y} \\ \dot{\varphi} \\ \dot{\psi} \end{Bmatrix}_j +
$$

$$
\begin{bmatrix} k_{Fxx}+k_{xx} & k_{Fxy}+k_{xy} & 0 & 0 \\ k_{Fyx}+k_{yx} & k_{Fyy}+k_{yy} & 0 & 0 \\ 0 & 0 & 0 & 0 \\ 0 & 0 & 0 & 0 \end{bmatrix}_j \begin{Bmatrix} x \\ y \\ \varphi \\ \psi \end{Bmatrix}_j - \begin{bmatrix} \dfrac{12EJ}{l^3} & 0 & \dfrac{-6EJ}{l^2} & 0 \\ 0 & \dfrac{12EJ}{l^3} & 0 & \dfrac{-6EJ}{l^2} \\ \dfrac{6EJ}{l^2} & 0 & \dfrac{-2EJ}{l} & 0 \\ 0 & \dfrac{6EJ}{l^2} & 0 & \dfrac{-2EJ}{l} \end{bmatrix}_{j+1} \begin{Bmatrix} x \\ y \\ \varphi \\ \psi \end{Bmatrix}_{j+1} -
$$

$$
\begin{bmatrix} \dfrac{12EJ}{l^3} & 0 & \dfrac{6EJ}{l^2} & 0 \\ 0 & \dfrac{12EJ}{l^3} & 0 & \dfrac{6EJ}{l^2} \\ \dfrac{-6EJ}{l^2} & 0 & \dfrac{-2EJ}{l} & 0 \\ 0 & \dfrac{-6EJ}{l^2} & 0 & \dfrac{-2EJ}{l} \end{bmatrix}_j \begin{Bmatrix} x \\ y \\ \varphi \\ \psi \end{Bmatrix}_{j-1} + \begin{bmatrix} \dfrac{12EJ}{l^3} & 0 & \dfrac{6EJ}{l^2} & 0 \\ 0 & \dfrac{12EJ}{l^3} & 0 & \dfrac{6EJ}{l^2} \\ \dfrac{6EJ}{l^2} & 0 & \dfrac{4EJ}{l} & 0 \\ 0 & \dfrac{6EJ}{l^2} & 0 & \dfrac{4EJ}{l} \end{bmatrix}_{j+1} \begin{Bmatrix} x \\ y \\ \varphi \\ \psi \end{Bmatrix}_j +
$$

$$
\begin{bmatrix} \dfrac{12EJ}{l^3} & 0 & \dfrac{-6EJ}{l^2} & 0 \\ 0 & \dfrac{12EJ}{l^3} & 0 & \dfrac{-6EJ}{l^2} \\ \dfrac{-6EJ}{l^2} & 0 & \dfrac{4EJ}{l} & 0 \\ 0 & \dfrac{-6EJ}{l^2} & 0 & \dfrac{4EJ}{l} \end{bmatrix}_j \begin{Bmatrix} x \\ y \\ \varphi \\ \psi \end{Bmatrix}_j = \mathbf{0} \tag{7-55}
$$

7.2.2　边界条件

当转子两端既不承受力,也不承受弯矩时,有

$$
\begin{Bmatrix} M \\ S \end{Bmatrix}_0^R = \begin{Bmatrix} M \\ S \end{Bmatrix}_n^L = \mathbf{0} \tag{7-56}
$$

在端点 $0,n$ 处的坐标 x,y,ϕ,ψ 可用节点 $1,n-1$ 处的坐标来表示:

$$\begin{bmatrix} x \\ \varphi \end{bmatrix}_0 = \begin{bmatrix} 1 & -l \\ 0 & 1 \end{bmatrix}_1 \begin{bmatrix} x \\ \varphi \end{bmatrix}_1, \quad \begin{bmatrix} x \\ \varphi \end{bmatrix}_n = \begin{bmatrix} 1 & l \\ 0 & 1 \end{bmatrix}_n \begin{bmatrix} x \\ \varphi \end{bmatrix}_{n-1} \tag{7-57}$$

所以对于第一个质点和最后第 $n-1$ 个质点的力平衡方程（7-54）可简化为

$$\begin{cases} \begin{bmatrix} -M_k \\ \sum P_x \end{bmatrix}_1 - \boldsymbol{A}_2^{-1} \begin{bmatrix} x \\ \varphi \end{bmatrix}_2 + \boldsymbol{A}_2^{-1} \begin{bmatrix} 1 & l \\ 0 & 1 \end{bmatrix}_2 \begin{bmatrix} x \\ \varphi \end{bmatrix}_1 = \boldsymbol{0} \\ \begin{bmatrix} -M_k \\ \sum P_x \end{bmatrix}_{n-1} + \begin{bmatrix} 1 & -l \\ 0 & 1 \end{bmatrix}_{n-1} \left\{ \boldsymbol{A}_{n-1}^{-1} \begin{bmatrix} x \\ \varphi \end{bmatrix}_{n-1} - \boldsymbol{A}_{n-1}^{-1} \begin{bmatrix} 1 & l \\ 0 & 1 \end{bmatrix}_{n-1} \begin{bmatrix} x \\ \varphi \end{bmatrix}_{n-2} \right\} = \boldsymbol{0} \end{cases}$$

$$\tag{7-58}$$

y 方向上类似。

7.2.3 无量纲化

各无量纲量按下列定义：

无量纲位移 $\bar{x}_j = x_j/d_0, \bar{y}_j = y_j/d_0, L_j = l_j/d_0, D_j = d_j/d_0$；

无量纲力矩 $\bar{M}_k = \dfrac{M_k d_0}{EJ_0}, \bar{N}_k = \dfrac{N_k d_0}{EJ_0}$；

无量纲剪力 $\bar{S} = \dfrac{S d_0^2}{EJ_0}, \bar{Q} = \dfrac{Q d_0^2}{EJ_0}$ ；

无量纲质量 $\bar{m} = m\omega_k^2 f_m$；

无量纲转动惯量 $\bar{\theta}_i = \dfrac{\theta_i \omega_k^2 f_m}{d_0^2} (i = x, y, z)$；

无量纲刚度系数、阻尼系数 $K_{ij} = k_{ij} f_m (i, j = x, y), D_{ij} = d_{ij} \omega_k f_m (i, j = x, y)$；

无量纲转动角频率 $\bar{\omega} = \omega/\omega_k, \omega_k$ 为转子一阶固有频率；

常数 $J_0 = \dfrac{\pi d_0^4}{64}, f_m = \dfrac{64}{\pi E d_0}, d_0$ 为平均直径。

设方程组的解具有一般形式 $x = x_0 e^{\gamma t}$，其中 $\gamma = -u + iv$，相应的无量纲表达式为

$$\begin{cases} X = X_0 e^{\lambda T} \\ \lambda = -U + iV \qquad (U = u/\omega, V = v/\omega, T = \omega t) \end{cases} \tag{7-59}$$

第 j 个轴段的无量纲方程为

$$\begin{bmatrix} \overline{\boldsymbol{M}}_j & \boldsymbol{0} \\ \boldsymbol{0} & \overline{\boldsymbol{M}}_{\theta j} \end{bmatrix} \begin{bmatrix} \overline{\boldsymbol{X}}'' \\ \overline{\boldsymbol{\varphi}}'' \end{bmatrix}_j + \begin{bmatrix} \overline{\boldsymbol{C}}_{dj} & \boldsymbol{0} \\ \boldsymbol{0} & \overline{\boldsymbol{C}}_{zj} \end{bmatrix} \begin{bmatrix} \overline{\boldsymbol{X}}' \\ \overline{\boldsymbol{\varphi}}' \end{bmatrix}_j - \begin{bmatrix} \alpha_3^{j+1}\boldsymbol{I} & -\alpha_2^{j+1}\boldsymbol{I} \\ \alpha_2^{j+1}\boldsymbol{I} & -2\alpha_1^{j+1}\boldsymbol{I} \end{bmatrix} \begin{bmatrix} \overline{\boldsymbol{X}} \\ \overline{\boldsymbol{\varphi}} \end{bmatrix}_{j+1} -$$

$$\begin{bmatrix} \alpha_3^{j}\boldsymbol{I} & \alpha_2^{j}\boldsymbol{I} \\ -\alpha_2^{j}\boldsymbol{I} & -2\alpha_1^{j}\boldsymbol{I} \end{bmatrix} \begin{bmatrix} \overline{\boldsymbol{X}} \\ \overline{\boldsymbol{\varphi}} \end{bmatrix}_{j-1} + \left\{ \begin{bmatrix} \overline{\boldsymbol{K}}_L^j & \boldsymbol{0} \\ \boldsymbol{0} & \boldsymbol{0} \end{bmatrix} + \begin{bmatrix} \alpha_3^{j}\boldsymbol{I} & -\alpha_2^{j}\boldsymbol{I} \\ -\alpha_2^{j}\boldsymbol{I} & 4\alpha_1^{j}\boldsymbol{I} \end{bmatrix} + \begin{bmatrix} \alpha_3^{j+1}\boldsymbol{I} & \alpha_2^{j+1}\boldsymbol{I} \\ \alpha_2^{j+1}\boldsymbol{I} & 4\alpha_1^{j+1}\boldsymbol{I} \end{bmatrix} \right\} \begin{bmatrix} \overline{\boldsymbol{X}} \\ \overline{\boldsymbol{\varphi}} \end{bmatrix}_j$$

$$= \boldsymbol{0} \tag{7-60}$$

式中

$$\overline{\boldsymbol{M}}_j = \begin{bmatrix} \overline{m}_j\overline{\omega}^2 & 0 \\ 0 & \overline{m}_j\overline{\omega}^2 \end{bmatrix}, \overline{\boldsymbol{M}}_{\theta j} = \begin{bmatrix} \overline{\theta}_{yj}\overline{\omega}^2 & 0 \\ 0 & \theta_{xj}\overline{\omega}^2 \end{bmatrix}, \overline{\boldsymbol{X}}_j = \begin{bmatrix} \overline{x} \\ \overline{y} \end{bmatrix}_j, \overline{\boldsymbol{\varphi}}_j = \begin{bmatrix} \varphi \\ \psi \end{bmatrix}_j,$$

$$\overline{\boldsymbol{C}}_{dj} = \begin{bmatrix} (D_{Fxx}+D_{xx})\overline{\omega} & (D_{Fxy}+D_{xy})\overline{\omega} \\ (D_{Fyx}+D_{yx})\overline{\omega} & (D_{Fyy}+D_{yy})\overline{\omega} \end{bmatrix}, \quad \overline{\boldsymbol{C}}_{zj} = \begin{bmatrix} 0 & \overline{\theta}_z\overline{\omega}^2 \\ -\overline{\theta}_z\overline{\omega}^2 & 0 \end{bmatrix},$$

$$\overline{\boldsymbol{K}}_L^j = \begin{bmatrix} K_{Fxx}+K_{xx} & K_{Fxy}+K_{xy} \\ K_{Fyx}+K_{yx} & K_{Fyy}+K_{yy} \end{bmatrix}, \boldsymbol{I} = \begin{bmatrix} 1 & 0 \\ 0 & 1 \end{bmatrix},$$

$$\alpha_1^j = \left(\frac{D^4}{L}\right)_j, \quad \alpha_2^j = \left(\frac{6D^4}{L^2}\right)_j, \quad \alpha_3^j = \left(\frac{12D^4}{L^3}\right)_j$$

对于第一个和最后一个质点,有

$$\begin{bmatrix} \overline{\boldsymbol{M}}_1 & \boldsymbol{0} \\ \boldsymbol{0} & \overline{\boldsymbol{M}}_{\theta 1} \end{bmatrix} \begin{bmatrix} \overline{\boldsymbol{X}}'' \\ \overline{\boldsymbol{\varphi}}'' \end{bmatrix}_1 + \begin{bmatrix} \overline{\boldsymbol{C}}_{d1} & \boldsymbol{0} \\ \boldsymbol{0} & \overline{\boldsymbol{C}}_{z1} \end{bmatrix} \begin{bmatrix} \overline{\boldsymbol{X}}' \\ \overline{\boldsymbol{\varphi}}' \end{bmatrix}_1 - \begin{bmatrix} \alpha_3^{2}\boldsymbol{I} & -\alpha_2^{2}\boldsymbol{I} \\ \alpha_2^{2}\boldsymbol{I} & -2\alpha_1^{2}\boldsymbol{I} \end{bmatrix} \begin{bmatrix} \overline{\boldsymbol{X}} \\ \overline{\boldsymbol{\varphi}} \end{bmatrix}_2 +$$

$$\begin{bmatrix} \overline{\boldsymbol{K}}_L^1 + \alpha_3^{2}\boldsymbol{I} & \alpha_2^{2}\boldsymbol{I} \\ \alpha_2^{2}\boldsymbol{I} & 4\alpha_1^{2}\boldsymbol{I} \end{bmatrix} \begin{bmatrix} \overline{\boldsymbol{X}} \\ \overline{\boldsymbol{\varphi}} \end{bmatrix}_1 = \boldsymbol{0}$$

$$\begin{bmatrix} \overline{\boldsymbol{M}}_{n-1} & \boldsymbol{0} \\ \boldsymbol{0} & \overline{\boldsymbol{M}}_{\theta n-1} \end{bmatrix} \begin{bmatrix} \overline{\boldsymbol{X}}'' \\ \overline{\boldsymbol{\varphi}}'' \end{bmatrix}_{n-1} + \begin{bmatrix} \overline{\boldsymbol{C}}_{dn-1} & \boldsymbol{0} \\ \boldsymbol{0} & \overline{\boldsymbol{C}}_{zn-1} \end{bmatrix} \begin{bmatrix} \overline{\boldsymbol{X}}' \\ \overline{\boldsymbol{\varphi}}' \end{bmatrix}_{n-1} - \begin{bmatrix} \alpha_3^{n-1}\boldsymbol{I} & \alpha_2^{n-1}\boldsymbol{I} \\ -\alpha_2^{n-1}\boldsymbol{I} & -2\alpha_1^{n-1}\boldsymbol{I} \end{bmatrix} \begin{bmatrix} \overline{\boldsymbol{X}} \\ \overline{\boldsymbol{\varphi}} \end{bmatrix}_{n-2} +$$

$$\begin{bmatrix} \overline{\boldsymbol{K}}_L^{n-1} + \alpha_3^{n-1}\boldsymbol{I} & -\alpha_2^{n-1}\boldsymbol{I} \\ -\alpha_2^{n-1}\boldsymbol{I} & 4\alpha_1^{n-1}\boldsymbol{I} \end{bmatrix} \begin{bmatrix} \overline{\boldsymbol{X}} \\ \overline{\boldsymbol{\varphi}} \end{bmatrix}_{n-1} = \boldsymbol{0} \tag{7-61}$$

7.2.4　特殊支承

本节主要处理可倾瓦轴承和弹性阻尼支承结构 —— 这两种支承结构的动态力要比一般固定瓦轴承复杂得多。有关可倾瓦轴承的力学性能表征已在前面章节中详细讨论过,这里仅将其与系统方程有关部分扼要列出。

1. 可倾瓦轴承

设在第 j 个质点 m_j 上支承有瓦块数为 NP 的可倾瓦轴承,对于第 i 块瓦,其广义位移、速度、加速度与力和力矩之间的对应关系如下：

$$\begin{bmatrix} x_i \\ y_i \end{bmatrix}_j = \begin{bmatrix} x_j \\ y_j \end{bmatrix} + \begin{bmatrix} -\beta_i \\ \alpha_i \end{bmatrix} \varphi_{0i}$$

$$\begin{bmatrix} F_{xi} \\ F_{yi} \end{bmatrix}_j = \begin{bmatrix} G_{xx} & G_{xy} \\ G_{yx} & G_{yy} \end{bmatrix}_i \begin{bmatrix} x_i \\ y_i \end{bmatrix}_j$$

$$G_{ij} = K_{ij} + i\omega D_{ij}\,(i,j=x,y)$$

$$\begin{bmatrix} F_{Xi} \\ F_{Yi} \end{bmatrix}_j \approx \begin{bmatrix} F_{xi} \\ F_{yi} \end{bmatrix}_j$$

$$\beta_i F_{Xi} - \alpha_i F_{Yi} = -J_i \omega^2 \varphi_{0i}$$

整个可倾瓦轴承提供的总动态油膜力 $\sum\limits_{i=1}^{NP} F_{Xi}$，$\sum\limits_{i=1}^{NP} F_{Yi}$ 可以表示成

$$\begin{bmatrix} \sum\limits_{i=1}^{NP} F_{Xi} \\ \sum\limits_{i=1}^{NP} F_{Yi} \end{bmatrix} = \sum_{i=1}^{NP} \begin{bmatrix} G_{xxi} & G_{xyi} \\ G_{yxi} & G_{yyi} \end{bmatrix} \begin{bmatrix} x_0 \\ y_0 \end{bmatrix}_j + \sum_{i=1}^{NP} \left\{ \begin{bmatrix} -\beta_i G_{xxi} + \alpha_i G_{xyi} \\ -\beta_i G_{yxi} + \alpha_i G_{yyi} \end{bmatrix} \varphi_{0i} \right\}$$

这里各瓦块的摆角 $\varphi_{0i}(i=1 \sim NP)$ 均应视为独立坐标，因此在可倾瓦轴承转子系统方程中，所增加的广义坐标数应为可倾瓦轴承中实际承载瓦块数之和。

对质点 m_j 来说，其运动方程为

$$\begin{bmatrix} \overline{M}_j & 0 & 0 \\ 0 & \overline{M}_{\theta j} & 0 \\ 0 & 0 & \overline{M}_{Tj} \end{bmatrix} \begin{bmatrix} \ddot{\overline{X}}_j \\ \ddot{\overline{\varphi}}_j \\ \ddot{\overline{\varphi}}_{Tj} \end{bmatrix} + \begin{bmatrix} \overline{C}_{dj} & 0 & \overline{C}_{T13j} \\ 0 & \overline{C}_{zj} & 0 \\ \overline{C}_{T31j} & 0 & \overline{C}_{T33j} \end{bmatrix} \begin{bmatrix} \dot{\overline{X}}_j \\ \dot{\overline{\varphi}}_j \\ \dot{\overline{\varphi}}_{Tj} \end{bmatrix} + \begin{bmatrix} -\alpha_3^{j+1}\boldsymbol{I} & \alpha_2^{j+1}\boldsymbol{I} & 0 \\ -\alpha_2^{j+1}\boldsymbol{I} & 2\alpha_1^{j+1}\boldsymbol{I} & 0 \\ 0 & 0 & 0 \end{bmatrix} \begin{bmatrix} \overline{X}_{j+1} \\ \overline{\varphi}_{j+1} \\ \overline{\varphi}_{Tj} \end{bmatrix} +$$

$$\begin{bmatrix} -\alpha_3^j\boldsymbol{I} & -\alpha_2^j\boldsymbol{I} & 0 \\ \alpha_2^j\boldsymbol{I} & 2\alpha_1^j\boldsymbol{I} & 0 \\ 0 & 0 & 0 \end{bmatrix} \begin{bmatrix} \overline{X}_{j-1} \\ \overline{\varphi}_{j-1} \\ \overline{\varphi}_{Tj} \end{bmatrix}_{j-1} + \begin{bmatrix} \overline{K}_L^j + (\alpha_3^{j+1}+\alpha_3^j)\boldsymbol{I} & (\alpha_2^{j+1}-\alpha_2^j)\boldsymbol{I} & \overline{K}_{T13j} \\ (\alpha_2^{j+1}-\alpha_2^j)\boldsymbol{I} & 4(\alpha_1^{j+1}+\alpha_1^j)\boldsymbol{I} & 0 \\ \overline{K}_{T31j} & 0 & \overline{K}_{T33j} \end{bmatrix} \begin{bmatrix} \overline{X}_j \\ \overline{\varphi}_j \\ \overline{\varphi}_{Tj} \end{bmatrix} = 0$$

$$(7-62)$$

式中，$\overline{\varphi}_{Tj}$ 为摆角坐标向量；

$$\overline{\boldsymbol{M}}_{Tj} = \mathrm{diag} \begin{bmatrix} \overline{J}_1 \overline{\omega}^2 & & & \\ & \overline{J}_2 \overline{\omega}^2 & & \\ & & \ddots & \\ & & & \overline{J}_{NP} \overline{\omega}^2 \end{bmatrix}$$

$$
\bar{\boldsymbol{C}}_{dj} = \begin{pmatrix} \left(D_{Fxx} + \sum_{i=1}^{NP} D_{xxi} \right)\bar{\omega} & \left(D_{Fxy} + \sum_{i=1}^{NP} D_{xyi} \right)\bar{\omega} \\[4mm] \left(D_{Fyx} + \sum_{i=1}^{NP} D_{yxi} \right)\bar{\omega} & \left(D_{Fyy} + \sum_{i=1}^{NP} D_{yyi} \right)\bar{\omega} \end{pmatrix}_j
$$

$$
\bar{\boldsymbol{C}}_{zj} = \begin{pmatrix} 0 & \theta_z\,\bar{\omega}^2 \\[2mm] -\theta_z\,\bar{\omega}^2 & 0 \end{pmatrix}
$$

$$
\bar{\boldsymbol{K}}_L^j = \begin{pmatrix} K_{Fxxj} + \sum_{i=1}^{NP} K_{xxi} & K_{Fxyj} + \sum_{i=1}^{NP} K_{xyi} \\[4mm] K_{Fyxj} + \sum_{i=1}^{NP} K_{yxi} & K_{Fyyj} + \sum_{i=1}^{NP} K_{yyi} \end{pmatrix}
$$

$$
\bar{\boldsymbol{C}}_{T13j} = \begin{pmatrix} (-\bar{\beta}_1 D_{xx1} + \bar{\alpha}_1 D_{xy1})\bar{\omega} & (-\bar{\beta}_2 D_{xx2} + \bar{\alpha}_2 D_{xy2})\bar{\omega} & \cdots & (-\bar{\beta}_{NP} D_{xxNP} + \bar{\alpha}_{NP} D_{xyNP})\bar{\omega} \\[2mm] (-\bar{\beta}_1 D_{yx1} + \bar{\alpha}_1 D_{yy1})\bar{\omega} & (-\bar{\beta}_2 D_{yx2} + \bar{\alpha}_2 D_{yy2})\bar{\omega} & \cdots & (-\bar{\beta}_{NP} D_{yxNP} + \bar{\alpha}_{NP} D_{xyNP})\bar{\omega} \end{pmatrix}
$$

$$
\bar{\boldsymbol{K}}_{T13j} = \begin{pmatrix} (-\bar{\beta}_1 K_{xx1} + \bar{\alpha}_1 K_{xy1}) & (-\bar{\beta}_2 K_{xx2} + \bar{\alpha}_2 K_{xy2}) & \cdots & (-\bar{\beta}_{NP} K_{xxNP} + \bar{\alpha}_{NP} K_{xyNP}) \\[2mm] (-\bar{\beta}_1 K_{yx1} + \bar{\alpha}_1 K_{yy1}) & (-\bar{\beta}_2 K_{yx2} + \bar{\alpha}_2 K_{yy2}) & \cdots & (-\bar{\beta}_{NP} K_{yxNP} + \bar{\alpha}_{NP} K_{yyNP}) \end{pmatrix}
$$

$$
\bar{\boldsymbol{C}}_{T31j} = \begin{pmatrix} -(\bar{\beta}_1 D_{xx1} - \bar{\alpha}_1 D_{yx1})\bar{\omega} & -(\bar{\beta}_1 D_{xy1} - \bar{\alpha}_1 D_{yy1})\bar{\omega} \\[2mm] -(\bar{\beta}_2 D_{xx2} - \bar{\alpha}_2 D_{yx2})\bar{\omega} & -(\bar{\beta}_2 D_{xy2} - \bar{\alpha}_2 D_{yy2})\bar{\omega} \\[2mm] \vdots & \vdots \\[2mm] -(\bar{\beta}_{NP} D_{xxNP} - \bar{\alpha}_1 D_{yxNP})\bar{\omega} & -(\bar{\beta}_{NP} D_{xyNP} - \bar{\alpha}_{NP} D_{yyNP})\bar{\omega} \end{pmatrix}
$$

$$
\bar{\boldsymbol{K}}_{T31j} = \begin{pmatrix} -(\bar{\beta}_1 K_{xx1} - \bar{\alpha}_1 K_{yx1}) & -(\bar{\beta}_1 K_{xy1} - \bar{\alpha}_1 K_{yy1}) \\[2mm] -(\bar{\beta}_2 K_{xx2} - \bar{\alpha}_2 K_{yx2}) & -(\bar{\beta}_2 K_{xy2} - \bar{\alpha}_2 K_{yy2}) \\[2mm] \vdots & \vdots \\[2mm] -(\bar{\beta}_{NP} K_{xxNP} - \bar{\alpha}_{NP} K_{yxNP}) & -(\bar{\beta}_{NP} K_{xyNP} - \bar{\alpha}_{NP} K_{yyNP}) \end{pmatrix}
$$

$$\bar{C}_{T33j} = \mathrm{diag} \begin{pmatrix} [\bar{\beta}_1^2\, D_{xx1} + \bar{\alpha}_1^2\, D_{yy1} - \\ \bar{\alpha}_1\bar{\beta}_1 (D_{xy1} + D_{yx1})]\bar{\omega} \\ \\ \qquad [\bar{\beta}_2^2\, D_{xx2} + \bar{\alpha}_2^2\, D_{yy2} - \\ \qquad \bar{\alpha}_2\bar{\beta}_2 (D_{xy2} + D_{yx2})]\bar{\omega} \\ \qquad\qquad \ddots \\ \qquad\qquad\qquad [\bar{\beta}_{NP}^2\, D_{xxNP} + \bar{\alpha}_{NP}^2\, D_{yyNP} - \\ \qquad\qquad\qquad \bar{\alpha}_{NP}\bar{\beta}_{NP} (D_{xyNP} + D_{yxNP})]\bar{\omega} \end{pmatrix}$$

$$\bar{K}_{T33j} = \mathrm{diag} \begin{pmatrix} [\bar{\beta}_1^2\, K_{xx1} + \bar{\alpha}_1^2\, K_{yy1} - \\ \bar{\alpha}_1\bar{\beta}_1 (K_{xy1} + K_{yx1})] \\ \\ \qquad [\bar{\beta}_2^2\, K_{xx2} + \bar{\alpha}_2^2\, K_{yy2} - \\ \qquad \bar{\alpha}_2\bar{\beta}_2 (K_{xy2} + K_{yx2})] \\ \qquad\qquad \ddots \\ \qquad\qquad\qquad [\bar{\beta}_{NP}^2\, K_{xxNP} + \bar{\alpha}_{NP}^2\, K_{yyNP} - \\ \qquad\qquad\qquad \bar{\alpha}_{NP}\bar{\beta}_{NP} (K_{xyNP} + K_{yxNP})] \end{pmatrix}$$

$$(7-63)$$

2. 弹性阻尼支承

当质点 m_j 的支承结构系弹性阻尼支承结构时,其受力状况可分析如下:设质点 m_j 在绝对坐标系中的位移仍然用 X_j,Y_j 来表示,弹性阻尼支承的参振质量为 m_{cxj},m_{cyj},支承刚度为 k_{cxj},k_{cyj},支承阻尼为 d_{cxj},d_{cyj}(见图 7-13)。

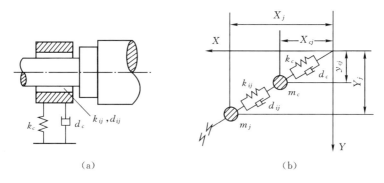

(a)　　　　　　　　　　　(b)

图 7-13　弹性阻尼支承

直接作用在质点上的油膜力

$$\begin{bmatrix} F_{Xj} \\ F_{Yj} \end{bmatrix} = \begin{bmatrix} G_{xxj} & G_{xyj} \\ G_{yxj} & G_{yyj} \end{bmatrix} \begin{bmatrix} X_j - X_{cj} \\ Y_j - Y_{cj} \end{bmatrix} \tag{7-64}$$

对于支承质量 m_{cxj}, m_{cyj} ,有

$$\begin{bmatrix} m_{cxj} & 0 \\ 0 & m_{cyj} \end{bmatrix} \begin{bmatrix} \ddot{X}_{cj} \\ \ddot{Y}_{cj} \end{bmatrix} + \begin{bmatrix} d_{cxj} & 0 \\ 0 & d_{cyj} \end{bmatrix} \begin{bmatrix} \dot{X}_{cj} \\ \dot{Y}_{cj} \end{bmatrix} + \begin{bmatrix} k_{cxj} & 0 \\ 0 & k_{cyj} \end{bmatrix} \begin{bmatrix} X_{cj} \\ Y_{cj} \end{bmatrix} +$$

$$\begin{bmatrix} d_{xxj} & d_{xyj} \\ d_{yxj} & d_{yyj} \end{bmatrix} \begin{bmatrix} \dot{X}_j - \dot{X}_{cj} \\ \dot{Y}_j - \dot{Y}_{cj} \end{bmatrix} + \begin{bmatrix} k_{xxj} & k_{xyj} \\ k_{yxj} & k_{yyj} \end{bmatrix} \begin{bmatrix} X_j - X_{cj} \\ Y_j - Y_{cj} \end{bmatrix} = \mathbf{0}$$

弹性阻尼支承的引入使得系统增加了两个自由度,因而第 j 个质点的平衡方程为

$$\begin{bmatrix} \overline{M}_j & \mathbf{0} & \mathbf{0} \\ \mathbf{0} & \overline{M}_{\theta j} & \mathbf{0} \\ \mathbf{0} & \mathbf{0} & \overline{M}_{Cj} \end{bmatrix} \begin{bmatrix} \overline{X}''_j \\ \overline{\boldsymbol{\varphi}}''_j \\ \overline{X}''_{Cj} \end{bmatrix} + \begin{bmatrix} \overline{C}_{dj} & \mathbf{0} & \overline{C}_{C13j} \\ \mathbf{0} & \overline{C}_{zj} & \mathbf{0} \\ \overline{C}_{C31j} & \mathbf{0} & \overline{C}_{C33j} \end{bmatrix} \begin{bmatrix} \overline{X}'_j \\ \overline{\boldsymbol{\varphi}}'_j \\ \overline{X}'_{Cj} \end{bmatrix} +$$

$$\begin{bmatrix} -\alpha_3^{j+1}\boldsymbol{I} & \alpha_2^{j+1}\boldsymbol{I} & \mathbf{0} \\ -\alpha_2^{j+1}\boldsymbol{I} & 2\alpha_1^{j+1}\boldsymbol{I} & \mathbf{0} \\ \mathbf{0} & \mathbf{0} & \mathbf{0} \end{bmatrix} \begin{bmatrix} \overline{X}_{j+1} \\ \overline{\boldsymbol{\varphi}}_{j+1} \\ \overline{X}_{Cj} \end{bmatrix} + \begin{bmatrix} -\alpha_3^j\boldsymbol{I} & -\alpha_2^j\boldsymbol{I} & \mathbf{0} \\ \alpha_2^j\boldsymbol{I} & 2\alpha_1^j\boldsymbol{I} & \mathbf{0} \\ \mathbf{0} & \mathbf{0} & \mathbf{0} \end{bmatrix} \begin{bmatrix} \overline{X}_{j-1} \\ \overline{\boldsymbol{\varphi}}_{j-1} \\ \overline{X}_{Cj} \end{bmatrix} +$$

$$\begin{bmatrix} \overline{K}_L^j + (\alpha_3^{j+1}+\alpha_3^j)\boldsymbol{I} & (\alpha_2^{j+1}-\alpha_2^j)\boldsymbol{I} & \overline{K}_{C13j} \\ (\alpha_2^{j+1}-\alpha_2^j)\boldsymbol{I} & 4(\alpha_1^{j+1}+\alpha_1^j)\boldsymbol{I} & \mathbf{0} \\ \overline{K}_{C31j} & \mathbf{0} & \overline{K}_{C33j} \end{bmatrix} \begin{bmatrix} \overline{X}_j \\ \overline{\boldsymbol{\varphi}}_j \\ \overline{X}_{Cj} \end{bmatrix} = \mathbf{0} \tag{7-65}$$

其中

$$\overline{M}_{Cj} = \begin{bmatrix} \overline{m}_{cx}\overline{\omega}^2 & 0 \\ 0 & \overline{m}_{cy}\overline{\omega}^2 \end{bmatrix}, \quad \overline{C}_{C13j} = \begin{bmatrix} -D_{xx}\overline{\omega} & -D_{xy}\overline{\omega} \\ -D_{yx}\overline{\omega} & -D_{yy}\overline{\omega} \end{bmatrix}_j, \quad \overline{K}_{C13j} = \begin{bmatrix} -K_{xx} & -K_{xy} \\ -K_{yx} & -K_{yy} \end{bmatrix}_j$$

$$\overline{C}_{C31j} = -\overline{C}_{C13j}, \quad \overline{C}_{C33j} = \begin{bmatrix} (D_{cx}-D_{xx})\overline{\omega} & -D_{xy}\overline{\omega} \\ -D_{yx}\overline{\omega} & (D_{cy}-D_{yy})\overline{\omega} \end{bmatrix}_j$$

$$\overline{K}_{C33j} = \begin{bmatrix} K_{cx}-K_{xx} & -K_{xy} \\ -K_{yx} & K_{cy}-K_{yy} \end{bmatrix}_j, \quad \boldsymbol{K}_{C31j} = -\boldsymbol{K}_{C13j}$$

7.2.5　动压滑动轴承转子系统的动力学方程

对整个轴系的质点逐一作上述处理后,并按如图 7 - 14 所示的原则进行

矩阵组装，最终得到动压滑动轴承转子系统的动力学方程：

$$\overline{\overline{M}}\ddot{X} + \overline{\overline{C}}\dot{X} + \overline{\overline{K}}X = 0 \quad \text{（自由振动）} \tag{7-66}$$

$$\overline{\overline{M}}\ddot{X} + \overline{\overline{C}}\dot{X} + \overline{\overline{K}}X = 0 \quad \text{（强迫振动）} \tag{7-67}$$

式中，$\overline{\overline{M}}$，$\overline{\overline{C}}$，$\overline{\overline{K}}$ 依次为系统的质量、阻尼和刚度矩阵，X 为特征向量，F 为外激励力。

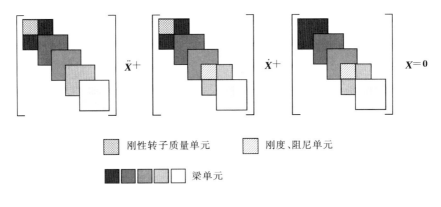

图 7-14　转子系统动力学方程的组装

一般固定瓦轴承转子系统的质量、阻尼、刚度矩阵和特征向量为

$$\overline{\overline{M}} = \begin{pmatrix} \overline{M}_1 & & & & & & & & & & 0 \\ & \overline{M}_{\theta 1} & & & & & & & & & \\ & & \overline{M}_2 & & & & & & & & \\ & & & \overline{M}_{\theta 2} & & & & & & & \\ & & & & \ddots & & & & & & \\ & & & & & \overline{M}_j & & & & & \\ & & & & & & \overline{M}_{\theta j} & & & & \\ & & & & & & & \ddots & & & \\ & 0 & & & & & & & \overline{M}_{n-2} & & \\ & & & & & & & & & \overline{M}_{\theta n-2} & \\ & & & & & & & & & & \overline{M}_{n-1} \\ & & & & & & & & & & & \overline{M}_{\theta n-1} \end{pmatrix}$$

$$\overline{\overline{C}} = \begin{pmatrix} \overline{C}_{d1} & & & & & & & & & \\ & \overline{C}_{z1} & & & & & & & & \\ & & \overline{C}_{d2} & & & & & \mathbf{0} & & \\ & & & \overline{C}_{z2} & & & & & & \\ & & & & \ddots & & & & & \\ & & & & & \overline{C}_{dj} & & & & \\ & & & & & & \overline{C}_{zj} & \ddots & & \\ & & \mathbf{0} & & & & & & \overline{C}_{dn-2} & \\ & & & & & & & & & \overline{C}_{zn-2} & \\ & & & & & & & & & & \overline{C}_{dn-1} \\ & & & & & & & & & & & \overline{C}_{zn-1} \end{pmatrix}$$

$$\overline{\overline{K}} = \begin{pmatrix} \overline{K}_{11}^1 & & & & \\ & \ddots & & \mathbf{0} & \\ & & \overline{K}_{11}^j & & \\ & \mathbf{0} & & \ddots & \\ & & & & \overline{K}_{11}^{n-1} \end{pmatrix}$$

其中

$$\overline{K}_{11}^1 = \begin{pmatrix} \overline{K}_L^1 + \alpha_3^2 I & \alpha_2^2 I & -\alpha_3^2 I & \alpha_2^2 I & \mathbf{0} & \mathbf{0} \\ \alpha_2^2 I & 4\alpha_1^2 I & -\alpha_2^2 I & 2\alpha_1^2 I & \mathbf{0} & \mathbf{0} \\ -\alpha_3^2 I & -\alpha_2^2 I & \overline{K}_L^2 + \left(\alpha_3^2 + \alpha_3^3\right) I & \left(\alpha_2^3 - \alpha_2^2\right) I & -\alpha_3^3 I & \alpha_2^3 I \\ \alpha_2^2 I & 2\alpha_1^2 I & \left(\alpha_2^3 - \alpha_2^2\right) I & 4\left(\alpha_1^2 + \alpha_1^3\right) I & -\alpha_2^3 I & 2\alpha_1^3 I \end{pmatrix}$$

$$\overline{\boldsymbol{K}}_{11}^{j} = \begin{pmatrix} -\alpha_3^j \boldsymbol{I} & -\alpha_2^j \boldsymbol{I} & \overline{\boldsymbol{K}}_L^j + \left(\alpha_3^j + \alpha_3^{j+1}\right)\boldsymbol{I} & \left(\alpha_2^{j+1} - \alpha_2^j\right)\boldsymbol{I} & -\alpha_3^{j+1}\boldsymbol{I} & \alpha_2^{j+1}\boldsymbol{I} \\ \alpha_2^j \boldsymbol{I} & 2\alpha_1^j \boldsymbol{I} & \left(\alpha_2^{j+1} - \alpha_2^j\right)\boldsymbol{I} & 4\left(\alpha_1^j + \alpha_1^{j+1}\right)\boldsymbol{I} & -\alpha_2^{j+1}\boldsymbol{I} & 2\alpha_1^{j+1}\boldsymbol{I} \end{pmatrix}$$

$$\overline{\boldsymbol{K}}_{11}^{n-1} = \begin{pmatrix} -\alpha_3^{n-2}\boldsymbol{I} & -\alpha_2^{n-2}\boldsymbol{I} & \overline{\boldsymbol{K}}_L^{n-2} + \left(\alpha_3^{n-2} + \alpha_3^{n-1}\right)\boldsymbol{I} & \left(\alpha_2^{n-1} - \alpha_2^{n-2}\right)\boldsymbol{I} & -\alpha_3^{n-1}\boldsymbol{I} \\ \alpha_2^{n-2}\boldsymbol{I} & 2\alpha_1^{n-2}\boldsymbol{I} & \left(\alpha_2^{n-1} - \alpha_2^{n-2}\right)\boldsymbol{I} & 4\left(\alpha_1^{n-2} + \alpha_1^{n-1}\right)\boldsymbol{I} & -\alpha_2^{n-1}\boldsymbol{I} \\ \boldsymbol{0} & \boldsymbol{0} & -\alpha_3^{n-1}\boldsymbol{I} & -\alpha_2^{n-1}\boldsymbol{I} & \overline{\boldsymbol{K}}_L^{n-1} + \alpha_3^{n-1}\boldsymbol{I} \\ \boldsymbol{0} & \boldsymbol{0} & \alpha_2^{n-1}\boldsymbol{I} & 2\alpha_1^{n-1}\boldsymbol{I} & -\alpha_2^{n-1}\boldsymbol{I} \end{pmatrix}$$

特征向量

$$\overline{\overline{\boldsymbol{X}}} = (\overline{\boldsymbol{X}}_1^{\mathrm{T}}, \overline{\boldsymbol{\varphi}}_1^{\mathrm{T}}, \overline{\boldsymbol{X}}_2^{\mathrm{T}}, \overline{\boldsymbol{\varphi}}_2^{\mathrm{T}}, \cdots, \overline{\boldsymbol{X}}_j^{\mathrm{T}}, \overline{\boldsymbol{\varphi}}_j^{\mathrm{T}}, \cdots, \overline{\boldsymbol{X}}_{n-2}^{\mathrm{T}}, \overline{\boldsymbol{\varphi}}_{n-2}^{\mathrm{T}}, \overline{\boldsymbol{X}}_{n-1}^{\mathrm{T}}, \overline{\boldsymbol{\varphi}}_{n-1}^{\mathrm{T}})^{\mathrm{T}} \qquad (7-68)$$

可倾瓦轴承转子系统的质量、阻尼、刚度矩阵和特征向量为

$$\overline{\overline{\boldsymbol{M}}} = \begin{pmatrix} \overline{\boldsymbol{M}}_1 & & & & & & & & & \\ & \overline{\boldsymbol{M}}_{\theta 1} & & & & & & & & \\ & & \overline{\boldsymbol{M}}_2 & & & & & & \boldsymbol{0} & \\ & & & \overline{\boldsymbol{M}}_{\theta 2} & & & & & & \\ & & & & \ddots & & & & & \\ & & & & & \overline{\boldsymbol{M}}_j & & & & \\ & & & & & & \overline{\boldsymbol{M}}_{\theta j} & & & \\ & & & & & & & \overline{\boldsymbol{M}}_{Tj} & \ddots & \\ & & \boldsymbol{0} & & & & & & \overline{\boldsymbol{M}}_{n-2} & \\ & & & & & & & & & \overline{\boldsymbol{M}}_{\theta n-2} \\ & & & & & & & & & & \overline{\boldsymbol{M}}_{n-1} \\ & & & & & & & & & & & \overline{\boldsymbol{M}}_{\theta n-1} \end{pmatrix}$$

$$
\bar{\bar{C}} =
\begin{pmatrix}
\bar{C}_{d1} & & & & & & & & & \\
& \bar{C}_{z1} & & & & & & & & \\
& & \bar{C}_{d2} & & & & & & & \\
& & & \bar{C}_{z2} & \ddots & & & & & \\
& & & & & \bar{C}_{dj} & \mathbf{0} & \bar{C}_{T13j} & & \\
& & & & & \mathbf{0} & \bar{C}_{zj} & \mathbf{0} & & \mathbf{0} \\
& & & & & \bar{C}_{T31j} & \mathbf{0} & \bar{C}_{T33j} & \ddots & \\
& & \mathbf{0} & & & & & & \bar{C}_{dn-2} & \\
& & & & & & & & & \bar{C}_{zn-1} & \bar{C}_{dn-1} \\
& & & & & & & & & & & \bar{C}_{zn-1}
\end{pmatrix}
$$

$$
\bar{\bar{K}} =
\begin{pmatrix}
\bar{K}_{11}^{1} & & & & \\
& \ddots & & \mathbf{0} & \\
& & \bar{K}_{11}^{j} & & \\
& \mathbf{0} & & \ddots & \\
& & & & \bar{K}_{11}^{n-1}
\end{pmatrix}
$$

其中，

$$
\bar{K}_{11}^{1} =
\begin{pmatrix}
\bar{K}_{L}^{1}+\alpha_{3}^{2}I & \alpha_{2}^{2}I & -\alpha_{3}^{2}I & \alpha_{2}^{2}I & \mathbf{0} & \mathbf{0} \\
\alpha_{2}^{2}I & 4\alpha_{1}^{2}I & -\alpha_{2}^{2}I & 2\alpha_{1}^{2}I & \mathbf{0} & \mathbf{0} \\
-\alpha_{3}^{2}I & -\alpha_{2}^{2}I & \bar{K}_{L}^{2}+\left(\alpha_{3}^{2}+\alpha_{3}^{3}\right)I & \left(\alpha_{2}^{3}-\alpha_{2}^{2}\right)I & -\alpha_{3}^{3}I & \alpha_{2}^{3}I \\
\alpha_{2}^{2}I & 2\alpha_{1}^{2}I & \left(\alpha_{2}^{3}-\alpha_{2}^{2}\right)I & 4\left(\alpha_{1}^{2}+\alpha_{1}^{3}\right)I & -\alpha_{2}^{3}I & 2\alpha_{1}^{3}I
\end{pmatrix}
$$

$$\overline{\boldsymbol{K}}_{11}^{j} = \begin{pmatrix} -\alpha_3^{j}\boldsymbol{I} & -\alpha_2^{j}\boldsymbol{I} & \overline{\boldsymbol{K}}_L^{j}+\left(\alpha_3^{j}+\alpha_3^{j+1}\right)\boldsymbol{I} & \left(\alpha_2^{j+1}-\alpha_2^{j}\right)\boldsymbol{I} & \overline{\boldsymbol{K}}_{T13j} & -\alpha_3^{j+1}\boldsymbol{I} & -\alpha_2^{j+1}\boldsymbol{I} \\ \alpha_2^{j}\boldsymbol{I} & 2\alpha_1^{j}\boldsymbol{I} & \left(\alpha_2^{j+1}-\alpha_2^{j}\right)\boldsymbol{I} & 4\left(\alpha_1^{j}+\alpha_1^{j+1}\right)\boldsymbol{I} & \boldsymbol{0} & -\alpha_2^{j+1}\boldsymbol{I} & 2\alpha_1^{j+1}\boldsymbol{I} \\ \boldsymbol{0} & \boldsymbol{0} & \overline{\boldsymbol{K}}_{T31j} & \boldsymbol{0} & \overline{\boldsymbol{K}}_{T33j} & \boldsymbol{0} & \boldsymbol{0} \end{pmatrix}$$

$$\overline{\boldsymbol{K}}_{11}^{n-1} = \begin{pmatrix} -\alpha_3^{n-2}\boldsymbol{I} & -\alpha_2^{n-2}\boldsymbol{I} & \overline{\boldsymbol{K}}_L^{n-2}+\left(\alpha_3^{n-2}+\alpha_3^{n-1}\right)\boldsymbol{I} & \left(\alpha_2^{n-1}-\alpha_2^{n-2}\right)\boldsymbol{I} & -\alpha_3^{n-1}\boldsymbol{I} & \alpha_2^{n-1}\boldsymbol{I} \\ \alpha_2^{n-2}\boldsymbol{I} & 2\alpha_1^{n-2}\boldsymbol{I} & \left(\alpha_2^{n-1}-\alpha_2^{n-2}\right)\boldsymbol{I} & 4\left(\alpha_1^{n-2}+\alpha_1^{n-1}\right)\boldsymbol{I} & -\alpha_2^{n-1}\boldsymbol{I} & 2\alpha_1^{n-1}\boldsymbol{I} \\ \boldsymbol{0} & \boldsymbol{0} & -\alpha_3^{n-1}\boldsymbol{I} & -\alpha_2^{n-1}\boldsymbol{I} & \overline{\boldsymbol{K}}_L^{n-1}+\alpha_3^{n-1}\boldsymbol{I} & -\alpha_2^{n-1}\boldsymbol{I} \\ \boldsymbol{0} & \boldsymbol{0} & \alpha_2^{n-1}\boldsymbol{I} & 2\alpha_1^{n-1}\boldsymbol{I} & -\alpha_2^{n-1}\boldsymbol{I} & 4\alpha_1^{n-1}\boldsymbol{I} \end{pmatrix}$$

以及特征向量

$$\overline{\overline{\boldsymbol{X}}} = (\overline{\boldsymbol{X}}_1^{\mathrm{T}}, \overline{\boldsymbol{\varphi}}_1^{\mathrm{T}}, \overline{\boldsymbol{X}}_2^{\mathrm{T}}, \overline{\boldsymbol{\varphi}}_2^{\mathrm{T}}, \cdots, \overline{\boldsymbol{X}}_j^{\mathrm{T}}, \overline{\boldsymbol{\varphi}}_j^{\mathrm{T}}, \overline{\boldsymbol{\varphi}}_{rj}^{\mathrm{T}}, \cdots, \overline{\boldsymbol{X}}_{n-2}^{\mathrm{T}}, \overline{\boldsymbol{\varphi}}_{n-2}^{\mathrm{T}}, \overline{\boldsymbol{X}}_{n-1}^{\mathrm{T}}, \overline{\boldsymbol{\varphi}}_{n-1}^{\mathrm{T}})^{\mathrm{T}} \quad (7-69)$$

带有弹性阻尼支承的轴承转子系统的质量、阻尼、刚度矩阵和特征向量为

$$\overline{\overline{\boldsymbol{M}}} = \begin{pmatrix} \overline{\boldsymbol{M}}_1 & & & & & & & & & & & \\ & \overline{\boldsymbol{M}}_{\theta 1} & & & & & & \boldsymbol{0} & & & & \\ & & \overline{\boldsymbol{M}}_2 & & & & & & & & & \\ & & & \overline{\boldsymbol{M}}_{\theta 2} & & & & & & & & \\ & & & & \ddots & & & & & & & \\ & & & & & \overline{\boldsymbol{M}}_j & & & & & & \\ & & & & & & \overline{\boldsymbol{M}}_{\theta j} & & & & & \\ & & & & & & & \overline{\boldsymbol{M}}_{Cj} & & & & \\ & & & & & & & & \ddots & & & \\ & \boldsymbol{0} & & & & & & & & \overline{\boldsymbol{M}}_{n-2} & & \\ & & & & & & & & & & \overline{\boldsymbol{M}}_{\theta n-2} & \\ & & & & & & & & & & & \overline{\boldsymbol{M}}_{n-1} \\ & & & & & & & & & & & & \overline{\boldsymbol{M}}_{\theta n-1} \end{pmatrix}$$

$$
\overline{\overline{C}} = \begin{pmatrix}
\overline{C}_{d1} & & & & & & & & & & \\
& \overline{C}_{z1} & & & & & & & & & \\
& & \overline{C}_{d2} & & & & & \Huge 0 & & & \\
& & & \overline{C}_{z2} & \ddots & & & & & & \\
& & & & & \overline{C}_{dj} & \mathbf{0} & \overline{C}_{C13j} & & & \\
& & & & & \mathbf{0} & \overline{C}_{zj} & \mathbf{0} & & & \\
& & & & & \overline{C}_{C31j} & \mathbf{0} & \overline{C}_{C33j} & \ddots & & \\
& \Huge 0 & & & & & & & \overline{C}_{dn-2} & & \\
& & & & & & & & & \overline{C}_{zn-2} & \\
& & & & & & & & & & \overline{C}_{dn-1} \\
& & & & & & & & & & \overline{C}_{zn-1}
\end{pmatrix}
$$

同样，刚度矩阵 $\overline{\overline{K}}$ 也可以记为

$$
\overline{\overline{K}} = \begin{pmatrix}
\overline{K}_{11}^{1} & & & & \\
& \ddots & & \mathbf{0} & \\
& & \overline{K}_{11}^{j} & & \\
& \mathbf{0} & & \ddots & \\
& & & & \overline{K}_{11}^{n-1}
\end{pmatrix}
$$

$$
\overline{K}_{11}^{1} = \begin{pmatrix}
\overline{K}_{L}^{1} + \alpha_{3}^{2}\mathbf{I} & \alpha_{2}^{2}\mathbf{I} & -\alpha_{3}^{2}\mathbf{I} & \alpha_{2}^{2}\mathbf{I} & \mathbf{0} & \mathbf{0} \\
\alpha_{2}^{2}\mathbf{I} & 4\alpha_{1}^{2}\mathbf{I} & -\alpha_{2}^{2}\mathbf{I} & 2\alpha_{1}^{2}\mathbf{I} & \mathbf{0} & \mathbf{0} \\
-\alpha_{3}^{2}\mathbf{I} & -\alpha_{2}^{2}\mathbf{I} & \overline{K}_{L}^{2} + \left(\alpha_{3}^{2} + \alpha_{3}^{3}\right)\mathbf{I} & \left(\alpha_{2}^{3} - \alpha_{2}^{2}\right)\mathbf{I} & -\alpha_{3}^{3}\mathbf{I} & \alpha_{2}^{3}\mathbf{I} \\
\alpha_{2}^{2}\mathbf{I} & 2\alpha_{1}^{2}\mathbf{I} & \left(\alpha_{2}^{3} - \alpha_{2}^{2}\right)\mathbf{I} & 4\left(\alpha_{1}^{2} + \alpha_{1}^{3}\right)\mathbf{I} & -\alpha_{2}^{3}\mathbf{I} & 2\alpha_{1}^{3}\mathbf{I}
\end{pmatrix}
$$

$$\overline{\boldsymbol{K}}_{11}^j = \begin{pmatrix} -\alpha_3^j \boldsymbol{I} & -\alpha_2^j \boldsymbol{I} & \overline{\boldsymbol{K}}_L^j + \left(\alpha_3^j + \alpha_3^{j+1}\right)\boldsymbol{I} & \left(\alpha_2^{j+1} - \alpha_2^j\right)\boldsymbol{I} & \overline{\boldsymbol{K}}_{C13j} & -\alpha_3^{j+1}\boldsymbol{I} & -\alpha_2^{j+1}\boldsymbol{I} \\ \alpha_2^j \boldsymbol{I} & 2\alpha_1^j \boldsymbol{I} & \left(\alpha_2^{j+1} - \alpha_2^j\right)\boldsymbol{I} & 4\left(\alpha_1^j + \alpha_1^{j+1}\right)\boldsymbol{I} & \boldsymbol{0} & -\alpha_2^{j+1}\boldsymbol{I} & 2\alpha_1^{j+1}\boldsymbol{I} \\ \boldsymbol{0} & \boldsymbol{0} & \overline{\boldsymbol{K}}_{C31j} & \boldsymbol{0} & \overline{\boldsymbol{K}}_{C33j} & \boldsymbol{0} & \boldsymbol{0} \end{pmatrix}$$

$$\overline{\boldsymbol{K}}_{11}^{n-1} = \begin{pmatrix} -\alpha_3^{n-2}\boldsymbol{I} & -\alpha_2^{n-2}\boldsymbol{I} & \overline{\boldsymbol{K}}_L^{n-2} + \left(\alpha_3^{n-2} + \alpha_3^{n-1}\right)\boldsymbol{I} & \left(\alpha_2^{n-1} - \alpha_2^{n-2}\right)\boldsymbol{I} & -\alpha_3^{n-1}\boldsymbol{I} & \alpha_2^{n-1}\boldsymbol{I} \\ \alpha_2^{n-2}\boldsymbol{I} & 2\alpha_1^{n-2}\boldsymbol{I} & \left(\alpha_2^{n-1} - \alpha_2^{n-2}\right)\boldsymbol{I} & 4\left(\alpha_1^{n-2} + \alpha_1^{n-1}\right)\boldsymbol{I} & -\alpha_2^{n-1}\boldsymbol{I} & 2\alpha_1^{n-1}\boldsymbol{I} \\ \boldsymbol{0} & \boldsymbol{0} & -\alpha_3^{n-1}\boldsymbol{I} & -\alpha_2^{n-1}\boldsymbol{I} & \overline{\boldsymbol{K}}_L^{n-1} + \alpha_3^{n-1}\boldsymbol{I} & -\alpha_2^{n-1}\boldsymbol{I} \\ \boldsymbol{0} & \boldsymbol{0} & \alpha_2^{n-1}\boldsymbol{I} & 2\alpha_1^{n-1}\boldsymbol{I} & -\alpha_2^{n-1}\boldsymbol{I} & 4\alpha_1^{n-1}\boldsymbol{I} \end{pmatrix}$$

以及特征向量

$$\overline{\overline{\boldsymbol{X}}} = \left(\overline{\boldsymbol{X}}_1^{\mathrm{T}}, \overline{\boldsymbol{\varphi}}_1^{\mathrm{T}}, \overline{\boldsymbol{X}}_2^{\mathrm{T}}, \overline{\boldsymbol{\varphi}}_2^{\mathrm{T}}, \cdots, \overline{\boldsymbol{X}}_j^{\mathrm{T}}, \overline{\boldsymbol{\varphi}}_j^{\mathrm{T}}, \overline{\boldsymbol{X}}_{cj}^{\mathrm{T}}, \cdots, \overline{\boldsymbol{X}}_{n-2}^{\mathrm{T}}, \overline{\boldsymbol{\varphi}}_{n-2}^{\mathrm{T}}, \overline{\boldsymbol{X}}_{n-1}^{\mathrm{T}}, \overline{\boldsymbol{\varphi}}_{n-1}^{\mathrm{T}}\right)^{\mathrm{T}} \quad (7-70)$$

参考文献

[1] Prohl M A. A General Method for Calculation Critical Speed of Flexible Rotors[J]. J of Appl Mech, Trans ASME, 1945,12(3):142-148.

[2] Myklestead N O. A New Method for Calculating Natural Modes of Uncoupled Bending Vibration of Airplane Wings and Other Types of Beams[J]. J of Aero Sci,1994,11:153-162.

[3] Holzer H. Die Berechnung der Drehschwingungen[M]. Berlin:Julius Springer, 1921:25.

[4] 钟一锷,何衍宗,王正等.转子动力学[M].北京:清华大学出版社,1987.

[5] (日)谷日修.振动工程大全[M].北京:机械工业出版社,1986.

[6] 丁有宇等.汽轮机强度计算[M].北京:水利电力出版社,1986.

[7] 虞烈.轴承—转子系统的稳定性与振动控制研究[D].西安:西安交通大学,1987.

第8章 转子系统的自激励因素和稳定性裕度

在轴承转子系统中,除了轴承油膜力外,其他系统自激励因素,如由材料内阻所引起的内阻尼力、蒸汽激振力、动压密封力,连接部件间由于干摩擦而引起的摩擦力偶以及充液转子内具有自由表面的液体惯性力等,都可能诱发系统的自激振动。本章仅对以上自激励因素择其要者予以介绍。

另一个需要讨论的是系统的稳定性裕度问题。由于关于"系统的稳定性裕度"这一概念迄今并无明确和统一的规定,所以这里所说的"稳定性裕度"或"稳定性储备"被定义为转子系统所能对抗各种减稳因素的能力,这些减稳因素包括上述摩擦、汽(气)流激振等自激励因素在内。

8.1 转轴材料的内摩擦

材料的内摩擦又称为材料的内阻尼,主要由材料内部分子结构或金属结晶晶体间在运动中因相互摩擦而损耗能量所产生的[1-3]① 。从力学上讲,这种内阻尼作用可以理解为由于材料在承受交变载荷时应变滞后于应力,因而导致了能量的耗散。

对于大多数工程材料,胡克定律 $\sigma = E\varepsilon$ 所描述的应力-应变关系通常只是在材料承受静态载荷时才是正确的。而在交变载荷的作用下,应力-应变关系一般如图8-1所示。

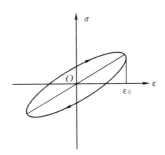

图8-1 交变载荷作用下材料的应力-应变迟滞回线

① Gunter E J. Dynamic Stability of Rotor-Bearing Systems. NIASA sp-1113,USA,Washington D. C. :Government Printing Office,1966.

对于一般的粘弹性材料，其应力-应变间的本构关系可以用它们的高阶导数来表示：

$$a_0\sigma + a_1\frac{\partial\sigma}{\partial t} + a_2\frac{\partial^2\sigma}{\partial t^2} + \cdots + a_n\frac{\partial^n\sigma}{\partial t^n} = b_0\varepsilon + b_1\frac{\partial\varepsilon}{\partial t} + b_2\frac{\partial^2\varepsilon}{\partial t^2} + \cdots + b_n\frac{\partial^n\varepsilon}{\partial t^n}$$

$$(8-1)$$

式中 a_i，b_i 为一系列取决于材料性质的常数，在简谐振动情况下，设 $\sigma = \sigma_0\mathrm{e}^{\mathrm{i}\omega t}$，$\varepsilon = \varepsilon_0\mathrm{e}^{\mathrm{i}\omega t}$，可以得到其应力、应变幅值间的关系：

$$\sigma_0 = \frac{b_0 + b_1(\mathrm{i}\omega) + \cdots + b_n(\mathrm{i}\omega)^n}{a_0 + a_1(\mathrm{i}\omega) + \cdots + a_n(\mathrm{i}\omega)^n}\varepsilon_0$$

或简记为

$$\sigma_0 = E^*\varepsilon_0 \qquad (8-2)$$

其中，E^* 被称为复弹性模量，记为

$$E^* = E(1 + \mathrm{i}\gamma) \qquad (8-3)$$

式中，E 为杨氏模量。因此，式(8-3)也包括了应力、应变与时间均无关的特例在内。

对于线性、粘弹性材料，如果只考虑应变的一阶导数，则

$$\sigma = E\varepsilon + \mu\frac{\mathrm{d}\varepsilon}{\mathrm{d}t} \qquad (8-4)$$

其中，μ 为粘性阻尼系数。这时，复弹性模量 E^* 可进一步表达为

$$E^* = E\left(1 + \mathrm{i}\frac{\mu\omega}{E}\right)$$

式(8-4)为凯尔文-隆盖特(Kelvin-Voigt)用以描述粘弹性材料所采用的本构关系模型[3-4]。这样，在频率为 ω 的交变载荷作用下，单位体积的粘弹性材料在一个循环周期内所吸收的能量为

$$\Delta\upsilon = \oint\sigma\cdot\mathrm{d}\varepsilon = \oint\left(E\varepsilon + \mu\frac{\mathrm{d}\varepsilon}{\mathrm{d}t}\right)\mathrm{d}\varepsilon = \int_0^{\frac{2\pi}{\omega}}\mu\dot\varepsilon\,\mathrm{d}\varepsilon = \pi\mu\omega\varepsilon_0^2$$

由此得到单位体积粘弹性材料的当量粘性阻尼系数

$$\mu = \int_0^{\frac{2\pi}{\omega}}\frac{\sigma\dot\varepsilon\,\mathrm{d}t}{(\pi\omega\varepsilon_0^2)} \qquad (8-5)$$

由于这时 σ 和 ε 之间不再呈简单的比例关系，因此在转子作弯曲振动时的运动微分方程也将发生变化。

以下将说明，对于单圆盘粘弹性转子，其材料内阻尼是如何影响圆盘运动的。考察如图 8-2 所示的一根轻质转轴，其材料粘弹效应可以用公式(8-4)来描述。

首先讨论轴不自转的情况，设在转轴 z_0 处、yz 平面内作用有外力 $F(t)$，

在 $F(t)$ 的作用下轴沿 y 方向所产生的变形或挠度将满足下列微分方程和边界条件：

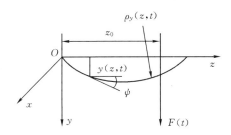

图 8-2　非旋转状态下粘弹性轴的挠度曲线

（1）$(EI_x y'')'' = 0$（轴上无分布载荷）；

（2）$(EI_x y'')' \Big|_{z_0^-}^{z_0^+} = F(t)$（剪力在 z_0 处发生突跳）；

（3）$y = F(t)/k$（挠度与集中载荷成正比）。

以上 $y(z,t)$ 为轴弯曲挠度；I_x 为转轴横截面直径惯性矩；k 为转轴的当量弯曲刚度，在数值上 k 等于为使轴在 z_0 处产生单位位移所需在 z_0 处施加的集中力。或者将条件（2）、（3）综合合起来表述为

$$(EI_x y'')' \Big|_{z_0^-}^{z_0^+} = ky \tag{8-6}$$

根据梁弯曲变形假设，在轴横截面上位于任意 (r,θ) 处 A 点的纤维轴向拉伸应变（见图 8-3）

$$\varepsilon_z = \frac{(\rho_y + r\sin\theta)\Delta\varphi - \rho_y\Delta\varphi}{\rho_y\Delta\varphi} = \frac{1}{\rho_y}r\sin\theta = -y''r\sin\theta \tag{8-7}$$

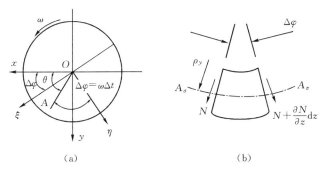

（a）　　　　　　　　　　　　（b）

图 8-3　坐标选择和粘弹性旋转轴微元的受力与变形

当转轴材料为理想弹性体时，在 A 点处纤维所受正应力

$$\sigma_z = E\varepsilon_z = -Ey''y_1 \tag{8-8a}$$

整个横截面上正应力对中性轴 x 的矩（见图 $8-3$(a)）

$$N = -\int_s \sigma_z y\,\mathrm{d}s = Ey''\int_s y^2\,\mathrm{d}s = EI_x y'' \tag{8-8b}$$

式中，$I_x = \int_s y^2\,\mathrm{d}s$。公式（$8-8$）亦为人们所熟知。

但对于粘弹性轴，根据式（$8-4$）有

$$\sigma_z = E\varepsilon_z + \mu\frac{\mathrm{d}\varepsilon_z}{\mathrm{d}t} = -Ey''r\sin\theta - \mu\frac{\mathrm{d}y''}{\mathrm{d}t}r\sin\theta = -E\left(y'' + \frac{\mu}{E}\frac{\mathrm{d}y''}{\mathrm{d}t}\right)r\sin\theta \tag{8-9}$$

转轴横截面上正应力对 x 轴之矩应为

$$N^* = -\int\sigma_z y\,\mathrm{d}s = E\left(y'' + \frac{\mu}{E}\frac{\mathrm{d}y''}{\mathrm{d}t}\right)\int y^2\,\mathrm{d}s = EI_x\left(y'' + \frac{\mu}{E}\frac{\mathrm{d}y''}{\mathrm{d}t}\right) \tag{8-10}$$

和式（$8-8$b）比较，N^* 中增加了与速度有关的阻尼项。以上讨论的是轻质轴无自转的情况。

现在讨论粘弹性轴在外力作用下 $F(t)$ 以角频率 ω 自转的情况。

由于轴的内摩擦作用只与圆盘中心和轴颈中心 O 之间的相对运动相关，引入旋转坐标系 $O\xi\eta$（见图 $8-3$(a)），在 Δt 时间内转轴相对于 Oxy 坐标系转过的角度 $\Delta\varphi = \omega\Delta t$。这样，在旋转坐标系中，应变中性线 $A_\varepsilon - A_\varepsilon$ 虽仍然保持与 η 轴垂直，但应力中性线 $A_\sigma - A_\sigma$ 与应变中性线却不再重合，而是相对于应变中性线顺时针旋转了微角度 $\Delta\varphi$。由于转动，转轴挠度在相对坐标系中可表示为

$$\begin{pmatrix}\xi\\\eta\end{pmatrix}_{z_0} = \begin{pmatrix}\cos\Delta\varphi & \sin\Delta\varphi\\-\sin\Delta\varphi & \cos\Delta\varphi\end{pmatrix}\begin{pmatrix}x\\y\end{pmatrix}_{z_0} \approx \begin{pmatrix}y\Delta\varphi\\y\end{pmatrix}_{z_0}$$

$$\begin{pmatrix}\dot\xi\\\dot\eta\end{pmatrix}_{z_0} \approx \begin{pmatrix}\omega y\\\dot y\end{pmatrix}_{z_0} \tag{8-11}$$

在转轴横截面上任意点 (r,θ) 处的轴向应变

$$\varepsilon_z^* = -\eta''\eta - \xi''\xi \approx -y''\eta$$

$$\dot\varepsilon_z^* = -\dot\eta''\eta - \dot\xi''\xi \approx -\dot y''\eta - \omega y''\xi \tag{8-12a}$$

由此可得轴横截面上的应力分布

$$\sigma_z = -Ey''\eta - \mu(\dot y''\eta + \omega y''\xi) \tag{8-12b}$$

以及 σ_z 对于 ξ,η 轴之矩

$$N_\xi = -\int\sigma_z\eta\,\mathrm{d}s = EI_\xi\left(y'' + \frac{\mu}{E}\dot y''\right)$$

$$M_\eta = -\int\sigma_z\xi\,\mathrm{d}s = EI_\eta\left(\frac{\mu}{E}\omega y''\right)$$

并将其转化到固定坐标系中可得

$$N \approx N_\xi = EI_x \left(y'' + \frac{\mu}{E} \dot{y}'' \right) \tag{8-13a}$$

$$M \approx M_\eta = EI_y \left(\frac{\mu}{E} \omega y'' \right) \tag{8-13b}$$

以上，N 的正方向规定与 x 轴正方向相同，M 的正方向和 y 轴正方向相反。式 (8-13) 说明，当具有相同挠度的粘弹性轴以角频率 ω 自转时，其弯矩应如式 (8-13) 所示；或者换句话说，要使得式 (8-13) 成立，转轴在 z_0 处还应当受到另外集中力的作用，才能够平衡由上述正应力所引起的矩。

式 (8-13a) 对 z 求偏导数，并将关系式 $(EIy'')' \big|_{z_0^-}^{z_0^+} = k\dot{y}(z_0, t)$ 代入后得到

$$\frac{\partial N}{\partial z} \bigg|_{z_0^-}^{z_0^+} = ky + \frac{\mu}{E} k\dot{y}$$

因此在 y 方向上还应施加力

$$Q_y = \frac{\mu}{E} k\dot{y}(z_0, t) \tag{8-14a}$$

同样，对式 (8-13b) 求导后可知在 x 方向上还应施加力

$$Q_x = \frac{\mu}{E} \omega ky(z_0, t) \tag{8-14b}$$

上述集中力 Q_y, Q_x 将由圆盘施加给转轴。反过来，由于转轴的自转和粘弹性效应，转轴在 z_0 处沿 y 方向对圆盘除施加弹性恢复力 $-ky$ 外，还将施加恢复力

$$Q'_y = -\frac{\mu}{E} k\dot{y}(z_0, t) \tag{8-15a}$$

和另一个沿着 x 反方向的力

$$Q'_x = -\frac{\mu}{E} \omega ky(z_0, t) \tag{8-15b}$$

基于同样的道理，如果转轴在 xz 平面内因某一集中力而产生了变形 $x(z, t)$，则由对称性可知，因自转和粘弹性迟滞效应而派生出来、作用在圆盘上的恢复力

$$F'_x = -\frac{\mu}{E} k\dot{x}(z_0, t) \tag{8-15c}$$

和 y 方向上的切向力

$$F'_y = \frac{\mu}{E} \omega kx(z_0, t) \tag{8-15d}$$

这些作用力如图 8-4 所示。

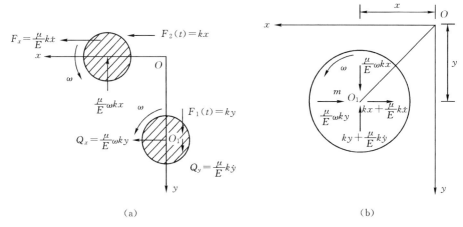

图 8-4　带有圆盘的粘弹性转子的力平衡关系

(a) 粘弹性转轴；(b) 圆盘

在有外阻尼作用的一般情况下,位于 z_0 处、质量为 m 的圆盘运动方程可表示为

$$
\begin{cases}
m\ddot{x} + kx + c\dot{x} + \dfrac{\mu}{E}k(\dot{x} + \omega y) = 0 \\[2mm]
m\ddot{y} + ky + c\dot{y} + \dfrac{\mu}{E}k(\dot{y} - \omega x) = 0
\end{cases}
\tag{8-16}
$$

式中,c 为外阻尼系数。

由上述分析知,在计入轴的内阻尼效应后,变形后的转子所产生的反力将包括弹性恢复力和阻尼力两个部分。需要注意的是,因转子材料内阻尼而产生的阻尼力只与相对变形和相对变形速率成比例。

冈持(Gunter)曾经对图 8-5 所示的对称单圆盘转子的材料内阻尼作用作过定性的分析[5]。一单质量弹性转子,对称地支承在一对各向同性的轴承上,设圆盘的质量为 m,自转角频率为 ω,涡动频率为 $\dot{\varphi}$。为讨论方便,除固定坐标系外,另过圆盘中心 O_b 点引入一固结在圆盘上、与偏心矢量 e 平行的旋转参考轴 R'。

1. 圆盘及转子轴颈中心位置

任一时刻圆盘的质心位置可以用矢量表示为

$$
\boldsymbol{P}_M = \boldsymbol{\delta}_b + \boldsymbol{\delta}_r + \boldsymbol{e}
\tag{8-17}
$$

其中,$\boldsymbol{\delta}_b$ 为轴颈的绝对位移矢量;$\boldsymbol{\delta}_r$ 为圆盘中心 C 相对于轴颈中心的位移矢量；e 为圆盘质心 M 相对于圆盘几何中心的位置矢量。

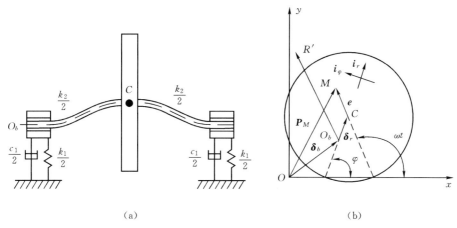

（a）　　　　　　　　　　　　　（b）

图 8 - 5　单质量粘弹性转子

记轴颈中心的位置矢量

$$\boldsymbol{\delta}_b = x_1 \boldsymbol{i} + y_1 \boldsymbol{j} \qquad (8-18)$$

圆盘几何中心 C 相对于轴颈中心 O_b 的位移

$$\boldsymbol{\delta}_r = x_2 \boldsymbol{i} + y_2 \boldsymbol{j} \qquad (8-19)$$

圆盘几何中心的绝对位移

$$\boldsymbol{P}_C = \boldsymbol{\delta}_b + \boldsymbol{\delta}_r = x \boldsymbol{i} + y \boldsymbol{j}$$

$$\begin{cases} x = x_1 + x_2 \\ y = y_1 + y_2 \end{cases} \qquad (8-20)$$

圆盘质心 M 的位置坐标为

$$\begin{cases} x_M = x + e\cos\omega t \\ y_M = y + e\sin\omega t \end{cases} \qquad (8-21)$$

2. 轴承力

设轴承的刚度系数和阻尼系数分别为 k_1, c_1，则轴承力

$$\begin{cases} \Delta F_x = - c_1 \dot{x}_1 - k_1 x_1 \\ \Delta F_y = - c_1 \dot{y}_1 - k_1 y_1 \end{cases} \qquad (8-22)$$

3. 粘弹性转子的受力

作用在粘弹性转子上的力除弹性恢复力外，当然还应当包含如前所述

的、因材料内耗所引起的阻尼力。这样,由转轴施加于圆盘中心的恢复力和切向力可以表达成

$$\boldsymbol{F}_s = -(k_2\boldsymbol{\delta}_r + c_2\boldsymbol{v}_{R'}) \tag{8-23}$$

其中,k_2 为轴刚度;c_2 为折合阻尼系数;$v_{R'}$ 为在旋转坐标轴 R' 上所观察到的 C 点相对于轴颈中心 O_b 的运动速度

$$\boldsymbol{v}_{R'} = \dot{\varphi}\delta_r\boldsymbol{i}_\varphi + \dot{\delta}_r\boldsymbol{i}_r \tag{8-24}$$

由于动坐标轴 R' 的旋转,C 点的牵连速度为

$$\boldsymbol{v}_{ce} = \boldsymbol{\omega} \times \boldsymbol{\delta}_r = \omega\delta_r\boldsymbol{i}_\varphi \tag{8-25}$$

这样,在旋转坐标系中,C 点相对于 O_b 的相对速度

$$\boldsymbol{v}_{R'} = \dot{\varphi}\delta_r\boldsymbol{i}_\varphi + \dot{\delta}_r\boldsymbol{i}_r - \omega\delta_r\boldsymbol{i}_\varphi = \delta_r(\dot{\varphi} - \omega)\boldsymbol{i}_\varphi + \dot{\delta}_r\boldsymbol{i}_r \tag{8-26}$$

其中,第二个等号右边第一项所含 $(\dot{\varphi} - \omega)$ 为圆盘中心的涡动频率与自转频率之差,右边第 2 项则为沿矢径 $\boldsymbol{\delta}_r$ 方向的变形速度。

转轴所提供的弹性恢复力及阻尼力只取决于相对位移及相对速度,由式(8-23)可得

$$\boldsymbol{F}_s = -\{k_2\delta_r\boldsymbol{i}_r + c_2[\delta_r(\dot{\varphi} - \omega)\boldsymbol{i}_\varphi + \dot{\delta}_r\boldsymbol{i}_r]\} = -[(k_2\delta_r + c_2\dot{\delta}_r)\boldsymbol{i}_r + c_2\delta_r(\dot{\varphi} - \omega)\boldsymbol{i}_\varphi] \tag{8-27}$$

由坐标转换

$$\begin{bmatrix} \boldsymbol{i}_r \\ \boldsymbol{i}_\varphi \end{bmatrix} = \begin{bmatrix} \cos\varphi & \sin\varphi \\ -\sin\varphi & \cos\varphi \end{bmatrix} \begin{bmatrix} \boldsymbol{i} \\ \boldsymbol{j} \end{bmatrix} \tag{8-28}$$

结合式(8-27)和式(8-28),绝对坐标系中转轴的弹性恢复力与阻尼力为

$$\boldsymbol{F}_s = F_{sx}\boldsymbol{i} + F_{sy}\boldsymbol{j}$$

$$\begin{cases} F_{sx} = -[(c_2\dot{\delta}_r + k_2\delta_r)\cos\varphi - c_2\delta_r(\dot{\varphi} - \omega)\sin\varphi] \\ F_{sy} = -[(c_2\dot{\delta}_r + k_2\delta_r)\sin\varphi + c_2\delta_r(\dot{\varphi} - \omega)\cos\varphi] \end{cases} \tag{8-29}$$

将关系 $x_2 = \delta_r\cos\varphi, y_2 = \delta_r\sin\varphi, \dot{x}_2 = \dot{\delta}_r\cos\varphi - \delta_r\dot{\varphi}\sin\varphi, \dot{y}_2 = \dot{\delta}_r\sin\varphi + \delta_r\dot{\varphi}\cos\varphi$ 代入式(8-29),得到

$$\begin{cases} F_{sx} = -[c_2(\dot{x}_2 + \omega y_2) + k_2 x_2] \\ F_{sy} = -[c_2(\dot{y}_2 - \omega x_2) + k_2 y_2] \end{cases} \tag{8-30}$$

相应的轴颈力平衡方程为

$$\begin{cases} k_1 x_1 + c_1\dot{x}_1 = c_2(\dot{x}_2 + \omega y_2) + k_2 x_2 \\ k_1 y_1 + c_1\dot{y}_1 = c_2(\dot{y}_2 - \omega x_2) + k_2 y_2 \end{cases} \tag{8-31}$$

考虑到以下近似关系

$$k_1 x_1 \approx k_2 x_2, \quad k_1 y_1 \approx k_2 y_2, \quad c_1\dot{x}_1 \approx c_2(\dot{x}_2 + \omega y_2), \quad c_1\dot{y}_1 \approx c_2(\dot{y}_2 - \omega x_2)$$

F_{sx}, F_{sy} 可进一步表示为

$$\begin{cases} F_{sx} = \dfrac{-c_2 k_1}{k_1 + k_2}(\dot{x}_2 + \omega y_2) - \dfrac{k_2 c_1 \dot{x}_1}{k_1 + k_2} - \dfrac{k_1 k_2}{k_1 + k_2} x \\[3mm] F_{sy} = \dfrac{-c_2 k_1}{k_1 + k_2}(\dot{y}_2 - \omega x_2) - \dfrac{k_2 c_1 \dot{y}_1}{k_1 + k_2} - \dfrac{k_1 k_2}{k_1 + k_2} y \end{cases}$$

亦即

$$\begin{cases} F_{sx} = -c_1 \left(\dfrac{k_2}{k_1 + k_2}\right)^2 \dot{x} - c_2 \left(\dfrac{k_1}{k_1 + k_2}\right)^2 (\dot{x} + \omega y) - \dfrac{k_1 k_2}{k_1 + k_2} x \\[3mm] F_{sy} = -c_1 \left(\dfrac{k_2}{k_1 + k_2}\right)^2 \dot{y} - c_2 \left(\dfrac{k_1}{k_1 + k_2}\right)^2 (\dot{y} - \omega x) - \dfrac{k_1 k_2}{k_1 + k_2} y \end{cases} \tag{8-32}$$

当仅考虑系统的自由运动时,有

$$m\ddot{x} - F_{sx} = 0, \quad m\ddot{y} - F_{sy} = 0$$

亦即

$$\begin{cases} \ddot{x} + (n_1 + n_2)\dot{x} + \omega n_2 y + \omega_k^2 x = 0 \\ \ddot{y} + (n_1 + n_2)\dot{y} - \omega n_2 x + \omega_k^2 y = 0 \end{cases} \tag{8-33}$$

式中,$n_1 = \dfrac{c_1}{m}\left(\dfrac{k_2}{k_1 + k_2}\right)^2$ 相当于支承所提供的折合阻尼系数;$n_2 = \dfrac{c_2}{m}\left(\dfrac{k_1}{k_1 + k_2}\right)^2$ 则可视为因粘弹性转子的材料内阻尼而产生的折合阻尼系数;$\omega_k = \left(\dfrac{1}{m}\dfrac{k_1 k_2}{k_1 + k_2}\right)^{1/2}$ 为折合系统无阻尼固有频率。

方程(8-33)的主要特点是由于材料内阻尼效应从而导致了交叉耦合项的出现,重写方程(8-33):

$$\begin{cases} \ddot{x} + a_1 \dot{x} + a_2 y + a_3 x = 0 \\ \ddot{y} + a_1 \dot{y} - a_2 x + a_3 y = 0 \end{cases} \tag{8-34}$$

消去 y 项后得到

$$\ddddot{x} + 2a_1 \dddot{x} + (2a_3 + a_1^2)\ddot{x} + 2a_1 a_3 \dot{x} + (a_2^2 + a_3^2)x = 0 \tag{8-35}$$

该方程所对应的特征多项式为

$$\lambda^4 + A_3 \lambda^3 + A_2 \lambda^2 + A_1 \lambda + A_0 = 0 \tag{8-36}$$

相应的系数

$$\begin{cases} A_0 = a_2^2 + a_3^2 = (\omega n_2)^2 + \omega_k^4 \\ A_1 = 2a_1 a_3 = 2\omega_k^2(n_1 + n_2) \\ A_2 = 2a_3 + a_1^2 = 2\omega_k^2 + (n_1 + n_2)^2 \\ A_3 = 2a_1 = 2(n_1 + n_2) \end{cases} \tag{8-37}$$

由 Routh 准则得到系统稳定性的条件为

$$A_1 A_2 A_3 > A_1^2 + A_0 A_3^2$$

亦即

$$4(n_1 + n_2)^2 \omega_k^2 [2\omega_k^2 + (n_1 + n_2)^2] > 4\omega_k^4 (n_1 + n_2)^2 + 4(n_1 + n_2)^2 [(\omega n_2)^2 + \omega_k^4]$$

进一步化简后得到

$$\omega_k^2 (n_1 + n_2)^2 > (\omega n_2)^2$$

或

$$\omega < \omega_k \left[1 + \left(\frac{c_1}{c_2} \right) \left(\frac{k_2}{k_1} \right)^2 \right] \tag{8-38}$$

　　当 ω 满足式(8-38)时,系统是线性稳定的;而当转子工作转速超出一阶临界转速以上时,系统有可能是不稳定的。特殊地讲,如 $c_1 = 0$,亦即轴承不提供阻尼时,系统的界限失稳转速 $\omega_{st} = \omega_k$;反之,如 c_2 极小或轴刚度 k_2 极大,则系统的界限失稳转速 $\omega_{st} \gg \omega_k$。图8-6给出了系统稳定性随不同参数的变化趋势,图中,$\omega_{k0} = \sqrt{\dfrac{k_2}{m}}$。

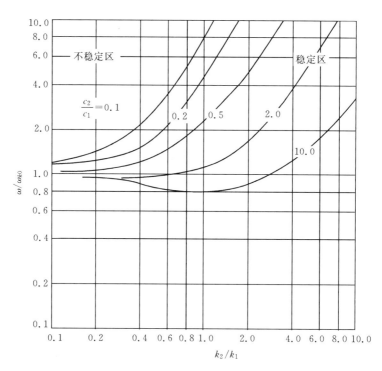

图8-6　对称支撑在弹性轴承上的柔性转子在考虑内阻尼时的稳定性界线值[5]

　　尽管如此,在以往的工程实践中,真正由于材料内阻尼所造成的转子系统的失稳现象并不多见。一方面,由于旋转机械转子的使用材料大多为金属材料,内阻尼通常较小;另一方面,与其他激励因素相比,由材料内阻尼所造成的激励并不显得特别重要。但从上世纪起,随着复合材料的广泛应用,对于复合材料转子的稳定性研究就不得不考虑材料的内阻尼效应了。

8.2　干　摩　擦

在转子运行过程中出现干摩擦可能来自以下两种情况:

　　—— 套装转子装配接触面间发生微小滑移,从而产生摩擦力或形成摩擦力偶;

　　—— 运动件与静止件或运动件与运动件之间可能发生的碰磨也将直接导致干摩擦力的产生,同时导致转子横截面上正应力的重新分布,并派生出沿涡动轨迹切线方向的激励力。

当系统阻尼不足时,这类干摩擦有可能诱发系统的自激振动。

8.2.1　热套转子

采用热套装配的转子,在弯曲振动时轴表面纤维将产生周期性拉伸或压缩变形;同时,转轴外表面与套装圆盘内装配表面间也可能因微滑移而产生摩擦力,这相当于在装配接触面上增加了一对大小相等、方向相反的力偶 m_t:

$$m_t = Td \tag{8-39}$$

式中,T 为摩擦力;d 为轴直径;m_t 作用在转轴上,如图 8-7 所示。

T 或 m_t 只和圆盘中心 C 在旋转坐标系中的相对运动速度有关。当圆盘中心的绝对运动速度 $\boldsymbol{v}_t = \dot{x}\boldsymbol{i} + \dot{y}\boldsymbol{j}$,自转频率为 ω 时,圆盘中心 C 在旋转坐标系中的相对运动速度 $\boldsymbol{v}_{cr} = v_\xi \boldsymbol{i}_\xi + v_\eta \boldsymbol{j}_\eta = \dot{\boldsymbol{r}} - \boldsymbol{\omega} \times \boldsymbol{r}$,在固定坐标系中可以表示为

$$\boldsymbol{v}_{cr} = (\dot{x} + \omega y)\boldsymbol{i} + (\dot{y} - \omega x)\boldsymbol{j} \tag{8-40}$$

与 8.1 节所述类似,当圆盘中心位于 x 轴,具有轴挠度 y 时,圆盘中心将产生一个在 η 方向上的相对运动速度 $\dot{y}$ 以及因自转而引起的 ξ 方向上的相对运动速度 ωy。在转轴的右横截面上,在 yz 平面内由圆盘施加给转轴的摩擦力矩

$$\boldsymbol{N}_y \approx \boldsymbol{N}_\eta = T_{yy}d\boldsymbol{i} \tag{8-41a}$$

类似地,圆盘在 xz 平面内施加给轴的矩

$$\boldsymbol{M}_y \approx \boldsymbol{M}_\eta = -T_{yx}d\boldsymbol{j} \tag{8-41b}$$

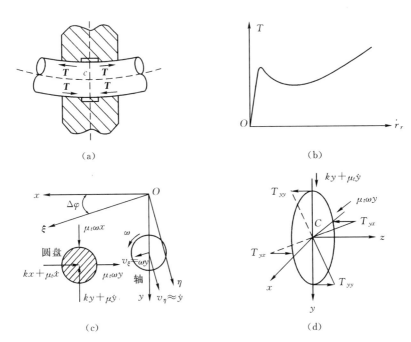

图 8-7　热套装配转子在装配表面上的摩擦力

记摩擦力 T_{yy}, T_{yx} 与变形速度的线性关系为

$$T_{yy} = \mu_t \dot{y}, \quad T_{yx} = -\mu_t \omega y \tag{8-42}$$

则有

$$\boldsymbol{N}_y = \mu_t d\dot{y}\boldsymbol{i}, \quad \boldsymbol{M}_y = -\mu_t \omega d y \boldsymbol{j} \tag{8-43}$$

$\boldsymbol{N}_y, \boldsymbol{M}_y$ 的作用相当于给转轴施加了一附加力，设转轴支承跨度长度为 l，则有

$$\begin{cases} \boldsymbol{P}_{ny} = \dfrac{2\boldsymbol{N}_y}{l}\boldsymbol{j} = \dfrac{2\mu_t d\dot{y}}{l}\boldsymbol{j} = \mu_t \dot{y}\boldsymbol{j} \\[3mm] \boldsymbol{P}_{my} = \dfrac{-2\boldsymbol{M}_y}{l}\boldsymbol{i} = \dfrac{2\mu_t \omega d y}{l}\boldsymbol{i} = \mu_t \omega y \boldsymbol{i} \end{cases} \tag{8-44}$$

同理，可推出当圆盘中心位于 x 轴，因摩擦力所派生、作用在转轴上的另一对力

$$\begin{cases} \boldsymbol{P}_{nx} = -\mu_t \omega x \boldsymbol{j} \\ \boldsymbol{P}_{mx} = \mu_t \dot{x}\boldsymbol{i} \end{cases} \tag{8-45}$$

当圆盘处于任意空间位置时，转子的受力为

$$\begin{bmatrix} P_x \\ P_y \end{bmatrix} = \mu_t \begin{bmatrix} \dot{x} + \omega y \\ \dot{y} - \omega x \end{bmatrix} \tag{8-46}$$

以上，$\mu_t = \dfrac{2\mu d}{l}$。当外阻尼也一并考虑时，描述圆盘运动的动力学方程为

$$m\begin{bmatrix} \dot{x} \\ \dot{y} \end{bmatrix} + (\mu_e + \mu_t)\begin{bmatrix} \dot{x} \\ \dot{y} \end{bmatrix} + \begin{bmatrix} k & \mu_t\omega \\ -\mu_t\omega & k \end{bmatrix}\begin{bmatrix} x \\ y \end{bmatrix} = 0 \qquad (8-47)$$

式中，μ_e 为外阻尼系数。同样，这时系统方程中也出现了由于相对运动所引起的交叉耦合项，上述循环系统的失稳条件为

$$\omega_{\text{st}} > \omega_k\left(1 + \frac{\mu_e}{\mu_t}\right) \qquad (8-48)$$

其中，ω_{st} 为界限失稳转速；$\omega_k = \sqrt{k/m}$，轴弯曲刚度 $k = \dfrac{24EI_x}{l^3}$。

与因材料内耗引起的转子内阻尼相比，这种在轮盘、轴装配接触面间因微滑移及干摩擦而导致的结构阻尼要大得多，因此应当予以足够的关注。

8.2.2　套齿联轴器内的干摩擦

在轴承轴系中，由于连接件之间的微小滑移而产生摩擦力或摩擦力偶的另一个典型实例是套齿联轴器。

套齿联轴器具有补偿轴间不对中的能力，同时，在轴间力、力矩传递过程中也必然伴随有相对接触表面间的摩擦。和热套转子装配表面间因滑移而引起的摩擦力矩类似，在套齿联轴器中，由于啮合齿两表面间沿轴线方向的滑移将产生摩擦力，合成力矩的最终效果相当于在轴或圆盘上附加了一个切向力 —— 切向力和相对角位移成正比，沿着涡动轨迹的切线方向，体现了在弯曲振动条件下、联轴器在两个正交方向上的力交叉耦合作用；同样，切向力的大小与涡动频率相关，因此，在一定条件下，这一因素也可能引发系统的自激振动。

对于图 8-8 所示的由套齿联轴器所连接的轴系，设转子 1 右端的内齿套中心 O_a 在绝对坐标系 $Oxyz$ 中的速度为

$$\boldsymbol{v}_a = \dot{x}_{a1}\boldsymbol{i} + \dot{y}_{a1}\boldsymbol{j} + \dot{z}_{a1}\boldsymbol{k} \qquad (8-49)$$

取相对坐标系 $O_a\xi_1\eta_1\zeta_1$ 在 O_a 点与联轴器固接，坐标系 $O_a\xi_1\eta_1\zeta_1$ 以角速度 $\boldsymbol{\Omega}$ 绕平动坐标系 $O_ax_1y_1z_1$ 旋转，$\boldsymbol{\Omega} = -\dot{\psi}\boldsymbol{i} + \dot{\varphi}\boldsymbol{j} + \omega\boldsymbol{k}$，则位于相对坐标系任一点 $p(\xi_1, \eta_1, \zeta_1)$ 处的绝对速度为

$$\begin{aligned} \boldsymbol{v}_p^{(1)} &= \dot{x}_{a1}\boldsymbol{i} + \dot{y}_{a1}\boldsymbol{j} + \dot{z}_{a1}\boldsymbol{k} + \boldsymbol{\Omega} \times \boldsymbol{r}_{p1} \\ &\approx \dot{x}_{a1}\boldsymbol{i} + \dot{y}_{a1}\boldsymbol{j} + \dot{z}_{a1}\boldsymbol{k} + (\dot{\varphi}_1 z_{p1} - \omega y_{p1})\boldsymbol{i} + (\omega x_{p1} + \dot{\psi}_1 z_{p1})\boldsymbol{j} + \\ &\quad (-\dot{\varphi}_1 x_{p1} - \dot{\psi}_1 y_{p1})\boldsymbol{k} \end{aligned}$$

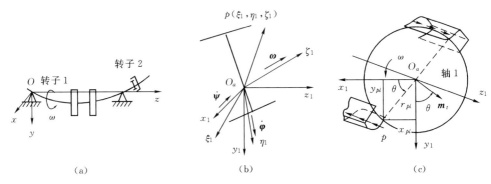

图 8-8   带有套齿联轴器的转子轴系

类似地,在转子 2 左端外齿套上任一点 p' 的绝对速度

$$\boldsymbol{v}_{p'}^{(2)} = \dot{x}_{a2}\boldsymbol{i} + \dot{y}_{a2}\boldsymbol{j} + \dot{z}_{a2}\boldsymbol{k} + (\dot{\psi}_2 z_{p2} - \omega y_{p2})\boldsymbol{i} + (\omega x_{p2} + \dot{\psi}_2 z_{p2})\boldsymbol{j} + (-\dot{\varphi}_2 x_{p2} - \dot{\psi}_2 y_{p2})\boldsymbol{k}$$

当 p 点为啮合点时,则在该啮合点上,p' 点相对于 p 点的运动速度为

$$
\begin{aligned}
\boldsymbol{v}_r &= \boldsymbol{v}_{p'}^{(2)} - \boldsymbol{v}_p^{(1)} \\
&\approx \left[(\dot{x}_{a2} - \dot{x}_{a1}) + (\dot{\varphi}_2 - \dot{\varphi}_1)z_{p1}\right]\boldsymbol{i} + \left[(\dot{y}_{a2} - \dot{y}_{a1}) + (\dot{\psi}_2 - \dot{\psi}_1)z_{p1}\right]\boldsymbol{j} + \\
&\quad \left[(\dot{z}_{a2} - \dot{z}_{a1}) - (\dot{\varphi}_2 - \dot{\varphi}_1)x_{p1} + (\dot{\psi}_2 - \dot{\psi}_1)y_{p1}\right]\boldsymbol{k}
\end{aligned}
$$

$$(8-50)$$

由式(8-50)知,即便在轴向位移及速度 z_{a1},z_{a2},$\dot{z}_{a1}$,$\dot{z}_{a2}$ 均为零时,外齿套相对于内齿套仍然存在有轴向滑移速度

$$v_{rk} = -\left[(\dot{\varphi}_2 - \dot{\varphi}_1)x_{p1} + (\dot{\psi}_2 - \dot{\psi}_1)y_{p1}\right] \tag{8-51}$$

式中,φ_i,$\psi_i(i=1,2)$ 为角位移坐标;x_{p1},y_{p1} 为 $O_a x_1 y_1 z_1$ 坐标系中的啮合点坐标。因此,只要轴 1,2 的角位移挠动不等,就总存在有轴向滑移,并引发摩擦力和相应的摩擦力矩(见图 8-8(c))。

这样,在讨论轴系的弯曲振动时,为了计及摩擦力偶,就必须将齿轮联轴器所施予转子的约束释放,而在转子 1,2 的边界条件中计入力偶 m_t 的作用,或者仿照热套转子的简化方法,将 m_t 进一步简化为一对作用在支点上的力偶来考虑。摩擦力偶的大小和转子的相对运动有关,而最后得到的考虑了套齿联轴器影响的系统动力学方程仍旧是本征的[6-8]。

8.2.3   转子与静子间的碰摩

这类干摩擦现象正在日益受到更多的关注,可能发生于轴颈与轴承之间,也可能发生于转子叶轮叶尖与各种密封表面以及转、定子之间。

以轴颈和轴承间的碰摩为例,在机组起、停车过程中,在供油不充分或转子振幅过大的情况下,都可能发生碰摩和干摩擦。对于这类干摩擦作用的危害性的认识——由碰摩而产生的切向摩擦力客观上将促使轴颈作反进动涡动(见图 8 - 9)。同样,由于碰摩而引发的系统运动也属于自激振动的范畴。

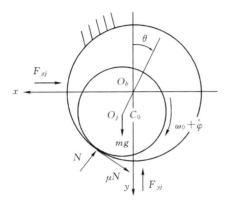

图 8 - 9　刚性转子的碰摩

1. 对称刚性转子的碰摩

刚性转子在连续碰摩过程中任意时刻所处的空间位置可以用角位移 $\Phi(t)$ 和 $\theta(t)$ 来表示,前者表示转子绕轴中心线的自转角位移,后者表示转子轴心 O_j 绕轴承中心 O_b 的涡动角位移(见图 8 - 9)。

$$\begin{cases} \theta = \theta(t) \\ \Phi = \omega_0 t + \varphi(t) \end{cases} \tag{8-52}$$

其中,ω_0 为转子的名义自转角频率。

设转子半径为 R,轴承半径间隙为 C_0,摩擦系数为 μ,轴承内壁作用在转子上的正反力为 N,则转子发生碰摩的条件为

$$N = mg\cos\theta + mC_0\dot{\theta}^2 \geqslant 0 \tag{8-53a}$$

转子沿切线方向的运动方程为

$$mC_0\ddot{\theta} + mg\sin\theta + \mu N = 0$$

或

$$mC_0\ddot{\theta} + mg\sin\theta + \mu m(g\cos\theta + C_0\dot{\theta}^2) = 0 \tag{8-53b}$$

同时,由于摩擦力矩 μNR 的作用,转子的自转频率将不再保持常值,其自转运动方程为

$$J\ddot{\varphi} + \mu m(g\cos\theta + C_0\dot{\theta}^2)R = 0 \tag{8-53c}$$

方程(8-53)即为对称刚性转子碰摩过程中的运动方程。

2. 单质量对称弹性转子的碰摩

弹性转子的碰摩情况可分为两类：轴颈与轴承内壁面之间的碰摩与发生在转子圆盘外表面与定子内表面间的碰摩。

1）轴颈与轴承间的碰摩

讨论轴颈与支承轴承内壁发生碰摩时的情况。

设碰摩前圆盘的转动频率为 ω_0，任意时刻轴颈中心的位置坐标为（C_0，θ），圆盘中心 O_d 的位置不仅与（C_0，θ）有关，也与转轴的相对挠度有关。转轴的相对挠度 z 可以用坐标（z_0，β）来表示，其中 z_0 为轴相对挠度的幅值，β 为圆盘中心 O_d 沿涡动方向的方位角。碰摩时作用在轴颈上的正反力 N 和摩擦力 μN 可合成为力 F_{xj}，F_{yj} 和力矩 M_{zj}。当 F_{xj}，F_{yj} 和 M_{zj} 的正方向定义如图 8-10(b) 时，有

$$\begin{cases} F_{xj} = N\sin\theta + \mu N\cos\theta \\ F_{yj} = N\cos\theta - \mu N\sin\theta \\ M_{zj} = \mu NR \end{cases} \tag{8-54}$$

任一时刻圆盘中心的位移为

$$\begin{cases} x_d = C_0\sin\theta + z_0\sin\beta \\ y_d = C_0\cos\theta + z_0\cos\beta \end{cases} \tag{8-55}$$

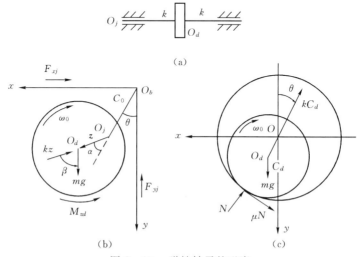

图 8 - 10　弹性转子的碰摩

（a）单质量弹性转子；（b）轴颈与轴承间的碰摩；（c）圆盘与定子间的碰摩

因转轴弯曲变形而作用在圆盘中心的恢复力为

$$\begin{cases} F_{xd} = kz_0\sin\beta = F_{xj} \\ F_{yd} = kz_0\cos\beta = F_{yj} \end{cases} \qquad (8-56a)$$

此外,圆盘还受到力矩 M_{zd} 的作用,即

$$M_{zd} = M_{zj} = \mu NR \qquad (8-56b)$$

需要指出的是,这时的方位角 β 实际上并不独立,且

$$\beta = \alpha + \theta$$
$$\alpha = \arctan\mu \qquad (8-57)$$

其中 α 为摩擦角。式(8-57)表明了碰摩时轻质轴的弯曲变形总是沿着正反力 N 和摩擦力 μN 的合力方向。由此得到圆盘的运动方程

$$\begin{cases} m\ddot{x}_d + kz_0\sin\beta = 0 \\ m\ddot{y}_d + kz_0\cos\beta - mg = 0 \end{cases} \qquad (8-58)$$

由式(8-55)、式(8-57)可得

$$\begin{cases} \ddot{x}_d = C_0\cos\theta\cdot\ddot{\theta} - C_0\sin\theta\cdot\dot{\theta}^2 + \sin\beta\cdot\ddot{z}_0 + 2\dot{z}_0\dot{\theta}\cos\beta + z_0\cos\beta\cdot\ddot{\theta} - z_0\sin\beta\cdot\dot{\theta}^2 \\ \ddot{y}_d = -C_0\sin\theta\cdot\ddot{\theta} - C_0\cos\theta\cdot\dot{\theta}^2 + \cos\beta\cdot\ddot{z}_0 - 2\dot{z}_0\dot{\theta}\sin\beta - z_0\sin\beta\cdot\ddot{\theta} - z_0\cos\beta\cdot\dot{\theta}^2 \end{cases}$$

于是圆盘的运动方程为

$$\begin{cases} m(C_0\cos\theta\cdot\ddot{\theta} - C_0\sin\theta\cdot\dot{\theta}^2 + \sin\beta\cdot\ddot{z}_0 + 2\dot{z}_0\dot{\theta}\cos\beta + z_0\cos\beta\cdot\ddot{\theta} - z_0\sin\beta\cdot\dot{\theta}^2) + \\ \quad kz_0\sin\beta = 0 \\ m(-C_0\sin\theta\cdot\ddot{\theta} - C_0\cos\theta\cdot\dot{\theta}^2 + \cos\beta\cdot\ddot{z}_0 - 2\dot{z}_0\dot{\theta}\sin\beta - z_0\sin\beta\cdot\ddot{\theta} - z_0\cos\beta\cdot\dot{\theta}^2) + \\ \quad kz_0\cos\beta - mg = 0 \end{cases}$$

$$(8-59a)$$

正反力 N 与轴的弯曲变形之间的关系为

$$\sqrt{1+\mu^2}\, N = kz_0 \qquad (8-59b)$$

圆盘的自转和所处的滑动或滚动状态有关,一般地说,其转动方程可以写为

$$J\ddot{\varphi} + \mu NR = 0$$

或

$$J\ddot{\varphi} + \frac{\mu R}{\sqrt{1+\mu^2}}kz_0 = 0 \qquad (8-59c)$$

方程(8-59)即为描述系统在轴颈与轴承内表面发生碰摩时的非线性振动方程。

2) 圆盘与定子间的碰摩

对于两端刚支的对称单质量圆盘转子,当圆盘外缘与定子间发生碰摩时,圆盘重力的作用相当于引入随 θ 变化的变刚度。设静挠度为 δ_0, $\delta_0 =$

mg/k，正反力与重力等之间的平衡关系为

$$N + kC_d - mg\cos\theta = mC_d\dot{\theta}^2 \qquad (8-60)$$

这时转子维持碰摩的条件可以表达成

$$N = mC_d\left\{\dot{\theta}^2 - \left[1 - \left(\frac{\delta_0}{C_d}\right)\cos\theta\right]\omega_k^2\right\} \geqslant 0 \qquad (8-61)$$

以上 C_d 为定子与圆盘间的半径间隙。

式（8-61）表明，只有当 $\dot{\theta} > \omega_k\sqrt{1 - \dfrac{\delta_0}{C_d}\cos\theta}$ 时，碰摩才会发生。涡动频率不仅与碰摩发生时的初始条件 $\theta(0)$ 有关，而且和 $\dfrac{\delta_0}{C_d}$，亦即转子的静态工作点有关。当 $\dfrac{\delta_0}{C_d}$ 趋近于零时，$\dot{\theta}$ 在接近或超过 ω_k 时发生碰摩；而当 $\dfrac{\delta_0}{C_d}$ 较大时，在一定的条件下，也可能产生 $\dot{\theta}$ 远小于 ω_k 的碰摩。

转子在切向的运动方程为

$$mC_d\ddot{\theta} + \mu N + mg\sin\theta = 0 \qquad (8-62)$$

当进一步考虑在圆盘上还作用有外阻尼力 $\mu_d C_d\dot{\theta}$ 时，运动方程可写成

$$mC_d\ddot{\theta} + \mu N + mg\sin\theta + \mu_d C_d\dot{\theta} = 0 \qquad (8-63)$$

式中，μ_d 为外阻尼系数。

转子的转动方程仍然保持不变：$J\ddot{\varphi} + \mu NR = 0$。

将式（8-61）代入式（8-63）、式（8-59c）中，整理后得

$$\begin{cases} mC_d\ddot{\theta} + \mu_d C_d\dot{\theta} + \mu m C_d\left[\dot{\theta}^2 - \left(1 - \dfrac{\delta_0}{C_d}\cos\theta - \dfrac{1}{\mu}\dfrac{\delta_0}{C_d}\sin\theta\right)\omega_k^2\right] = 0 \\ J\ddot{\varphi} + \mu m R C_d\left[\dot{\theta}^2 - \left(1 - \dfrac{\delta_0}{C_d}\cos\theta\right)\omega_k^2\right] = 0 \end{cases}$$

$$(8-64)$$

由式（8-64）可知，转子的运动，以及因碰摩所引起的动反力不仅与运动参数 θ 有关，而且与转子的静挠度相关。有两种极端情况可供讨论。

（1）不计重力作用。

当不计重力作用时，方程（8-64）可简化为

$$mC_d\ddot{\theta} + \mu_d C_d\dot{\theta} + \mu m C_d(\dot{\theta}^2 - \omega_k^2) = 0 \qquad (8-65)$$

$$J\ddot{\varphi} + \mu m R C_d(\dot{\theta}^2 - \omega_k^2) = 0 \qquad (8-66)$$

由 $\ddot{\theta} + \mu\left(\dot{\theta}^2 + \dfrac{\mu_d}{\mu m}\dot{\theta} - \omega_k^2\right) = 0$ 或 $\ddot{\theta} = -\mu(\dot{\theta} - \omega_1)(\dot{\theta} - \omega_2)$，可以解出

$$\dot{\theta} = \frac{\omega_1 - \zeta\omega_2 e^{-\mu(\omega_1-\omega_2)t}}{1 - \zeta e^{-\mu(\omega_1-\omega_2)t}} \qquad (8-67a)$$

式中

$$\omega_1 = \left[-\frac{\xi}{\mu} + \sqrt{1 + \left(\frac{\xi}{\mu}\right)^2} \omega_k \right] < \omega_k$$

$$\omega_2 = \left[-\frac{\xi}{\mu} - \sqrt{1 + \left(\frac{\xi}{\mu}\right)^2} \omega_k \right] < -\omega_k$$

$$\xi = \frac{\mu_d}{2\sqrt{km}}$$

系数 ζ 由初始条件决定，$\zeta = \dfrac{\dot\theta(0) - \omega_1}{\dot\theta(0) - \omega_2}$。

对式(8 - 67a)微分，可以得到

$$\ddot\theta = \frac{-\mu\zeta(\omega_1 - \omega_2)^2 \mathrm{e}^{-\mu(\omega_1 - \omega_2)t}}{\left[1 - \zeta\mathrm{e}^{-\mu(\omega_1 - \omega_2)t}\right]^2} \tag{8 - 67b}$$

转子的转动微分方程为

$$J\ddot\varphi + \mu mRC_d(\dot\theta^2 - \omega_k^2) = 0$$

或

$$J\ddot\varphi - mC_dR\left(\ddot\theta + \frac{\mu_d}{m}\dot\theta\right) = 0 \tag{8 - 67c}$$

这就是参考文献[9]曾经讨论过的情况。

（2）计入重力作用。

当重力项不可忽略时，对非线性方程(8 - 64)的求解颇为不易。方程的解不仅和运动的时间历程有关，还与碰摩的初始角相关。在大多数情况下，只能采取数值计算的方法求解。参考文献[13,14]针对高速转子在突然断电和停机时与保持轴承发生碰摩的全过程，分析了两种可能的运动形态——圆柱形运动和圆锥形运动。分析表明，高速旋转的转子在其跌落后会经历从第一次碰摩接触、系列撞击、滑动直至最终滚动的全过程（见图8 - 11）。转子在碰摩过程中由于摩擦而造成的自激运动可能在极短的时间周期内使得由离心力所产生的动载荷和摩擦功耗均达到极值，对轴承的内摩擦表面造成破坏，因此必须予以充分的关注[15-20]。

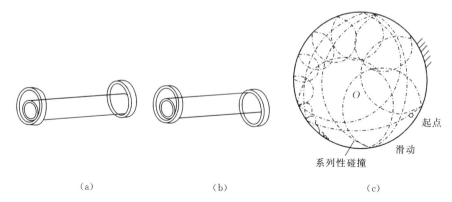

(a) (b) (c)

图 8 - 11   高速旋转转子"着陆"过程中的碰摩运动[15]
（a）圆柱形运动；（b）圆锥形运动；（c）转子"着陆"过程的运动轨迹

8.3   动压密封力

随着旋转机械日益向着高速、高压、高效方向发展，对于动压密封的研究也日趋重要。在迷宫式密封或环压式密封中，密封力的形成机理和动压滑动轴承中的油膜力有许多相似之处：这两种力都是起源于高速旋转的转子对被密封介质的卷吸作用，在转子与定子间由于小间隙流动而在间隙区域内形成压力场；由于转子的偏心作用，压力场沿周向方向连续变化，在水平和垂直方向上形成了合力并作用于转子，影响转子的运动。所不同的是，动压密封的相对间隙一般要比油膜间隙大得多；当被密封介质为气体时，其动力粘度一般也远小于油润滑介质；此外，密封结构也比滑动轴承复杂 —— 被密封介质在密封腔内的流动通常处于复杂的紊流状态，而不再是简单的层流状态。所有这些，都使得以往关于密封力的研究远不如对流体动压润滑轴承力那样普遍和深入。

对于密封力的研究历史最早可追溯到上世纪 60 年代阿尔福德对气体激振力的研究，尽管当时研究的对象是针对气隙激振的[21]。上世纪 70 年代，美国航天飞机的高速燃料泵转子系统由于密封结构形式设计不当而导致过大的分频涡动振动；一些大型汽轮发电机组的高压转子在运行中所出现的亚同步振动，部分原因也与密封力相关。密封的主要作用是为了防止在机组内部动、静配合面上因压差而造成的工质泄漏。为了追求机组的高效率，不得不尽可能地减小密封间隙，而间隙的减小又增强了密封力的动态激励效果，从而对转子稳定性带来不良影响。因此,一个可供工程应用、良好的密封设计方案大都出自对于多种因素权衡与折中的结果。

动压密封在动态工况所形成的流体激励力可以简化为和动压油膜力类似的形式:

$$\begin{bmatrix} \Delta F_x \\ \Delta F_y \end{bmatrix} = \begin{bmatrix} k_{xx} & k_{xy} \\ k_{yx} & k_{yy} \end{bmatrix} \begin{bmatrix} \Delta x \\ \Delta y \end{bmatrix} + \begin{bmatrix} c_{xx} & c_{xy} \\ c_{yx} & c_{yy} \end{bmatrix} \begin{bmatrix} \dot{x} \\ \dot{y} \end{bmatrix}$$

对密封刚度系数、阻尼系数的计算,一般都只能采取数值法。在理论计算方面,以 Childs 等所做的工作最具有代表性[22]。以下予以详细介绍。

8.3.1 控制方程组

考察图 8 - 12 所示的密封腔,为了建立流体运动的数学模型,需作以下假设:

(1)流体是理想气体;

(2)密封腔内的压力变化与相邻腔室间的压差相比要小得多;

(3)腔内流体的振动频率比转子的转动频率要高得多;

(4)附加质量项略去;

(5)转子偏心远小于密封的径向间隙;

(6)计算圆周方向的剪应力时,略去速度的轴向分量;

(7)不计剪应力对刚度、阻尼系数的影响;

(8)常温假设。

1. 连续方程

考虑第 i 个腔室内的控制体,如图 8 - 12 所示。

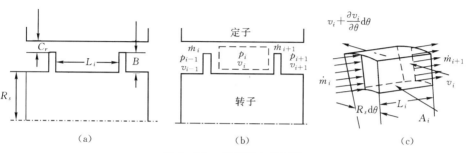

图 8 - 12　密封腔与控制体

(a)密封腔;(b)控制体;(c)腔室控制体内的介质流动

单位时间内由周向流出控制体的气体质量：$\dfrac{\partial(\rho_i v_i A_i)}{\partial\theta}\mathrm{d}\theta$；

因轴向泄漏而流入控制体的气体质量：$\dot{m}_i R_s \mathrm{d}\theta - \dot{m}_{i+1} R_s \mathrm{d}\theta$；

控制体内的质量增量：$\dfrac{\partial}{\partial t}(\rho_i A_i) R_s \mathrm{d}\theta$；

根据质量守恒原则，控制体的连续方程为

$$\frac{\partial}{\partial t}(\rho_i A_i)+\frac{\partial}{\partial\theta}(\rho_i A_i v_i)\frac{1}{R_s}+\dot{m}_{i+1}-\dot{m}_i=0 \qquad (8-68)$$

式中，ρ_i 为第 i 个腔室的气体密度；A_i 为第 i 个腔室的横截面积；v_i 为第 i 个腔室气体周向流动的平均速度；$\dot{m}_i$ 为单位周向长度上气体向第 i 个腔室的泄漏率；R_s 为转子（或密封）半径。此外，与第 i 个密封相关的几何参数还包括密封名义径向间隙 C_i，密封齿高 B_i，第 i 个密封腔的宽度 L_i 等。

当考虑密封间隙沿轴向方向变化时，第 i 个腔室的横截面积

$$A_i=[(B_i+H_i)+(B_{i+1}+H_{i+1})]L_i/2 \qquad (8-69)$$

式中，H_i 为第 i 个腔室的局部间隙。

2. 动量方程

作用在第 i 个腔室控制体上的压力和剪切力分布如图 8-13 所示。根据动量定理，在控制体内，气体在单位时间内的动量变化应当等于作用于控制体上的冲量之和。

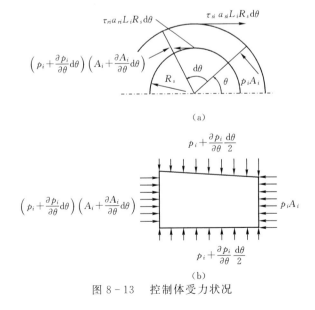

（a）

（b）

图 8-13　控制体受力状况

首先讨论单位时间内控制体中气体在周向方向上所引起的动量变化。

单位时间内由于气体的周向流动而进入控制体的气体动量：$(\rho_i A_i v_i) v_i = \rho_i A_i v_i^2$；

因轴向泄漏而从控制体带走的动量：$(\dot{m}_{i+1} v_i - \dot{m}_i v_{i-1}) R_s \mathrm{d}\theta$；

由于周向气体流动而从控制体所带走的动量：

$$\left[(\rho_i A_i v_i) + \frac{\partial(\rho_i A_i v_i)}{\partial\theta}\mathrm{d}\theta \right]\left[v_i + \frac{\partial v_i}{\partial\theta}\mathrm{d}\theta \right] \approx \rho_i v_i^2 A_i + (\rho_i A_i v_i)\frac{\partial v_i}{\partial\theta}d\theta + v_i \frac{\partial(\rho_i A_i v_i)}{\partial\theta}\mathrm{d}\theta$$

由于控制体内气体质量增加而引起的动量增量：$\dfrac{\partial(\rho_i A_i v_i)}{\partial t}R_s\mathrm{d}\theta$。

整个控制体内气体所受的周向力：

（1）剪应力 τ_{si} 和 τ_{ri}。相应的合力包括 $\tau_{ri}a_{ri}L_i R_s\mathrm{d}\theta$（作用于 R_s 处）和 $\tau_{si}a_{si}L_i R_s\mathrm{d}\theta$（作用于与定子表面相邻处）。

以上系数 a_{ri} 和 a_{si} 视密封齿的安装位置而定：

当密封齿在转子上时，有

$$\begin{cases} a_{si} = 1 \\ a_{ri} = (2B_i + L_i)/L_i \end{cases} \tag{8-70a}$$

当密封齿在定子上时，有

$$\begin{cases} a_{si} = (2B_i + L_i)/L_i \\ a_{ri} = 1 \end{cases} \tag{8-70b}$$

（2）周向方向上的压力 p_i（在 θ 处）和 $\left(p_i + \dfrac{\partial p_i}{\partial\theta}\mathrm{d}\theta\right)$（在 $\theta + \mathrm{d}\theta$ 处）。

单位时间内切向力所引起的冲量一方面使控制体内的动量增加，另一方面补充气体从控制体中带走的动量，亦即

$$p_i A_i - \left(p_i + \frac{\partial p_i}{\partial\theta}\mathrm{d}\theta\right)\left(A_i + \frac{\partial A_i}{\partial\theta}\mathrm{d}\theta\right) + \tau_{ri}a_{ri}L_i R_s\mathrm{d}\theta - \tau_{si}a_{si}L_i R_s\mathrm{d}\theta$$

$$= \frac{\partial(\rho_i A_i v_i)}{\partial t}R_s\mathrm{d}\theta + (\rho_i A_i v_i)\frac{\partial v_i}{\partial\theta}\mathrm{d}\theta + v_i\frac{\partial(\rho_i A_i v_i)}{\partial\theta}\mathrm{d}\theta + (\dot{m}_{i+1} v_i - \dot{m}_i v_{i-1})R_s\mathrm{d}\theta$$

整理后得到

$$\frac{\partial(\rho_i A_i v_i)}{\partial t} + \frac{2(\rho_i A_i v_i)}{R_s}\frac{\partial v_i}{\partial\theta} + \frac{\rho_i v_i^2}{R_s}\frac{\partial A_i}{\partial\theta} + \frac{A_i v_i^2}{R_s}\frac{\partial\rho_i}{\partial\theta} + \dot{m}_{i+1}v_i - \dot{m}_i v_{i-1}$$

$$= \frac{-A_i}{R_s}\frac{\partial p_i}{\partial\theta} - \frac{p_i}{R_s}\frac{\partial A_i}{\partial\theta} + \tau_{ri}a_{ri}L_i - \tau_{si}a_{si}L_i \tag{8-71}$$

3. 非求解变量的确定

1) 剪应力

如采用布拉赛斯(Blasius)所建议的剪应力公式[24],则有

$$\tau = \frac{1}{2}\rho U_m^2\, n_0 \left(\frac{U_m D_h}{\eta}\right)^{m_0} \tag{8-72}$$

式(8-72)是布拉赛斯根据在光滑管中紊流状态下对剪切力的研究所提出的。式中,U_m 为相对于剪应力作用表面的平均流速;m_0 和 n_0 均为常量,对于某一给定表面来说,m_0 和 n_0 通过压力流实验来确定。就环状表面间的紊流流动而言,亚玛达(Yamada)建议[24],两常量应取

$$m_0 = -0.25, \quad n_0 = 0.079$$

对于迷宫式密封,由式(8-72)得到的剪应力为

$$\begin{cases} \tau_{ri} = \dfrac{\rho_i}{2}(R_s\omega - v_i)^2\, n_r \left(\dfrac{\mid R_s\omega - v_i \mid D_{hi}}{\eta}\right)^{m_r} \mathrm{sgn}(R_s\omega - v_i) \\[4mm] \tau_{si} = \dfrac{\rho_i}{2}v_i^2\, n_s \left(\dfrac{\mid v_i \mid D_{hi}}{\eta}\right)^{m_s} \mathrm{sgn}(v_i) \end{cases} \tag{8-73}$$

式中,ω 为转动频率;(m_s, n_s),(m_r, n_r) 分别为计及不同转子和定子表面粗糙度后的定子和转子的分离参数;η 为动力粘度;D_{hi} 为液力润滑直径,定义为

$$D_{hi} = \frac{2(H_i + B_i)L_i}{(H_i + B_i + L_i)} \tag{8-74}$$

2) 泄漏方程

当选择纽曼模型时,泄漏率可以表示为[25,26]

$$\dot{m}_i = \mu_{1i}\mu_2 H_i \sqrt{\frac{p_{i-1}^2 - p_i^2}{RT}} \tag{8-75}$$

其中,μ_2 为动能转移系数,对于直通型密封来说,有

$$\mu_2 = \sqrt{\frac{N_T}{(1-j)N_T + j}} \tag{8-76a}$$

式中,$j = 1 - (1 + 16.6C_r/L)^{-2}$,$N_T$ 为密封齿数。

式(8-75)中所包含的流量系数

$$\mu_{1i} = \pi/(2 + \pi - 5S_i + 2S_i^2) \tag{8-76b}$$

式中,$S_i = \left(\dfrac{p_i - 1}{p_i}\right)^{(\gamma-1)/\gamma}$,$\gamma$ 为比热。

当出口堵塞时,对于最后一个密封齿,可采用佛莱基尔(Fliegner)公

式[27]：

$$\dot{m}_{N_c} = \frac{0.510\mu_2}{\sqrt{RT}} p_{N_c} H_{N_T} \tag{8-77}$$

以上，N_C 为腔室数，$N_C = N_T - 1$。

4. 控制方程组

式(8-71)所描述的动量方程还可以进一步简化——对连续方程(8-68)等号两边同乘以周向速度 v_i，并代入方程(8-71)整理后可得到进一步简化了的动量方程

$$\rho_i A_i \frac{\partial v_i}{\partial t} + \frac{\rho_i A_i v_i}{R_s} \frac{\partial v_i}{\partial \theta} + \dot{m}_i (v_i - v_{i-1}) = \frac{-A_i}{R_s} \frac{\partial p_i}{\partial \theta} - \tau_{si} a_{si} L_i + \tau_{ri} a_{ri} L_i \tag{8-78}$$

为了减少变量数目，可以将方程中所有的含 ρ_i 项用压力项去替换。根据理想气体定律

$$\rho_i = \frac{p_i}{RT} \tag{8-79}$$

同时，为使方程更容易求解，在连续方程和动量方程中都采用了以下近似：

$$\dot{m}_{i+1} - \dot{m}_i \approx \frac{\dot{m}_{i+1}^2 - \dot{m}_i^2}{2\dot{m}_0}$$

其中，$\dot{m}_0$ 为稳态时的质量泄漏率。

经上述处理后，描述第 i 个密封腔内的气体流动和压力分布的方程组由式(8-68)、式(8-75)和(8-78)组成，一并写在下面，这些方程总共涉及到 $\dot{m}_i$，p_i 和 v_i 等三个变量。

$$\begin{cases} \dfrac{\partial}{\partial t}(\rho_i A_i) + \dfrac{\partial}{\partial \theta}(\rho_i A_i v_i)\dfrac{1}{R_s} + \dot{m}_{i+1} - \dot{m}_i = 0 \\[2mm] \rho_i A_i \dfrac{\partial v_i}{\partial t} + \dfrac{\rho_i A_i v_i}{R_s}\dfrac{\partial v_i}{\partial \theta} + \dot{m}_i(v_i - v_{i-1}) = \dfrac{-A_i}{R_s}\dfrac{\partial p_i}{\partial \theta} - \tau_{si} a_{si} L_i + \tau_{ri} a_{ri} L_i \\[2mm] \dot{m}_i = \mu_{1i}\mu_2 H_i \sqrt{\dfrac{p_{i-1}^2 - p_i^2}{RT}} \end{cases} \tag{8-80}$$

8.3.2　控制方程的摄动解

对方程组(8-80)的求解只能采用数值法，以下以摄动法为例说明其求解

过程。

选取无量纲偏心率 ε 作为摄动变量,$\varepsilon = e/C_r$。将变量 p_i , v_i , H_i , A_i 均表示成摄动量 ε 的函数:

$$\begin{cases} p_i = p_{0i} + \varepsilon p_{1i} \\ v_i = v_{0i} + \varepsilon v_{1i} \\ H_i = C_{ri} + \varepsilon H_1 \\ A_i = A_{0i} + \varepsilon L_i H_1 \end{cases} \tag{8-81}$$

式中,H_1 为密封间隙函数。

根据上述定义,式(8-80)的零阶方程将给出转子在对中位置时气体在密封腔内的周向速度分布和平均气体质量泄漏率,而相应的一阶扰动方程则决定了由于偏心扰动 ε 所产生的压力扰动和周向速度扰动。

1. 零阶近似

这时的零阶泄漏方程为

$$\dot{m}_{i+1} = \dot{m}_i = \dot{m}_0 \tag{8-82a}$$

沿周向方向的零阶动量方程为

$$\dot{m}_0 (v_{0i} - v_{0i-1}) = (\tau_{ri0} a_{ri} - \tau_{si0} a_{si}) L_i \quad (i = 1, 2, \cdots, N_C) \tag{8-82b}$$

方程(8-82)可用来决定 $\dot{m}_0$ 和对中时的压力分布。

泄漏率可根据工况条件按方程(8-75)或式(8-77)求解。为了判断气流是否阻塞,可先将最后一个腔室的压力假设为气流阻塞时的临界压力,并由式(8-77)计算出 $\dot{m}_{N_C}$,再由方程(8-75)依次解出各密封腔内所必须建立的腔室压力 p_{0i}。

2. 一阶近似

决定压力和速度摄动的一阶方程组为

$$G_{1i} \frac{\partial p_{1i}}{\partial t} + G_{1i} \frac{v_{0i}}{R_s} \frac{\partial p_{1i}}{\partial \theta} + G_{1i} \frac{p_{0i}}{R_s} \frac{\partial v_{1i}}{\partial \theta} + G_{3i} p_{1i} + G_{4i} p_{1i-1} + G_{5i} p_{1i+1}$$

$$= - G_{6i} H_1 - G_{2i} \frac{\partial H_1}{\partial t} - G_{2i} \frac{v_{0i}}{R_s} \frac{\partial H_1}{\partial \theta} \tag{8-83a}$$

$$X_{1i} \frac{\partial v_{1i}}{\partial t} + \frac{X_{1i} v_{0i}}{R_s} \frac{\partial v_{1i}}{\partial \theta} + \frac{A_{0i}}{R_s} \frac{\partial p_{1i}}{\partial \theta} + X_{2i} v_{1i} - \dot{m}_0 v_{1i-1} + X_{3i} p_{1i} + X_{4i} p_{1i-1} = X_{5i} H_1 \tag{8-83b}$$

密封间隙函数 H_1 可以表示成如下形式：

设转子轴心运动轨迹方程为

$$\begin{cases} x = a\cos\omega t \\ y = b\sin\omega t \end{cases} \tag{8-84}$$

式中，a，b 分别为椭圆轨迹的长、短半轴。则在任意周向位置 θ 处有

$$\varepsilon H_1 = -x\cos\theta - y\sin\theta = -a\cos\omega t\cos\theta - b\sin\omega t\sin\theta$$

$$= -\frac{a}{2}\big[\cos(\theta - \omega t) + \cos(\theta + \omega t)\big] - \frac{b}{2}\big[\cos(\theta - \omega t) - \cos(\theta + \omega t)\big]$$

$$\tag{8-85}$$

因此，可将方程(8-83)中关于压力和速度的扰动解设成如下形式：

$$p_{1i} = p_{ci}^+ \cos(\theta + \omega t) + p_{si}^+ \sin(\theta + \omega t) + p_{ci}^- \cos(\theta - \omega t) + p_{si}^- \sin(\theta - \omega t)$$

$$\tag{8-86}$$

$$v_{1i} = v_{ci}^+ \cos(\theta + \omega t) + v_{si}^+ \sin(\theta + \omega t) + v_{ci}^- \cos(\theta - \omega t) + v_{si}^- \sin(\theta - \omega t)$$

$$\tag{8-87}$$

将式(8-85)～式(8-87)代入方程(8-83)，并将正弦、余弦项分别合并，同时消去与时间或 θ 的相关项后，对于每个腔室可得到关于压力和速度的 8 个线性方程。对于第 i 个腔室，方程组的矩阵形式为

$$\boldsymbol{A}_{i-1}\boldsymbol{X}_{i-1} + \boldsymbol{A}_i\boldsymbol{X}_i + \boldsymbol{A}_{i+1}\boldsymbol{X}_{i+1} = \frac{a}{\varepsilon}(\boldsymbol{B}_i) + \frac{b}{\varepsilon}(\boldsymbol{C}_i) \tag{8-88}$$

其中向量

$$\begin{cases} \boldsymbol{X}_{i-1} = (p_{si-1}^+ \quad p_{ci-1}^+ \quad p_{si-1}^- \quad p_{ci-1}^- \quad v_{si-1}^+ \quad v_{ci-1}^+ \quad v_{si-1}^- \quad v_{ci-1}^-)^{\mathrm{T}} \\ \boldsymbol{X}_i = (p_{si}^+ \quad p_{ci}^+ \quad p_{si}^- \quad p_{ci}^- \quad v_{si}^+ \quad v_{ci}^+ \quad v_{si}^- \quad v_{ci}^-)^{\mathrm{T}} \\ \boldsymbol{X}_{i+1} = (p_{si+1}^+ \quad p_{ci+1}^+ \quad p_{si+1}^- \quad p_{ci+1}^- \quad v_{si+1}^+ \quad v_{ci+1}^+ \quad v_{si+1}^- \quad v_{ci+1}^-)^{\mathrm{T}} \end{cases}$$

$$\tag{8-89}$$

当矩阵 $\boldsymbol{A}_{i-1}$，$\boldsymbol{A}_i$，$\boldsymbol{A}_{i+1}$，列矢量 $\boldsymbol{B}_i$ 和 $\boldsymbol{C}_i$ 已知时，并注意到在密封入口和出口边处的压力扰动及速度扰动值均为零的边界条件，最终所求得的方程(8-89)的解可写成如下形式：

$$\begin{cases} p_{si}^+ = \dfrac{a}{\varepsilon}F_{asi}^+ + \dfrac{b}{\varepsilon}F_{bsi}^+ \\[2mm] p_{si}^- = \dfrac{a}{\varepsilon}F_{asi}^- + \dfrac{b}{\varepsilon}F_{bsi}^- \\[2mm] p_{ci}^+ = \dfrac{a}{\varepsilon}F_{aci}^+ + \dfrac{b}{\varepsilon}F_{bci}^+ \\[2mm] p_{ci}^- = \dfrac{a}{\varepsilon}F_{aci}^- + \dfrac{b}{\varepsilon}F_{bci}^- \end{cases} \tag{8-90}$$

方程(8-83)中所含系数 X_i、G_{ji} 以及方程(8-88)中的系数矩阵 $\boldsymbol{A}_i$，列矢量 $\boldsymbol{B}_i$，$\boldsymbol{C}_i$ 的表达式如下：

$$G_{1i} = \frac{A_{0i}}{RT}, \quad G_{2i} = \frac{p_{0i}L_i}{RT}$$

$$G_{3i} = \dot{m}_0 \left(\frac{p_{0i+1}}{p_{0i}^2 - p_{i+1}^2} + \frac{p_{0i}}{p_{0i-1}^2 - p_{0i}^2} \right) - \frac{\dot{m}_0 \mu_{1i+1}}{\pi} (5 - 4S_{1i+1}) \left(\frac{\gamma - 1}{\gamma p_{0i+1}} \right) \left(\frac{p_{0i}}{p_{0i+1}} \right)^{-1/\gamma} + $$
$$\frac{\dot{m}_0 \mu_{1i}}{\pi} (4S_{1i} - 5) \left(\frac{\gamma - 1}{\gamma p_{0i}} \right) \left(\frac{p_{0i+1}}{p_{0i}} \right)^{(\gamma-1)/\gamma}$$

$$G_{4i} = \frac{-\dot{m}_0 p_{0i-1}}{p_{0i-1}^2 - p_{0i}^2} - \frac{\dot{m}_0}{\pi} \mu_{1i} (4S_i - 5) \left[\frac{1}{p_{0i}} \left(\frac{\gamma - 1}{\gamma} \right) \left(\frac{p_{0i-1}}{p_{0i}} \right)^{-1/\gamma} \right]$$

$$G_{5i} = \frac{-\dot{m}_0 p_{0i+1}}{p_{0i}^2 - p_{0i+1}^2} + \frac{\dot{m}_0}{\pi} \mu_{1i+1} (4S_i - 5) \left[\frac{1}{p_{0i+1}} \left(\frac{\gamma - 1}{\gamma} \right) \left(\frac{p_{0i}}{p_{0i+1}} \right)^{(\gamma-1)/\gamma} \right]$$

$$G_{6i} = \dot{m}_0 \frac{C_{ri} - C_{ri+1}}{C_{ri+1} C_{ri}}$$

$$X_{1i} = \frac{p_{0i} A_{0i}}{RT}$$

$$X_{2i} = \dot{m}_0 + \frac{\tau_{si} a_{si} L_i (2 + m_s)}{v_{0i}} + \frac{\tau_{ri} a_{ri} L_i (2 + m_r)}{(\omega R_s - v_{0i})}$$

$$X_{3i} = \frac{\tau_{si} a_{si} L_i}{p_{0i}} - \frac{\tau_{ri} a_{ri} L_i}{p_{0i}} - \frac{\dot{m}_0 p_{0i}}{p_{0i-1}^2 - p_{0i}^2} (v_{0i} - v_{0i-1}) - $$
$$\frac{\dot{m}_0}{\pi} \mu_{1i} (4S_i - 5) \left[\frac{1}{p_{0i}} \left(\frac{\gamma - 1}{\gamma} \right) \left(\frac{p_{0i-1}}{p_{0i}} \right)^{(\gamma-1)/\gamma} \right] (v_{0i} - v_{0i-1})$$

$$X_{4i} = \frac{\dot{m}_0 p_{0i-1}}{p_{0i-1}^2 - p_{0i}^2} (v_{0i} - v_{0i-1}) + \frac{\dot{m}_0}{\pi} (v_{0i} - v_{0i-1}) \mu_{1i} (4S_i - 5) \left[\frac{1}{p_{0i}} \left(\frac{\gamma - 1}{\gamma} \right) \left(\frac{p_{0i-1}}{p_{0i}} \right)^{-1/\gamma} \right]$$

$$X_{5i} = \frac{-\dot{m}_0}{C_{ri}} (v_{0i} - v_{0i-1}) - \frac{m_s \tau_{si} a_{si} C_{ri} D_{hi}}{2(C_{ri} + B_i)^2} + \frac{m_r \tau_{ri} a_{ri} C_{ri} D_{hi}}{2(C_{ri} + B_i)^2}$$

$$(8-91)$$

对应于 $\boldsymbol{A}_{i-1}$ 矩阵中的各元为

$$\begin{cases} a_{1,2} = a_{2,1} = a_{3,4} = a_{4,3} = G_{4i} \\ a_{5,2} = a_{6,1} = a_{7,4} = a_{8,3} = X_{4i} \\ a_{5,6} = a_{6,5} = a_{7,8} = a_{8,7} = -\dot{m}_0 \end{cases} \qquad (8-92a)$$

其余的矩阵元素均为 0。

对于 $\boldsymbol{A}_i$ 矩阵：

$$
\begin{cases}
a_{1,1} = -a_{2,2} = G_{1i}\left(\omega + \dfrac{v_{0i}}{R_s}\right) \\[2mm]
a_{3,3} = -a_{4,4} = G_{1i}\left(\dfrac{v_{0i}}{R_s} - \omega\right) \\[2mm]
a_{1,2} = a_{2,1} = a_{3,4} = a_{4,3} = G_{3i} \\[2mm]
a_{5,2} = a_{6,1} = a_{7,4} = a_{8,3} = X_{3i} \\[2mm]
a_{5,1} = a_{7,3} = -a_{6,2} = -a_{8,4} = \dfrac{A_{0i}}{R_s} \\[2mm]
a_{5,5} = -a_{6,6} = X_{1i}\left(\omega + \dfrac{v_{0i}}{R_s}\right) \\[2mm]
a_{7,7} = -a_{8,8} = X_{1i}\left(\dfrac{v_{0i}}{R_s} - \omega\right) \\[2mm]
a_{5,6} = a_{6,5} = a_{7,8} = a_{8,7} = X_{2i} \\[2mm]
a_{1,5} = a_{3,7} = -a_{2,6} = -a_{4,8} = G_{1i}\dfrac{p_{0i}}{R_s}
\end{cases}
\tag{8-92b}
$$

矩阵中其余各元均为 0。

对于 $\boldsymbol{A}_{i+1}$ 矩阵：

$$
a_{1,2} = a_{2,1} = a_{3,4} = a_{4,3} = G_{5i} \tag{8-92c}
$$

矩阵中其余各元为 0。

对于连续方程和动量方程，由分离出来的正弦、余弦项各自平衡的原则所得到的方程分别为：

在连续方程中：

$\cos(\theta + \omega t)$：

$$
G_{1i}p_{si}^{+}\left(\frac{v_{0i}}{R_s} + \omega\right) + G_{1i}\frac{p_{0i}}{R_s}V_{si}^{+} + G_{3i}p_{ci}^{+} + G_{4i}p_{ci-1}^{+} + G_{5i}p_{ci+1}^{+} = \frac{G_{6i}}{2\varepsilon}(a - b)
$$

$\sin(\theta + \omega t)$：

$$
-G_{1i}p_{ci}^{+}\left(\frac{v_{0i}}{R_s} + \omega\right) - G_{1i}\frac{p_{0i}}{R_s}V_{ci}^{+} + G_{3i}p_{si}^{+} + G_{4i}p_{si-1}^{+} + G_{5i}p_{si+1}^{+} = \frac{G_{2i}}{2\varepsilon}\left(\frac{v_{0i}}{R_s} + \omega\right)(b - a)
$$

$\cos(\theta - \omega t)$：

$$
G_{1i}p_{si}^{-}\left(\frac{v_{0i}}{R_s} - \omega\right) + G_{1i}\frac{p_{0i}}{R_s}V_{si}^{-} + G_{3i}p_{ci}^{-} + G_{4i}p_{ci-1}^{-} + G_{5i}p_{ci+1}^{-} = \frac{G_{6i}}{2\varepsilon}(a + b)
$$

$\sin(\theta - \omega t)$：

$$
-G_{1i}p_{ci}^{-}\left(\frac{v_{0i}}{R_s} - \omega\right) - G_{1i}\frac{p_{0i}}{R_s}V_{ci}^{-} + G_{3i}p_{si}^{-} + G_{4i}p_{si-1}^{-} + G_{5i}p_{si+1}^{-} = -\frac{G_{2i}}{2\varepsilon}\left(\frac{v_{0i}}{R_s} - \omega\right)(a + b)
$$

$$
\tag{8-93a}
$$

在动量方程中：

$\cos(\theta + \omega t)$：

$$X_{1i} v_{si}^{+}\left(\frac{v_{0i}}{R_s} + \omega\right) + \frac{A_{0i}}{R_s} p_{si}^{+} + X_{2i} v_{ci}^{+} - \dot{m}_0 v_{ci-1}^{+} + X_{3i} p_{ci}^{+} + X_{4i} p_{ci-1}^{+} = \frac{X_{5i}}{2\varepsilon}(b - a)$$

$\sin(\theta + \omega t)$：

$$-X_{1i} v_{ci}^{+}\left(\frac{v_{0i}}{R_s} + \omega\right) - \frac{A_{0i}}{R_s} p_{ci}^{+} + X_{2i} v_{si}^{+} - \dot{m}_0 v_{si-1}^{+} + X_{3i} p_{si}^{+} + X_{4i} p_{si-1}^{+} = 0$$

$\cos(\theta - \omega t)$：

$$X_{1i} v_{si}^{-}\left(\frac{v_{0i}}{R_s} - \omega\right) + \frac{A_{0i}}{R_s} p_{si}^{-} + X_{2i} v_{ci}^{-} - \dot{m}_0 v_{ci-1}^{-} + X_{3i} p_{ci}^{-} + X_{4i} p_{ci-1}^{-} = \frac{-X_{5i}}{2\varepsilon}(a + b)$$

$\sin(\theta - \omega t)$：

$$-X_{1i} v_{ci}^{-}\left(\frac{v_{0i}}{R_s} - \omega\right) - \frac{A_{0i}}{R_s} p_{ci}^{-} + X_{2i} v_{si}^{-} - \dot{m}_0 v_{si-1}^{-} + X_{3i} p_{si}^{-} + X_{4i} p_{si-1}^{-} = 0$$

$$(8 - 93\text{b})$$

列矢量 $\boldsymbol{B}_i$ 和 $\boldsymbol{C}_i$ 分别为

$$\boldsymbol{B}_i = \begin{Bmatrix} \dfrac{G_{6i}}{2} \\[2mm] \dfrac{-G_{2i}}{2}\left(\dfrac{v_{0i}}{R_s} + \omega\right) \\[2mm] \dfrac{G_{6i}}{2} \\[2mm] \dfrac{G_{2i}}{2}\left(\omega - \dfrac{v_{0i}}{R_s}\right) \\[2mm] \dfrac{-X_{5i}}{2} \\[2mm] 0 \\[2mm] \dfrac{-X_{5i}}{2} \\[2mm] 0 \end{Bmatrix}, \quad \boldsymbol{C}_i = \begin{Bmatrix} \dfrac{-G_{6i}}{2} \\[2mm] \dfrac{G_{2i}}{2}\left(\dfrac{v_{0i}}{R_s} + \omega\right) \\[2mm] \dfrac{G_{6i}}{2} \\[2mm] \dfrac{G_{2i}}{2}\left(\omega - \dfrac{v_{0i}}{R_s}\right) \\[2mm] \dfrac{X_{5i}}{2} \\[2mm] 0 \\[2mm] \dfrac{-X_{5i}}{2} \\[2mm] 0 \end{Bmatrix} \qquad (8 - 93\text{c})$$

8.3.3　动压密封的转子动力学系数

在动态情况下，考虑到对称性，迷宫式密封的动态力可以表达成如下形式：

$$-\begin{bmatrix} F_x \\ F_y \end{bmatrix} = \begin{bmatrix} k_{ii} & k_{ij} \\ -k_{ij} & k_{ii} \end{bmatrix} \begin{bmatrix} x \\ y \end{bmatrix} + \begin{bmatrix} c_{ii} & c_{ij} \\ -c_{ij} & c_{ii} \end{bmatrix} \begin{bmatrix} \dot{x} \\ \dot{y} \end{bmatrix} \qquad (8-94)$$

对于椭圆运动,利用式(8-84),上述密封动态力可以写成

$$\begin{cases} F_x = -k_{ii}a\cos\omega t - k_{ij}b\sin\omega t + c_{ii}a\omega\sin\omega t - c_{ij}b\omega\cos\omega t \\ F_y = k_{ij}a\cos\omega t - k_{ii}b\sin\omega t - c_{ij}a\omega\sin\omega t - c_{ii}b\omega\cos\omega t \end{cases} \qquad (8-95a)$$

记动态力 $F_x = F_{xc}\cos\omega t + F_{xs}\sin\omega t$,$F_y = F_{yc}\cos\omega t + F_{ys}\sin\omega t$,则有

$$\begin{cases} F_{xc} = -(k_{ii}a + c_{ij}b\omega) \\ F_{yc} = -(-k_{ij}a + c_{ii}b\omega) \end{cases}, \qquad \begin{cases} F_{xs} = -(k_{ij}b - c_{ii}a\omega) \\ F_{ys} = -(k_{ii}b + c_{ij}a\omega) \end{cases} \qquad (8-95b)$$

F_x 和 F_y 可通过对各腔的压力分布积分后得到,即

$$F_x = -R_s\varepsilon\sum_{i=1}^{N_c}\int_0^{2\pi} P_{1i}L_i\cos\theta\mathrm{d}\theta \qquad (8-96a)$$

$$F_y = R_s\varepsilon\sum_{i=1}^{N_c}\int_0^{2\pi} P_{1i}L_i\sin\theta\mathrm{d}\theta \qquad (8-96b)$$

由于对称性,只需选择一个方程即可决定在式(8-94)中所包含的转子动力学系数。以 x 方向为例,将方程(8-86)代入方程(8-96a)后积分得

$$F_x = -\varepsilon\pi R_s\sum_{i=1}^{N_c} L_i\big[(P_{si}^+ - P_{si}^-)\sin\omega t + (P_{ci}^+ + P_{ci}^-)\cos\omega t\big] \qquad (8-97)$$

由方程(8-90)、方程(8-95)和方程(8-97)知

$$\begin{cases} F_{xs} = -\pi R_s\sum_{i=1}^{N_c} L_i\big[a(F_{asi}^+ - F_{asi}^-) + b(F_{bsi}^+ - P_{bsi}^-)\big] \\ F_{xc} = -\pi R_s\sum_{i=1}^{N_c} L_i\big[a(F_{aci}^+ + F_{aci}^-) + b(F_{bci}^+ + P_{bci}^-)\big] \end{cases} \qquad (8-98)$$

最后所得到的动压密封转子动力学系数为

$$\begin{cases} k_{ii} = \pi R_s\sum_{i=1}^{N_c}(F_{aci}^+ + F_{aci}^-)L_i \\[2mm] k_{ij} = \pi R_s\sum_{i=1}^{N_c}(F_{bsi}^+ - F_{bsi}^-)L_i \\[2mm] c_{ii} = \dfrac{-\pi R_s}{\omega}\sum_{i=1}^{N_c}(F_{asi}^+ - F_{asi}^-)L_i \\[2mm] c_{ij} = \dfrac{\pi R_s}{\omega}\sum_{i=1}^{N_c}(F_{bci}^+ + F_{bci}^-)L_i \end{cases} \qquad (8-99)$$

归纳起来,求解密封转子动力学系数的步骤大致如下:

(1)首先利用方程(8-75)及方程(8-77)求解泄漏率;

(2) 求解无扰动下的压力分布；

(3) 利用方程(8-82)求解无扰动下的速度分布；

(4) 求解一阶摄动方程组；

(5) 由计算得到的动态密封力进一步得到动压密封的刚度、阻尼系数。

上述由蔡尔德所提出的动压密封力计算方法虽然考虑了周向流动因素，但轴向流动这一重要因素却完全被忽略了；另一个问题是采用摄动法所获得的数值解只在小扰动参数 $\varepsilon \approx 0$ 时才具有较高的精度；此外，数学模型中所含多个系数的确定大都来源于实验或经验公式，其适用范围受到一定的限制；最后，当密封介质为气体时，需要考虑气体的可压缩性。同时，进一步理论与实验研究都表明，动压密封的动态力或动力学系数与振动频率有着强烈的相关性，因此，对于动压密封转子动力学系数的理论和实验研究，仍有进一步深入的必要[28-31]。

8.4　叶轮偏心引起的流体激励力

无论是涡轮或压气机，在服役工况下其叶轮转子总是处于与机壳(或静子)的偏心状态——造成这种偏心的原因来源于装配误差、轴的弯曲变形或者转子在滑动轴承中的静态偏心等。叶轮转子的偏心使得叶尖间隙沿圆周方向的分布不再均匀，并且在大多数情况下，由于转子的涡动，叶尖间隙的不均匀分布也是随时间变化的，如图 8-14 所示。

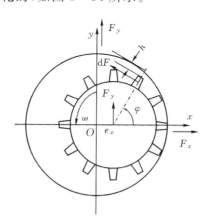

图 8-14　作用在蒸汽秀平叶轮上的切向力

设叶轮在水平方向上的偏心为 e_x，则叶尖间隙沿周向的变化为

$$h = c - e_x \cos\varphi \qquad (8-100)$$

其中，c 为名义间隙；e_x 为叶轮沿 x 轴方向的偏心距。

以蒸汽透平为例，由于叶尖间隙的周向分布不均匀，因此间隙小的一侧叶片做功多、效率高，叶片上所受的气动力较大；与之相反，位于间隙大的一侧的叶片做功少、效率低，作用在叶片上的气动力也小。叶轮全部叶片上所承受的切向气动力的合成结果除产生扭矩外，还产生了一个与偏心方向垂直的合力 F_y 并作用于转子中心。虽然合力 F_y 的大小受多种因素的影响，但首先它是偏心距 e 的函数，因而属于本征力；另一方面，F_y 的作用是由于运动的交叉耦合效应引起的，只与转子或叶轮的位移扰动有关，其作用是促使转子的正向涡动。因此，当系统无足够的外阻尼不足以克服 F_y 的激励时，系统将发生失稳。这一问题最早是由德国的托马斯（Thomas）在 1958 年研究蒸汽透平转子的振动时提出的，即所谓蒸汽激振[32]。类似的问题在 1965 年由阿尔福德研究航空燃气涡轮发动机稳定性的论文中亦被涉及，因此这种由叶轮偏心所引起的气（汽）体激振力有时也被称为阿尔福德力[23]。

当叶轮发生偏心时，作用在叶片上的切向气动力可用下式来表示：

$$dF = -\frac{1}{2\pi} F_s (\eta - \xi_{sp}) d\varphi \qquad (8-101)$$

式中，dF 为作用在叶片 $d\varphi$ 微元上的切向力 —— 在一般情况下，dF 分布总是对称于定子和叶轮中心的连心线；F_s 为理想的切向力；η 为切向效率；ξ_{sp} 为局部效率损失；φ 为所考察叶片的位置角。

该级叶轮所受到的气动合力

$$\begin{cases} F_x = -\displaystyle\int_0^{2\pi} \sin\varphi \, dF = \frac{1}{2\pi} F_s \int_0^{2\pi} (\eta - \xi_{sp}) \sin\varphi \, d\varphi \\[2mm] F_y = \displaystyle\int_0^{2\pi} \cos\varphi \, dF = -\frac{1}{2\pi} F_s \int_0^{2\pi} (\eta - \xi_{sp}) \cos\varphi \, d\varphi \\[2mm] \boldsymbol{F} = F_x \boldsymbol{i} + F_y \boldsymbol{j} \end{cases} \qquad (8-102)$$

通常，效率 η 与 φ 无关，当叶轮仅具有水平扰动 e_x 时，气动力 dF 分布对称于 x 轴，所以 x 方向上的合力

$$\begin{cases} F_x = 0 \\[2mm] F_y = \dfrac{F_s}{2\pi} \displaystyle\int_0^{2\pi} \xi_{sp} \cos\varphi \, d\varphi \end{cases} \qquad (8-103)$$

在积分式(8-102)和式(8-103)中均涉及到关于局部效率损失 ξ_{sp} 的处理。一种处理方法来源于托马斯，他提出 F_y 应按下式计算：

$$F_y = \frac{m_0 \psi U}{2} \frac{d\xi_{sp}}{dh} e_x \qquad (8-104a)$$

或采用交叉刚度系数来表示:

$$k_{yx} = \frac{\partial F_y}{\partial e_x} = \frac{m_0 \psi U}{2} \frac{\mathrm{d}\xi_{sp}}{\mathrm{d}h} \qquad (8-104\mathrm{b})$$

式中,m_0 为总气体流量;U 为叶片中央的切向速度;ψ 为压力系数,$\psi = \Delta h_s / U^2$,Δh_s 为涡轮叶片中的绝热焓降;$\mathrm{d}\xi_{sp}/\mathrm{d}h$ 则为局部效率损失对间隙的变化率。

　　运用式(8-104)的前提是 $\mathrm{d}\xi_{sp}/\mathrm{d}h$ 必须是已知的,这给实际应用带来了困难和不便。阿尔福德则建议用下式来计算气(汽)体激振力和交叉刚度:

$$\begin{cases} F_y = \dfrac{T\beta e_x}{DL} \\[2mm] k_{yx} = \dfrac{T\beta}{DL} \end{cases} \qquad (8-105)$$

其理论依据则来源于局部效率损失与叶尖间隙比 (e_x/L) 呈线性关系的假设,亦即

$$\frac{\mathrm{d}\xi_{sp}}{\mathrm{d}h} = \frac{\beta}{L} \qquad (8-106)$$

式中,T 为作用在叶轮上的扭矩;D,L 分别为位于叶片中央处的叶轮直径和叶片高度;β 为效率系数。

　　由于 $T = \dfrac{\psi U D m_0}{2}$,式(8-105)可写成

$$k_{yx} = \frac{\psi U m_0}{2}\left(\frac{\beta}{L}\right) \qquad (8-107)$$

在式(8-107)中,虽然消去了 $\dfrac{\mathrm{d}\xi_{sp}}{\mathrm{d}h}$,但由于 β 受到多种因素的影响,并不容易选取。还不如通过试验直接找出计算局部损失的拟合公式来得方便,详细论述可参见参考文献[21,32,33]。

　　无论是哪一种计算公式,为了最终能够将这种由叶轮偏心所引起的气(汽)体激振力引入对系统稳定性讨论之中,总是将力与位移扰动之间的关系近似为线性。如前所述,k_{yx} 的引入增强了系统的自激励,当 $k_{yx} > 0$ 时,这种气隙激振力将会导致转子正向涡动的发展。

　　对于压气机中流体激振力的起因众说不一。阿尔福德采用同样的观点来解释和说明:在压气机中叶轮发生偏心时,作用在压气机叶轮上的切向气动负荷合成的结果除力矩外,同样也会产生一作用于转子中心的横向力,并促使了转子的正向涡动。阿尔福德分析的理论基础是建立在出口流场均匀的假设条件下;另一方面,其关于位于间隙大一侧的叶片所受切向负荷也大的推

论亦显得过于牵强。参考文献[33]对压气机叶轮偏心产生激励力的机理作过比较详细的理论和实验研究,所测量的叶片进、出口压力分布曲线如图 8-15 所示。

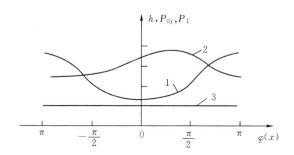

图 8-15　压气机叶轮偏心旋转时叶片进、出口压力分布[34]
1— 叶尖间隙;2— 出口压力;3— 进口压力

测量结果表明,在进口压力均匀的情况下,出口压力大致成正弦曲线分布,最大压力点位置大约超前于最小叶尖间隙位置 60°。这说明在间隙小处气体压力偏高,叶片做功多,所受的气动力(反作用力)也大;而位于间隙较大处的叶片受力情况则相反。因此,得出在压气机中因叶轮偏心而引起的气体激振力将促进转子的反向涡动,换言之,这种力对于叶轮的正向涡动来说,相当于阻尼力,如图 8-16 所示。

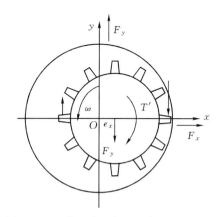

图 8-16　作用在压气机叶轮上的切向力

在压气机工作过程中,关于叶轮偏心之所以导致压力最大点超前的原因可以作如下解释:当叶轮作正向涡动时,例如叶轮沿 x 轴方向产生了位移扰动

Δx,在最小间隙区或坐标系第一象限部分,由于 Δx 扰动,气流相对于叶片由大间隙区流向小间隙区,进一步增大了气体压力;而位于第四象限内的叶片,气流相对于叶片由小间隙区流向大间隙区,从而使得这一部分气体压力降低;两者的综合效应最后导致了最大压力点在第一象限超前。如果将同样的原理应用于蒸汽涡轮,则叶轮的周向气体压力分布应当滞后于最小间隙点[33],显然参考文献[33]的研究结果要更为合理些。

因此,当激励力和转动频率的正方向定义为与 x,y,z 轴同向时,对于涡轮机来说,这种气体激振力可表示为

$$\begin{bmatrix} \Delta F_x \\ \Delta F_y \end{bmatrix} = \begin{bmatrix} 0 & -k_{yx} \\ k_{yx} & 0 \end{bmatrix} \begin{bmatrix} \Delta x \\ \Delta y \end{bmatrix} \tag{8-108a}$$

而对于压气机来说,气体激振力则应为

$$\begin{bmatrix} \Delta F_x \\ \Delta F_y \end{bmatrix} = \begin{bmatrix} 0 & k_{yx} \\ -k_{yx} & 0 \end{bmatrix} \begin{bmatrix} \Delta x \\ \Delta y \end{bmatrix} \tag{8-108b}$$

更为详尽的论述可参见参考文献[34-38]。

8.5　系统的稳定性裕度

现代机组不断大型化和高速化的发展趋势,使得工程界对于轴承转子系统稳定性的要求越来越高。虽然对于系统稳定性状况的把握在线性范围内最终都将归结为对于系统特征值的求解,但指望把所有可能产生的激励因素都考虑在设计阶段是不现实的。对于一个给定的线性稳定系统,如何进一步描述其稳定性裕度并不容易。已经有不少文献从不同角度讨论过这一问题。以下就对数衰减率、系统阻尼和系统的抗恒定干扰能力逐一介绍[39,40]。

8.5.1　对数衰减率

对数衰减率最早用于对单自由度系统自由运动的描述,这一术语概念明确,使用范围也最为广泛。

对于单自由度系统,有

$$\ddot{x} + 2n\dot{x} + \omega_k^2 x = 0$$

其自由运动的解 $x = x_0 e^{\gamma t}$,且

$$\gamma = -n \pm \mathrm{i} \sqrt{\omega_k^2 - n^2}$$

当 $n > 0$ 时,其相邻两次振动的振幅 x_i,x_{i+1} 之比或振幅衰减系数

$$\beta = \frac{x_i}{x_{i+1}} = \frac{x_0\,\mathrm{e}^{-n(t_i)}}{x_0\,\mathrm{e}^{-n(t_i+T)}} = \mathrm{e}^{nT}$$

其中,T 为周期,$T = 2\pi/\sqrt{\omega_k^2 - n^2}$。相应的对数衰减率被定义为

$$\delta = \ln\beta = nT = \frac{2\pi n}{\sqrt{\omega_k^2 - n^2}}$$

因此,对数衰减率实际上是以振幅衰减的快慢程度为指标,对系统在受到瞬态、非定常干扰后回复到平衡状态过程的度量。推广到多自由度系统,对应于系统的第 i 阶特征值和振型,如记 $\gamma_i = -u_i + \mathrm{i}\omega_{ki}$,则第 i 阶振型所对应的对数衰减率

$$\delta_i = \frac{2\pi u_i}{\omega_{ki}} \tag{8-109}$$

8.5.2　系统阻尼

"系统阻尼"(system damping)这一概念和术语是由德国的格林尼克提出的[1]。推测系统阻尼提出的本意,是希望在系统全局范围内,能够对多自由度系统在线性范围内给出一个对系统稳定性评估的全局性指标。

对于多自由度系统,不失一般性。设系统具有 n 个特征值 $\gamma_1, \gamma_2, \cdots, \gamma_n$,如

$$u = \min(-\operatorname{Re}(\gamma_1), -\operatorname{Re}(\gamma_2), \cdots, -\operatorname{Re}(\gamma_n))$$

则系统阻尼被定义为

$$U = u/\omega^* \tag{8-110}$$

式中,ω^* 为参考频率:

对于刚性转子,$\omega^* = \omega_0 = \sqrt{g/c}$,$c$ 为滑动轴承名义径向间隙;

对于弹性转子,$\omega^* = \omega_{k1}$,ω_{k1} 为无阻尼系统的一阶固有频率。

可以看到,系统阻尼实际上是根据系统特征值的负实部来选取的,在诸多分布在复左半平面上的特征值中,距离虚轴最近的特征值实际上就决定了系统阻尼的大小。

8.5.3　系统抗定常干扰界限值

工程中所谓的"稳定裕度"在大多数场合是指系统能够抵御恒定干扰因

---

① 　圆柱和椭圆轴承性能计算资料.西安交通大学科技参考资料,78-100.

素的能力,这类干扰多半与系统的运动有关,可以被折合成系统的本征参数(如刚度、阻尼等)来度量它们的作用。例如前面所提到的透平机械中的流体力,密封中的动态激励力以及在工作转速范围内可能出现的摩擦阻尼激励等。从数学上来说,对这些因素的考虑被归结为由于系统参数变化而导致系统发生自激振动的问题。

以下通过具体案例计算来说明一个参数给定的轴承转子系统的抗干扰能力。

考察一个支承在两个圆柱轴承上的对称单质量转子系统,计算该系统的抗蒸汽激振和负阻尼干扰的能力。

圆柱动压滑动轴承参数为:直径 $D = 420$ mm,宽度 $B = 210$ mm,相对间隙 $\psi = 0.0015$,润滑油动力粘度 $\mu = 0.022$ Pa・s。该轴承在各种偏心率 ε_0 下的无量纲承载力 $\overline{W}$、无量纲刚度 K_{ij} 和无量纲阻尼 D_{ij} 如表 8-1 所示。

表 8-1　圆柱轴承的无量纲性能值[①]

ε_0	$\overline{W}$	K_{xx}	K_{xy}	K_{yx}	K_{yy}	D_{xx}	D_{xy}	D_{yx}	D_{yy}
0.05	0.033 5	0.057 6	−0.145 1	0.676 8	0.031 1	0.524 5	0.048 5	0.015 5	1.352 4
0.10	0.068 1	0.117 4	−0.271 5	0.711 4	0.115 5	0.552 6	0.120 0	0.116 6	1.417 9
0.20	0.145 9	0.257 6	−0.313 8	0.853 2	0.260 7	0.669 4	0.274 5	0.270 1	1.686 7
0.30	0.245 1	0.448 7	−0.389 4	1.112 1	0.474 2	0.885 1	0.511 6	0.503 0	2.175 3
0.40	0.383 3	0.653 9	−0.390 6	1.503 6	0.907 5	1.038 4	0.744 6	0.746 4	2.902 3
0.50	0.596 5	1.002 1	−0.405 4	2.220 9	1.716 3	1.261 1	1.129 5	1.117 2	4.200 9
0.60	0.959 7	1.583 4	−0.358 9	3.543 6	3.456 9	1.670 9	1.818 8	1.849 9	6.754 4
0.70	1.674 4	2.668 3	−0.049 5	6.569 8	8.239 6	2.265 7	3.065 8	3.065 7	12.213 7
0.80	3.409 3	5.516 2	1.048 5	15.253 6	24.669 9	3.872 9	6.613 3	6.577 7	28.280 8
0.90	10.271 2	15.760 8	12.674 1	56.315 9	146.849 5	6.695 6	16.168 2	15.182 9	100.110 7
0.95	27.870 0	39.692 5	70.811 4	193.799 3	806.775 4	10.271 8	35.183 3	32.679 4	328.381 6

为便于比较,选择以下三种刚性及弹性转子参数:

重载转子 a:重量 460 000 N,轴刚度为无穷大或 $5\,791 \times 10^5$ N/m;

中载转子 b:重量 46 000 N,轴刚度为无穷大或 $1\,158 \times 10^5$ N/m;

轻载转子 c:重量 9 200 N,轴刚度为无穷大或 $1\,158 \times 10^5$ N/m。

相关干扰或减稳因素分别施加在刚性转子中点或弹性转子的圆盘上,同时计算这些轴承转子系统在不同减稳因素作用下的系统阻尼值(见图8-17)。

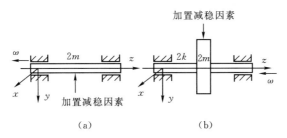

图 8 - 17 受到减稳因素作用的轴承转子系统

(a) 刚性转子;(b) 弹性转子

1. 无外加减稳因素时的系统阻尼值

如前所述,无干扰情况下刚性转子的运动方程以及系统特征方程依然为

$$m\ddot{x} + k_{xx}x + k_{xy}y + d_{xx}\dot{x} + d_{xy}\dot{y} = 0$$

$$m\ddot{y} + k_{yx}x + k_{yy}y + d_{yx}\dot{x} + d_{yy}\dot{y} = 0$$

$$a_0\gamma^4 + a_1\gamma^3 + a_2\gamma^2 + a_3\gamma + a_4 = 0 \qquad (8-111)$$

当以 $\lambda = \gamma/\omega$ 代入后,系统相应的无量纲特征方程为

$$A_0\lambda^4 + A_1\lambda^3 + A_2\lambda^2 + A_3\lambda + A_4 = 0$$

式中系数

$A_0 = M^2$

$A_1 = M(D_{xx} + D_{yy})$

$A_2 = M(K_{xx} + K_{yy}) + D_{xx}D_{yy} - D_{xy}D_{yx}$

$A_3 = K_{xx}D_{yy} + K_{yy}D_{xx} - K_{xy}D_{yx} - K_{yx}D_{xy}$

$A_4 = K_{xx}K_{yy} - K_{xy}K_{yx}$

$M = m\omega\psi^3/(\mu B)$

按照系统阻尼的定义,如 u 为系统特征方程中所有 4 个特征值负实部中最小的一个,亦即

$$u = \min(-\operatorname{Re}(\gamma_1), -\operatorname{Re}(\gamma_2), \cdots, -\operatorname{Re}(\gamma_4))$$

则系统阻尼 $U = u/\omega^*$。

类似地,对应于单质量对称弹性转子的运动方程及无量纲特征方程为

$$m(\ddot{x} + \ddot{\xi}) + k\xi = 0$$

$$m(\ddot{y} + \ddot{\eta}) + k\eta = 0$$

$$k\xi = k_{xx}x + k_{xy}y + d_{xx}\dot{x} + d_{xy}\dot{y}$$

$$k\eta = k_{yx}x + k_{yy}y + d_{yx}\dot{x} + d_{yy}\dot{y}$$

$$A_0\lambda^6 + A_1\lambda^5 + A_2\lambda^4 + A_3\lambda^3 + A_4\lambda^2 + A_5\lambda + A_6 = 0 \qquad (8-112a)$$

式中系数

$$A_0 = M^2 A_d$$
$$A_1 = M^2 [K(D_{xx} + D_{yy}) + A_g]$$
$$A_2 = M[MK^2 + MK(K_{xx} + K_{yy}) + MA_k + 2KA_d]$$
$$A_3 = MK[K(D_{xx} + D_{yy}) + 2A_g]$$
$$A_4 = K[MK(K_{xx} + K_{yy}) + 2MA_k + KA_d]$$
$$A_5 = K^2 A_g, \quad A_6 = K^2 A_k$$
$$A_d = D_{xx} D_{yy} - D_{xy} D_{yx}$$
$$A_k = K_{xx} K_{yy} - K_{xy} K_{yx}$$
$$A_g = K_{xx} D_{yy} + K_{yy} D_{xx} - K_{xy} D_{yx} - K_{yx} D_{xy}$$
$$K = k\psi^3 / (\mu\omega B) \tag{8-112b}$$

弹性转子的无量纲系统阻尼为

$$U = u/\omega_k, \quad \omega_k = \sqrt{k/m}$$

对于刚性重载转子 a、中载转子 b、轻载转子 c 的计算结果如图 8-18(a) 所示。在 $500 \sim 2\,500$ r/min 转速范围内,刚性转子的系统阻尼均取决于第 3 和第 4 对共轭特征值。

弹性重载转子 a 在约 $1\,600$ r/min 前,系统阻尼取决于第 3 对共轭特征值,更高速时则取决于第 2 对共轭特征值(见图 8-18(b))。弹性中载转子 b 在约 $2\,200$ r/min 前取决于第 3 对共轭特征值,其后则取决于第 1 对共轭特征值(见图 8-18(c))。弹性轻载转子 c 则在全部计算范围内取决于第 1 对共轭特征值(见图 8-18(d))。

2. 抗各向同性交叉刚度的能力

蒸汽激振力的作用相当于在蒸汽透平转子上外加了一个交叉刚度力,其大小可以用交叉刚度来表征。当转子与定子近似处在同心位置时,在两个正交方向上,交叉刚度的绝对值相等而符号相反,促使转子涡动的发展。当交叉刚度力足够大、达到某个界限值时,系统将失稳而发生自激振动。交叉刚度的界限值,就表征了该系统抗此类减稳因素的能力。换言之,系统实际所能抵抗这类减稳因素的稳定裕度也应以此界限值为标志。

当刚性转子的中央作用有交叉刚度力时,系统运动方程

$$\begin{cases} (m\gamma^2 + d_{xx}\gamma + k_{xx})x_0 + (k_{xy} - k_{st} + d_{xy}\gamma)y_0 = 0 \\ (k_{yx} + k_{st} + d_{yx}\gamma)x_0 + (m\gamma^2 + d_{yy}\gamma + k_{yy})y_0 = 0 \end{cases}$$

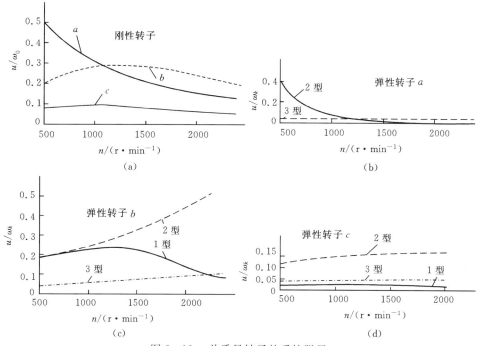

图 8-18　单质量转子的系统阻尼

存在非平凡解的条件为

$$\begin{vmatrix} m\gamma^2 + d_{xx}\gamma + k_{xx} & k_{xy}\gamma + k_{xy} - k_{st} \\ d_{yx}\gamma + k_{yx} + k_{st} & m\gamma^2 + d_{yy}\gamma + k_{yy} \end{vmatrix} = 0$$

当取 k_{st} 为界限值时,系统处于由稳定到不稳的界限状态,此时 γ 为一纯虚数,可令 $\gamma = \mathrm{i}\omega_{st}$,其中 ω_{st} 为涡动频率。代入上式并令其虚部和实部分别等于零,可得

$$\omega_{st} = \frac{k_{xx}d_{yy} + k_{yy}d_{xx} - (k_{xy} - k_{st})d_{yx} - (k_{yx} + k_{st})d_{xy}}{m(d_{xx} + d_{yy})} \quad (8-113)$$

$$(-m\omega_{st}^2 + k_{xx})(-m\omega_{st}^2 + k_{yy}) - \omega_{st}^2(d_{xx}d_{yy} - d_{xy}d_{yx}) - (k_{xy} - k_{st})(k_{yx} + k_{st}) = 0$$

由此得到

$$B_2 M K_{st}^2 + (B_1 M - A)K_{st} + (\gamma_{st}^2 M - K_{eq}) = 0 \quad (8-114)$$

式中

$$K_{st} = \frac{k_{st}\psi^3}{(\mu\omega B)}, \quad K_{eq} = \frac{A_g}{D_{xx} + D_{yy}}, \quad \gamma_{st}^2 = \frac{(K_{eq} - K_{xx})(K_{eq} - K_{yy}) - K_{xy}K_{yx}}{A_d}$$

$$B_1 = \frac{A(2K_{eq} - K_{xx} - K_{yy})}{A_d}, \quad B_2 = \frac{1 + A^2}{A_d}, \quad A = \frac{D_{yx} - D_{xy}}{D_{xx} + D_{yy}}$$

$$A_d = D_{xx}D_{yy} - D_{xy}D_{yx}, \quad A_g = K_{xx}D_{yy} + K_{yy}D_{xx} - K_{xy}D_{yx} - K_{yx}D_{xy}$$

由式(8-114)即可求出系统所能抵抗的交叉刚度界限值 k_{st},对于刚性转子可定义其相对值为 $k_{st}\psi^3/(\mu\omega_0 B)$。对于刚性重载转子 a、中载转子 b、轻载转子 c 的计算结果如图8-19所示。比较图8-18(a)和图8-19可知,对于重载转子 a,系统阻尼和交叉刚度的界限值随转速的变化规律是相似的,两者都随着转速的上升而呈单调下降趋势;但对于中载转子 b 和轻载转子 c,则二者的变化规律却不尽相同——随着转速的提高,系统阻尼先是增大而后降低,而交叉刚度界限值却单调下降。可见,就刚性转子而言,系统阻尼的大小并不与系统抗交叉刚度干扰的能力相吻合。

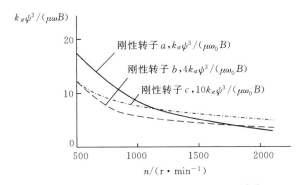

图8-19　刚性转子抗交叉刚度界线值[39]

对于对称单质量弹性转子,当圆盘上作用有交叉刚度力时,其运动方程为

$$\begin{cases} m\gamma^2(x_0 + \xi_0) - k_{st}(y_0 + \eta_0) + k\xi_0 = 0 \\ k_{st}(x_0 + \xi_0) + m\gamma^2(y_0 + \eta_0) + k\eta_0 = 0 \\ (d_{xx}\gamma + k_{xx})x_0 + (d_{xy}\gamma + k_{xy})y_0 - k\xi_0 = 0 \\ (d_{yx}\gamma + k_{yx})x_0 + (d_{yy}\gamma + k_{yy})y_0 - k\eta_0 = 0 \end{cases}$$

式中,x_0,y_0 为轴颈振幅;ξ_0,η_0 为转子动挠度。

由存在非平凡解的条件可得关于 γ 或其无量纲特征值 λ 的六次方程

$$A'_0\lambda^6 + A'_1\lambda^5 + A'_2\lambda^4 + A'_3\lambda^3 + A'_4\lambda^2 + A'_5\lambda + A'_6 = 0$$

式中,$A'_i = A_i + B_i$,A_i 由式(8-112b)所确定,B_i 的取值为

$$B_0 = B_1 = B_2 = B_3 = 0$$

$$B_4 = A_d K_{st}^2$$

$$B_5 = K^2 K_{st}(D_{yx} - D_{xy}) + A_g K_{st}^2 + KK_{st}^2(D_{xx} + D_{yy})$$

$$B_6 = K^2 K_{st}(K_{yx} - K_{xy}) + A_k K_{st}^2 + KK_{st}^2(K_{xx} + K_{yy}) + K^2 K_{st}^2$$

同样,当 K_{st} 取界限值时,γ 及 λ 为纯虚数,由此可算出 K_{st} 的界限值。对于

重载转子 a、中载转子 b、轻载转子 c 的计算结果如图 8-20、图 8-21 和图 8-22 所示。为便于对比,图中同时给出了无外加交叉刚度时的系统阻尼值。

可以看到,对于弹性转子,系统阻尼值亦不能很好反映系统对抗蒸汽激振这类减稳因素的能力。例如图 8-20 中,转速为 1 500 r/min 时的 K_{st} 界限值约为 1 000 r/min 时的 62%,亦即下降了约 38%,相反系统阻尼值却增加了 46%。

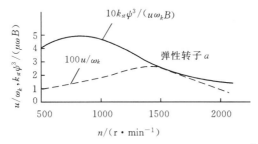

图 8-20　弹性重载转子抗交叉刚度的界线值[39]

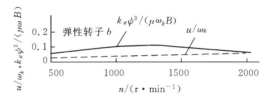

图 8-21　弹性中载转子抗交叉刚度的界线值[39]

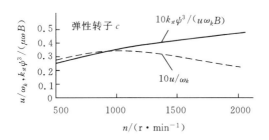

图 8-22　弹性轻载转子抗交叉刚度的界线值[39]

此外,为了更明白无误起见,还进行了以下核算,亦即在同一转速下对转子施加一系列由小至大的 K_{st} 值,以考察在此 K_{st} 作用下的系统阻尼值的变化。因为施加的 K_{st} 越大,系统越接近失稳状态,其稳定裕度当然越低。如果系统阻尼值能反映系统的稳定裕度,则系统阻尼值应随 K_{st} 的增大而单调下降,直到在 K_{st} 界限值下系统阻尼降为 0。但实际计算结果(见图 8-23)却并非如此，例如对于刚性转子 c，K_{st} 越大，U 确实越小；但对于弹性转子 a，则系统阻尼 U 随着 K_{st} 的增大起初反而上升，只是 K_{st} 大到一定程度后系统阻尼 U 才下降。这就更明显地表明了系统阻尼并不能很好反映系统抗交叉刚度的能力。

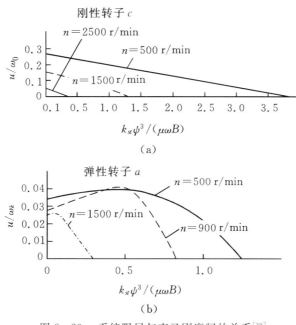

图 8-23　　系统阻尼与交叉刚度间的关系[39]

3. 抗各向同性负阻尼的能力

以下进一步考察系统阻尼是否能够反映系统抗负阻尼减稳因素的能力。

与其他干扰因素相比，负阻尼干扰属于最为简单的动力减稳因素。如果系统阻尼也不能与系统抗负阻尼干扰能力的强弱保持一致，那么采用系统阻尼作为系统稳定性裕度的度量就更加值得商榷了。

类似地，列出刚性转子在各向同性阻尼 d_{st} 作用下的动力学方程以及关于系统的无量纲特征方程

$$[m\gamma^2 + (d_{xx} + d_{st})\gamma + k_{xx}]x_0 + (d_{xy}\gamma + k_{xy})y_0 = 0$$
$$(d_{yx}\gamma + k_{yx})x_0 + [m\gamma^2 + (d_{yy} + d_{st})\gamma + k_{yy}]y_0 = 0$$
$$A'_0\lambda^4 + A'_1\lambda^3 + A'_2\lambda^2 + A'_3\lambda + A'_4 = 0$$

同样，当 $-d_{st}$ 取界限值时，系统失稳时的 γ 或 λ 为纯虚数。计算结果如图 8-24、图 8-25 和图 8-26 所示，为对比方便，图中也给出相应的系统阻尼值。由图，尤其是图 8-25 及图 8-26 可见，二者的变化规律并不一致。

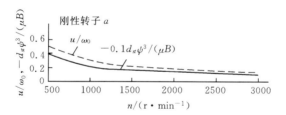

图 8-24　负阻尼作用下的刚性重载转子[39]

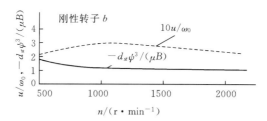

图 8-25　负阻尼作用下的刚性中载转子[39]

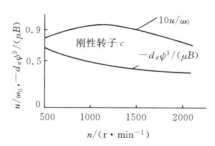

图 8-26　负阻尼作用下的刚性轻载转子[39]

作用有各向同性阻尼的弹性转子系统的相关结果见图 8-27、图 8-28 和图 8-29。与相应的系统阻尼值对比，同样可以看出两者间的不尽相似。在重载转子 a 和中载转子 b 上，二者的变化规律还比较相似，但在轻载转子 c 上，系统阻尼值则从约 1 100 r/min 开始下降，而 $-d_{st}$ 的界限值则在 2 500 r/min 以前一直有所上升。

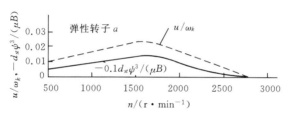

图 8-27　负阻尼作用下的弹性重载转子[39]

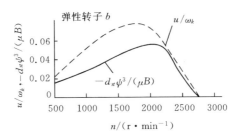

图 8 - 28　　负阻尼作用下的弹性中载转子[39]

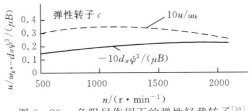

图 8 - 29　　负阻尼作用下的弹性轻载转子[39]

　　此外,对于在不同转速下、施加有一系列由小到大的负阻尼干扰的刚性轻载转子 c 系统阻尼的计算也表明,在不同转速下,系统阻尼值并不随 $-d_{st}$ 值之增大而单调下降,这从另一个侧面说明了系统阻尼同样不能很好反映系统抗各向同性负阻尼的能力。例如,在工作转速为 500 r/min、$-D_{st} = 0.56$ 时,虽然系统阻尼值很高,但这并不意味着系统的稳定裕度很大 —— 当 $-D_{st}$ 增大到 0.65 时,系统迅即失稳(见图 8 - 30)。

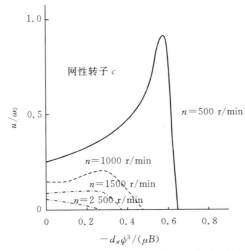

图 8 - 30　　刚性轻载转子的系统阻尼与负阻尼界

当然也存在有某些情况,当外加负阻尼干扰由 0 逐渐增大到其界限值时,系统阻尼几乎线性地单调下降到 0,如弹性重转子 a(见图 8-31)。在这种情况下,无外加负阻尼时的系统阻尼的大小与系统抗各向同性负阻尼的能力是近乎一致的。

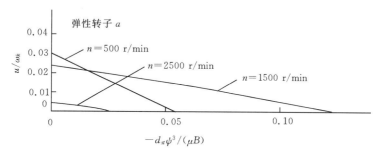

图 8-31　弹性重载转子的系统阻尼与负阻尼界限值

上述大多数计算结果表明,系统阻尼值并不能代表系统抗恒定减稳因素的能力,亦即不能作为系统稳定性裕度的度量指标,它只代表系统受扰后在自由振动下回复到其平衡位置的迅速程度。由此扩展开去,在线性范围内,无论是采用对数衰减率,还是另行构造其他的能量函数(比如李雅普诺夫函数)来考察系统受扰后的情况,都只是从不同角度、采用不同的尺度去度量而已,原则上这些指标与系统对抗恒定减稳因素的稳定性储备或稳定性裕度之间并无必然的联系,因此它们均不宜引申、转借来表达这里所指的稳定裕度。以上结论具有普遍意义,并不仅限于圆柱轴承支承的简单转子。事实上,系统的稳定性储备取决于受扰系统的发散路径,当系统减稳因素明确时,还不如直接采用相应减稳因素的界限值来表征系统的稳定裕度更为简洁明了。减稳因素界限值的计算,可以利用特征值为纯虚数这一特点以简化运算过程。特别地,在系统参数作小扰动变化时,一种不依赖于系统具体干扰参数的描述方法是采用特征值灵敏度分析,从而给出系统在参数变化时对特征值影响的一阶近似估计,并以此来作为在设计初始阶段的参考。

参考文献

[1]　Jeffcott H H. The Lateral Vibration of Loaded Shafts in the Neighborhood of a Whirling Speed-The Effect of Balance[J]. Philosophical Magazine,1919,37(6):304.

[2]　Newkirk B L. Shaft Whipping[J]. General Electric Review,1924,27: 169.

[3]　Kimball A L. Internal Friction Theory of Shaft Whirling[J]. General Electric Review,1924,27:244.

[4]　Ehrich F F. Shaft Whirl Induced by Rotor Internal Damping[J]. Journal of Applied Mechanics,1964,31(2):279 - 282.

[5]　Gunter E J. The Influence of Internal Friction on the Stability of High Speed Rotor[J]. Journal of Engineering for industry,ASME,1967(11): 683 - 689.

[6]　丁文镜. 工程中的自激振动[M]. 吉林:吉林教育出版社,1988.

[7]　Begg I C. Friction Induced Rotor Whirl-A Study in Stability[C]. ASME Design Engineering Technical Conference,1973,1.

[8]　Ehrich F,Childs D. Self-Excited Vibration in High Performance Turbo-machinery[J]. Mechanical Engineering,1984(5).

[9]　张文. 转子系统的干摩擦回旋失稳[J]. 振动工程学报,1988,1(3):80 - 84.

[10]　吕高强,陆钟,朱继梅. 轴承干摩擦涡动现象的分析及轴承碰摩故障的诊断[C]. 全国首届转子动力学学术讨论会,1986.

[11]　Muszynska A. Partial Lateral Rotor to Stator Rubs[J]. I Mech E, 1984:281 - 284.

[12]　Choy F K,et al. Rub Interaction of Flexible Casing Rotor Systems[J]. Journal of Engineering for Gas and Turbines and Power,Trans. of ASME,1990,111(10):652.

[13]　Schweitzer G,et a1,Active Magnetic Bearings,Basics,Properties and Applications of Active Magnetic Bearing[C]. Hochschulverlay AG an der ETH Zarich,1994.

[14]　Ji Jinchen,Yu L. Drop Dynamics of a High speed Unbalancecl Rotor in Active Magnetic Bearing Machinery[J]. MECH. STRUCT. & MACH. ,2000,28(2&3):185 - 200.

[15]　Dell H,Engel J,Faber R,et al. Developments and Test on Retainer Bearing for Large Active Magnetic Bearing[C]. Proc. First Intl Symp. On Magnetic Bearing,ETH Zurich,Springer-Verlag,Berlin,1988(5).

[16]　Black H F,Interaction of a Whirling Rotor with a Vibration Stator

Across a Clearance Annulus[J]. J Mech Eng Sc,1968:1 - 12.

[17]　Szczygielski W,Schweitzer G. Dynamics of a High Speed Rotor Touching a Boundary. In Bianchi,Schiehlen(eds):Dynamics of Multibody System. Proc IUTAM/IFToMM Symposium. Udine. Springer-Verlag,Berlin,1987.

[18]　Fumagalli M,Feeny B,Schweitzer G. Dynamics of Rigid Rotors in Retainer Bearing [C]. Third Internat. Symp. on Magnetic Bearings. Washington D. C. ,1992(7).

[19]　朱梓根,宴砺堂. 某型涡轮螺桨发动机转子偏摩故障分析[J]. 航空学报,1992,13(10):512 - 516.

[20]　武新华等. 旋转机械碰摩故障特性分析[J]. 汽轮机技术,1996,38(1): 31 - 34.

[21]　Alford J S. Protecting Turbomachinery from Self-Excited Rotor Whirl [J]. Journal of Engineering for Power,ASME,1965,87(4):333 - 344.

[22]　Child D W,et al. An Iwatsubo-Based Solution for Labyrinth Seals: Comparison to Experimental Result[J]. Journal of Engineering for Gas Turbines and Power,ASME,1986,108(4)325 - 332.

[23]　Childs D W,et al. Annular Honeycomb Seal:Test Result for Leakage and Rotor dynamic Coefficients:Comparison to Labyrinth and Smooth Configuration[J]. Journal of Tribology,ASME,1989(111):293 - 301

[24]　Yamada Y. Trams. Japan Soc. Mechanical Engineers,1961,27:1267.

[25]　Neuman K. Zur Frage der Verweduny Ven Durchblickdichtungen im Dampfturbinenbau[J]. Maschinentechnik,1964,13(4).

[26]　Egli A. The Leakage of Steam Through Labyrinth Glands[J]. Trans. ASME,1935,57:115 - 122.

[27]　John E A J. Gas Dynamics[M]. Wiley,1979.

[28]　 Horve, Leslie A. Shaft seals for dynamic applications[M]. New York: Marcel Dekker, Inc, 1996.

[29]　潘永密,谢春良. 迷宫密封的气流激振力及其动力特性系数的研究 [J]. 机械工程学报,1990,26(3):33 - 42.

[30]　Yuji Kanemori,et al. Forces and Moments Due to Conbined Motion of Comical and Cylindrical Whirls for a Long Seal[J]. Journal of Tribology,ASME,1994,116(7):489 - 498.

[31]　 Kim C H. Test Result for Rotordynamic Coefficients of Anti-Swirl

Self-Injection Seals[J]. Journal of Tribology, ASME, 1994, 116(7): 508 - 513.

[32] Thomas H J. Unstable Oscillations of Turbine Rotors Due to Stream Leakage in the Sealing Glands and the Buckets[J]. Bulletin Scientifique, A. J. M. ,1985,71.

[33] 宴砺堂,朱梓根,李其汉. 高速旋转机械振动[M]. 北京:国防工业出版社,1994.

[34] Dunhan J. Improvements to the Ainley-Mathieson Method of Turbine Performance Prediction[J]. Journal of Engineering for Power,1970.

[35] Vance J M,Laudadio F J. Experimented Measurements of Alford Force in Axial Flow Turbomachery[C]. ASME,84-GT-140,1984.

[36] Zhang Shiping, Yan Litang. Development of an Efficient Oil Film Damper for Improving the Control of Rotor Vibration[J]. Transaction of the ASME,Journal of Engineering for Gas Turbine and Power,1991,113.

[37] Antunes J,et al. Dynamics of Rotors Immersed in Eccentric Annular Flow, Part 1:Theory[J]. Journal of Fluids and Structures,1996(10):893 - 918.

[38] Antunes J,et al. Dynamics of Rotors Immersed in Eccentric Annular Flow, Part 2:Experiments[J]. Journal of Fluids and Structures,1996(10):919 - 944.

[39] 张直明,虞烈. 滑动轴承转子系统的系统阻尼与稳定裕度之间的关系[J]. 上海工业大学学报,1985(4).

[40] 虞烈,谢友柏. 朱均,等. 二阶力学系统的稳定性裕度及广义能量准则[J]. 机械工程学报,1988(4).

索　引